ESTRUCTURAS ARTICULADAS I

SISTEMAS ISOSTÁTICOS

ESTRUCTURAS ARTICULADAS I
SISTEMAS ISOSTÁTICOS

Félix Hernando Mansilla

Universidad San Pablo CEU

ESTRUCTURAS ARTICULADAS I. SISTEMAS ISOSTÁTICOS
Félix Hernando Mansilla
ISBN: 978-84-1903-470-0
IBERGARCETA PUBLICACIONES, S.L., Madrid, 2024
Edición: 1ª
N.º de páginas: 366
Formato: 17 × 24 cm.
Materia THEMA: TNC. Ingeniería de estructuras

Estructuras articuladas I. Sistemas isostáticos

© Félix Hernando Mansilla

COPYRIGHT © 2024 IBERGARCETA PUBLICACIONES, S.L.

© COLEGIO DE INGENIEROS DE CAMINOS, CANALES Y PUERTOS

ISBN (Colegio de Ingenieros de Caminos, Canales y Puertos): 978-84-380-0576-7

info@garceta.es

ISBN: 978-84-1903-470-0

IMAGEN DE PORTADA: Puente Tacuarembó. Tano4595 en commons.wikipedia.org.

Edición: 1.ª.

Impresión: 1.ª

Depósito legal: M-18318-2024

Impresión: Imprime Tu Letra S.L.

OI: 0337/2024

A mis alumnos,
de los que tanto he aprendido.

Contenido

«No se puede desatar un nudo sin saber cómo está hecho». Obviamente Aristóteles no se refería a los nudos de una estructura articulada, pero el significado de su frase describe el espíritu que anima la presente obra: que el conocimiento del comportamiento resistente de los sistemas articulados sea la base del planteamiento de soluciones estructurales eficaces y eficientes.

Esta publicación está dirigida a los estudiantes universitarios de Arquitectura e Ingenierías relacionadas con la edificación y la obra civil e industrial. Para la asimilación práctica de los conceptos y procedimientos teóricos se incorporan a la misma doscientos ejercicios resueltos. Todos son originales y su secuencia, contenido y nivel de dificultad se encuentran orientados a facilitar el aprendizaje. Las disposiciones geométricas y las cargas de los enunciados están especialmente preparadas para que en su resolución prime el estudio del comportamiento estructural sobre la laboriosidad de las operaciones numéricas.

Se recomienda que la resolución de los ejercicios se intente con dedicación por parte del estudiante, antes de acceder a su solución detallada. De esta manera surgen las dudas y, cuando se aclaran posteriormente, se asimilan mejor los conceptos y procedimientos. Los resultados de aprendizaje son muy superiores así, pero es posible que en algunas situaciones el estudiante se encuentre bloqueado y tenga la tentación de ver directamente el desarrollo y la solución en el libro.

Para que, en estos casos, siga intentando resolverlo personalmente, se ha incorporado un asistente web que permite el acceso desde un dispositivo móvil a diversas ayudas. El sistema proporciona la descripción y características de cada ejercicio, una orientación general para enfocarlo, resultados intermedios para comprobar que se está realizando correctamente, la posibilidad de comparar los tiempos empleados y la dificultad encontrada con otros usuarios, estadísticas de su uso personal de la plataforma y posibles comentarios realizados por otros usuarios sobre la resolución del ejercicio. A este asistente se entra mediante el código QR incluido en la contraportada.

Por su amplitud y profundidad este estudio se desarrolla en dos volúmenes. Cada uno cubre una etapa de aprendizaje y, de manera ordenada y secuencial, se van incorporando los temas correspondientes a diferentes asignaturas y cursos a lo largo de los planes de estudios de arquitectura e ingenierías.

En el presente volumen (*Estructuras Articuladas I*) se comienza con la descripción cualitativa de los sistemas articulados, se clasifican y caracterizan, se establecen sus condiciones de equilibrio y se aborda el análisis cuantitativo de la colaboración resistente de cada barra y enlace en los sistemas isostáticos. Su último capítulo analiza las correspondientes deformaciones elásticas.

El volumen Estructuras Articuladas II afronta la resolución de los sistemas hiperestáticos, considerando posteriormente los efectos de la incorporación de apoyos elásticos, desplazamientos impuestos y acciones térmicas. A continuación se desarrollan los procedimientos de cálculo matricial basados en el Método de Rigidez y a su aplicación en las estructuras planas y tridimensionales.

El libro incorpora un asistente web que permite el acceso a diversas ayudas desde un dispositivo móvil. Este asistente proporciona la descripción y características de cada ejercicio, una orientación general para enfocarlo, resultados intermedios para comprobar que se está realizando correctamente, la posibilidad de comparar los tiempos empleados y la dificultad encontrada con otros usuarios, estadísticas de su uso personal de la plataforma y ver los posibles comentarios realizados por otros usuarios sobre la resolución del ejercicio. A este asistente se accede mediante el código QR siguiente:

Agradezco a mis profesores la formación recibida y a mis alumnos el privilegio de participar en la suya, y también todo el apoyo de la Universidad San Pablo CEU y de mis compañeros y amigos de su Escuela Politécnica Superior, del magnífico equipo docente de Estructuras y, con carácter singular, de su director de la división de Arquitectura y Edificación, Federico de Isidro (impulsor inicial de estos libros).

También deseo agradecer la gran labor de María Antonia Hernando Bollaín en la revisión de estilo y todas sus aportaciones de mejora.

Muchas gracias, por supuesto, a la editorial Garceta por la confianza demostrada en esta obra y por todas las facilidades para su edición.

Termino finalmente con el mayor de los agradecimientos, que corresponde al continuo ánimo de toda mi familia, y en especial de Reyes y de mis hijos.

El autor

Mayo de 2024

Viaducto de Pontesampaio (Pontevedra)
Elaboración propia

CAPÍTULO 1

CARACTERÍSTICAS DE LOS SISTEMAS ARTICULADOS

[1.1]. INTRODUCCIÓN

Este primer capítulo comienza con la definición de estructura articulada y los elementos que la componen (barras, nudos y apoyos).

A continuación se deducen las condiciones de equilibrio de una barra genérica partiendo de los postulados básicos de la mecánica de sólidos.

Posteriormente se determinan los esfuerzos que solicitan cada sección y se finaliza con el análisis del comportamiento estructural global de los sistemas articulados.

[1.2]. ESTRUCTURAS ARTICULADAS

[1.2.1]. Definición

Una estructura articulada se podría definir como un conjunto de barras unidas mediante articulaciones, sustentado externamente mediante apoyos que permitan el giro en sus puntos de aplicación y solicitado exclusivamente por fuerzas puntuales sobre los nudos.

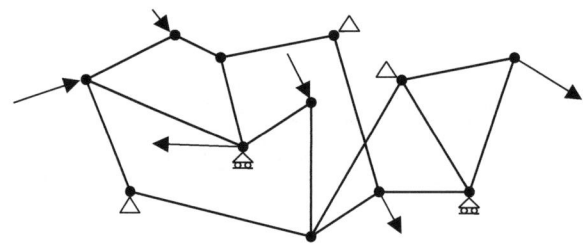

Como se verá más adelante, el cumplimiento de todas estas condiciones proporciona a estos sistemas un comportamiento estructural singular. La eventual presencia de fuerzas (puntuales o continuas) sobre las barras o de uniones o apoyos empotrados, alteraría este modo de comportamiento. Los valores de las cargas sobre barras o las coacciones al giro en los nudos deben ser comparativamente despreciables para que la estructura se pueda considerar y analizar como articulada.

[1.2.2]. Barras y nudos

Los elementos principales de una estructura articulada son las barras, que se definen como sistemas continuos de puntos materiales con geometría lineal. Las barras, por tanto, son cuerpos con una de sus dimensiones predominante sobre las otras dos.

Las barras se unen entre sí a través de los nudos, que constituyen los elementos de ligadura interna del sistema.

Un nudo de unión entre barras se considera articulado cuando en él se encuentran coartados todos los desplazamientos relativos entre los extremos de las barras pero libres los giros relativos entre las mismas.

[1.2.3]. Apoyos fijos y deslizantes

De igual modo que los nudos representan las vinculaciones internas en una estructura articulada y coartan todos los desplazamientos relativos entre los extremos de las barras que unen, los apoyos fijos y deslizantes son los dispositivos de sustentación externa del sistema y coartan distintos desplazamientos absolutos en sus puntos de aplicación.

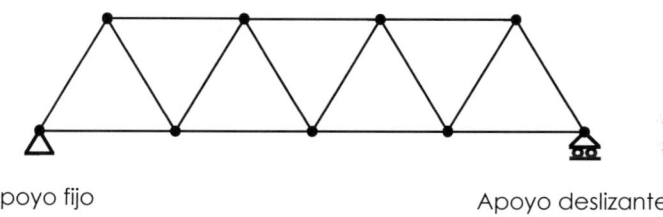

Apoyo fijo   Apoyo deslizante

En el extremo izquierdo de la estructura articulada plana de la figura se dispone un apoyo fijo que coarta el movimiento horizontal y vertical en dicho punto. En el extremo derecho está representado un apoyo deslizante que coarta solamente el movimiento vertical, (permitiendo el libre desplazamiento horizontal).

Con carácter general, se considera que en un punto de una estructura existe un apoyo fijo (o genéricamente apoyo articulado) cuando en él se encuentran coartados todos los posibles desplazamientos absolutos y libres los giros alrededor de uno o varios ejes que pasen por el mismo.

En los sistemas planos el giro se permite alrededor de un único eje (perpendicular al plano principal de la estructura).

En los sistemas espaciales los apoyos fijos pueden permitir el giro alrededor de determinados ejes dispuestos en direcciones concretas o bien permitir el libre giro alrededor de cualquier eje que pase por el punto de apoyo.

Por otra parte, se considera que en un punto de una estructura existe un apoyo deslizante cuando en él se encuentra coartado el desplazamiento absoluto en la dirección perpendicular al plano de deslizamiento y libres todos los demás desplazamiento y giros.

Los planos de deslizamiento suelen ser habitualmente horizontales y, en este caso, el desplazamiento coartado es el vertical. Si además el sistema está contenido en un plano vertical, el único desplazamiento permitido es el horizontal correspondiente a dicho plano.

Tanto los apoyos fijos como los deslizantes realizan su función de coacción de desplazamientos en los correspondientes puntos de la estructura, aplicando sobre esta unas fuerzas de reacción en las direcciones de los desplazamientos impedidos.

Las fuerzas activas sobre el sistema articulado producirían desplazamientos en los nudos de apoyos si estos no existiesen. Para coartar estos desplazamientos, los apoyos ejercen sobre la estructura unas fuerzas pasivas de respuesta con la intensidad adecuada.

Por ejemplo, en el sistema plano de la figura, el apoyo fijo de la izquierda coarta los movimientos horizontal y vertical en este extremo y el apoyo deslizante de la derecha solamente el desplazamiento vertical.

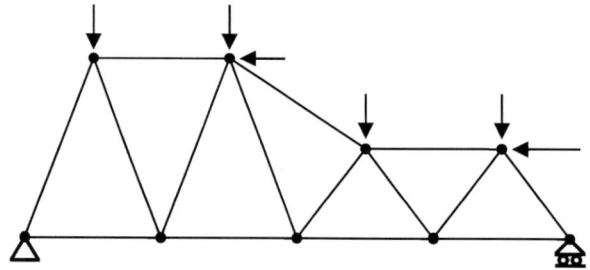

En el modelo de cálculo, ambos apoyos se pueden sustituir por los efectos que producen: dos fuerzas de reacción (horizontal y vertical) en el extremo izquierdo y una vertical en el derecho.

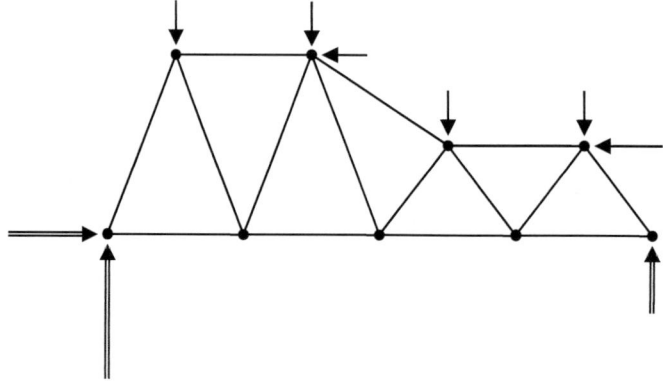

Los valores de estas reacciones serán los necesarios para impedir los correspondientes desplazamientos y por ello, en un principio, se plantean como desconocidos.

En una estructura espacial, las fuerzas de reacción que introducen los apoyos son tantas como los desplazamientos coartados. Por ejemplo, un apoyo fijo espacial aporta tres incógnitas pasivas en el sistema.

[1.3]. EQUILIBRIO DE UN ELEMENTO

Para determinar el comportamiento global de las estructuras articuladas se plantea inicialmente el análisis del equilibrio de una barra genérica del sistema.

Una vez aislada la barra, se disponen sobre ella todas las fuerzas que la solicitan, tanto activas como pasivas.

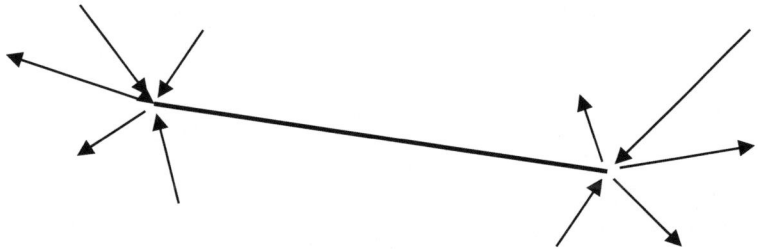

De acuerdo con las condiciones impuestas a los sistemas articulados, sobre el interior de la barra no se ejercerá ninguna acción. Tanto las fuerzas activas (acciones exteriores) como las pasivas internas (reacciones del resto de las barras) o externas (reacciones de los apoyos) se aplican sobre los nudos y son estos quienes las transmiten (en la proporción correspondiente) a los extremos de las barras. Por tanto, las únicas acciones existentes sobre una barra de una estructura articulada son fuerzas puntuales aplicadas en sus extremos, como refleja la figura anterior.

A continuación, en cada uno de los extremos A y B de la barra, se sustituyen los conjuntos de fuerzas concurrentes por sus sistemas equivalentes: las resultantes F_a y F_b aplicadas en los puntos de concurrencia.

Estas fuerzas F_a y F_b, a priori desconocidas, deberán verificar en cualquier caso las condiciones de equilibrio del sólido barra. Por ello, para que la barra no gire alrededor del extremo A, el momento resultante de ambas fuerzas respecto al punto A debe ser nulo y, teniendo en cuenta que el momento de F_a respecto a A ya lo es, tiene que ser también cero el momento de F_b respecto a A.

Esto implica que las distancia d_b sea nula y, en consecuencia, que F_b tenga la dirección de la barra.

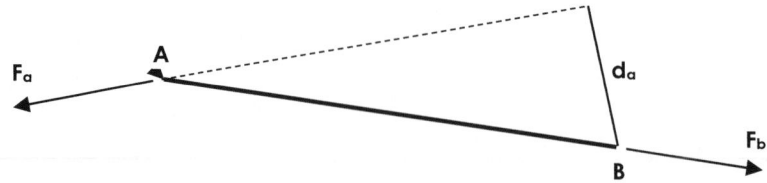

Con un razonamiento análogo, para que la barra no gire alrededor de B, d_a debe ser cero y la fuerza F_a tiene que estar dispuesta también en la dirección de la barra.

Finalmente, para que la barra no se traslade, la resultante de ambas fuerzas ha de ser nula y ello obliga a que sus módulos sean iguales.

En consecuencia, una barra de un sistema articulado en situación de equilibrio se encuentra solicitada exclusivamente por dos fuerzas iguales y opuestas, aplicadas en sus extremos y con la dirección de la recta que los une.

Con este último matiz, al imponer que la dirección de las fuerzas sea la de la recta que une los extremos, se da pie a una posible generalización del concepto de «barra» en un sentido más amplio y se facilita la aplicación de todos los razonamientos precedentes a sistemas estructurales más complejos que se encuentren articulados en sus extremos e internamente descargados.

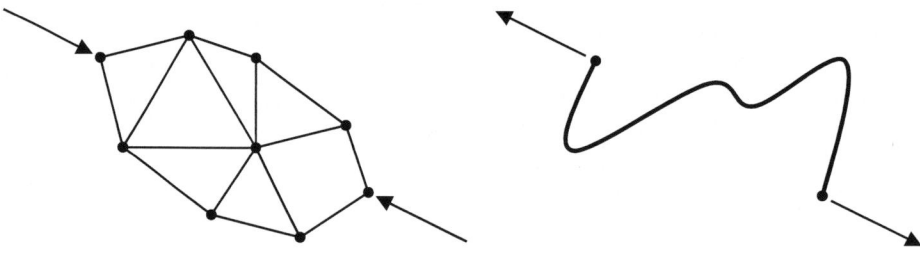

Los subsistemas representados en la figura, cuando se encuentran enlazados mediante articulaciones en el sistema general y no están cargados en su interior, actúan como «barras» en el sentido de que están solicitados exclusivamente por fuerzas iguales y opuestas en la dirección que une sus extremos.

[1.4]. ESFUERZOS EN UNA SECCIÓN

A partir de las condiciones de equilibrio de una barra, se analizan a continuación los esfuerzos que solicitan una sección transversal genérica de la misma.

Las resultantes de las fuerzas actuantes a uno y otro lado de la sección solo tienen componentes en la dirección perpendicular a la misma. Ambas componentes iguales y opuestas entre sí producen en la sección un esfuerzo AXIL de valor N igual a F, con independencia de su posición en la barra.

Al no existir componentes de las resultantes en el plano de la sección, no se producen en este caso esfuerzos cortantes con efectos de cizalladura en la sección transversal.

Suponiendo, con carácter general, aplicadas las fuerzas F en el centro de la sección, serán nulos los momentos resultantes de las fuerzas a uno y otro lado y por ello tampoco se producirán momentos flectores ni, por supuesto, torsores.

Por tanto, en condiciones ideales, cualquier sección transversal de una barra de un sistema articulado en equilibrio está solicitada exclusivamente por un esfuerzo axil con idéntico valor a lo largo de la barra.

En los sistemas reales y en función del grado de cumplimiento de las condiciones de estructura articulada, pueden aparecer también esfuerzos de cizalladura, flexión o torsión, si bien estos esfuerzos suelen ser comparativamente inferiores a los axiles y no alterar sustancialmente el modo principal de trabajo de las barras.

En función del sentido de las fuerzas actuantes en los extremos de las barras, el esfuerzo axil en todas sus secciones tenderá a producir un alargamiento o un acortamiento de las mismas. Con el convenio de signos habitualmente utilizado, se consideran positivos los esfuerzos axiles de tracción (alargamiento) y negativos los de compresión (acortamiento).

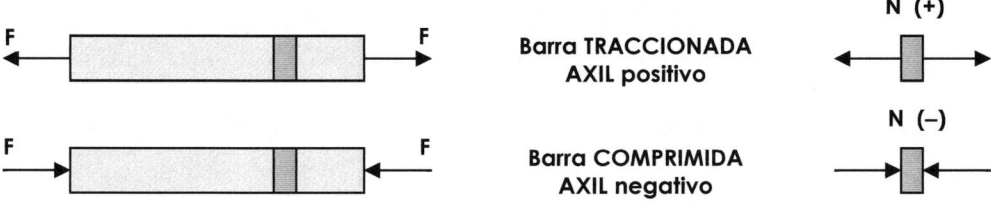

El signo del esfuerzo axil en cada barra adquiere una especial importancia en su diseño estructural. En las barras comprimidas, sobre todo si son esbeltas, debe garantizarse que no se produzcan fenómenos de inestabilidad por pandeo, mientras que en las barras traccionadas la sección puede ser menor e incluso sustituirse por un cable (tirante).

[1.5]. Equilibrio global del sistema

Una vez determinado el comportamiento de cada barra, se analiza el efecto de estas sobre los nudos y las condiciones generales de equilibrio de la estructura articulada.

Tal como se muestra en la figura, si una barra se encuentra traccionada (axil positivo) sus nudos extremos tiran de ella procurando alargarla y, a su vez, la barra tira de los nudos extremos (con la misma intensidad) procurando acercarlos.

barra traccionada

Por el contrario, si la barra está comprimida (axil negativo) los nudos adyacentes empujan sus extremos intentando acortarla y, a su vez, la barra ejerce la misma acción de empuje sobre ambos nudos procurando separarlos.

barra comprimida

En ambos casos las fuerzas ejercidas entre nudos y barras tienen sentidos opuestos y además diferentes en cada extremo. La característica que determina el signo del esfuerzo axil es el tipo de acción ejercida (tira = positivo / empuja = negativo), tanto por la barra sobre el nudo como por el nudo sobre la barra y tanto en un extremo como en el otro.

Los nudos de un sistema articulado se encuentran, por tanto, sometidos a las reacciones internas de todas las barras que confluyen en ellos (cada una según su dirección), a las posibles fuerzas activas directamente aplicadas sobre los mismos y las reacciones externas de los eventuales apoyos fijos o deslizantes.

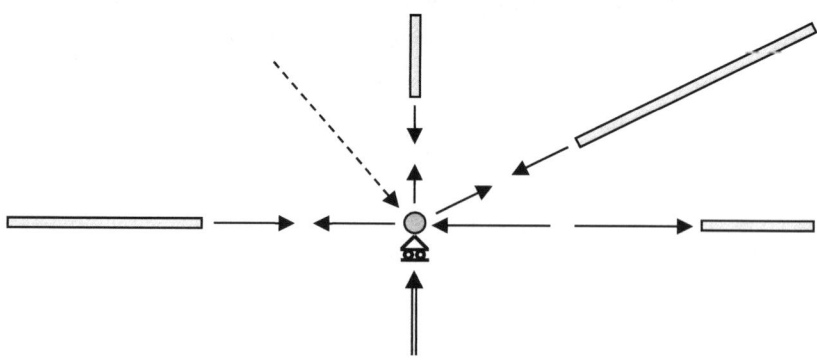

La figura muestra un ejemplo de acciones sobre un nudo. Se indican con trazo simple las fuerzas transmitidas por las barras, con trazo doble la reacción del apoyo y con trazo discontinuo una fuerza activa.

Para que el nudo se encuentre en equilibrio, la resultante de todas las fuerzas anteriores debe ser nula. Aplicando esta condición a todos los nudos de la estructura articulada, se obtendrá un sistema de ecuaciones que permitirá la determinación de las incógnitas (fuerzas de reacción internas y externas ejercidas respectivamente por las barras y los apoyos) a partir de los datos de topología, geometría y acciones externas.

Se podría considerar el sistema articulado como un conjunto de barras libres en el plano o en el espacio y a los nudos que las unen y los apoyos externos como elementos de vinculación que impiden el movimiento de las barras.

Pero también se puede considerar la estructura articulada como un conjunto de nudos (en el plano o el espacio) solicitados por fuerzas activas que tenderían a desplazarlos y un conjunto de barras que, con los apoyos externos, actúan como elementos de vínculo que sostienen en equilibrio a los nudos.

Este último enfoque, en el que los nudos son a priori libres y están cosidos por los enlaces internos, «barras» y externos, «apoyos» responde más fielmente a los procedimientos habituales de análisis estructural de los sistemas articulados: las ecuaciones de equilibrio corresponden a la imposición de ausencia de movimiento de los nudos y las incógnitas de reacción corresponden a las acciones que los vínculos «barras» y «apoyos» ejercen sobre los nudos para garantizar efectivamente el equilibrio de estos.

Bank of China Tower
commons.wikimedia.org - Malcolm Koo

CAPÍTULO 2

ESTRUCTURAS ARTICULADAS PLANAS

[2.1]. INTRODUCCIÓN

Tras la descripción de las estructuras articulados en general, el presente capítulo se centra en el comportamiento de los sistemas articulados planos, bajo la hipótesis inicial de indeformabilidad de las barras.

Se desarrolla determinando en primer lugar las condiciones de equilibrio de estos sistemas y su distribución en grupos estructurales.

A continuación se procede a una clasificación de los sistemas planos, se indican diversas pautas para la simplificación de los modelos de cálculo y se analiza el comportamiento de las barras con carácter general.

[2.2]. CONDICIONES DE EQUILIBRIO EN EL PLANO

En una estructura articulada plana, todos los nudos, barras, apoyos y cargas están contenidos en un plano y se suponen nulas las acciones y coartados los movimientos en la dirección perpendicular al mismo.

En este caso, un nudo del sistema posee dos grados de libertad de movimiento y dos serán, por tanto, las ecuaciones de equilibrio de fuerzas que deben verificarse para que no se desarrolle el movimiento en ninguna de las direcciones.

Considerando un sistema completo de n nudos, para que ninguno se desplace tiene que existir un perfecto balance de fuerzas en dos direcciones por cada nudo y ello implica el cumplimiento global de $E = 2n$ ecuaciones de equilibrio.

Los elementos que se oponen al movimiento de los nudos son las barras y los apoyos; lo hacen ejerciendo sobre ellos las correspondientes fuerzas pasivas (internas y externas).

Cada barra ejerce sobre sus nudos extremos una fuerza pasiva igual y opuesta según su dirección. El valor (con su signo) de dicha fuerza es inicialmente una incógnita y si el sistema completo tiene b barras, las fuerzas ejercidas sobre los nudos por todas ellas suponen un total de b incógnitas.

Los apoyos fijos coartan los desplazamientos en cualquier dirección que pase por el punto mediante fuerzas pasivas de reacción y, en los sistemas planos, aportan dos incógnitas por apoyo (las componentes de la fuerza en dos direcciones o el módulo y ángulo de la fuerza). Por su parte, los apoyos deslizantes ejercen sobre los nudos fuerzas de reacción de dirección determinada (la perpendicular a la de deslizamiento) e introducen en el sistema una única incógnita por apoyo. Considerando la contribución de ambos tipos de apoyos, el número r de incógnitas correspondientes a las fuerzas ejercidas por los enlaces externos equivale al doble del número de apoyos fijos más el número de apoyos deslizantes.

Sumando finalmente las incógnitas aportadas por las barras (b) y los apoyos (r) se obtiene el número total de incógnitas en el sistema $I = b + r$

En definitiva, para el equilibrio de un sistema articulado plano se precisa del cumplimiento de 2n ecuaciones de balance de fuerzas con b + r incógnitas. Cada ecuación incluye las fuerzas pertinentes, tanto activas (habitualmente conocidas) como pasivas ejercidas por las barras o apoyos (incógnitas).

Las incógnitas correspondientes a las barras intervienen en varias ecuaciones (nudos extremos) ligando globalmente el sistema matemático del mismo modo que las barras enlazan los nudos de la estructura.

Es importante resaltar que los números de ecuaciones e incógnitas del sistema no tienen por qué coincidir necesariamente. La relación entre 2n y b + r va a depender lógicamente del número de nudos, barras y apoyos en cada caso concreto.

Desde un punto de vista matemático, en función de la diferencia entre ecuaciones e incógnitas, se pueden presentar sistemas de ecuaciones incompatibles, compatibles y determinadas, o compatibles pero indeterminadas.

Desde un punto de vista estructural, el número de vínculos (barras + apoyos) puede ser insuficiente, adecuado o excesivo para coartar los movimientos del conjunto de nudos del sistema.

A continuación se analizan los posibles casos y se establece una primera clasificación de los sistemas articulados.

[2.2.1]. MECANISMOS

Se considera mecanismo toda estructura que carece de la vinculación necesaria para poder garantizar su equilibrio ante cualquier conjunto de acciones exteriores.

En los mecanismos el número de incógnitas es inferior al número de ecuaciones. Ello da lugar, con carácter general, a sistemas de ecuaciones matemáticamente incompatibles.

$$I < E \quad \Rightarrow \quad b + r < 2n$$

Un número comparativamente reducido de incógnitas no tiene por qué satisfacer simultáneamente el cumplimiento de un número mayor de ecuaciones, de igual manera que un número comparativamente pequeño de barras y apoyos no puede impedir los movimientos de un número elevado de nudos ante cualquier sistema de cargas.

Las siguientes figuras representan tres ejemplos de mecanismos, con su correspondiente balance de ecuaciones e incógnitas.

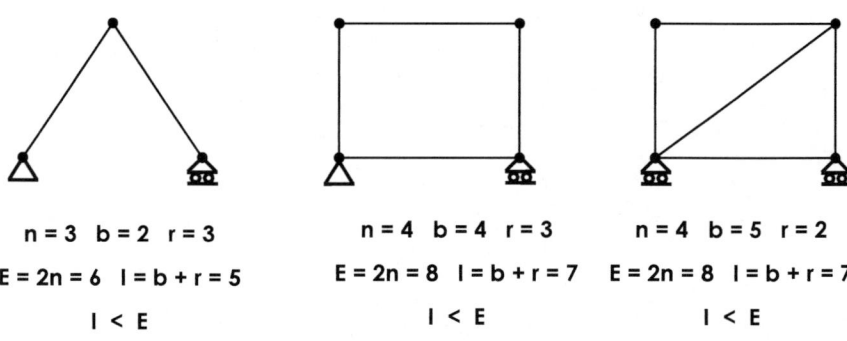

$n = 3 \quad b = 2 \quad r = 3$
$E = 2n = 6 \quad I = b + r = 5$
$I < E$

$n = 4 \quad b = 4 \quad r = 3$
$E = 2n = 8 \quad I = b + r = 7$
$I < E$

$n = 4 \quad b = 5 \quad r = 2$
$E = 2n = 8 \quad I = b + r = 7$
$I < E$

En las tres situaciones se verifica I < E y no existen, por tanto, conjuntos I de incógnitas que satisfagan los conjuntos E de ecuaciones para cualquier carga.

Basta que se pierda el equilibrio bajo un único sistema de cargas para que una estructura sea un mecanismo. A continuación se reflejan (mediante líneas de trazos) los movimientos producidos, por ejemplo, con una acción horizontal en los nudos superiores.

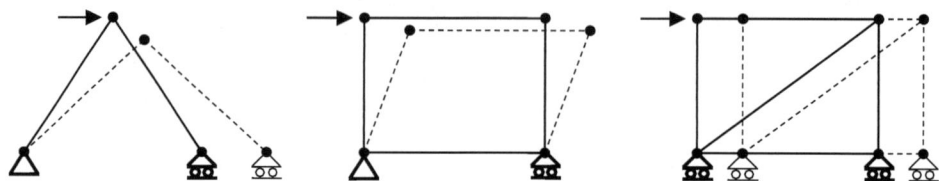

En el primer caso, la barra de la izquierda gira libremente alrededor de su apoyo inferior mientras la articulación central se abre y el otro apoyo se desplaza hacia la derecha, manteniendo constantes las longitudes de ambas barras. La estructura presenta una carencia de vinculación del movimiento horizontal de su nudo inferior derecho.

La estructura central se encuentra en su conjunto bien sustentada externamente, pero se encuentra formada por un cuadrilátero que no opone resistencia a la distorsión de sus nudos. Por ello, los superiores se desplazan respecto a los inferiores, manteniendo también inalterables las longitudes de todas las barras. Aquí se evidencia una falta de vinculación interna, de barras que coarten los desplazamientos relativos entre nudos y rigidicen el cuadrilátero deformable.

En el caso de la derecha, la estructura internamente es monolítica, las cinco barras mantienen fijas las posiciones relativas de todos los nudos, pero tiene una carencia clara en su vinculación externa. Los dos apoyos deslizantes son insuficientes para impedir los movimientos globales del sistema, al permitir la traslación horizontal de toda la estructura.

Estas carencias de ligadura (interna, externa o ambas) convierten a las tres estructuras en mecanismos, pero no impiden que puedan encontrarse en situaciones de equilibrio para determinados sistemas de cargas, del mismo modo que un grupo reducido de incógnitas puede satisfacer un número superior de ecuaciones si algunas de ellas resultan ser combinaciones lineales de las otras. Las siguientes figuras muestran ejemplos de cargas que mantienen en equilibrio los mecanismos indicados.

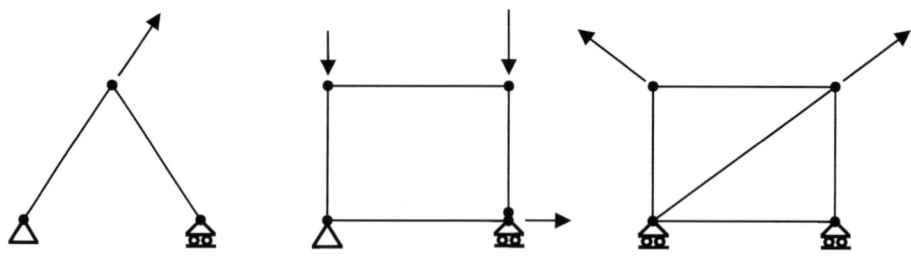

El equilibrio producido ante estas situaciones particulares de carga es lógicamente inestable. Cualquier alteración en las direcciones de las fuerzas puede provocar grandes desplazamientos y, por tanto, los mecanismos no se establecen habitualmente como referencia de un correcto diseño estructural.

[2.2.2]. SISTEMAS ISOSTÁTICOS

Un sistema isostático es aquel que posee la vinculación estrictamente necesaria para garantizar su equilibrio ante cualquier conjunto de acciones exteriores.

En las estructuras isostáticas el número de incógnitas de vinculación (internas y externas) es igual al número de ecuaciones de equilibrio y su distribución es la adecuada para proporcionar un sistema compatible y determinado, es decir, con solución garantizada y única.

En este caso, siendo n el número de nudos, b el número de barras y r el número de incógnitas de reacción de apoyos, se cumple, como condición necesaria

$$I = E \quad \Rightarrow \quad b + r = 2n$$

Las siguientes figuras muestran dos vías de transformación en estructura isostática del primero de los mecanismos analizados en el apartado anterior, con su nueva situación de equilibrio entre ecuaciones e incógnitas.

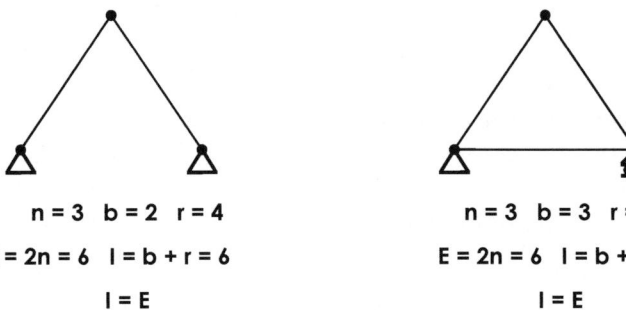

En el primer caso se ha coartado el movimiento horizontal del extremo derecho disponiendo en el un apoyo fijo. Ahora cada una de las dos barras independientemente tendría que girar alrededor de su respectivo apoyo fijo pero el nudo superior (común a ambas) no puede girar simultáneamente alrededor de los dos nudos inferiores. Los dos sólidos rígidos, sustentados en los puntos fijos inferiores, fijan a su vez el punto de encuentro superior. El sistema se encuentra en situación de equilibrio estable con independencia de las cargas aplicadas.

En la segunda solución, el desplazamiento horizontal del apoyo derecho, se coarta esta vez enlazándolo con una nueva barra al apoyo fijo izquierdo. Se forma así un triángulo que es siempre una estructura internamente indeformable (la hipótesis de absoluta rigidez de las barras impide la variación de las distancias relativas entre sus nudos).

Este triángulo monolítico se encuentra además correctamente sustentado por los apoyos indicados. El sistema en su conjunto solamente podría girar alrededor del apoyo fijo izquierdo y el deslizante de la derecha impide este giro. Las tres incógnitas de reacción externas garantizan el cumplimiento de las tres ecuaciones de equilibrio del sistema rígido.

Para convertir en isostáticos los otros dos mecanismos propuestos en el apartado anterior basta combinar la correcta sustentación externa del primero con la correcta vinculación interna del segundo. El resultado es la estructura isostática de la figura.

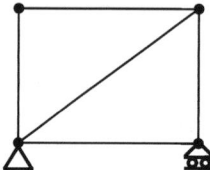

$$n = 4 \quad b = 5 \quad r = 3$$
$$E = 2n = 8 \quad I = b + r = 8$$
$$I = E$$

Puede razonarse efectivamente, partiendo del nudo inferior izquierdo inicialmente fijo, que la barra horizontal inferior y el apoyo deslizante fijan el nudo inferior derecho.

Contando con los nudos inferiores fijos, la barra inclinada y la vertical derecha fijan el nudo superior derecho y, a partir de este y del inferior izquierdo, la barra horizontal superior y la vertical izquierda fijan el último nudo del sistema. Todo ello garantiza nuevamente un equilibrio estable con independencia de las fuerzas activas aplicadas.

En general, la condición impuesta I = E es necesaria, pero no suficiente para que un sistema sea isostático. Es además necesario que la distribución de las incógnitas en las ecuaciones sea coherente y proporcione un sistema compatible y determinado.

Con una distribución muy heterogénea de estas incógnitas podría ocurrir que muchas de ellas se concentrasen en pocas ecuaciones dando lugar a infinitos conjuntos de soluciones para ellas mientras las pocas incógnitas que quedan no pudiesen satisfacer simultáneamente todas las restantes ecuaciones. El sistema de ecuaciones se dividiría en dos, uno compatible pero indeterminado y otro incompatible.

Desde un planteamiento físico, para garantizar el equilibrio, no basta con que la cantidad de vínculos sea numéricamente la adecuada. La distribución de los enlaces internos y externos (barras y apoyos) ha de ser coherente para coartar los movimientos de todos los nudos. De nada vale concentrar mucha vinculación en una zona de la estructura mientras queda demasiado libre otra parte de la misma. Esta última posibilidad se pone de manifiesto en los siguientes ejemplos:

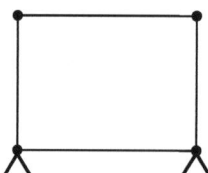 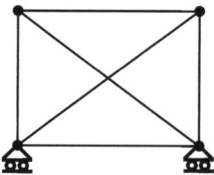 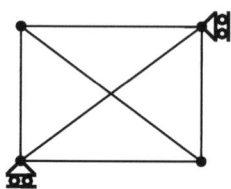

En los tres casos se verifica I = E = 8 (en el primero con b = 4 y r = 4 y en los otros dos con b = 6 y r = 2) pero ninguno es isostático.

En la primera figura se aprecia una clara diferencia de vinculación entre los nudos inferiores y superiores. Los primeros se encuentran vinculados en exceso (entre dos puntos fijos una barra es claramente innecesaria. No hay ningún movimiento relativo que coartar y por ello no trabaja) mientras los superiores pueden desplazarse deformando el cuadrilátero.

En la estructura del centro la descompensación se produce entre los tipos de vínculo. Tiene demasiadas barras (más de las que se precisan para garantizar el comportamiento monolítico del sistema) y pocas coacciones externas. Los apoyos son insuficientes y se podría producir un movimiento de traslación general de la estructura.

El intento de solución de la última figura para evitar esta traslación (cambiando de posición y orientación el apoyo deslizante derecho) tampoco garantiza el equilibrio del conjunto ya que el sistema podría ahora rotar alrededor de su nudo superior izquierdo, a la vez que se producen los correspondientes deslizamientos en ambos soportes.

Por tanto, para garantizar el isostatismo, además de la condición numérica b + r = 2n, debe de verificarse la correcta distribución de vínculos internos y externos, comprobando la ausencia de posibilidades de movimiento en todos los nudos.

Una vez garantizada la existencia de una respuesta por parte de las barras y apoyos frente a cualquier conjunto de acciones que tiendan a desplazar los nudos (sistema compatible) la característica fundamental de las estructuras isostáticas es que esa respuesta es única (sistema determinado). Para cada estado de carga, solamente las ecuaciones de equilibrio proporcionan de manera inequívoca la respuesta en esfuerzos y reacciones de barras y apoyos.

Este hecho facilita una relativa simplicidad del cálculo en los sistemas isostáticos. Los Capítulos 3 y 4 abordan con detalle los distintos procedimientos para la determinación de las reacciones y esfuerzos en estas estructuras y todos ellos se basan en la aplicación de las ecuaciones de equilibrio.

Otra consecuencia importante de esta dependencia exclusiva es la lógica independencia de la solución de otra serie de factores estructurales.

En los sistemas isostáticos, las reacciones en los apoyos y los esfuerzos axiles en las barras no dependen de las dimensiones de la sección transversal de estas (ni de que sean iguales o diferentes) y tampoco dependen de la presencia y valores de las posibles deformaciones impuestas en las barras o en los nudos.

Por tanto, en las reacciones y esfuerzos de este tipo de estructuras, no tienen influencia los efectos reológicos (la dilatación térmica, la retracción y la fluencia del hormigón o la relajación del acero), ni tampoco las tolerancias dimensionales de ejecución de las barras, las pérdidas de pretensado en su caso o los pequeños descensos o desplazamientos que pudieran afectar a los apoyos.

Como contrapartida, en el diseño y ejecución de este tipo de estructuras se debe extremar el cuidado del mantenimiento efectivo de todos los enlaces, tanto internos como externos. La vinculación total es estricta y la ausencia de uno solo de ellos, convertiría siempre el sistema en un mecanismo.

[2.2.3]. SISTEMAS HIPERESTÁTICOS

Finalmente, un sistema hiperestático se puede definir como aquel que posee mayor vinculación de la estrictamente necesaria para garantizar su equilibrio ante cualquier conjunto de acciones exteriores.

En las estructuras hiperestáticas el número de incógnitas de vinculación (internas y externas) es mayor que el número de ecuaciones de equilibrio y su distribución es la adecuada para proporcionar un sistema compatible e indeterminado, es decir, con solución garantizada pero no definida. No se pueden determinar completamente los valores de un número de incógnitas mayor que el de ecuaciones.

Este exceso de vinculación, característica esencial de los sistemas hiperestáticos obliga al cumplimiento (como condición necesaria) de

$$I > E \quad \Rightarrow \quad b + r > 2n$$

Continuando con los ejemplos precedentes, la adición de nuevas barras o restricciones de apoyo convierten a las estructuras anteriores en los siguientes sistemas hiperestáticos:

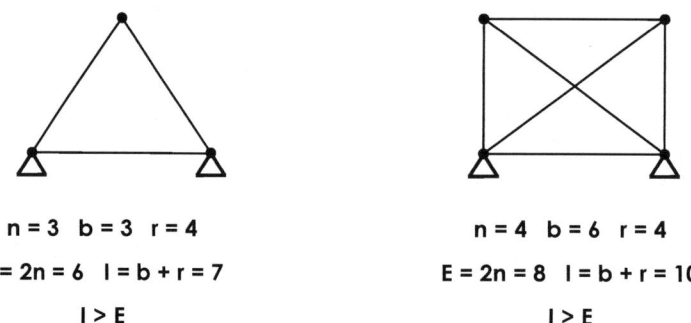

$$n = 3 \quad b = 3 \quad r = 4$$
$$E = 2n = 6 \quad I = b + r = 7$$
$$I > E$$

$$n = 4 \quad b = 6 \quad r = 4$$
$$E = 2n = 8 \quad I = b + r = 10$$
$$I > E$$

En el primer caso existe un exceso de coacción a los movimientos horizontales de los nudos inferiores: ambos apoyos los fijan y además la barra horizontal impide adicionalmente su movimiento relativo. El número de incógnitas en exceso viene dado por la diferencia $b + r - 2n = 1$ y este es precisamente el grado de hiperestatismo del sistema.

En la segunda figura, el exceso de vinculación se produce tanto internamente (no son necesarias las 6 barras para asegurar el monolitismo del sistema) como externamente (tampoco son necesarios los dos apoyos fijos para impedir el movimiento del conjunto). En este caso el grado de hiperestatismo es $2 (b + r - 2n)$.

Ambas disposiciones garantizan el equilibrio de los sistemas ante cualquier conjunto de cargas, pero en ninguno de los casos las ecuaciones de equilibrio pueden proporcionar todos los valores de los esfuerzos y reacciones. En la estructura de la izquierda no se pueden determinar los valores de las 7 incógnitas mediante el uso de 6 ecuaciones y en la de la derecha, las 8 ecuaciones son insuficientes para la resolución de las 10 incógnitas.

Con idéntico planteamiento al de los sistemas isostáticos, la condición impuesta I > E es necesaria, pero no suficiente para que un sistema sea hiperestático. En este caso también es necesario que la distribución de las incógnitas en las ecuaciones sea coherente y proporcione un sistema compatible, aunque indeterminado.

Nuevamente no basta con que el número de vínculos sea numéricamente superior al necesario. La distribución de los enlaces internos y externos ha de ser la adecuada para coartar los movimientos de todos los nudos.

En el siguiente ejemplo se aprecia una distribución de barras descompensada que provoca que la estructura sea realmente un mecanismo aunque I > E.

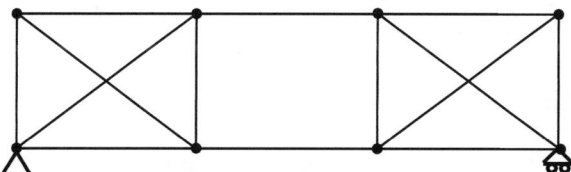

$$n = 8 \quad b = 14 \quad r = 3$$
$$E = 2n = 16 \quad I = b + r = 17$$
$$I > E$$

La característica fundamental de las estructuras hiperestáticas es la incapacidad de las ecuaciones de equilibrio para determinar la respuesta de las barras y los apoyos ante un conjunto de acciones exteriores. Ello implica la necesidad de la intervención adicional de condiciones ajenas a las de equilibrio.

Por cada vínculo en exceso, es decir, por cada grado de hiperestatismo se precisa una nueva ecuación adicional a las de equilibrio. En estas ecuaciones intervienen nuevos factores (características geométricas y mecánicas de la sección transversal de cada barra y eventuales deformaciones impuestas de múltiples tipos a barras y nudos). El comportamiento y el cálculo de estas estructuras es más complejo que el de los sistemas isostáticos y en los Capítulos 5, 6 y 7 se aborda su análisis con detalle.

Finalmente, en los sistemas hiperestáticos, la perdida de vínculos (con un máximo equivalente al grado de hiperestatismo) no los transforma necesariamente en mecanismos. Como poseen vinculación en exceso, mediante una redistribución de los esfuerzos y reacciones en el sistema, se pueden canalizar las respuestas resistentes a otros vínculos.

[2.2.4]. SISTEMAS CRÍTICOS

En determinadas ocasiones las estructuras articuladas no pueden garantizar el equilibrio de fuerzas en todos sus nudos por la particular disposición geométrica del sistema. Estas estructuras se identifican como críticas en alusión a que es una geometría concreta («crítica») la que provoca la inestabilidad y cuando esta cambia, el sistema vuelve a comportarse de manera estable.

En las estructuras críticas no existe, por tanto, un problema de carencia de vinculación o de descompensada distribución de los enlaces. La pérdida del equilibrio en algunos de sus nudos se debe exclusivamente, como se ha indicado, a concurrencias de alineaciones geométricas.

Las siguientes figuras muestran dos estructuras de idéntico número de nudos, barras, enlaces y con la misma conectividad topológica entre ellos. Sin embargo y en función de su disposición geométrica, la estructura representada a la izquierda es isostática y la de la derecha crítica.

Efectivamente, no existe ningún problema cuando se plantea el equilibrio de fuerzas en el nudo central del sistema de la izquierda: las proyecciones verticales de las fuerzas que las barras ejercen sobre el nudo (según su dirección) pueden equilibrar la carga vertical externa.

Sin embargo, en el sistema de la derecha no puede conseguirse que el nudo central verifique la condición de equilibrio de las componentes verticales de las fuerzas que lo solicitan: las dos acciones de las barras sobre el nudo son horizontales (como las propias barras) y es imposible que contrarresten la fuerza vertical aplicada, en esta posición crítica.

Bien es cierto que, tras un hipotético desplazamiento vertical del nudo intermedio (provocado por la ausencia de equilibrio), en la nueva situación sí se verifica el equilibrio de las componentes verticales, pero para ello las barras han tenido que abandonar la posición inicial («crítica») e inclinarse para ejercer sobre el nudo fuerzas de tracción con componente vertical. En cualquier caso, la estructura solo resistiría a posteriori y movilizando grandes esfuerzos en barras y apoyos, pero nunca en la posición original. El sistema se comporta en este primer instante como un mecanismo.

A continuación se representan otras dos estructuras con diferente disposición geométrica. Nuevamente la de la izquierda es isostática y la de la derecha crítica.

En este caso, la criticidad de la geometría se produce por el giro del apoyo derecho y la inclusión del apoyo fijo en la dirección de la reacción del deslizante. En la estructura izquierda su apoyo deslizante coarta efectivamente el giro de la barra alrededor del apoyo fijo pero en la estructura de la derecha la nueva orientación del mismo no impide este giro en la posición inicial. Nuevamente se incumple una condición de equilibrio, en este caso la de momentos respecto al apoyo fijo (todas las reacciones pasan por él y no pueden contrarrestar el momento producido por la fuerza activa).

También son estructuras críticas los sistemas sustentados por tres apoyos deslizantes con rectas de reacción concurrentes. El incumplimiento de la ecuación de momentos en el punto de concurrencia provocaría el giro inicial alrededor del mismo.

Las barras de los ejemplos anteriores pueden representar estructuras más complejas. Para evitar sistemas críticos se deben controlar siempre las orientaciones de los apoyos deslizantes y las alineaciones de los nudos de giro de la estructura, con independencia de la morfología de barras en el interior de cada subsistema.

Ejercicio 2.2.01

Determinar el tipo de estructura (mecanismo, isostática, hiperestática o crítica) de los siguientes sistemas articulados planos

[A]

[B]

[C]

[D]

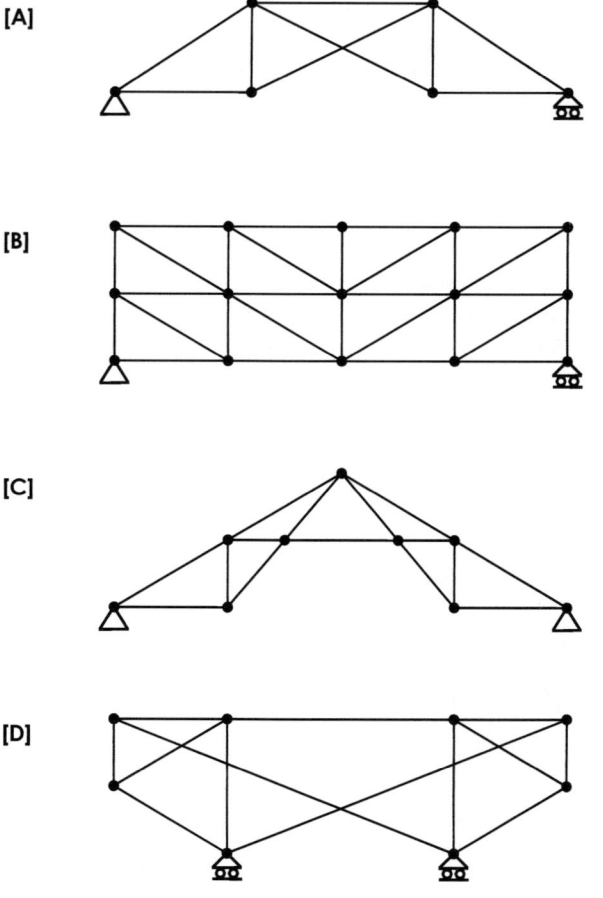

SOLUCIÓN

La primera estructura [A] posee 6 nudos, 9 barras y 3 incógnitas de reacción externa (un apoyo fijo y otro deslizante). El número de total ecuaciones de equilibrio es 2n = 12 y el número total de incógnitas vale también b + r = 12. En principio cumple la condición necesaria para el isostatismo. Se debe verificar, no obstante, que la distribución de barras y apoyos es adecuada para coartar los movimientos de todos los nudos.

Para comprobar si el sistema en su conjunto es un sólido indeformable, se parte de los nudos de una barra como referencia fija y se analiza si es posible ir fijando nuevos nudos mediante barras que los unan simultáneamente a los anteriores.

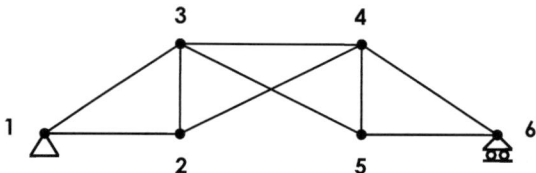

En este caso, a partir de los nudos iniciales 1 y 2, las barras inclinada y vertical que parten de ambos fijan el nudo 3, las barras inclinada y horizontal que parten de los nudos 2 y 3 fijan el nudo 4, las barras inclinada y vertical que parten de los nudos 3 y 4 fijan el nudo 5 y finalmente, las barras inclinada y horizontal que parten de los nudos 4 y 5 fijan el último nudo 6. El sistema es internamente monolítico y como la sustentación externa es adecuada para un sólido rígido (globalmente podría girar alrededor del nudo 1 pero el apoyo deslizante del nudo 6 lo impide), se puede concluir que esta estructura es efectivamente isostática.

El sistema [B] cuenta con 15 nudos, 30 barras y tres reacciones externas. El número de total ecuaciones de equilibrio es 2n = 30 y el número total de incógnitas es b + r = 33. Existe un exceso de 3 vínculos sobre los estrictamente necesarios para el equilibrio.

El sistema es globalmente indeformable (está constituido totalmente por triángulos adyacentes) y su sustentación externa es correcta y estricta (tres incógnitas de reacción para tres ecuaciones de equilibrio como sólido monolítico). Por tanto, la estructura posee un hiperestatismo de tercer grado.

Este hiperestatismo es de carácter interno. Se podrían suprimir hasta tres barras manteniendo la estructura en equilibrio. Existen múltiples alternativas para ello y como ejemplo se representa a continuación una versión isostática del sistema tras la eliminación de las dos barras horizontales y la vertical que confluyen en el nudo inferior central.

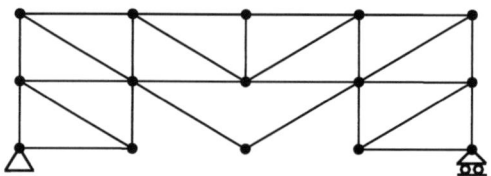

La estructura [C] contiene 9 nudos, 15 barras y 4 incógnitas de reacción externa (dos apoyos fijos). El número de ecuaciones obtenido (18) es menor que el de incógnitas (19).

El sistema está formado exclusivamente por triángulos adyacentes y es por ello internamente monolítico. Su sustentación externa garantiza el equilibrio del conjunto, pero no es estricta (cuatro incógnitas para tres ecuaciones de equilibrio global). La estructura es, por tanto, hiperestática de primer grado.

Este hiperestatismo es, en principio, externo. El sistema posee un exceso de vinculación de apoyos y podría transformarse uno de los fijos en deslizante sin perder el equilibrio. La figura izquierda muestra el sistema isostático resultante.

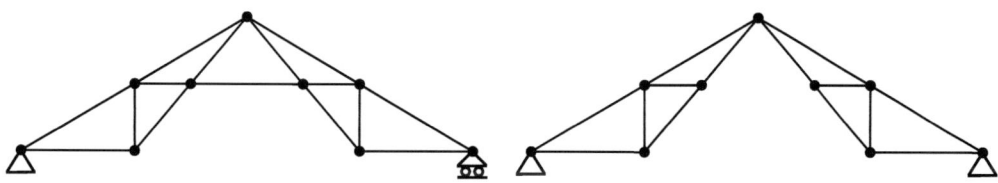

Pero el hiperestatismo de primer grado inicial, también podría considerarse interno. Manteniendo los apoyos y suprimiendo la barra horizontal central se obtiene otro posible sistema isostático (representado en la figura derecha). En este caso, la estructura está formada por dos sólidos rígidos que, enlazados a los apoyos fijos inferiores, fijan a su vez el nudo superior común.

La estructura [D], con 8 nudos, 14 barras y 2 reacciones de apoyo, cumple la condición numérica de isostatismo (16 ecuaciones e idénticas incógnitas).

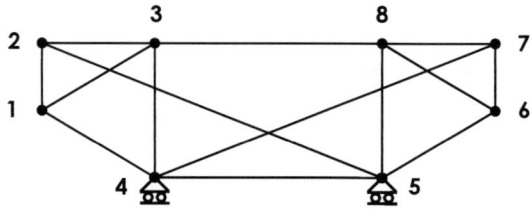

Para comprobar su rigidez interna se consideran los nudos 1 y 2 como referencia fija. Las barras inclinada y horizontal que parten de ellos fijan el 3, la otra barra inclinada desde 1 y la vertical desde 3 fijan el 4 y la barra inclinada desde 2 y la horizontal desde 4 fijan el 5, formando así un primer conjunto rígido. Por la parte de la derecha, los nudos 6, 7, 8, 5 y 4 forman a su vez un segundo conjunto rígido. Como ambos conjuntos tienen una barra común (la horizontal inferior) no pueden existir movimientos relativos entre ellos y los 8 nudos constituyen un sistema indeformable. La barra que une los nudos 3 y 8 no es, por tanto, necesaria y la estructura es internamente hiperestática de primer grado.

Externamente, sin embargo, existe una carencia de vinculación. Los apoyos deslizantes no pueden coartar la traslación horizontal del sistema y este es finalmente un mecanismo. Los vínculos totales son numéricamente adecuados pero su descompensada distribución no permite garantizar el equilibrio.

Ejercicio 2.2.02

Las dos celosías de la figura se diferencian en su apoyo derecho. Analizarlas y determinar si alguna es isostática.

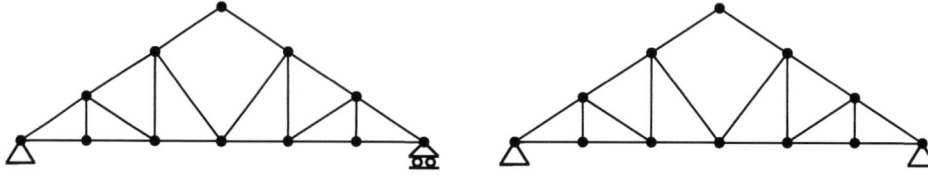

SOLUCIÓN

Ambos sistemas tienen 12 nudos y 20 barras. La celosía de la izquierda posee 3 incógnitas de reacción externa y su número total de incógnitas (b + r = 23) es inferior al número de ecuaciones (2n = 24). Es, por tanto, un mecanismo.

Se observa que a esta estructura le falta un vínculo interno que impida la deformación de su cuadrilátero central. Ante una carga vertical descendente aplicada en su nudo superior, este baja, los dos adyacentes se separan, el nudo central inferior sube, el apoyo deslizante se desplaza hacia la izquierda y los conjuntos rígidos de la izquierda y la derecha acompañan en su movimiento a las barras inferiores del cuadrilátero central.

Para intentar corregir esta situación en la celosía de la derecha se dispone un vínculo más coartando el desplazamiento horizontal de su apoyo derecho. Ahora numéricamente se cumple la condición de isostatismo (I = E = 24) pero la estructura tampoco lo es por la alineación existente entre los apoyos y el nudo central inferior. Con la geometría propuesta, es un sistema crítico que no garantiza el equilibrio inicial de este último nudo ante una carga vertical aplicada en el mismo.

Ejercicio 2.2.03

De los sistemas articulados hexagonales de la figura, el de la izquierda posee un nudo central que enlaza todas las barras interiores mientras que en el de la derecha, estas se cruzan sin posible interacción entre ellas en el centro. Analizar el comportamiento de ambos y su estabilidad ante cualquier carga.

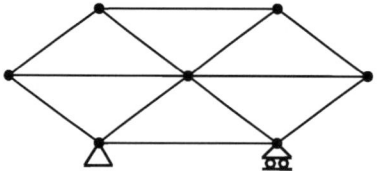 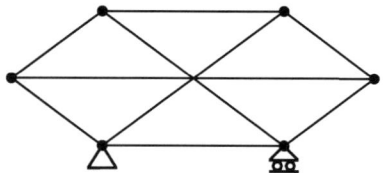

SOLUCIÓN

El primer hexágono tiene 7 nudos, 12 barras y 3 incógnitas de reacción externas. La diferencia numérica entre incógnitas totales (15) y ecuaciones (14) es la propia de una estructura hiperestática de primer grado.

Externamente su sustentación es correcta y estricta y su grado de hiperestatismo es, por tanto, interno. Efectivamente se podría suprimir cualquiera de sus barras y la estructura resultante sería isostática.

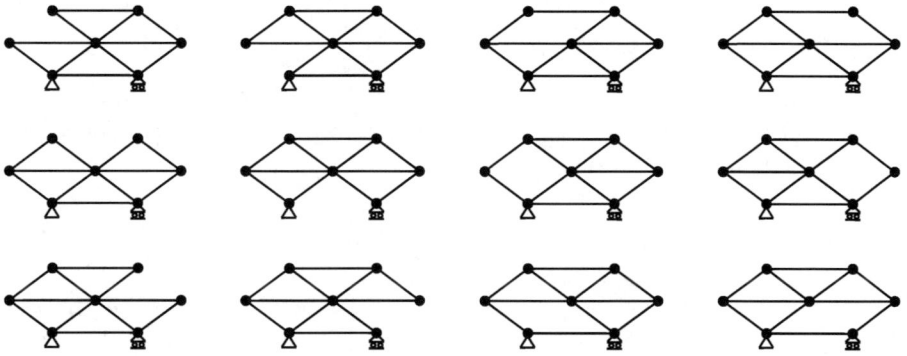

En el caso del otro hexágono, el número de nudos es ahora 6, las barras son 9 y mantiene la misma vinculación externa (r = 3). Ahora numéricamente cumple la condición de isostatismo (E = I = 12) pero nuevamente las coincidencias geométricas en la posición indicada lo convierten en un sistema crítico. La concurrencia de las tres barras interiores en el mismo punto hace inicialmente deformable la estructura en su conjunto ante cualquier carga asimétrica. Si las barras interiores no confluyesen en el punto central, la estructura sí sería isostática.

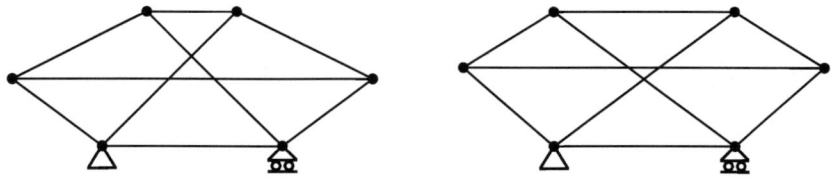

Ejercicio 2.2.04

En el hexágono de la figura se ha sustituido la barra superior por un muelle que ejerce una fuerza tracción igual y opuesta sobre los dos nudos superiores. Determinar la tipología estructural de este nuevo sistema.

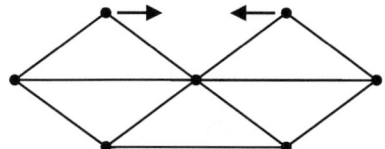

SOLUCIÓN

El sistema de la figura es internamente isostático (globalmente es un cuerpo indeformable y la eliminación de cualquier barra lo convierte en un mecanismo).

Sin embargo, carece de sustentación externa y por ello no garantiza el equilibrio ante cualquier conjunto de acciones exteriores. Las fuerzas aplicadas en este caso tienen su resultante y momento resultante nulos y no producen movimientos globales de traslación ni rotación del hexágono. Efectivamente en esta situación se encuentra en equilibrio, pero no por ello deja de ser un mecanismo ($I = 11 < E = 14$).

Ejercicio 2.2.05

La celosía de cubierta de la figura está sustentada por las tres barras inferiores con apoyos fijos en sus bases. Analizar el comportamiento estructural del conjunto y su garantía de equilibrio ante cualquier conjunto de acciones sobre los nudos.

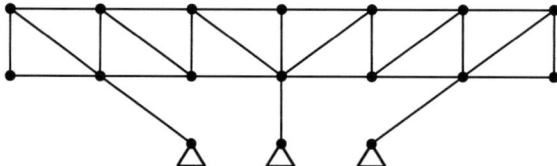

SOLUCIÓN

El sistema en su conjunto tiene 17 nudos, 28 barras y 6 incógnitas de reacción externas (tres apoyos fijos). Su vinculación total (34 incógnitas) satisface numéricamente la condición necesaria para el isostatismo ($I = E$).

El conjunto superior de la estructura está formado por triángulos yuxtapuestos y posee el número estricto de barras para hacerlo indeformable. Por tanto, la sustentación del mismo también tiene el número de vínculos estrictamente necesario para el equilibrio global.

Sin embargo, este no se produce por la disposición geométrica de las barras inferiores. Los tres apoyos reaccionarán con fuerzas en la dirección de las correspondientes barras y esas fuerzas serán concurrentes en un punto inferior.

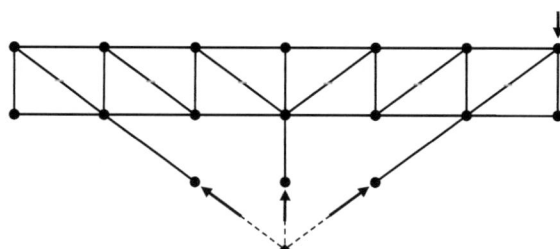

En la ecuación de equilibrio de momentos respecto a dicho punto las fuerzas de reacción no intervienen y cualquier fuerza exterior asimétrica provoca un momento que los enlaces no pueden contrarrestar.

Una vez deformado el sistema (girando globalmente alrededor de este punto), se rompería la concurrencia de las barras inferiores y se llegaría a una situación de estabilidad, pero con la geometría inicial indicada, la estructura planteada en origen es un sistema crítico.

Ejercicio 2.2.06

Realizar un análisis comparativo del comportamiento estructural de los tres rectángulos representados. ¿Es alguno de ellos isostático?

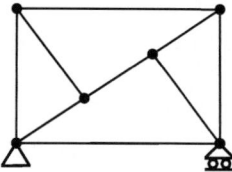 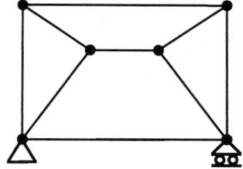 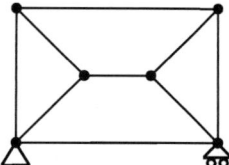

SOLUCIÓN

El número de nudos (6), de barras (9) y de incógnitas de reacción externas (3) es el mismo en los tres rectángulos y en todos los casos se verifica la condición necesaria para el isostatismo (I = E = 12).

La sustentación externa en todos ellos es idéntica, así como suficiente y estricta para garantizar el equilibro global de los rectángulos. Las diferencias entre ellos radican en la distribución de barras en su interior y la posibilidad de que configuren sistemas indeformables.

El primer rectángulo está formado por dos triángulos en los extremos izquierdo y derecho definidos por los tres nudos (inferior, intermedio y superior) de cada lado. Estos dos sistemas indeformables se encuentran enlazados entre sí por tres barras que unen sus nudos inferiores, los intermedios y los superiores.

Como las tres direcciones de estas barras de unión no son concurrentes, entre ambos triángulos no se puede producir ningún movimiento relativo y el sistema global es internamente monolítico y, con su sustentación externa, isostático.

En los otros dos rectángulos la unión de los triángulos extremos se realiza, en este caso, mediante barras paralelas (concurrentes en un punto del infinito) y que no impiden, por tanto, un desplazamiento relativo entre ambos triángulos en la posición inicial. Tras este desplazamiento, se perdería el paralelismo entre las barras de unión dando lugar a una posición de equilibrio, pero con una disposición geométrica diferente de la original.

Estas dos últimas estructuras, con independencia de la altura de los nudos centrales, son en consecuencia sistemas críticos.

Ejercicio 2.2.07

Analizar el sistema articulado plano representado en la figura e identificar su tipología estructural.

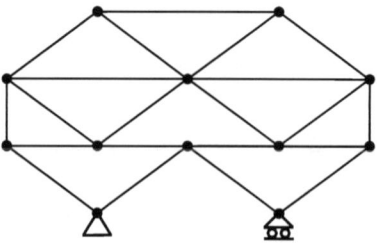

SOLUCIÓN

Los parámetros numéricos de la estructura (n = 12, b = 21, r = 3) verifican la condición necesaria de isostatismo (I = E = 24) y la sustentación exterior es la estricta para un sólido rígido, pero la distribución interior de barras presenta una descompensación.

La zona superior de la celosía presenta una mayor densidad de barras y deja a la inferior sin la vinculación que impida la situación de criticidad del nudo central inferior, respecto a sus adyacentes en la misma cota.

Para convertir el sistema en isostático bastaría con traspasar una barra de la zona superior a la inferior o bien alterar la posición del nudo central inferior para abandonar su posición crítica. Las siguientes figuras muestran ejemplos de soluciones isostáticas mediante ambos procedimientos.

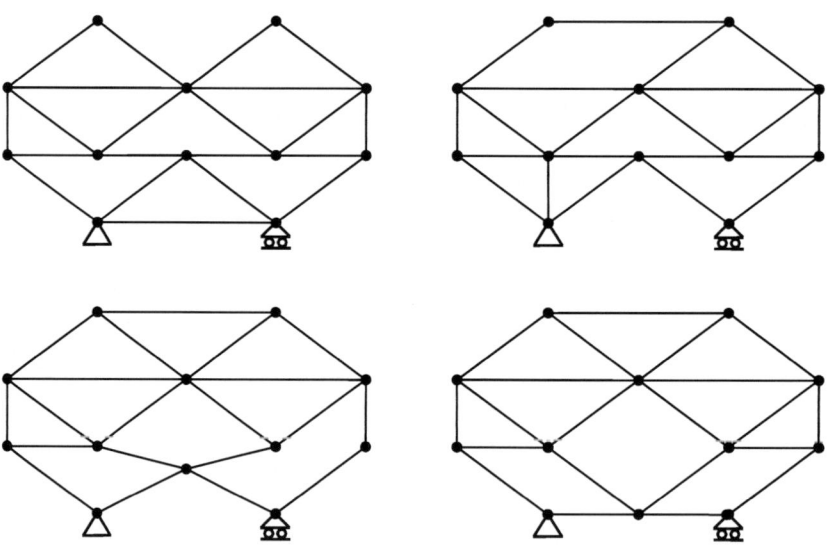

Ejercicio 2.2.08

Las figuras siguientes muestran un mismo sistema articulado con distintas combinaciones de apoyos. Analizar su comportamiento estructural en cada caso y su estabilidad ante cualquier conjunto de cargas.

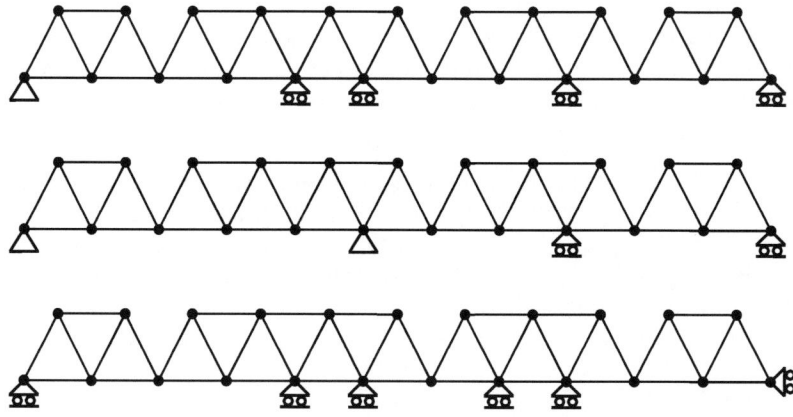

SOLUCIÓN

El sistema global está formado por cuatro conjuntos rígidos (triangulados) enlazados entre sí mediante articulaciones. El número total de nudos es 23, el de barras 40 y el de incógnitas de reacción externa 6 en todos los casos. Las tres configuraciones verifican la condición necesaria de isostatismo (I = E = 46).

Con la primera disposición de apoyos, el segundo sólido contiene 2 apoyos deslizantes que impiden su giro y , por tanto, el movimiento vertical de sus nudos extremos. Los dos sólidos adyacentes solo podrían girar alrededor de estos puntos de unión con el primero y el apoyo fijo en el de la izquierda y el deslizante en el de la derecha coartan ambas posibilidades de giro. El cuarto sólido se apoya entonces en un punto fijo en su extremo izquierdo y en un apoyo deslizante en el derecho y tampoco puede girar. Finalmente, los desplazamientos horizontales de todos los nudos están impedidos por el apoyo fijo del extremo izquierdo y esta configuración resulta efectivamente isostática.

En el siguiente caso, el apoyo fijo del segundo sólido sí permite el giro alrededor del mismo y ello provoca unos desplazamientos verticales opuestos en sus extremos. Los movimientos de estos nudos producen a su vez el giro de los dos sólidos adyacentes alrededor de sus apoyos fijo y deslizante, respectivamente. Este giro del tercer sólido trae consigo el desplazamiento vertical opuesto en su extremo derecho y con ello, el giro también del cuarto sólido alrededor de su apoyo deslizante.

El giro inicial del segundo sólido no se encuentra impedido por los sólidos de su derecha al poder estos además desplazarse libremente hacia la izquierda. Y por otra parte, el primer sólido tampoco puede coartar el desplazamiento vertical de su articulación con el segundo por la criticidad de la disposición geométrica de este nudo (alineado con los dos apoyos fijos y con posible giro inicial alrededor de ambos simultáneamente). La estructura, en este caso, se comporta como un sistema crítico.

En la tercera distribución de apoyos, se vuelve nuevamente al esquema del doble apoyo deslizante (que coarta los giros) en el segundo y tercer sólido y se transfiere la responsabilidad de la coacción al moviendo horizontal del conjunto del apoyo fijo del extremo izquierdo a l apoyo deslizante vertical del extremo derecho.

Esta nueva disposición de los enlaces externos está, sin embargo, descompensada. La restricción al giro de los sólidos 2 y 3 es excesiva al estar unidos ambos mediante una articulación. El primer sólido tampoco gira por su ligadura al segundo y su apoyo deslizante vertical pero el cuarto sólido sí gira libremente alrededor de su nudo de unión con el tercero.

El exceso de apoyos en la zona central deja sin cubrir las necesidades de vinculación en el extremo derecho. Se relata también el hecho de que el giro del cuarto sólido no solo se produce en el momento inicial por la criticidad geométrica producida por la orientación de su apoyo deslizante. Al poder desplazarse libremente los tres primeros sólidos hacia la derecha, el movimiento vertical del apoyo deslizante en el cuarto sólido es también libre y el sistema global es efectivamente un mecanismo.

Ejercicio 2.2.09

Analizar la estabilidad e identificar el tipo de estructura de los siguientes sistemas articulados. Determinar si alguno de ellos es isostático.

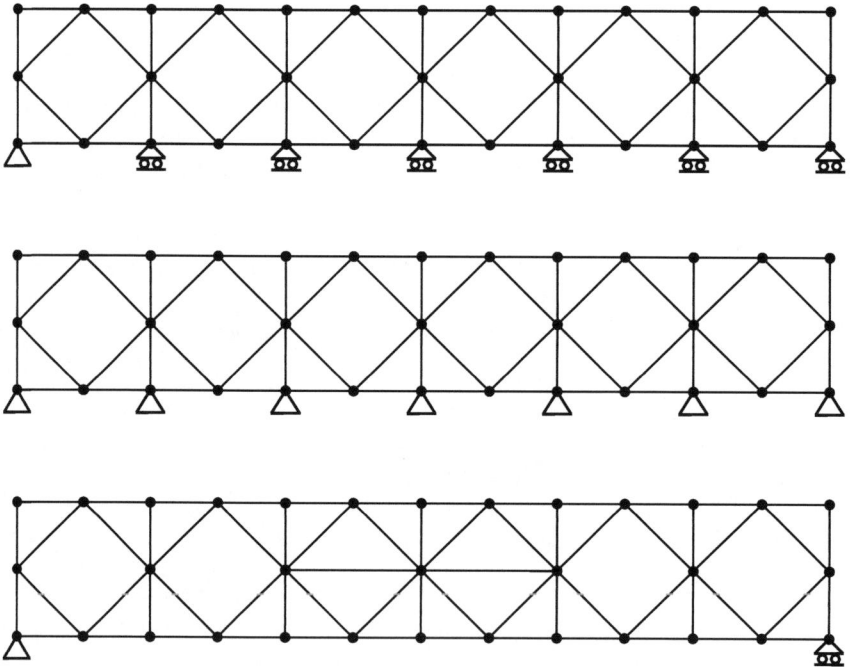

SOLUCIÓN

El primer sistema se compone de 33 nudos, 62 barras y 8 incógnitas de reacción externa y verifica la condición numérica de una estructura hiperestática de 4.º grado (I = 70, E = 66).

Para el análisis de los posibles desplazamientos de nudos, se identifican en la siguiente figura los sólidos indeformables que lo integran (conjuntos triangulados) representando las barras de su contorno con trazos de mayor grosor.

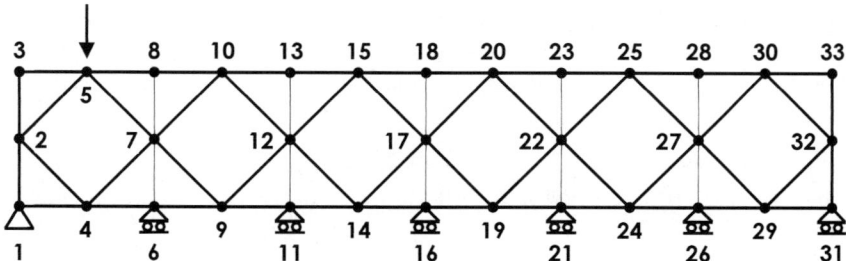

Bajo la acción de una carga vertical el nudo 5 tiende lógicamente a descender. Como los nudos 2 y 7 solamente pueden desplazarse en horizontal (las barras 1-2 y 6-7 impiden su desplazamiento vertical) se separan obligando al nudo 4 a ascender. El cuadrado deformable 4-2-5-7 se transforma ahora en un rombo con su diagonal mayor horizontal.

Este acortamiento vertical del primer cuadrado provoca los giros horarios de los sólidos 1-2-4 y 7-5-8-10 y los giros antihorarios de los sólidos 3-2-5 y 7-4-6-9. Con estos giros, el nudo 10 se eleva y el nudo 9 desciende, obligando entre ambos al nudo 12 a desplazarse hacia la izquierda. El segundo cuadrado deformable 9-7-10-12 se transforma en otro rombo, esta vez con la diagonal mayor vertical.

Aplicando el mismo razonamiento, se acercan los nudos 14 y 15, se separan el 19 y 20, se acercan el 24 y 26 y se vuelven a separar el 29 y 30. Los triángulos giran alternativamente en sentidos contrarios y los correspondientes rombos van teniendo secuencialmente orientaciones horizontales y verticales.

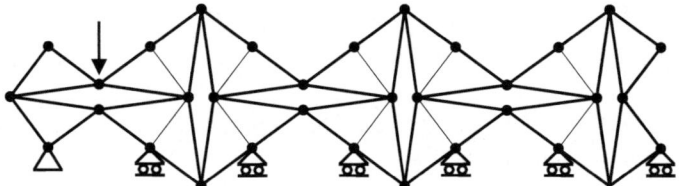

Por otra parte, el desplazamiento hacia la izquierda de todos los apoyos deslizantes, permite grandes deformaciones y un acortamiento global de la estructura. El sistema es, por todo ello, un mecanismo.

En el segundo sistema, se sustituyen todos los apoyos deslizantes por apoyos fijos para coartar los desplazamientos horizontales en los correspondientes nudos. En este caso el número de incógnitas de reacción externa se eleva a 14 y la relación numérica entre incógnitas y ecuaciones plantea la posibilidad de una estructura hiperestática de décimo grado ($I = 76$, $E = 66$).

Efectivamente, los nuevos vínculos exteriores impiden que se desarrolle completamente el movimiento global indicado anteriormente pero, sin embargo, no impiden que este dé comienzo.

Con la geometría inicial no se verifica el equilibrio de fuerzas verticales en los nudos 4, 9, 14, 19, 24 y 29 (al estar estos alineados con los correspondientes apoyos). Esta segunda estructura es un sistema crítico (necesita deformarse para resistir).

La opción final plantea una vinculación externa estricta y la incorporación de dos barras que aseguren el monolitismo interno. En este último caso los nuevos parámetros numéricos (n = 33, b = 64, r = 3) apuntan inicialmente a una estructura hiperestática de primer grado.

Las nuevas barras 12-17 y 17-22 eliminan los dos cuadrados deformables centrales dando lugar al sólido rígido triangulado indeformable delimitado por los nudos 9-12-10-25-22-24.

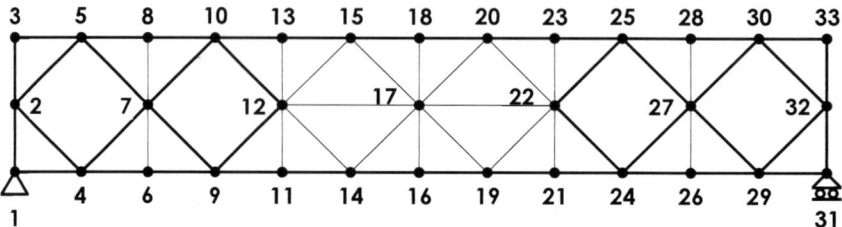

A partir del mismo, desde los nudos 9 y 10 se fijan el 7 y sus dos triángulos indeformables 7-4-6-9 y 7-5-8-10, a partir de los nudos 4 y 5 se fijan el 2 y los triángulos 1-2-4 y 2-3-5 y con idéntico procedimiento la zona derecha. El sistema es efectivamente monolítico, correctamente sustentado e hiperestático de primer grado.

Ninguno de los tres sistemas es isostático. Para obtener un sistema isostático y simétrico bastaría con sustituir las dos barras 12-17 y 17-22 con una única entre los nudos 12 y 22.

Ejercicio 2.2.10

Demostrar que el sistema articulado de la figura, a pesar de incorporar tres cuadrados en su interior, es una estructura isostática.

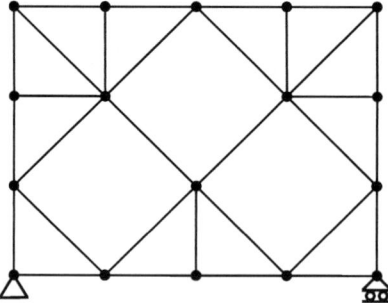

SOLUCIÓN

La estructura posee 17 nudos, 31 barras y 3 incógnitas de reacción externa, por lo que se verifica la condición numérica de isostatismo (I = E = 34).

Además, la sustentación externa es adecuada y estricta para un sólido rígido. Se debe demostrar, por tanto, que el sistema en su conjunto es indeformable, y, para ello, se representa a continuación identificando sus subconjuntos rígidos mediante líneas con mayor grosor en las barras de sus contornos.

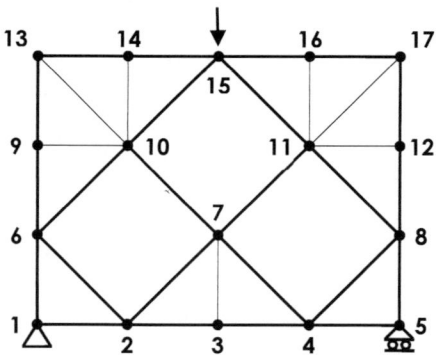

La estructura se compone de dos sistemas rígidos triangulares en su zona superior (6-9-13-14-15-10 y 8-12-17-16-15-11), otros dos triángulos ligados a los apoyos (1-2-6 y 5-4-8) y un triángulo central inferior (2-3-4-7) unido mediante dos barras a los nudos 10 y 11 de los triángulos superiores.

Se supone una carga aplicada en el nudo 15 que provoca hipotéticamente un descenso δ del mismo y se analizan los desplazamientos producidos por el mismo en el resto del sistema.

Teniendo en cuenta que el nudo 13 no puede desplazarse en horizontal por simetría y en vertical par la rigidez de las barras que lo unen al apoyo fijo, este será el nudo respecto al cual girará el triángulo superior izquierdo (su centro instantáneo de rotación). En este giro el descenso δ del nudo 15 provoca un desplazamiento horizontal hacia la izquierda en el nudo 6 de idéntico valor δ (al ser iguales los radios de giro 13-15 y 13-6).

El triángulo inferior izquierdo gira obviamente alrededor del nudo 1 y el desplazamiento horizontal del nudo 6 hacia la izquierda conlleva un desplazamiento vertical del nudo 2 también de valor δ (los radios de giro 1-6 y 1-2 también son iguales).

Por simetría el triángulo central inferior se traslada verticalmente y el nudo 7 asciende δ y en el cuadrado central (7-10-15-11), los nudos 15 y 7 se acercan descendiendo y ascendiendo la misma distancia. Ello solo es posible si los nudos 10 y 11 se alejan desplazándose en horizontal. Pero el nudo 10, por pertenecer al triángulo superior gira también alrededor del 13 y se desplaza en el instante inicial en la dirección 10-6.

Obviamente, el descenso del nudo 15 no puede producir simultáneamente dos desplazamientos diferentes (horizontal y a 45°) en el nudo 10, la deformación conjunta no es compatible y el sistema es monolítico y, convenientemente sustentado, isostático.

[2.3]. GENERACIÓN DE CELOSÍAS

Atendiendo a los procedimientos de generación de nudos y barras para la composición de sistemas isostáticos, las celosías con vinculación interna estricta se pueden clasificar en simples, compuestas y complejas.

[2.3.1]. CELOSÍAS SIMPLES

Una celosía simple es aquella que se genera a partir de un triángulo inicial, mediante la adición secuencial de nudos enlazados directamente mediante dos barras a otros dos nudos existentes.

Para el diseño de una celosía simple se parte de un primer triángulo, se define a continuación un cuarto nudo y se une con barras a otros dos de los tres primeros, luego se dispone un quinto y se une con dos barras a dos de los cuatro primeros y así, sucesivamente. La figura muestra un ejemplo de celosía simple con sus nudos ordenados según su secuencia de generación.

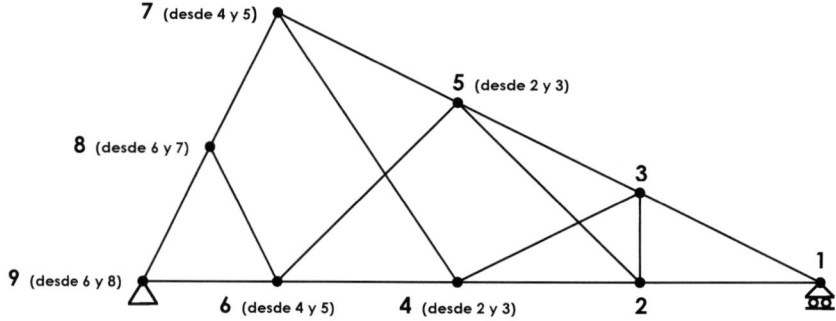

Un caso particular de celosía simple es la celosía triangulada. En ella los nudos se generan siempre a partir de dos nudos pertenecientes a una barra ya existente (cada nudo que se agrega incorpora un nuevo triángulo al sistema)

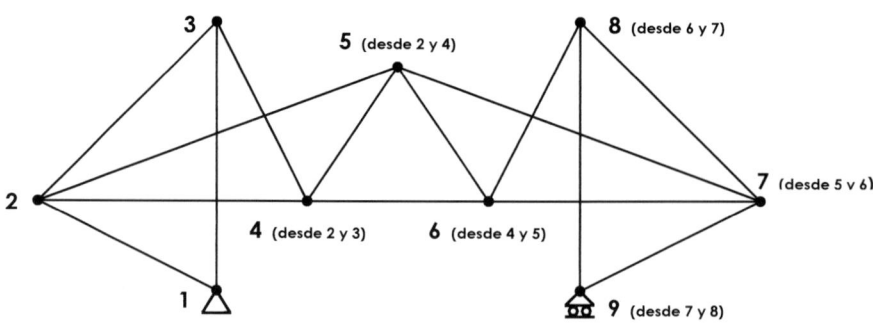

Por su modo de generación (por cada nudo se añaden dos barras), las celosías simples constituyen sistemas indeformables y si se sustentan externamente con una vinculación suficiente y estricta, dan lugar siempre a estructuras isostáticas.

Sin embargo, no todas las estructuras compuestas de triángulos adyacentes son celosías simples trianguladas. Como ejemplo, el sistema articulado hexagonal de la figura (correspondiente al ejercicio 2.2.03) está formado por 6 triángulos pero no generado como una celosía simple (sobra una barra) y es hiperestático de primer grado.

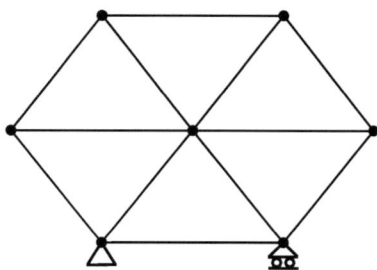

[2.3.2]. CELOSÍAS COMPUESTAS

Las celosías compuestas se forman mediante la unión de dos o más celosías simples. Esta unión puede realizarse de distintas formas, pero debe mantener la vinculación estricta del de conjunto.

Una celosía compuesta elemental es la formada por dos celosías simples, articuladas en un nudo entre sí y enlazadas adicionalmente con una barra de conexión entre un nudo de cada celosía simple.

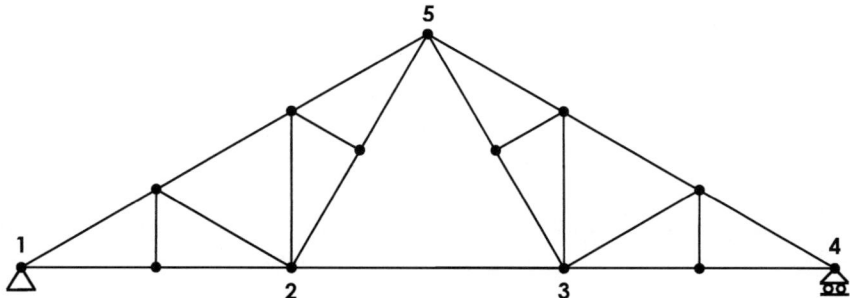

El sistema de la figura está compuesto por dos celosías simples (las definidas por los vértices 1-2-5 y 4-3-5) articuladas en el nudo 5 y enlazadas por una barra inferior que une el nudo 2 de la primera celosía con el nudo 3 de la segunda.

Con esta disposición, las celosías simples solo podrían tener un giro relativo entre sí alrededor de su nudo articulado común, pero la barra adicional coarta esta posibilidad. La estructuras así generadas son globalmente indeformables y con una circulación externa estricta, también isostáticas.

Otro procedimiento de enlace entre celosías simples que impide el movimiento relativo entre ellas y garantiza el monolitismo del conjunto mantiene la unión mediante tres barras de direcciones no concurrentes (ni paralelas) entre sí. La figura representa un ejemplo de celosía compuesta por este método y también isostática.

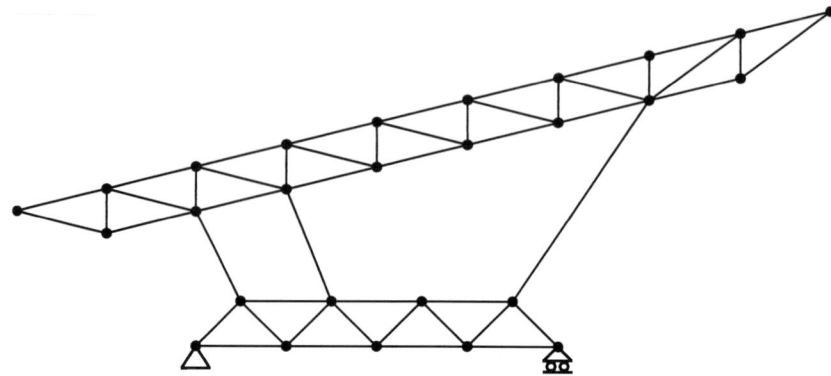

De las celosías compuestas por más de dos celosías simples, es muy común la formada por tres, articuladas entre sí dos a dos. Cada celosía se comporta como una barra de un «triángulo» y el sistema resulta siempre indeformable. En la figura se muestra una celosía compuesta de este tipo, resaltando los nudos de unión entre las celosías simples.

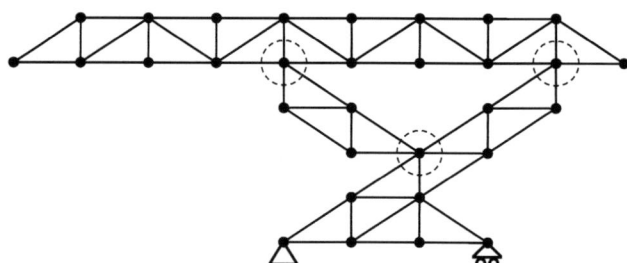

Otras opciones de generación de celosías compuestas a partir de múltiples simples, incorporan barras de unión entre ellas y apoyos adicionales.

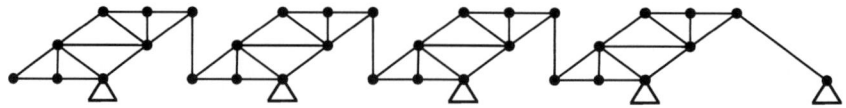

En el ejemplo se puede observar cómo cada celosía simple colabora mediante una barra a la estabilidad de la siguiente y el sistema es globalmente isostático.

Finalmente se pueden generar también celosías compuestas partiendo su vez de otras celosías compuestas. Es el caso del sistema isostático representado a continuación, en el que partiendo de cuatro celosías simples, a cada lado se unen dos de ellas para formar una celosía compuesta y las dos celosías compuestas de los dos lados se enlazan finalmente mediante tres barras no concurrentes.

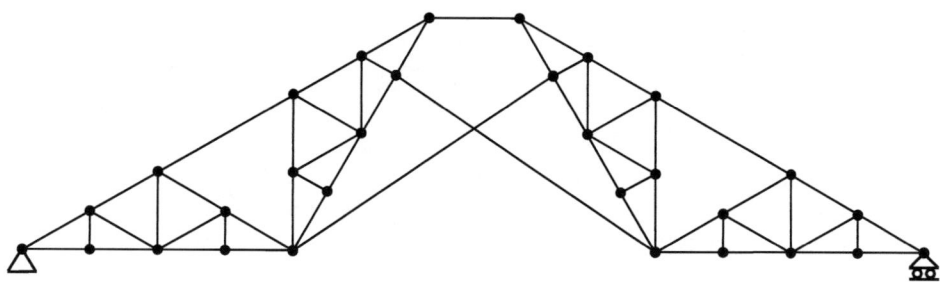

[2.3.3]. CELOSÍAS COMPLEJAS

Las celosías estrictamente indeformables que no son simples ni pueden generarse a partir de celosías simples reciben la denominación de celosías complejas. Su comportamiento resistente exige la contribución simultánea de todas sus barras y suele ser menos intuitivo. El análisis de las celosías complejas presenta un mayor nivel de dificultad y como se verá en Capítulo 4, requiere de procedimientos específicos de cálculo.

A continuación se muestran cuatro ejemplos de celosías complejas. Todas ellas están correctamente sustentadas y son isostáticas.

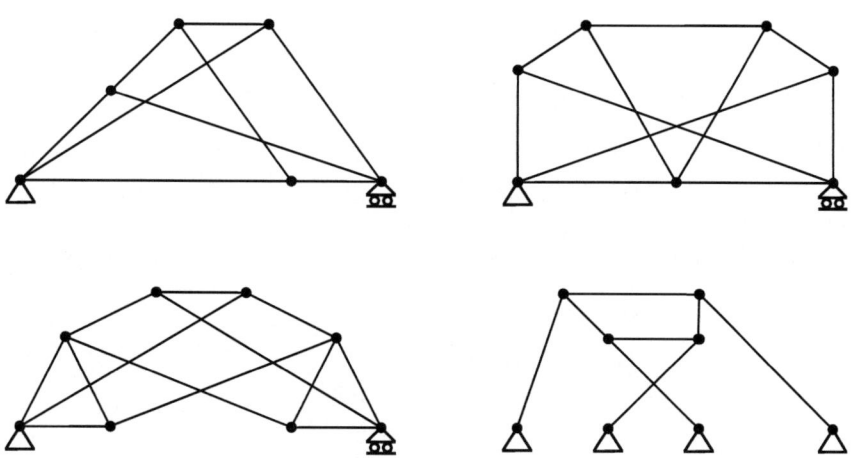

En los ejercicios del 2.3.01 al 2.3.07 siguientes se debe analizar el proceso de generación de las estructuras articuladas isostáticas indicadas y clasificarlas determinando si son celosías simples, compuestas o complejas.

Ejercicio 2.3.01

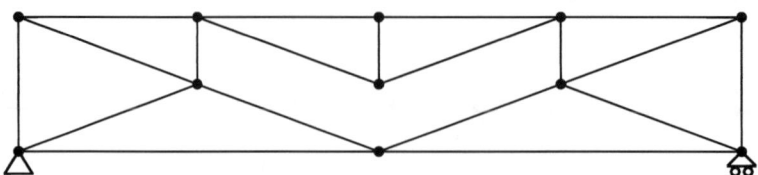

La estructura indicada es una celosía compuesta por tres celosías simples articuladas entre sí. En la figura se identifican éstas en trazo grueso y se resaltan con círculos los nudos de unión entre ellas.

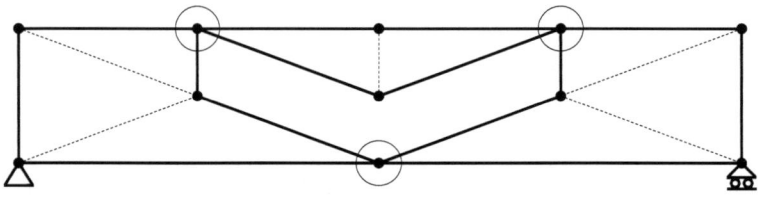

Ejercicio 2.3.02

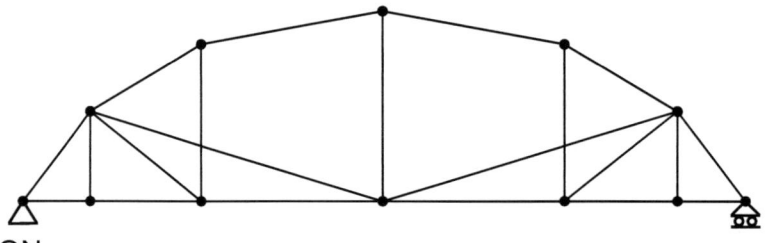

SOLUCION

Se trata también de una celosía compuesta formada esta vez por dos celosías simples articuladas en un nudo (el 6) y enlazadas mediante una barra (la 7-12). El subsistema de la izquierda se genera desde el triángulo 1-2-3 y el de la derecha desde el 8-9-10.

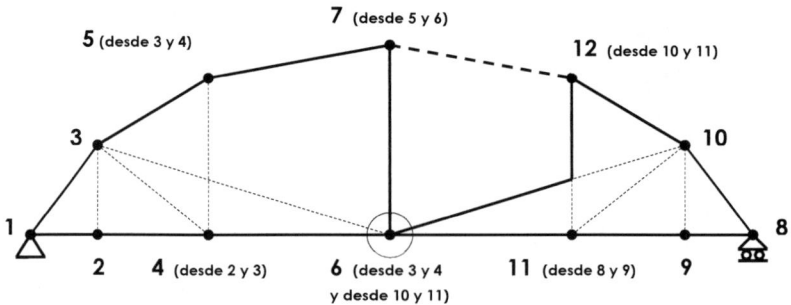

Ejercicio 2.3.03

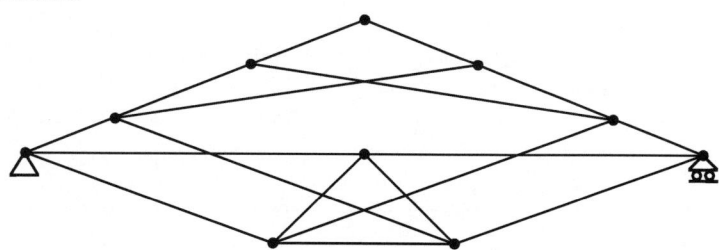

SOLUCION

En este caso, la estructura representada es una celosía simple, generada a partir del triángulo 1-2-3 con la secuencia indicada en la figura.

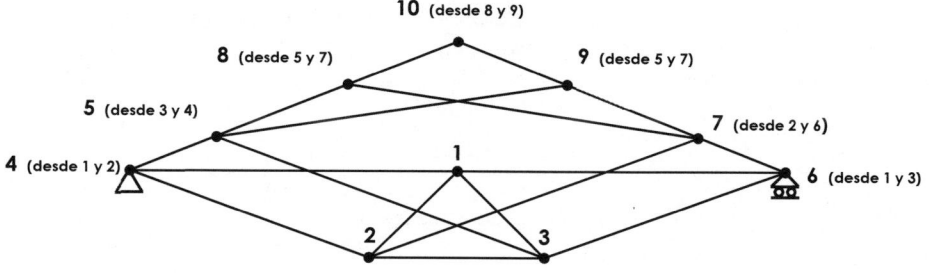

Ejercicio 2.3.04

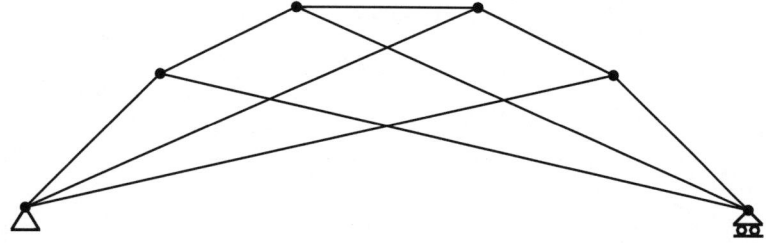

SOLUCION

La estructura indicada es una celosía compuesta por dos celosías simples (triángulos 1-4-6 y 2-3-5) unidas entre sí por tres barras no colineales (1-3, 2-4 y 5-6).

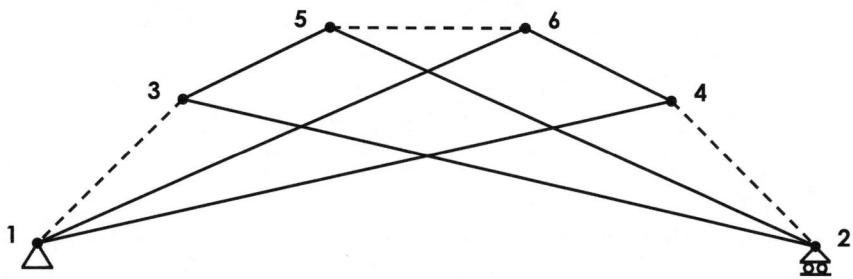

Ejercicio 2.3.05

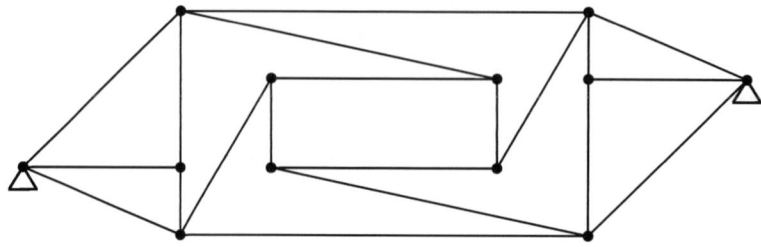

SOLUCION

La estructura representada en este ejercicio es una celosía compleja. No es posible la generación del rectángulo interior de un modo directo desde los nudos exteriores ni a partir de celosías simples.

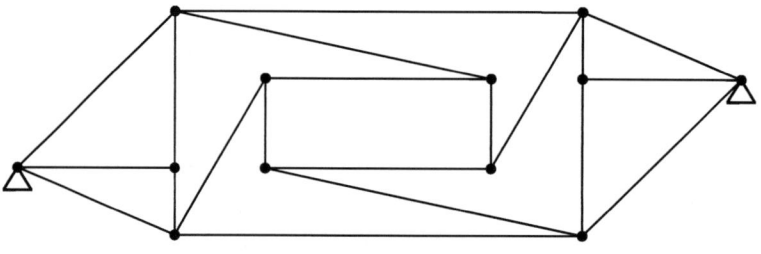

Ejercicio 2.3.06

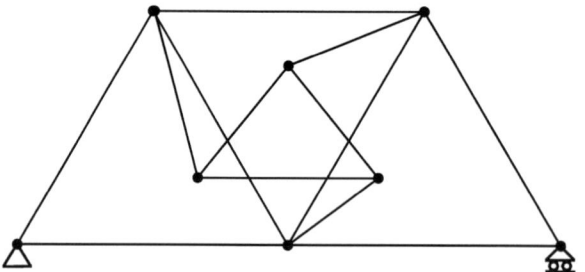

SOLUCION

En este caso, la estructura es una celosía compuesta por dos celosías simples (1-2-3-4-5 y 6-7-8) enlazadas por tres barras no colineales (4-6, 2-7 y 5-8).

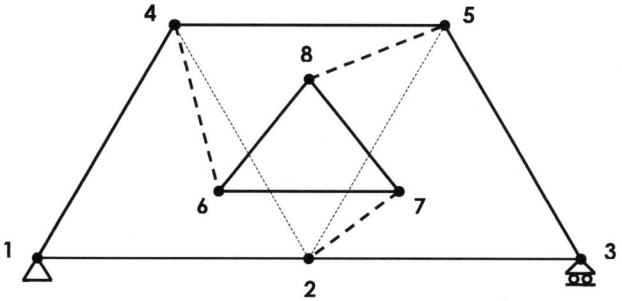

Ejercicio 2.3.07

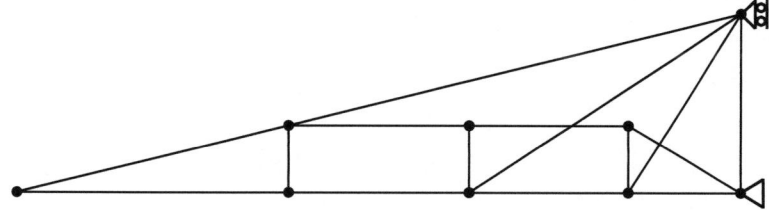

SOLUCION

La estructura del ejercicio es una celosía simple generada a partir del triángulo 1-2-3 en el orden indicado en la figura.

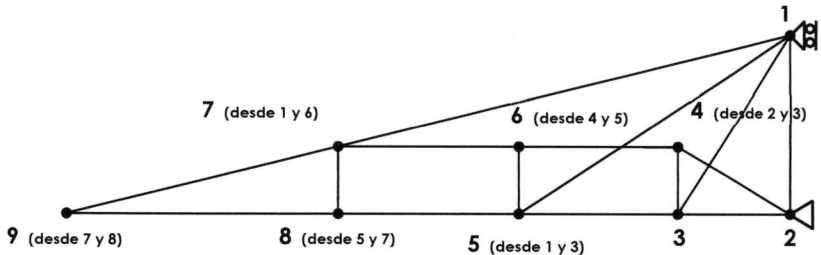

Ejercicio 2.3.08

Demostrar que la celosía compleja representada en la figura es isostática razonando la imposibilidad de movimiento de todos sus nudos.

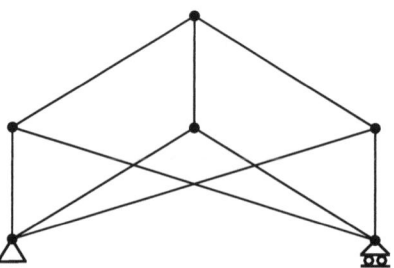

SOLUCIÓN

Se analizan inicialmente las posibilidades de desplazamiento horizontal del apoyo deslizante. Si el punto 2 en la figura inicial se desplazase hacia la derecha, los puntos 3 y 4 se acercarían entre sí, provocando con ello la elevación del punto 6. Como además al aumentar la distancia entre los puntos 1 y 2 el punto 5 descendería, se produciría finalmente un alargamiento de la barra 5-6 que es incompatible con su rigidez.

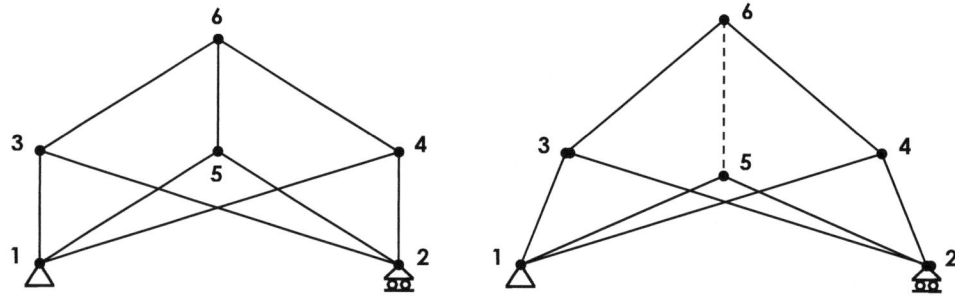

Si, por el contrario, el apoyo deslizante se desplazase hacia la izquierda, los puntos 3 y 4 se separarían provocando con ello el descenso del punto 6. Como por otra parte, al disminuir la distancia entre los puntos 1 y 2 el punto 5 ascendería, se produciría finalmente un acortamiento entre los puntos 5 y 6 que es incompatible con la rigidez de la barra que los une.

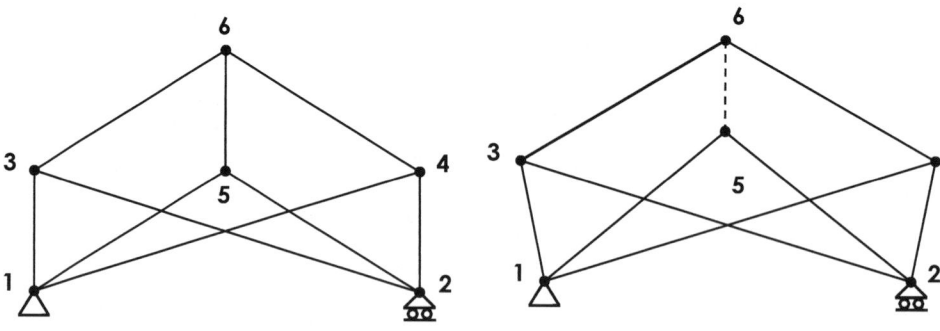

Una vez demostrado que el punto 2 no puede desplazarse horizontalmente, en la figura de la izquierda entre los puntos 1 y 2 las correspondientes parejas de barras fijan los puntos 3, 4 y 5, y, finalmente, a partir de estos las barras superiores fijan el 6.

[2.4]. TRANSFORMACIONES DEL MODELO DE CÁLCULO

En determinadas ocasiones, el modelo de cálculo requerido para el correcto análisis estructural de un sistema articulado puede presentar importantes simplificaciones respecto al modelo geométrico completo con todos los nudos y barras de la estructura.

En estos casos es conveniente la determinación inicial del modelo estructuralmente equivalente con el menor número de nudos y barras posible, para efectuar posteriormente un análisis más sencillo y obtener una mejor visión global del modo de comportamiento de la estructura.

[2.4.1]. CRITERIOS DE SIMPLIFICACIÓN

Cuando sobre un sistema articulado se ejerce un determinado conjunto de cargas, algunas de sus barras resultarán solicitadas por esfuerzos de tracción, otras por esfuerzos de compresión y es posible que un tercer subconjunto de barras posean, para estas cargas, una solicitación nula.

Una vez determinadas las barras «que no trabajan», su eliminación del modelo de cálculo no altera el esfuerzo real de las demás barras. Lógicamente, las barras con solicitación nula no ejercen en la realidad ninguna fuerza sobre sus nudos extremos y su supresión no modifica por ello el equilibrio de estos y la consiguiente distribución de fuerzas entre las restantes barras.

Cabría preguntarse por qué las estructuras articuladas pueden contemplar en su diseño barras con solicitación nula en determinadas ocasiones. Sin embargo, existen varias razones que justifican esta posibilidad.

En un primer lugar, los diferentes tipos de acciones que debe resistir una estructura (verticales como los pesos y sobrecargas de uso y nieve, horizontales como las acciones de viento o sismo, o mixtas como los efectos térmicos o desplazamientos de apoyos, por mencionar algunos ejemplos) pueden aconsejar la incorporación de determinadas barras y nudos planteados para facilitar la respuesta estructural en algunas hipótesis de carga y que no colaboren en la resistencia a otros estados de carga diferentes.

En el sistema articulado de la figura y con las cargas indicadas, las barras representadas mediante trazos discontinuos poseen en todos los casos solicitación nula (con independencia del valor de las diferentes cargas verticales) y se podrían por ello eliminar del modelo de cálculo para este estado de cargas.

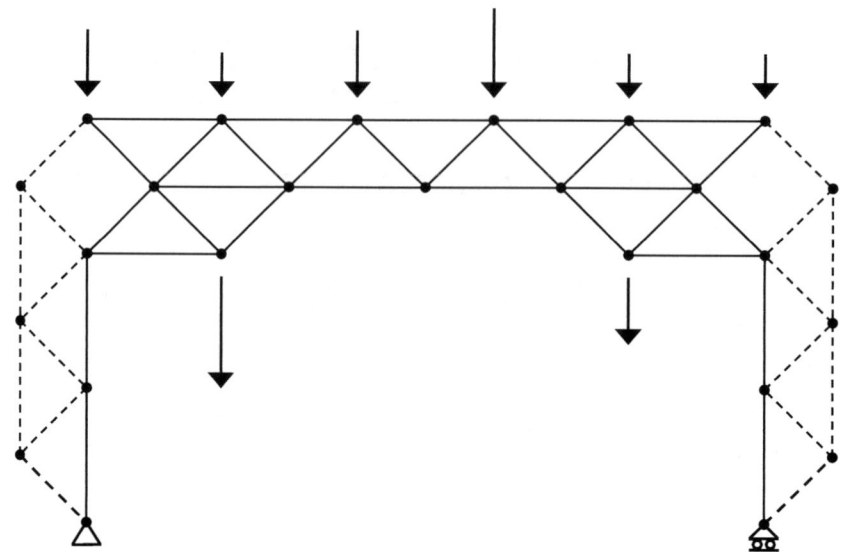

Sin embargo, estas mismas barras se encontrarían solicitadas a tracción o compresión y serían imprescindibles en la resistencia de una hipótesis de cargas horizontales de viento en ambos pilares (presión y succión).

Un segundo motivo para la incorporación de barras de solicitación nula en un sistema articulado es el de garantizar su isostatismo. Determinadas barras se pueden disponer no para resistir esfuerzos sino para coartar desplazamientos de nudos y proporcionar con ello estabilidad del conjunto.

En la estructura hiperestática de la siguiente figura las barras centrales de trazos tienen solicitación nula para el estado de cargas iguales indicado y se podrían, por tanto, suprimir del modelo de cálculo.

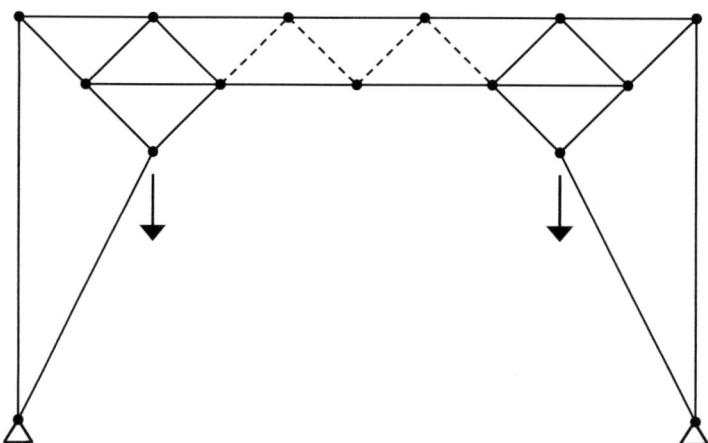

Sin embargo, la eliminación de estas barras en la realidad convertiría la estructura en un mecanismo en situación de equilibrio inestable. Una mínima diferencia entre los valores de las cargas verticales provocaría el colapso del sistema.

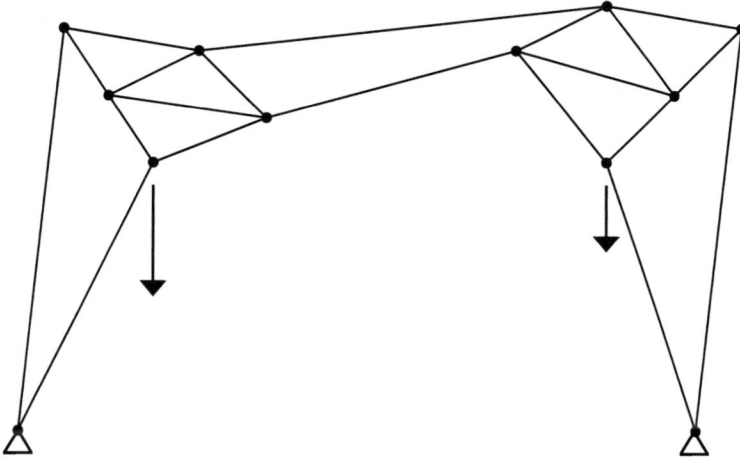

Un tercer motivo para la existencia de barras de solicitación nula en estructuras articuladas es la necesidad de limitación de las luces de pandeo en las barras comprimidas. La inestabilidad por pandeo es muy sensible a la esbeltez de la barra y en ocasiones se disponen subestructuras adicionales de nudos y barras para coartar los desplazamientos en las zonas intermedias de las barras comprimidas y cortar así sus luces de pandeo.

La figura representa un sistema articulado isostático en el que las barras de trazos no reciben solicitaciones axiles. Su disposición, sin embargo, coarta las posibles tendencias de desplazamiento transversal de los nudos intermedios de la barra comprimida inclinada, favoreciendo sensiblemente su resistencia al pandeo en el plano de la estructura.

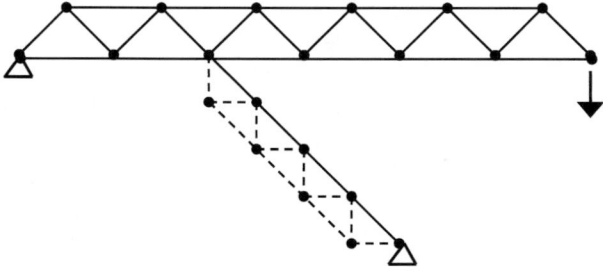

Un motivo adicional para la determinación inicial de las barras con solicitación nula es la simplificación que produce en el cálculo de los estados de cargas virtuales para la determinación de los desplazamientos de nudos en los sistemas articulados. Como se verá en el Capítulo 4, estos desplazamientos se pueden obtener a partir de los esfuerzos producidos por una carga virtual sobre la estructura y en estos estados intermedios de cálculo suelen ser especialmente numerosas las barras con solicitación nula.

Por todo lo anterior, es recomendable la simplificación del modelo de análisis estructural mediante la eliminación de las barras de esfuerzo nulo y para facilitar la correcta identificación de estas en cada caso, se exponen a continuación unos criterios básicos.

Criterio 1. Cuando a un nudo no cargado acceden exclusivamente dos barras de distinta dirección, ambas tienen solicitación axil nula.

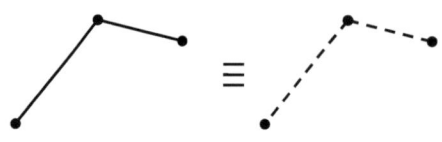

Efectivamente, si cualquiera de las barras estuviese sometida a un esfuerzo axil, se alargaría o acortaría girando a partir de su extremo fijo opuesto al nudo y la otra barra nunca podría impedir el movimiento de este.

Criterio 2. Cuando a un nudo acceden exclusivamente dos barras de distinta dirección y se encuentra cargado en la dirección de una de ellas, la otra tiene solicitación axil nula.

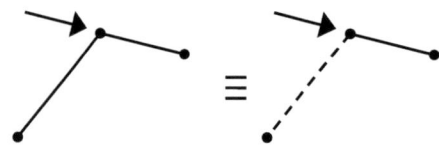

Si la barra a trazos estuviese sometida a un esfuerzo axil, se alargaría o acortaría girando a partir de su extremo fijo opuesto al nudo y la otra barra nunca podría impedir el movimiento del nudo en la dirección perpendicular a la fuerza.

En este caso, además, el esfuerzo axil en la barra de la misma dirección de la carga tiene lógicamente el valor de esta última.

Criterio 3. Cuando a un nudo no cargado acceden exclusivamente tres barras y dos de ellas tienen la misma dirección, la tercera (si tiene dirección diferente) posee solicitación axil nula.

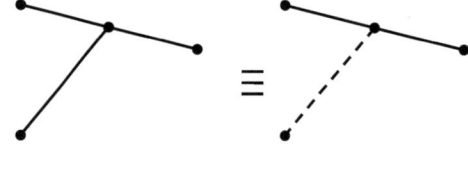

Si la barra a trazos estuviese sometida a un esfuerzo axil, se alargaría o acortaría girando a partir de su extremo fijo opuesto al nudo y las otras dos barras no podrían impedir el movimiento del nudo en la dirección perpendicular a las mismas.

Adicionalmente, el esfuerzo en las barras de la misma dirección tendría el mismo valor en ambas, que se comportarían a estos efectos como una barra única.

Criterio 4. Cuando en una estructura simétrica a un nudo no cargado contenido en el eje de simetría acceden dos barras perpendiculares al mismo y otras dos inclinadas y simétricas, estas últimas tienen solicitación axil nula.

Las barras a trazos tienen que tener el mismo esfuerzo por simetría. Si este es de compresión, las barras horizontales no pueden impedir el ascenso del nudo central. Si este es de tracción, las barras horizontales no pueden impedir su descenso vertical. Por tanto, las barras inclinadas no pueden estar sometidas a ningún esfuerzo y las horizontales poseen esfuerzos del mismo valor.

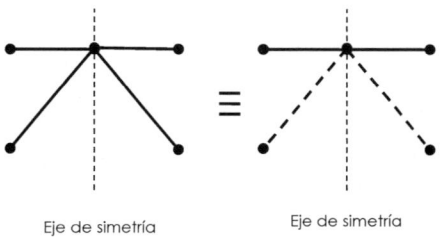

Eje de simetría   Eje de simetría

Los criterios anteriores de detección de barras de axil nulo se pueden también justificar imponiendo en cada caso el equilibrio de las proyecciones de las fuerzas actuantes sobre el nudo central, en la dirección perpendicular a las barras con axil no nulo.

Se puede, por tanto, simplificar el modelo identificando los nudos del sistema que cumplan alguna de las condiciones de los criterios enunciados y eliminando las barras (y nudos, en su caso) correspondientes. Este proceso debe realizarse de manera iterativa porque, tras la eliminación de cualquier barra, otro nudo puede ahora cumplir las condiciones indicadas en cualquiera de los criterios.

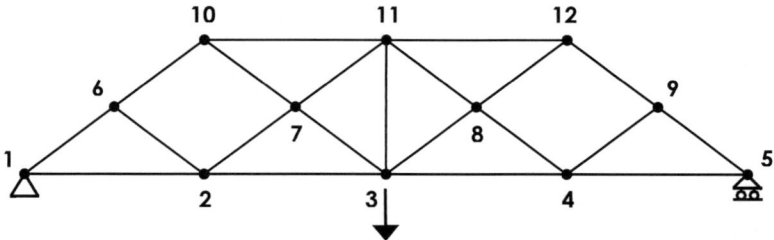

En la estructura de la figura el equilibrio de los nudos 6 y 9 impone (mediante el tercer criterio) la eliminación de las barras 6-2 y 9-4. Ahora el equilibrio de los nudos 2 y 4 elimina las barras 2-7 y 4-8. A continuación el equilibrio de los nudos 7 y 8 obliga a la supresión de las barras 7-11 y 8-11 y finalmente el equilibrio del nudo 11 elimina también la barra 11-3.

En la figura siguiente se representan a trazos las barras con axil nulo y con círculos los nudos que provocan su eliminación.

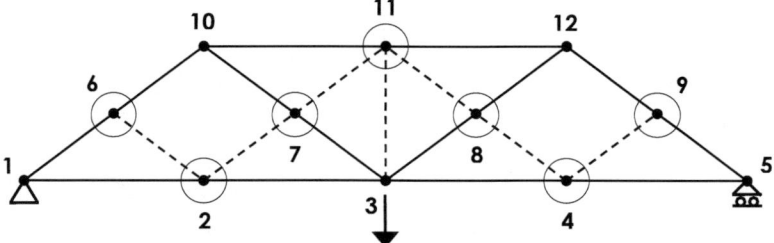

Se aprecia que finalmente la barra 3-11 no colabora en la resistencia de la carga aplicada en el nudo 3. Ello es debido a que no puede transmitir ninguna carga al nudo 11 al no poder este a su vez sustentarse en las barras 11-7 y 11-8.

Con ello se quiere destacar que simplemente basta que el equilibrio de uno de los dos nudos extremos de una barra obligue a que su esfuerzo axil sea nulo para provocar su eliminación del modelo (aunque dicha eliminación no se pueda deducir a priori del análisis del equilibrio de su otro nudo extremo).

Es importante resaltar finalmente que el análisis de la tipología estructural (mecanismo, sistema isostático o hiperestático) se debe realizar antes de la eventual eliminación de barras y nudos.

Como se ha visto, es posible que algunas barras o nudos eliminados estuviesen dispuestos precisamente para garantizar la estabilidad estructural del conjunto.

Ejercicio 2.4.1.01

Representar el modelo de cálculo simplificado de la siguiente estructura tras la eliminación de las barras con esfuerzo axil nulo.

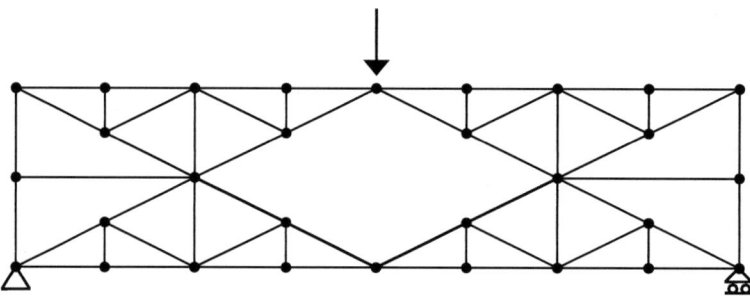

SOLUCIÓN

Tras la aplicación inicial del tercer criterio (nudo no cargado con dos barras colineales) a todos los nudos indicados con círculos se detectan como barras de solicitación nula las representadas a trazos.

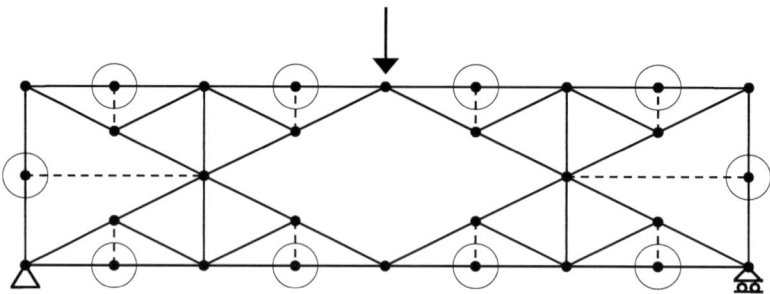

Tras la eliminación de estas barras, se aplica nuevamente este criterio a los nudos marcados en la figura siguiente y se identifican nuevas barras de esfuerzo axil nulo.

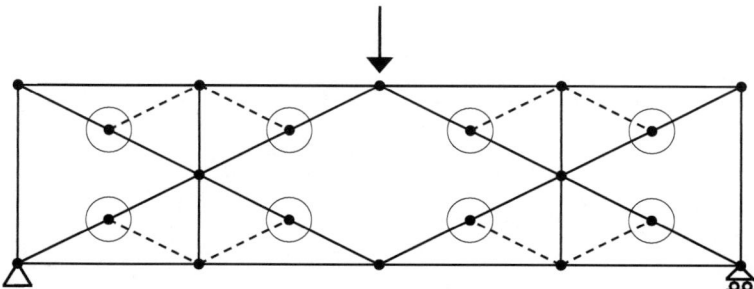

Ahora ya quedan como nudos no cargados de tres barras y dos horizontales los cuatro indicados con círculos en ambos lados de la estructura, por lo que las barras verticales interiores tampoco se encuentran solicitadas.

Además, al equilibrio del nudo inferior central se le puede aplicar el cuarto criterio, dada la simetría del sistema y por ello es también nulo el axil de las dos diagonales que confluyen en el mismo (tendría que tener el mismo signo por simetría y signos opuestos para garantizar el equilibrio vertical del nudo).

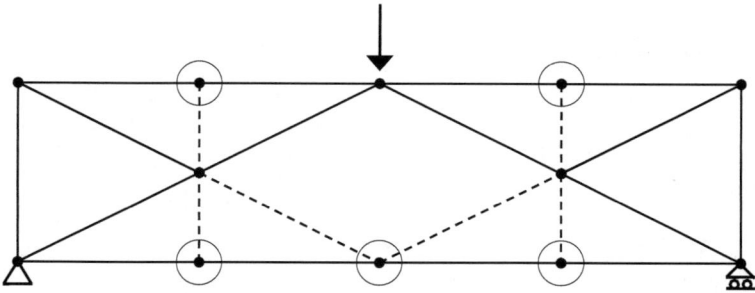

Tras estas nuevas eliminaciones se puede volver a aplicar el tercer criterio a los dos nudos indicados en la figura siguiente.

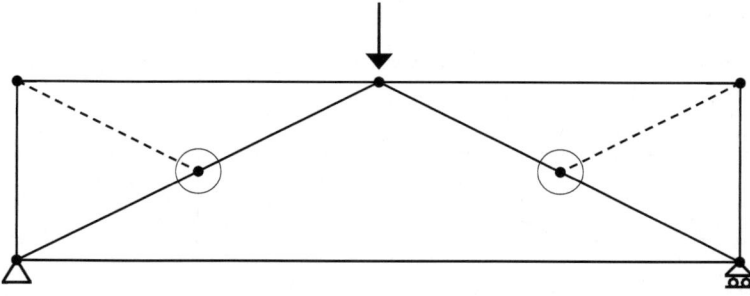

Finalmente, y de acuerdo con el primer criterio, a los dos nudos superiores extremos acceden solamente dos barras y, al no estar cargados, ninguna de ellas está sometida a esfuerzos en la actual hipótesis de cargas.

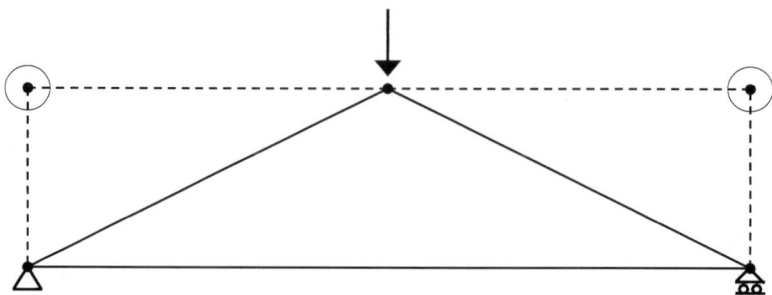

Como conclusión, de los 30 nudos y 58 barras iniciales del sistema articulado en estudio, el estado de cargas indicado moviliza exclusivamente las tres barras representadas con trazo continuo en la figura (las dos inclinadas en compresión y la horizontal en tracción).

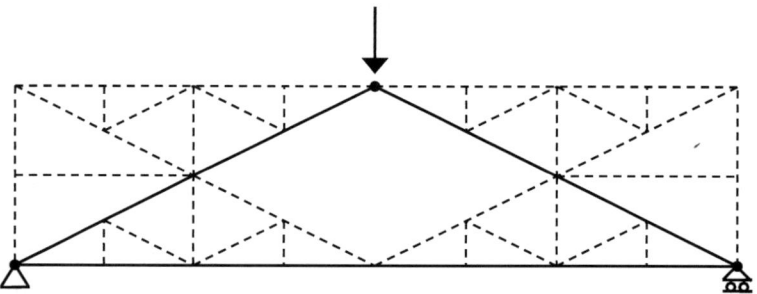

El resto de las barras (con trazo discontinuo) no colaboran en la resistencia de la estructura frente a la carga vertical dispuesta en su nudo superior central.

El sistema, inicialmente hiperestático de primer grado, se simplifica en uno isostático tras la eliminación de las barras de esfuerzo axil nulo.

Ejercicio 2.4.1.02

Sobre la estructura indicada en el ejercicio anterior, determinar las barras de solicitación nula correspondientes a una carga vertical aplicada sobre el nudo central inferior.

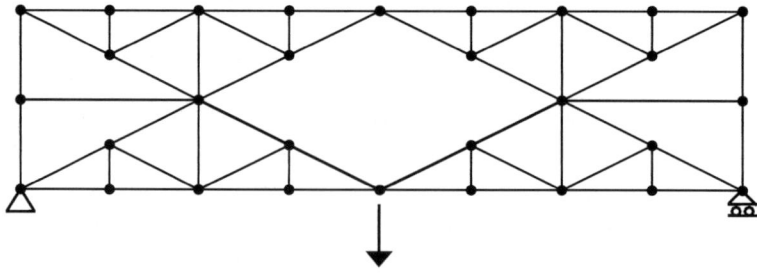

SOLUCIÓN

Las dos primeras etapas de simplificación son idénticas a las correspondientes al ejercicio anterior (se identifican los nudos no cargados con tres barras y dos de ellas colineales y se elimina la tercera).

En la tercera etapa, en este caso, el nudo central no cargado es el superior y a él se aplica la simplificación por simetría (cuarto criterio) eliminando las dos barras inclinadas que acceden al mismo.

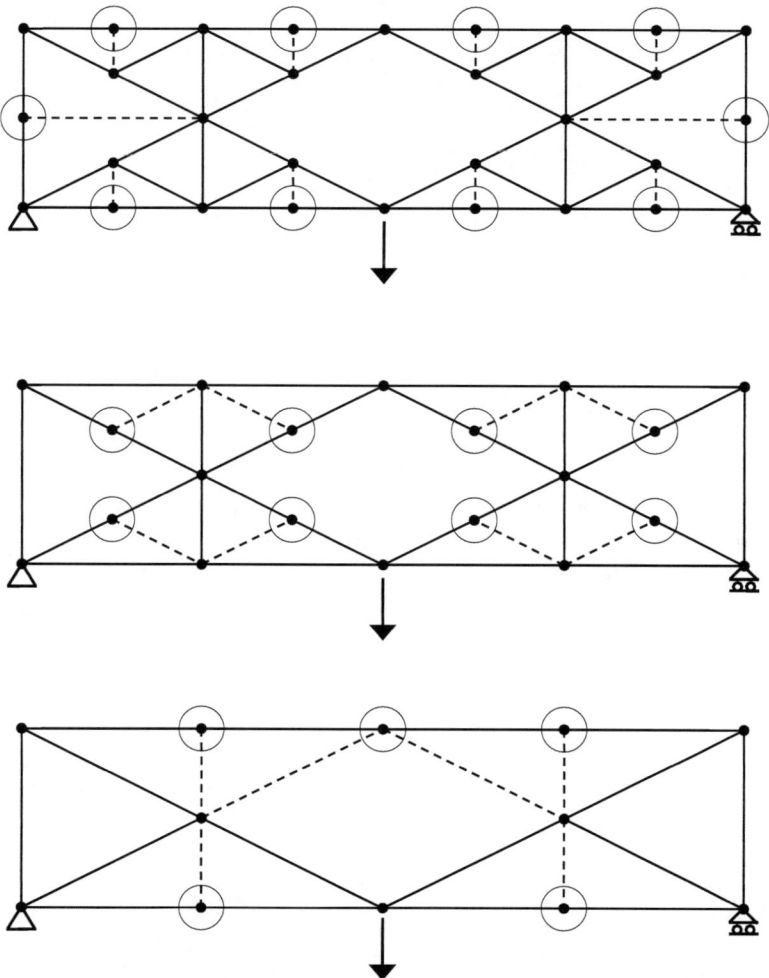

Tras esta última supresión de barras, se puede aplicar nuevamente el tercer criterio de simplificación a los nudos interiores, eliminando esta vez las barras inclinadas que parten de los apoyos.

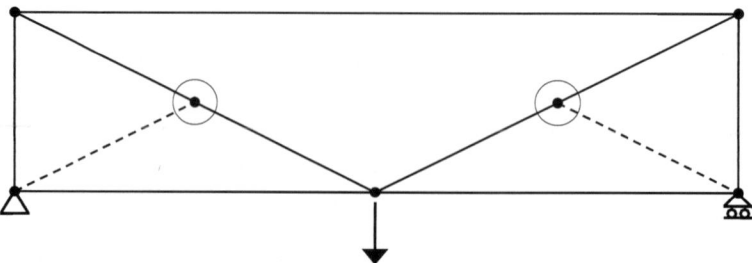

Finalmente y teniendo en cuenta que las reacciones en los apoyos son ambas verticales (la de la derecha por tratarse de un apoyo deslizante horizontal y la de la izquierda por el equilibrio general del sistema), a los nudos indicados acometen solamente dos barras y están solicitados por una fuerza en la dirección de una de ellas. La aplicación de segundo criterio permite la eliminación de las barras horizontales inferiores.

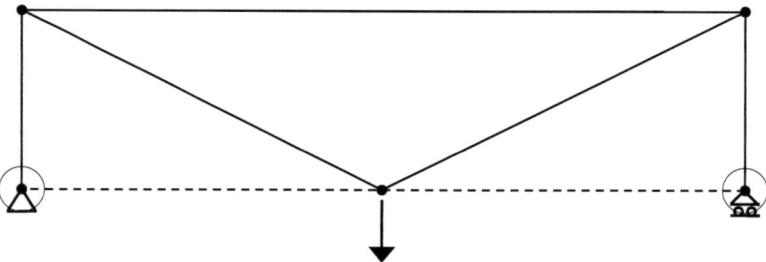

El modelo de comportamiento resistente del sistema frente a la carga inferior se representa a continuación y consta de un marco exterior comprimido y dos diagonales interiores ahora traccionadas.

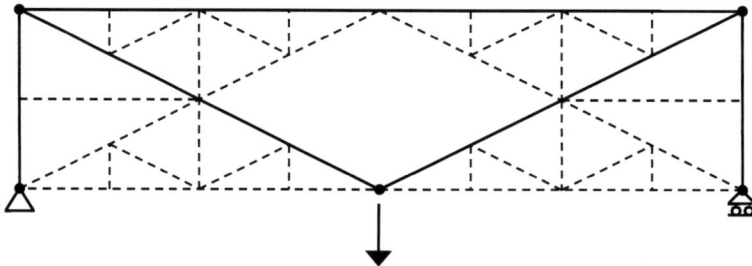

En este caso, la eliminación de las barras que no colaboran en el esquema resistente ha propiciado el paso de un sistema hiperestático inicial a un mecanismo en equilibrio teóricamente inestable; inestabilidad que desaparece cuando se considera la existencia real de las barras de trazo discontinuo.

Ejercicio 2.4.1.03

Sobre la misma estructura, determinar las barras movilizadas por las dos cargas simétricas.

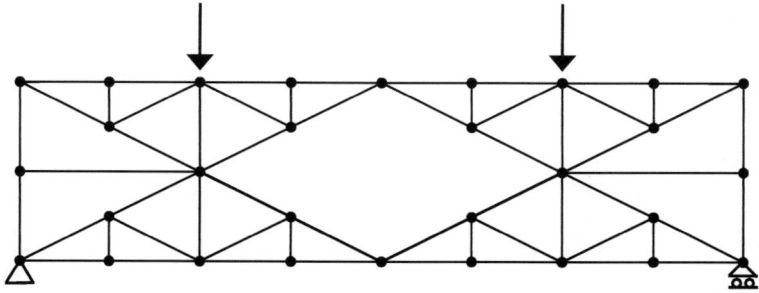

SOLUCIÓN

Con esta tercera hipótesis de cargas, no hay acciones en ninguno de los dos nudos del eje de simetría y se puede eliminar por esfuerzo nulo el rombo central completo. El sistema resultante es otro mecanismo en equilibrio por el comportamiento simétrico del sistema.

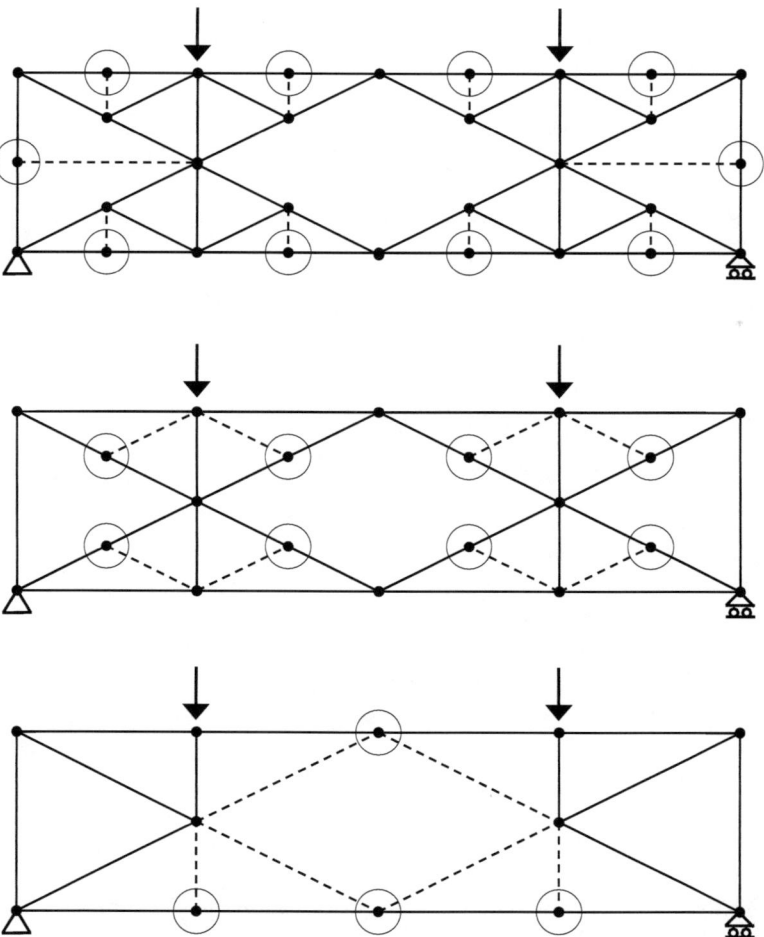

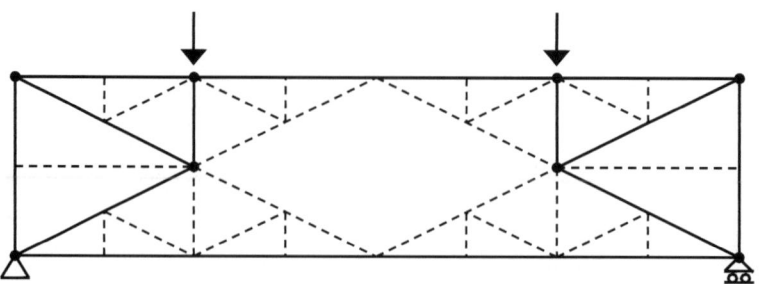

Ejercicio 2.4.1.04

También sobre la estructura del ejercicio 2.04.01, determinar las barras que participan en la resistencia del conjunto cuando este se solicita mediante la carga descentrada representada en la figura.

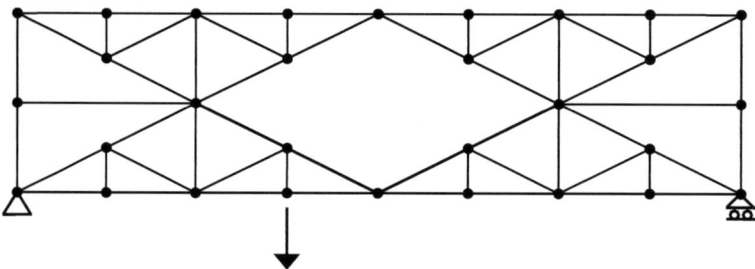

SOLUCIÓN

El equilibrio del nudo de aplicación de la carga no supone en este caso la eliminación de su barra vertical.

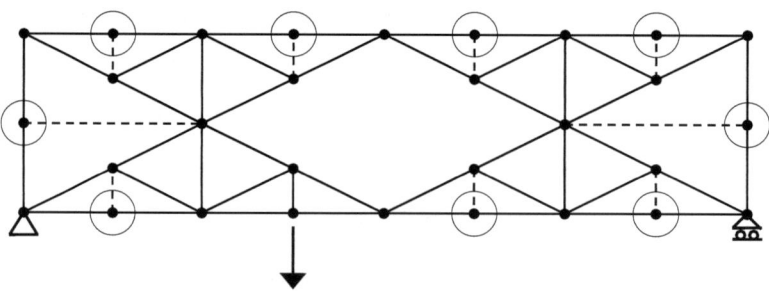

Por ello, tampoco se pueden suprimir la correspondiente barra inclinada ni la barra vertical de su otro extremo.

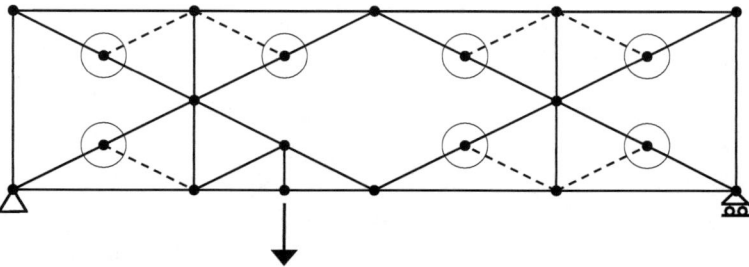

Además, por no ser simétrico el sistema, no se puede deducir un estado de solicitación nulo en el rombo central.

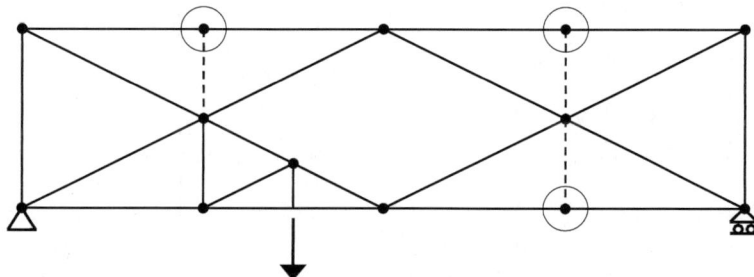

Finalmente se aprecia que la carga indicada produce la participación de un número sensiblemente mayor de barras de la estructura y no rebaja, en este caso, el grado de hiperestatismo del sistema.

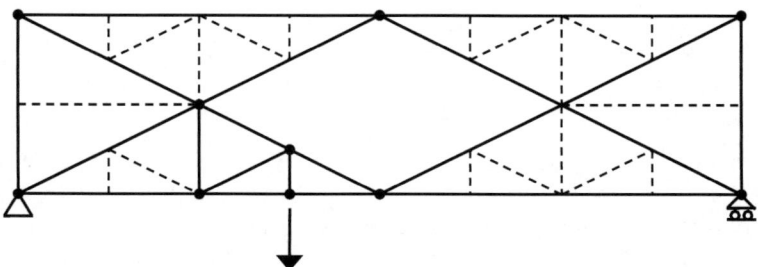

[2.4.2]. EQUIVALENCIAS DE SUBSISTEMAS

En determinadas ocasiones, el efecto que ejerce una parte de un sistema (subsistema) sobre el resto es equivalente al ejercido por un subsistema más sencillo. Para el análisis del resto de la estructura puede sustituirse el subsistema original por su equivalente.

Este es el caso de los subsistemas biarticulados en sus conexiones con la estructura general y no cargados en su interior. El efecto producido por estos subsistemas es el ejercido por una barra única dispuesta entre las dos articulaciones de conexión.

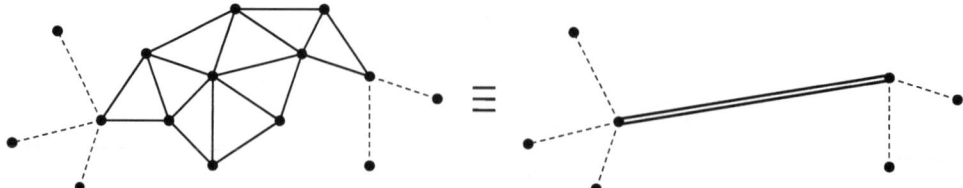

Por ejemplo, en la estructura articulada de la figura izquierda, se podrían sustituir los 6 subsistemas laterales por las barras equivalentes dispuestas en la figura derecha y, una vez analizado el comportamiento de este sistema simplificado, determinar los esfuerzos en cada uno de los subsistemas originales a partir del axil que solicita cada una de las barras equivalentes.

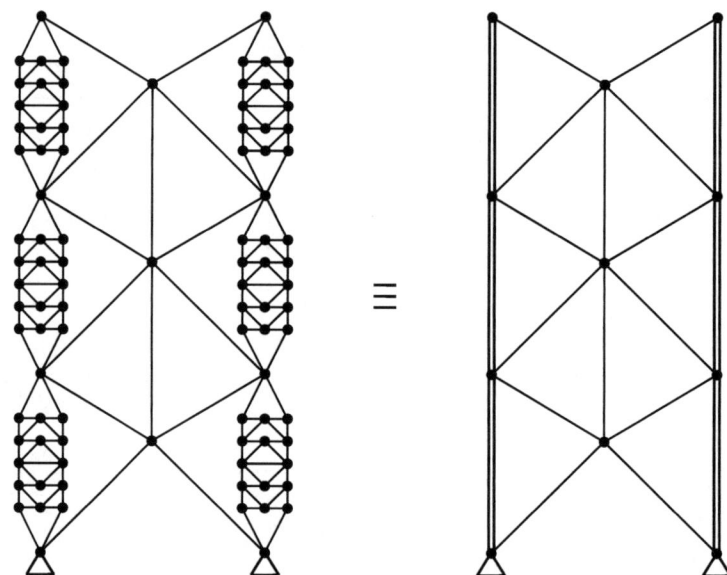

Otra posibilidad de sustitución de subsistemas se produce en los casos en los que una única barra conecta un apoyo fijo con el resto de la estructura. Para el correcto equilibrio de esta barra, la reacción del apoyo debe tener necesariamente la dirección de la barra y el conjunto apoyo-barra se comporta, por tanto, como un apoyo deslizante.

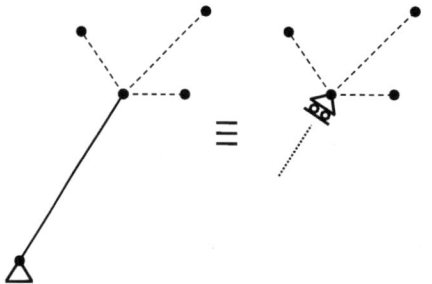

En ambos casos, está coartado el desplazamiento del nudo de conexión en la dirección de la barra y se encuentra libre el desplazamiento en la dirección perpendicular a la misma.

El conjunto de apoyo fijo y barra se puede sustituir, por tanto, por el apoyo deslizante. La reacción en este último proporcionará directamente el esfuerzo axil en la barra real.

Las dos sustituciones descritas se pueden además combinar y por ello un subsistema no cargado que enlace un apoyo fijo con un nudo de la estructura producirá sobre esta el mismo efecto que un único apoyo deslizante en el nudo de conexión y con deslizamiento perpendicular a la dirección que une este nudo con el apoyo fijo inicial.

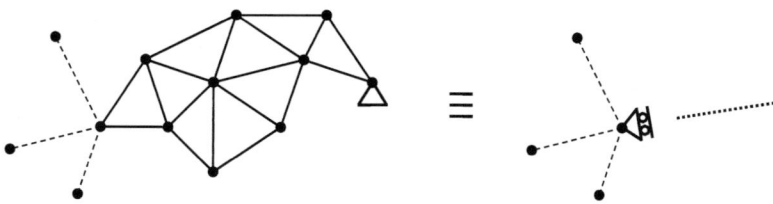

Ejercicio 2.4.2.01

Representar el modelo de análisis más reducido posible para la determinación de las reacciones en el sistema articulado de la figura.

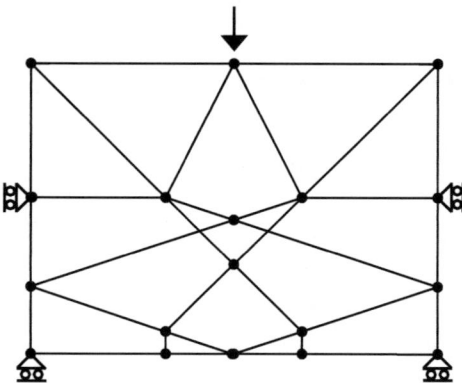

SOLUCIÓN

En una primera etapa se aplican los criterios de simplificación 3 y 4 a los nudos centrales de la zona inferior, eliminando las correspondientes barras. En la siguiente se aplica el primer criterio a los dos nudos interiores. Seguidamente se utiliza el tercer criterio en los nudos laterales indicados y en la cuarta etapa nuevamente el primer criterio a los dos nudos interiores del eje de simetría. En la penúltima etapa se elimina la barra inferior aplicando el segundo criterio de simplificación a cualquiera de los apoyos con deslizamiento horizontal y finalmente se sustituyen los dos subsistemas simétricos resultantes en la zona superior por sendas barras equivalentes.

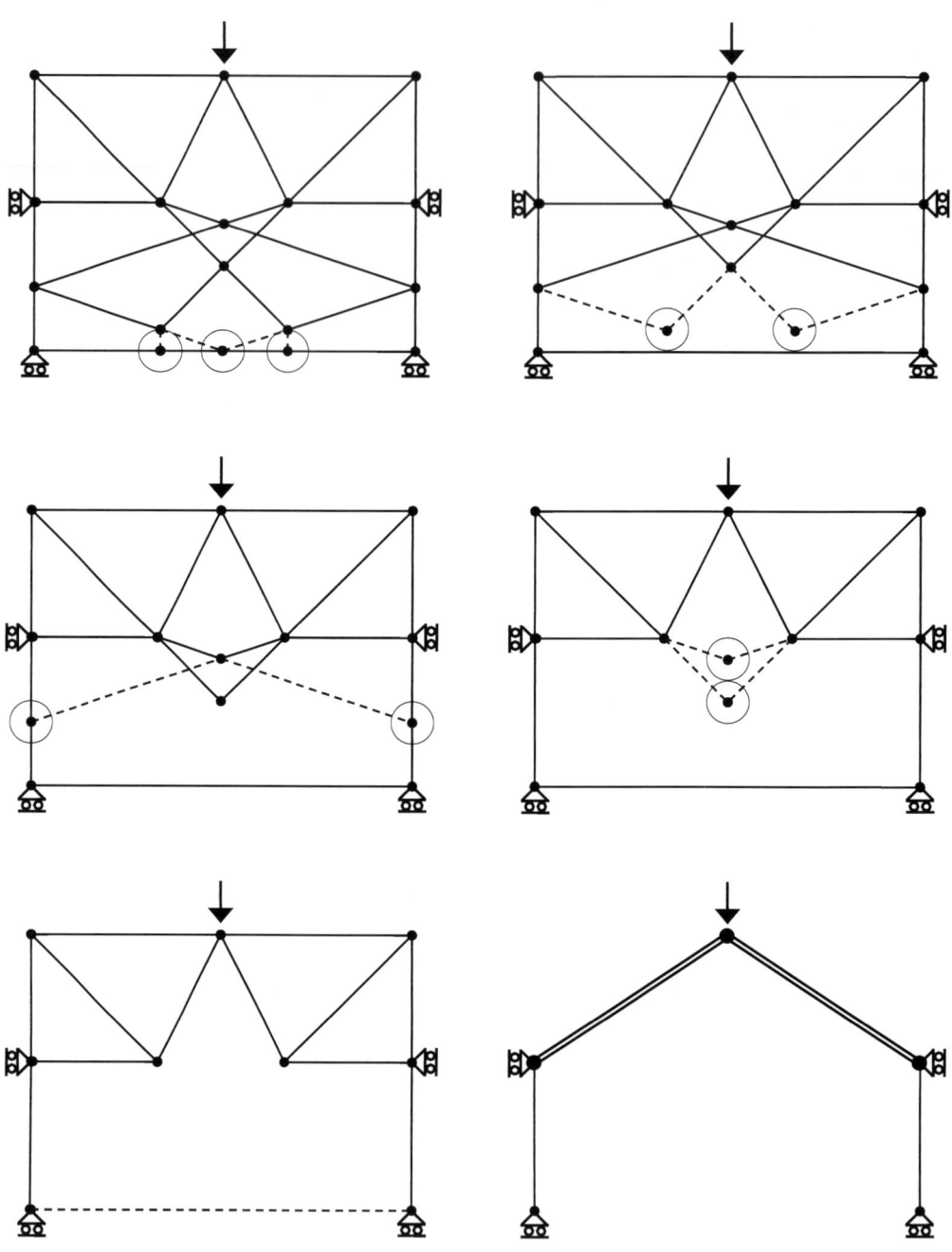

Ejercicio 2.4.2.02

En el sistema articulado de la figura, determinar el valor y sentido de la reacción en el apoyo deslizante en función de la carga aplicada.

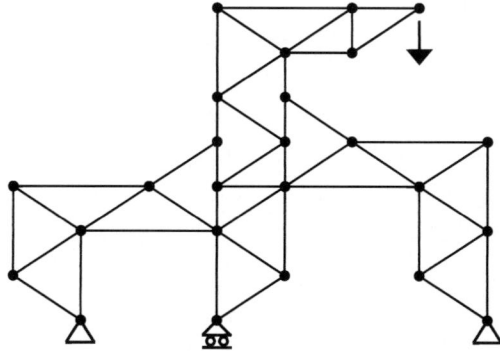

SOLUCIÓN

Las condiciones de equilibrio de los nudos indicados imponen la nulidad del esfuerzo axil en las barras representadas a trazos.

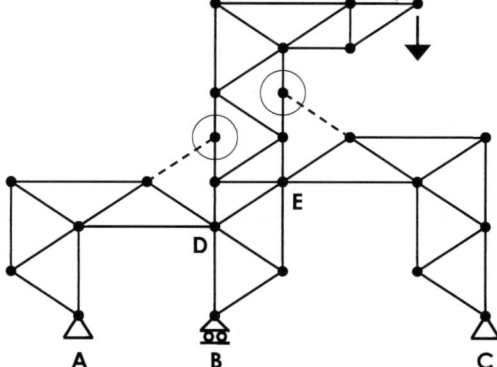

Una vez eliminadas, se sustituyen los subsistemas no cargados A-D y C-E por barras con la inclinación que une estos extremos.

A continuación se procede a sustituir los dos conjuntos de apoyo fijo y barra por los correspondientes apoyos deslizantes.

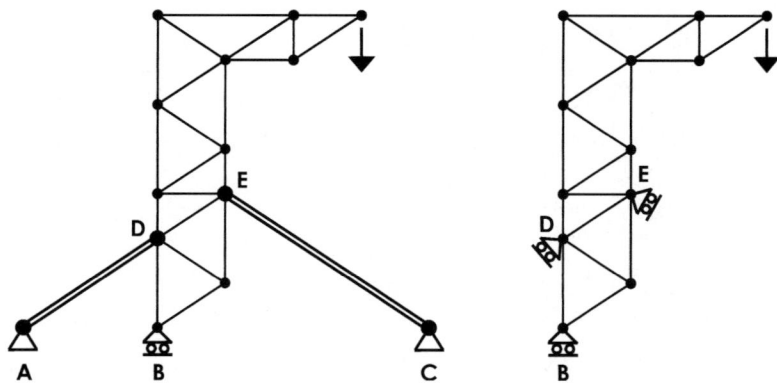

Finalmente, para la determinación de la reacción vertical en B se plantea el equilibrio de momentos en el punto E (intersección de las direcciones de las reacciones en D y E).

Para que el conjunto no gire alrededor de E la reacción en B tiene que ser descendente y de valor doble de la carga aplicada (por tener la mitad del brazo de la carga respecto al punto E).

[2.4.3]. ESTRUCTURAS SIMÉTRICAS

Cuando un sistema articulado posee una distribución simétrica respecto a un eje, tanto en su disposición geométrica de nudos y barras como en las fuerzas que lo solicitan (cargas y reacciones), la distribución de esfuerzos axiles también será simétrica y se puede obtener analizando solamente una mitad del sistema e imponiendo adecuadamente las condiciones de simetría en el eje.

En cualquier punto de dicho eje se pueden producir desplazamientos en la dirección del mismo, pero no pueden producirse desplazamientos en la dirección perpendicular al mismo sin alterar la situación de simetría. El enlace que representa estas condiciones es el apoyo deslizante en la dirección del eje (libertad de movimiento) con reacción perpendicular al mismo (para coartar el movimiento). En un sistema en que no contenga barras ni cargas el esquema simplificado de cálculo sería el de la figura.

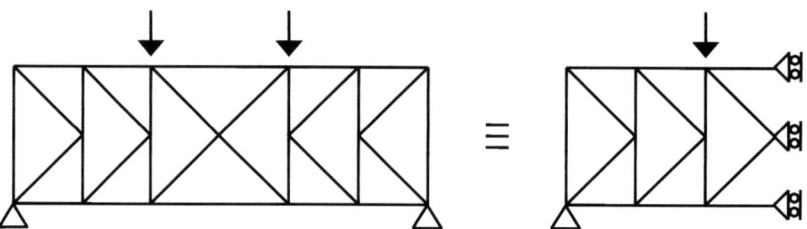

Cuando en el eje de simetría existen barras o cargas, se considera, por tanto, que a cada una de las dos partes le corresponderá la mitad del área de la sección (A/2) y la mitad de la fuerza aplicada (F/2).

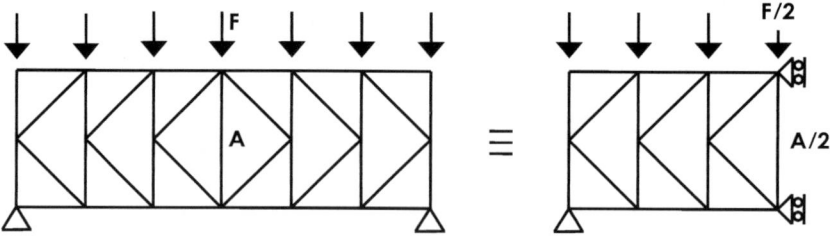

Ejercicio 2.4.3.01

Representar el modelo simplificado de análisis del sistema doblemente simétrico siguiente.

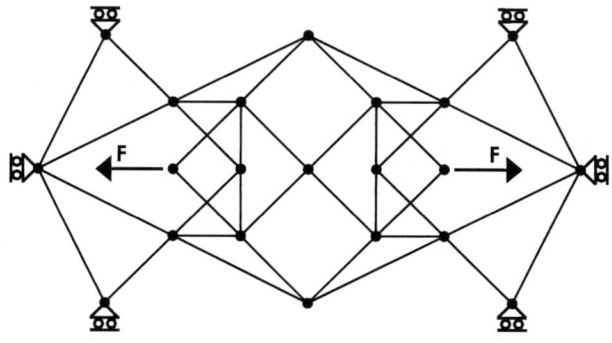

SOLUCIÓN

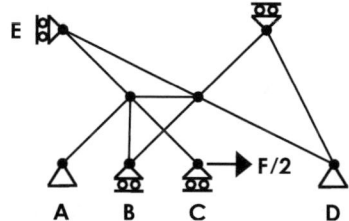

En el nudo central A, se encuentran coartados los movimientos perpendiculares a ambos ejes de simetría y se dispone, por tanto, un apoyo fijo. Los apoyos deslizantes B y C son los correspondientes al eje de simetría horizontal.

En el nudo D existe ya un apoyo deslizante vertical y al añadirle la condición de simetría horizontal se transforma en un apoyo fijo. En el nudo E se dispone otro apoyo deslizante correspondiente al eje de simetría vertical.

Finalmente, el apoyo superior derecho se mantiene inalterado y la fuerza aplicada se reduce a la mitad por encontrarse en un eje de simetría.

Ejercicio 2.4.3.02

Obtener un modelo simplificado de análisis del sistema de la figura, convirtiéndolo en simétrico (mediante la adición de la barra que le falta) y justificando que la barra añadida tiene solicitación nula.

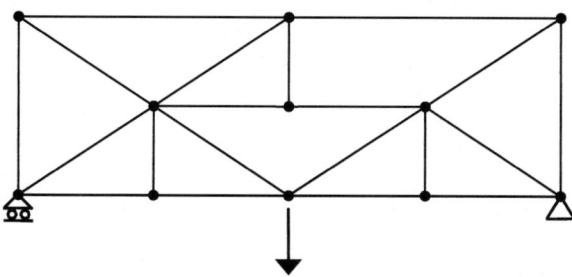

SOLUCIÓN

Las figuras representan las sucesivas etapas de simplificación y la comprobación final del axil nulo en la barra añadida, que da validez al procedimiento empleado en este caso.

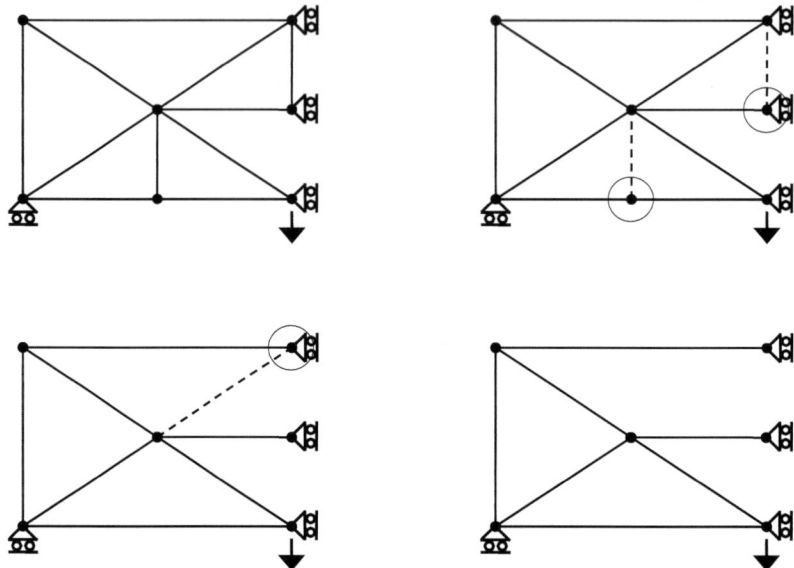

[2.5]. COMPORTAMIENTO RESISTENTE DE LAS BARRAS

En una estructura articulada en equilibrio las fuerzas aplicadas sobre los nudos tienden a provocar su movimiento y las barras actúan como vínculos internos entre los nudos, colaborando con los apoyos externos a la restricción de todos los movimientos.

Esta colaboración se produce mediante la oposición de las barras traccionadas al aumento de la distancia entre sus nudos extremos y la oposición de las barras comprimidas al acercamiento entre los mismos.

En el Capítulo 3 se abordarán con detalle distintos procedimientos para la determinación rigurosa de los esfuerzos en todas las barras de cualquier estructura articulada isostática plana pero, cuando no se precisan valores numéricos y solamente se desea conocer el modo de comportamiento de cada barra, es suficiente un análisis intuitivo de las posibilidades de deformación de la estructura.

Este análisis puede ser especialmente interesante en las fases iniciales de diseño, por la importancia que tiene el tipo de esfuerzo de cada barra en su dimensionamiento estructural. Las barras comprimidas, a medida que aumenta su longitud, precisan de una mayor capacidad resistente para evitar el fenómeno de pandeo, mientras que las traccionadas pueden disponerse con una menor sección (para el mismo valor absoluto del esfuerzo) e incluso reemplazarse por un cable.

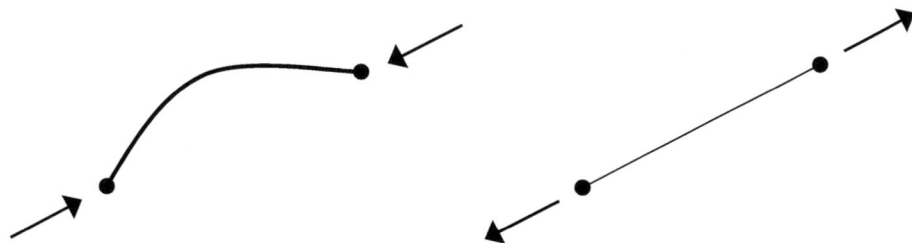

Interesará a priori minimizar el número de barras comprimidas en el sistema y que estas tengan la menor longitud posible.

Para determinar el tipo de esfuerzo de cada barra en una estructura articulada se tiene en cuenta su carácter de vínculo entre nudos. De igual manera que cuando se desea conocer la acción ejercida por un apoyo externo se elimina el vínculo y se analiza la tendencia de movimiento de la estructura (y con ello el sentido de la fuerza que debe ejercer el apoyo para impedir dicho movimiento), se procede de un modo similar cuando se trata de un vínculo interno.

En este caso, se elimina la barra, se observa la tendencia de alejamiento o acercamiento entre sus nudos extremos tras la deformación de la estructura y se determina el sentido de las fuerzas (iguales y opuestas) que tiene que ejercer la barra sobre los nudos para impedir su desplazamiento relativo.

Los ejercicios desarrollados a continuación aclaran de una manera práctica este procedimiento de análisis del comportamiento estructural de las barras.

Ejercicio 2.5.1.01

En el sistema articulado isostático representado, determinar el tipo de esfuerzo (tracción o compresión) de las cuatro barras señaladas en la figura (cordón inferior y superior, diagonal y montante).

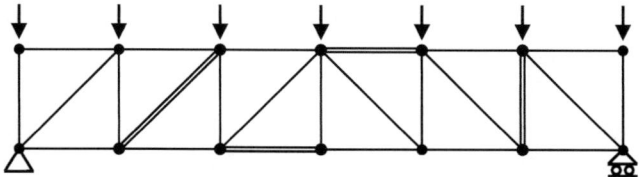

SOLUCIÓN

Se elimina inicialmente la barra horizontal del cordón inferior y se observa la deformación de la estructura. Al convertirse en un mecanismo, se produce un giro relativo alrededor del nudo central superior mientras el apoyo deslizante se desplaza hacia la derecha.

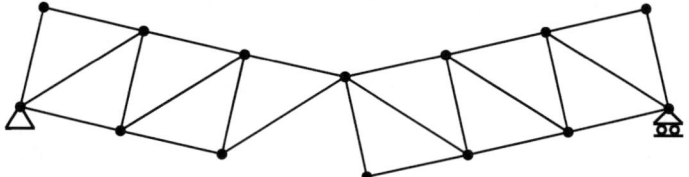

En esta situación ficticia, los nudos extremos de la barra en estudio se han alejado entre sí. Esto no sucede en la realidad porque dicha barra ejerce fuerzas iguales y opuestas tirando de ambos nudos para impedir su separación.

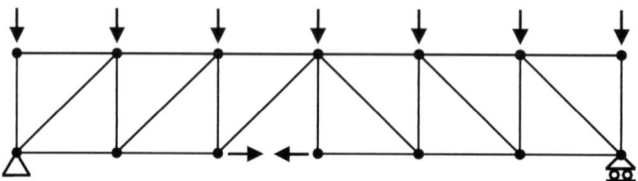

Por su parte, los nudos tiran a su vez de la correspondiente barra, sometiéndola a un esfuerzo de tracción.

Se elimina ahora la barra horizontal del cordón superior y el nuevo mecanismo se deforma girando alrededor del correspondiente nudo central inferior y desplazando ligeramente el apoyo deslizante hacia la izquierda.

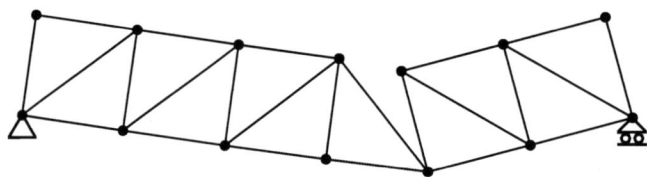

En este caso, los nudos extremos de la barra eliminada tienden a acercarse y, si no lo hacen, es porque dicha barra está realmente ejerciendo dos fuerzas iguales y opuestas empujando hacia ambos nudos.

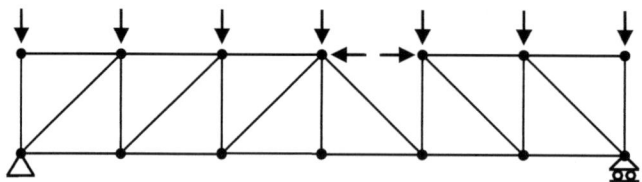

A su vez, los nudos empujan con fuerzas opuestas a la barra y la someten a un esfuerzo de compresión.

Cuando se elimina la barra diagonal, el rombo producido en el mecanismo resultante se distorsiona acortando la separación de los nudos extremos de la barra en estudio.

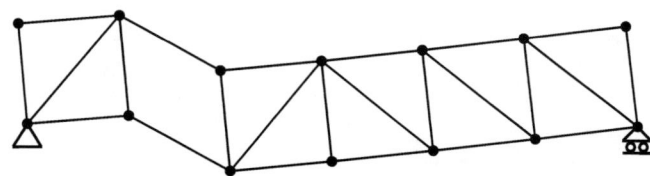

Este acercamiento lo impiden las dos fuerzas de empuje que la barra realmente transmite a los dos nudos.

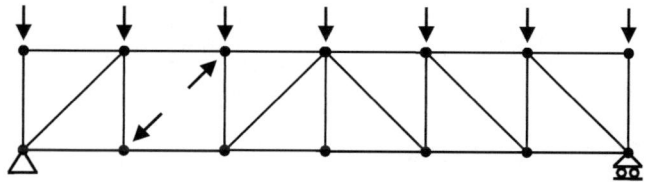

Ambos nudos ejercen también fuerzas de empuje sobre la barra, iguales y opuestas a las que la barra ejerce sobre ellos y someten, por tanto, a la diagonal a un esfuerzo de compresión.

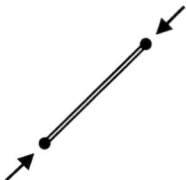

Finalmente, al eliminar el montante vertical, el rombo producido se distorsiona y aumenta la separación de los nudos extremos de la barra eliminada.

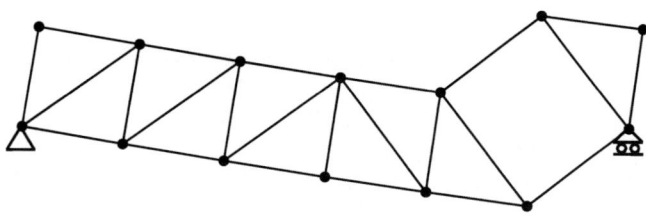

Para impedir este alejamiento de los nudos el montante tira de ambos y estos de la barra con fuerzas iguales y opuestas, produciendo en ella un esfuerzo de tracción.

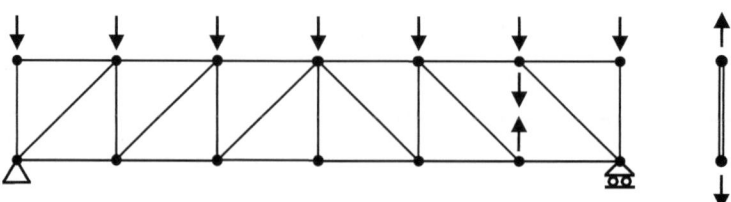

Ejercicio 2.5.1.02

En la estructura del ejercicio anterior, la barra vertical central tiene esfuerzo axil nulo por las condiciones de equilibrio del nudo inferior, los montantes extremos se encuentran comprimidos por la acción de las cargas situadas en sus nudos superiores y las restantes barras verticales están traccionadas, como se ha comprobado en el montante punteado.

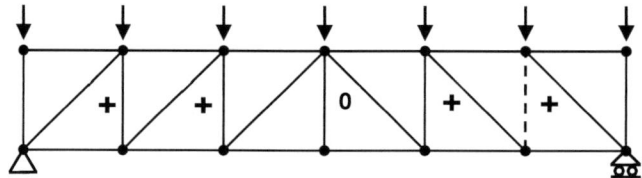

Sin embargo, también existe una carga aplicada en el nudo superior de esta barra, que provocaría en principio un descenso de dicho nudo y un esfuerzo de compresión en el montante.

1. ¿Por qué dicho nudo tiende a ascender cuando se suprime la barra mientras el nudo inferior de la misma desciende dando lugar a un alejamiento y al consiguiente esfuerzo de tracción?

2. ¿Qué cambios en la estructura harían trabajar a compresión a todos los montantes?

3. Los cambios efectuados en el punto 2, ¿serían perjudiciales o beneficiosos para la optimización del comportamiento estructural del sistema?

SOLUCIÓN

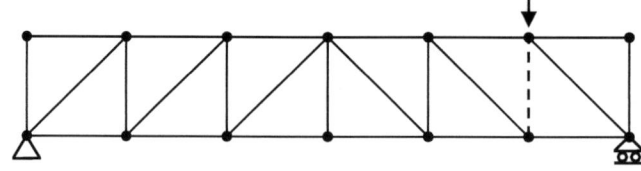

1. Si se considera la estructura solicitada solamente por la carga aplicada en el nudo superior del montante en cuestión, efectivamente al eliminar dicha barra el nudo superior tiende a descender y el inferior a ascender con la distorsión provocada en el rombo.

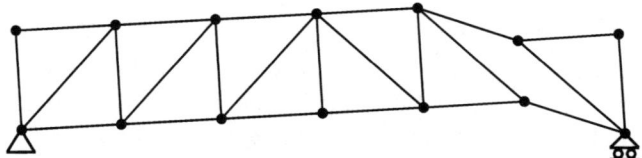

Es, por tanto, el conjunto de las restantes cargas el que provoca la distorsión contraria en el rombo y la correspondiente tracción del montante.

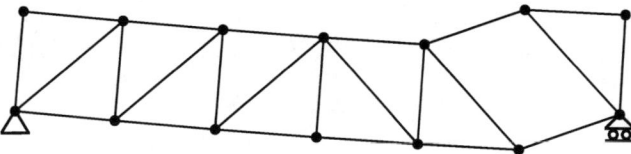

2. Para conseguir el trabajo a compresión de todos los montantes bastaría cambiar la inclinación de las diagonales en la estructura.

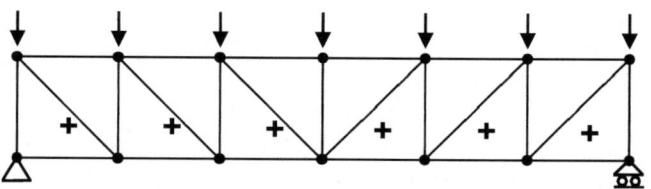

En este caso, todas las diagonales están traccionadas y los montantes comprimidos, como se puede apreciar en las siguientes figuras, tras la supresión de las barras correspondientes.

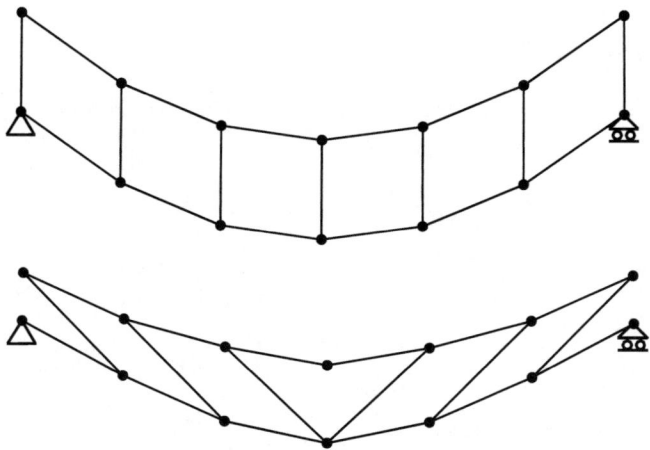

Al eliminar las diagonales, sus nudos extremos tienden a alejarse (tracción) y al eliminar los montantes sus extremos tienden a acercarse (compresión).

3. Combinando ambas tendencias con la de acortamiento del cordón superior y alargamiento del inferior, se obtiene la deformación conjunta de toda la estructura. En el caso de la opción original de orientación de diagonales, el resultado obtenido es el siguiente.

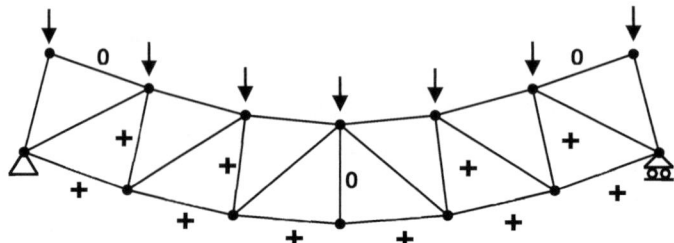

Cuando se analiza la segunda opción con la orientación alterna, la respuesta de la estructura cambia los signos de montantes y diagonales.

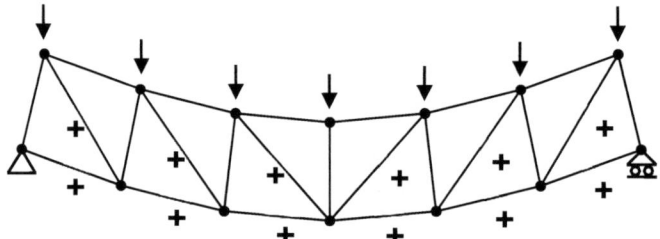

En esta última situación, las barras más largas (diagonales) están traccionadas y las barras comprimidas (montantes) son más cortas y presentan mejor resistencia al pandeo. Desde este punto de vista, la segunda opción es estructuralmente más favorable.

Ejercicio 2.5.1.03

Determinar el signo de los esfuerzos axiles en las cinco barras señaladas de la estructura de la figura.

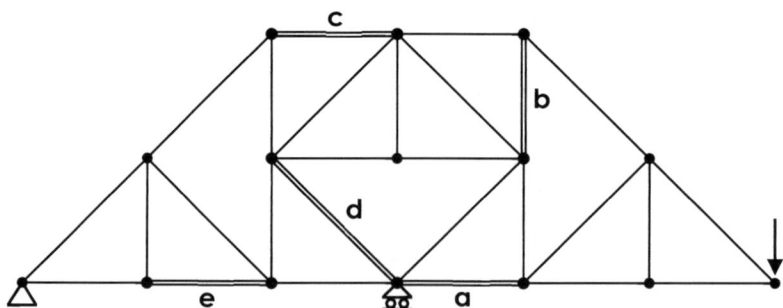

SOLUCIÓN

Se suprimen secuencialmente las cinco barras indicadas y se observa la variación de la distancia entre sus nudos extremos en cada caso.

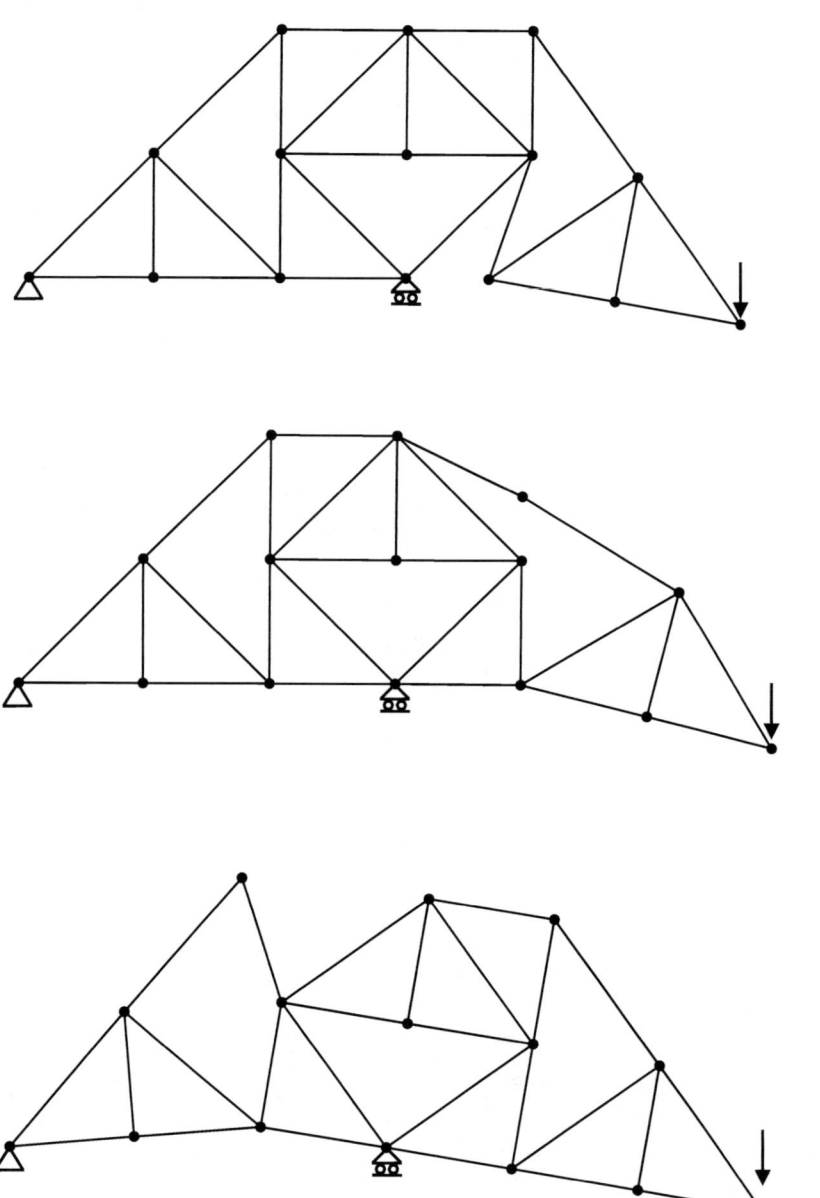

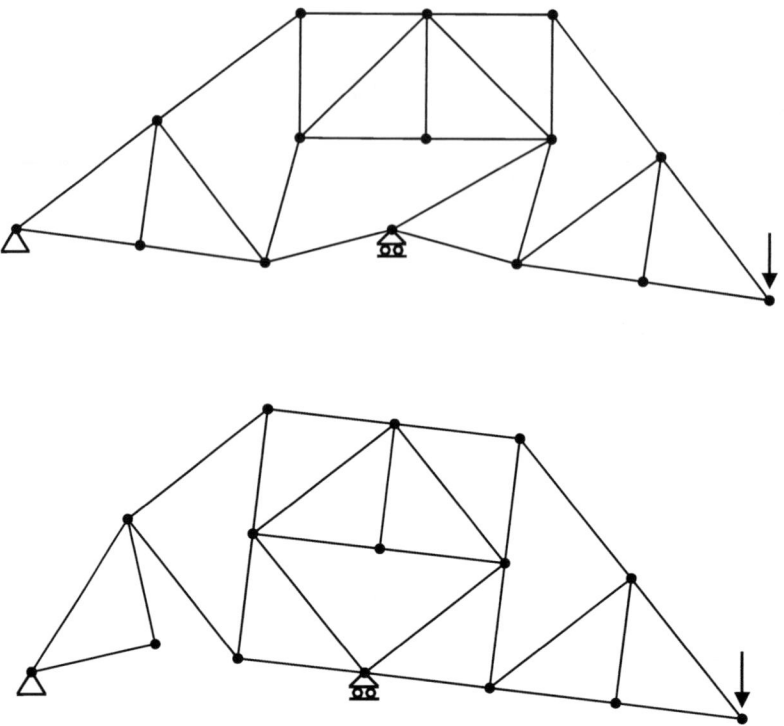

A la vista de las deformaciones de los mecanismos resultantes, las barras a, b, d y e se encuentran comprimidas con esta carga y la barra c traccionada.

Ejercicio 2.5.1.04

Sobre la estructura del ejercicio anterior, determinar el signo de los esfuerzos en las cinco barras cuando la carga se dispone en el nudo indicado.

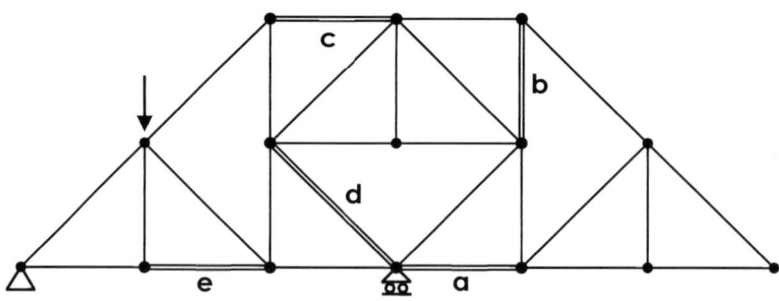

SOLUCIÓN

Con la actual posición de la carga, las barras de la zona derecha de la estructura presentan esfuerzos nulos, incluyendo las requeridas a y b. Por ello, al suprimirlas el mecanismo sigue encontrándose en posición de equilibrio.

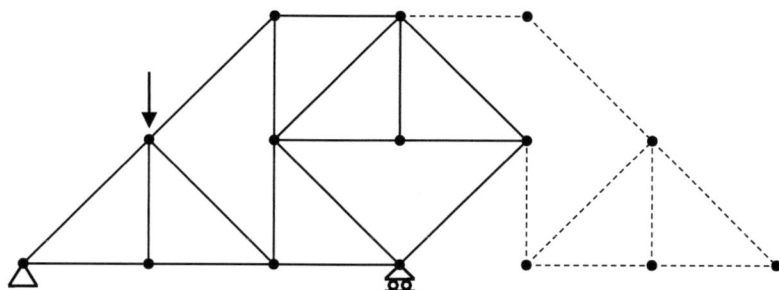

En el ejercicio anterior la reacción en el apoyo izquierdo era descendente pero con la nueva posición de la carga es ahora ascendente y ello provoca la variación del comportamiento de las barras c y e, manteniéndose la tendencia al acortamiento entre los extremos de la barra d.

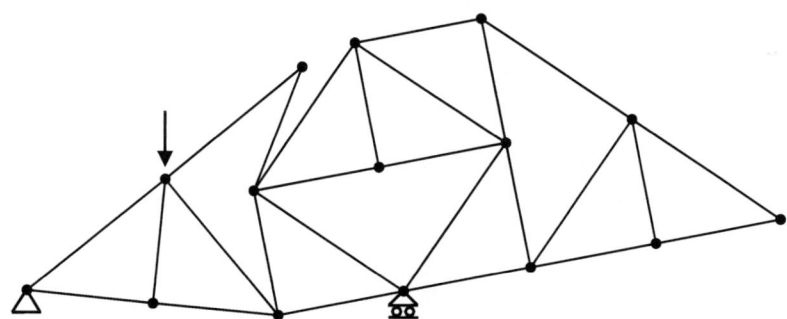

Al suprimir la barra c se produce un acortamiento de la distancia entre sus nudos extremos y se trata en este caso de una barra comprimida.

Las siguientes figuras muestran la deformación de los mecanismos resultantes al eliminar las barras d y e y a partir de su análisis se deduce que as barras d está también comprimida y la barra e traccionada con esta carga.

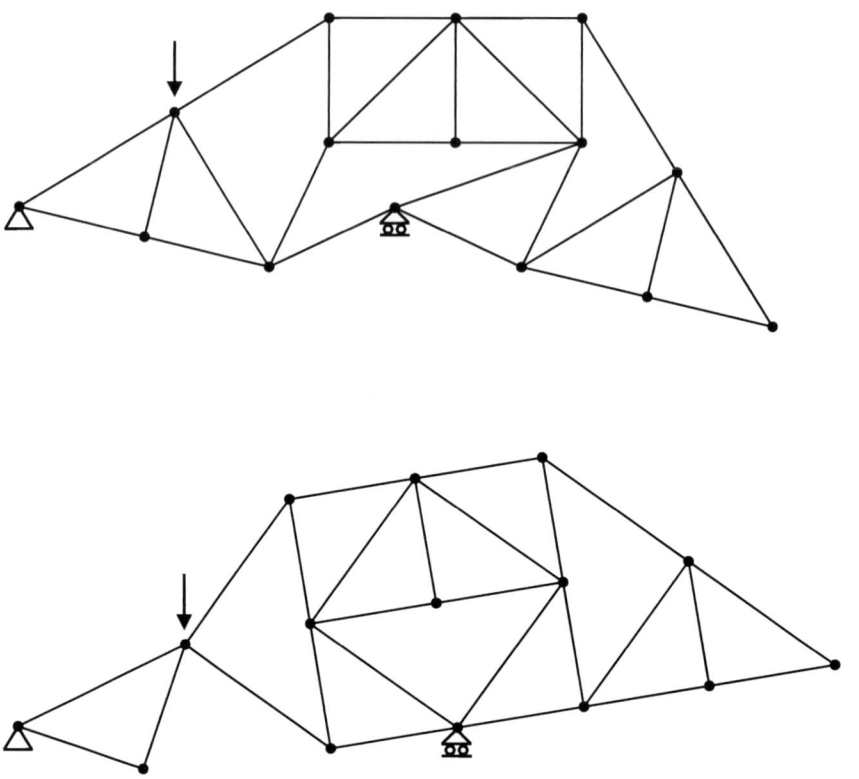

Ejercicio 2.5.1.05

También sobre la misma estructura del ejercicio anterior, determinar ahora el comportamiento de las barras cuando la carga se dispone en el nudo superior central.

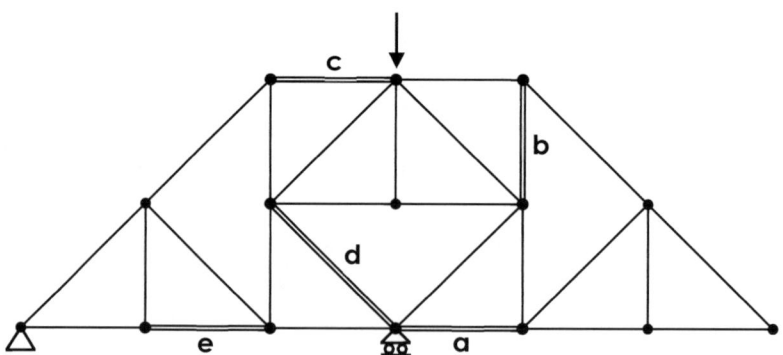

SOLUCIÓN

En este caso la reacción en el apoyo izquierdo es nula y tras eliminar las barras sin esfuerzo axil, la carga se resiste solamente mediante el rombo central trabajando a compresión y el tirante horizontal a tracción.

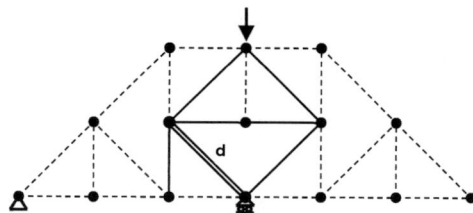

La barra d se encuentra efectivamente comprimida, como se observa en la deformación del mecanismo cuando se suprime.

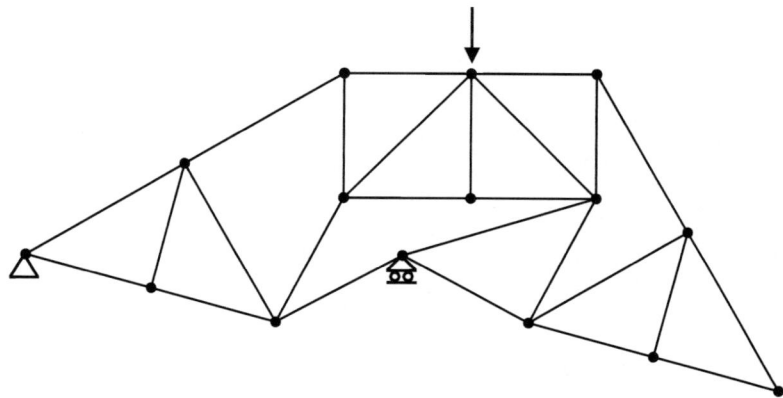

Finalmente, en la última figura se representa la deformación completa de la estructura donde se aprecia el acortamiento del rombo, el alargamiento del tirante y el mantenimiento de longitud del resto de barras.

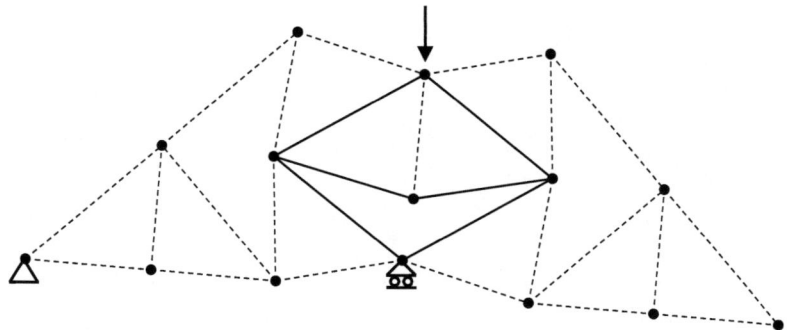

Vihantasalmi bridge (Finlandia)
commons.wikimedia.org - Antii Bilund

CAPÍTULO 3

REACCIONES EN SISTEMAS ISOSTÁTICOS

[3.1]. INTRODUCCIÓN

El capítulo anterior abordaba el análisis de las estructuras articuladas planas desde un punto de vista global, descriptivo y fundamentalmente, cualitativo. A continuación se acomete su análisis completo y con detalle cuantitativo.

El presente capítulo se centra en los sistemas articulados planos isostáticos, aquellos que posibilitan el conocimiento de los valores de las reacciones de los apoyos y esfuerzos en todas las barras con la aplicación exclusiva de las condiciones de equilibrio.

Tras unas consideraciones generales sobre el proceso de cálculo, se indican las pautas para la obtención de las reacciones externas y fuerzas de interacción entre subsistemas y se desarrollan finalmente múltiples métodos; tanto analíticos como gráficos, para la determinación de los esfuerzos axiles en todas las barras de la estructura.

[3.2]. PROCEDIMIENTO GENERAL DE CÁLCULO

Con carácter general y a nivel orientativo, para una sistematización del cálculo completo del sistema, puede establecerse una secuencia de desarrollo ordenada en las siguientes etapas:

- Verificación de las condiciones de isostatismo de estructuras articuladas planas.
- División del sistema en subsistemas rígidos, si procede.
- Determinación de las reacciones en los apoyos externos y de las fuerzas de interacción entre subsistemas, para las cargas aplicadas.
- Eliminación de las barras con axil nulo y simplificación del modelo de cálculo en casos de simetría o subsistemas no cargados externamente.
- Elección del método de determinación de esfuerzos en cada subsistema, en función de su tipología y distribución interna de barras.
- Desarrollo de los métodos seleccionados y cálculo de los esfuerzos axiles en todas las barras.
- Ejecución de los métodos de comprobación de equilibrio, en su caso.
- Verificación de la consistencia de los resultados obtenidos y justificación de eventuales barras con esfuerzo nulo.
- Análisis final del comportamiento de la estructura y de su modo de respuesta a las cargas aplicadas.

Algunas etapas pueden desarrollarse conjuntamente o incluso eliminarse en el caso de estructuras sencillas.

Como se verá más adelante, en determinados casos puede resultar ventajoso el alterar el orden de ciertas etapas. En ocasiones la eliminación previa de las algunas barras o la determinación del esfuerzo en ellas puede ayudar en el cálculo de las reacciones, aunque lo más habitual es que el conocimiento de las reacciones facilite la eliminación de barras y la obtención de los esfuerzos. Lo que no se debe realizar es la supresión de barras antes de la verificación de isostatismo.

[3.3]. DETERMINACIÓN DE REACCIONES E INTERACCIONES

Una vez garantizado el isostatismo del sistema completo, se debe considerar inicialmente la posibilidad de su división en subsistemas rígidos más sencillos. Para ello, suponiendo inexistentes todas las cargas y apoyos externos, se analiza si el conjunto total de barras y nudos forma un único sistema monolítico.

En caso afirmativo, el isostatismo obliga a que su sustentación externa esté compuesta por un apoyo fijo y uno deslizante (cuya reacción no pase par el apoyo fijo) o bien tres apoyos deslizantes (de reacciones no concurrentes). En cualquiera de las situaciones, son tres las incógnitas correspondientes a las reacciones externas y las tres ecuaciones de equilibrio del sistema completo como sólido rígido proporcionan directamente sus valores.

Suele ser conveniente abordar primero la condición de que el sistema no gire alrededor de un punto de corte de las rectas de acción de dos de las tres fuerzas incógnitas (el apoyo fijo, en su caso). En la correspondiente ecuación de equilibrio de momentos no intervienen dichas incógnitas y se obtiene directamente el valor de la tercera. El equilibrio de fuerzas en dos direcciones determina a su vez el valor de las otras dos incógnitas.

En el caso de que el sistema completo (cuando se eliminan las cargas y apoyos) no sea monolítico, se deben identificar los nudos alrededor de los cuales se podrían producir giros relativos entre bloques y, dividiendo el sistema por dichos nudos, determinar el conjunto de subsistemas rígidos que lo componen.

Cada uno de los subsistemas tiene que verificar tres condiciones de equilibrio (para que no se produzcan desplazamientos en dos direcciones ni giros en el plano) bajo la acción de todas las fuerzas ejercidas sobre este subsistema. Estas últimas deben incluir las activas, las pasivas externas o reacciones ejercidas por los apoyos existentes en el subsistema y las pasivas internas o fuerzas de interacción ejercidas por el resto de las estructura sobre el subsistema en estudio, a través de los nudos comunes.

Las fuerzas pasivas son las correspondientes a los movimientos (absolutos y relativos) coartados por los distintos vínculos (externos e internos). Dependen de la tipología de los enlaces y no de la forma de los subsistemas ni la disposición de las barras en los mismos, por lo que, a efectos de la determinación de reacciones e interacciones pueden sustituirse por sólidos compactos de cualquier geometría. En las ecuaciones de equilibrio solamente intervienen las fuerzas y las posiciones de sus rectas de acción, no la forma y tamaño de los sólidos.

Si un nudo enlaza dos subsistemas, estos ejercerán mutuamente fuerzas iguales y opuestas entre sí en dos direcciones, aportando dos incógnitas al sistema. Si un mismo nudo conecta más de dos subsistemas, sobre cada uno de ellos a excepción del último se ejercerán parejas de fuerzas diferentes (pares de incógnitas distintas) y sobre el último las fuerzas iguales y opuestas a las ejercidas sobre todos los subsistemas anteriores (sin incógnitas adicionales). En general, el número de fuerzas incógnitas en un nudo de unión de «n» subsistemas es $2(n-1)$. Las incógnitas del último sólido tienen que compensar a todas las demás para que la suma total sea nula y exista equilibrio en el nudo.

Si una fuerza activa está aplicada en un nudo de unión entre sólidos, se puede disponer sobre cualquiera de ellos o dividida entre todos. Ya se encargan las ecuaciones de equilibrio, a través de los valores de las fuerzas de interacción, de determinar la parte concreta que soporta cada subsistema.

Una vez representadas las fuerzas (activas y pasivas) sobre los subsistemas por separado, todas las incógnitas correspondientes a las fuerzas pasivas (externas e internas) se determinan imponiendo las condiciones de equilibrio de cada uno de los subsistemas. Como la estructura es isostática, el número total de ecuaciones (3 por cada subsistema) coincide con el número total de incógnitas (2 por cada apoyo fijo, una por cada apoyo deslizante y $2(n-1)$ por cada unión entre subsistemas).

Para la resolución del sistema de ecuaciones, no se recomienda el planteamiento inicial y global de todas ellas. Es más efectivo plantearlas secuencialmente, a medida que se van determinando los valores de las incógnitas y aprovechando el conocimiento de estos en las siguientes ecuaciones.

La estrategia más favorable, en cuanto al orden de imposición de condiciones de equilibrio, es la de comenzar por los subsistemas menos vinculados (los de menor número de incógnitas) para que estas estén resueltas cuando intervengan en los más vinculados. Dentro de cada subsistema, la ecuación más eficiente es la del equilibrio de momentos, al poder elegir el punto por el que pase el mayor número de fuerzas desconocidas.

Cabe destacar finalmente que en ocasiones puede resultar interesante imponer las condiciones de equilibrio del conjunto total del sistema (en este caso solo intervienen las reacciones externas). Aunque en un sistema formado por varios subsistemas, el número de incógnitas de reacción externas es siempre mayor que 3 y solamente se dispone de 3 ecuaciones de equilibrio general de la estructura, es posible que alguna de ellas pueda proporcionar con facilidad el valor de alguna de las incógnitas. Las ecuaciones de conjunto completo no resolverán todas las reacciones pero, sobre todo la ecuación de momentos, puede tener la posibilidad de ser aplicada en un punto por el pase la totalidad de las fuerzas incógnitas menos una.

Las pautas de actuación anteriores se aplican a continuación en los siguientes ejercicios. En todos los casos las fuerzas se expresan en kN y las cotas en metros.

Ejercicio 3.3.01

Verificar el isostatismo y determinar las reacciones externas y las fuerzas de interacción internas del entramado articulado de la figura.

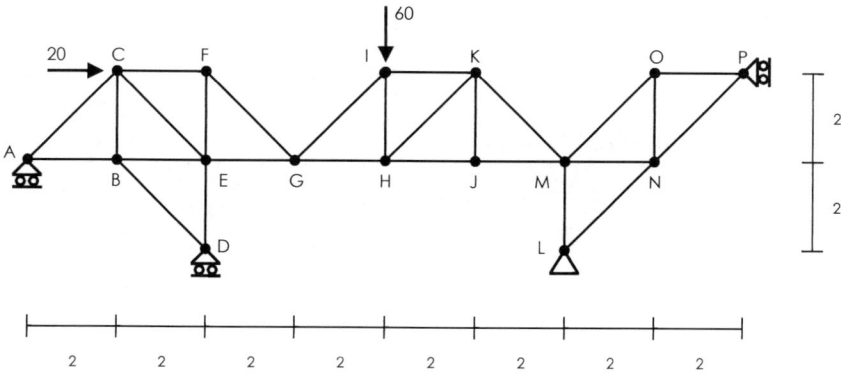

SOLUCIÓN

Se trata de una estructura articulada de 16 nudos y 27 barras, sustentada externamente mediante un apoyo fijo y tres deslizantes. Con los valores n = 16, b = 27 y R = 5 se verifica la condición [2n = b + R] necesaria para el isostatismo. Por otra parte, el bloque de la derecha solo podría girar alrededor de su apoyo fijo L y el deslizante en M lo impide. Con ello queda fijo el punto M y el bloque central solo podría girar alrededor de él. Finalmente la sustentación del bloque izquierdo mediante dos apoyos deslizantes paralelos solamente permite su movimiento horizontal. En nudo común G no podría desplazarse en horizontal por pertenecer al sólido central y tampoco en vertical por pertenecer al bloque izquierdo. Tiene que estar fijo y con él el resto del sistema. La distribución de apoyos es correcta y el sistema es efectivamente isostático.

La distribución en subsistemas se aprecia claramente cuando se eliminan todas las cargas y apoyos exteriores.

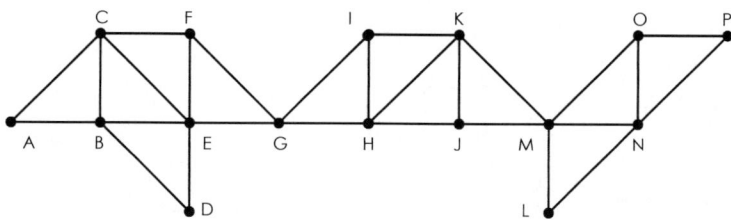

Los giros relativos se podrían producir en los nudos G y M. Separando el sistema global por dichos nudos se representan a continuación los tres subsistemas que lo componen y todas las fuerzas activas y pasivas que solicitan cada uno de ellos.

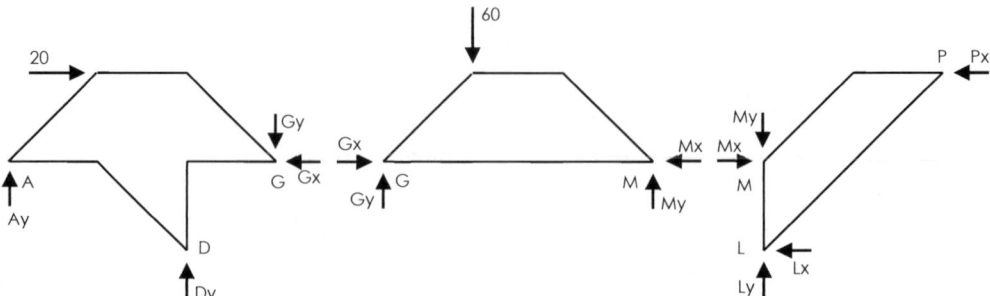

Para favorecer la claridad del comportamiento como sólidos rígidos se han eliminado las barras y los nudos no relevantes. Todos los vínculos se han sustituido por las fuerzas que ejercen sobre los subsistemas para coartar sus tendencias de movimiento. Los valores de estas que garantizan el equilibrio son las incógnitas Lx y Ly correspondientes al apoyo fijo, Ay, Dy y Px a los tres deslizantes y las iguales y opuestas Gy, Gx, My y Mx en los nudos de enlace entre subsistemas. En total son 9 incógnitas que se determinan con las $3 \times 3 = 9$ ecuaciones de equilibrio de los subsistemas.

Los subsistemas menos vinculados son el izquierdo y el central (4 incógnitas frente a 5 del derecho) y de los dos es preferible comenzar por el central porque al tener los nudos de apoyo interno G y M al mismo nivel, por cada uno de ellos pasan tres de las cuatro incógnitas del subsistema.

Planteando, por tanto, el equilibrio de momentos del sólido central en el nudo G, las incógnitas Gx, Gy y Mx no intervienen en la ecuación y esta facilita directamente el valor de My.

$$\Sigma \, M_G = 0 \quad \rightarrow \quad -60 \times 2 + My \times 6 = 0 \quad \rightarrow \quad My = 20$$

My debe valer 20 kN para que no se produzca giro alrededor de G y se traslada este valor al sistema reemplazando a la incógnita My en las dos ocasiones en la que aparece (20 kN es la fuerza vertical que el sólido central transmite al derecho a través del nudo M).

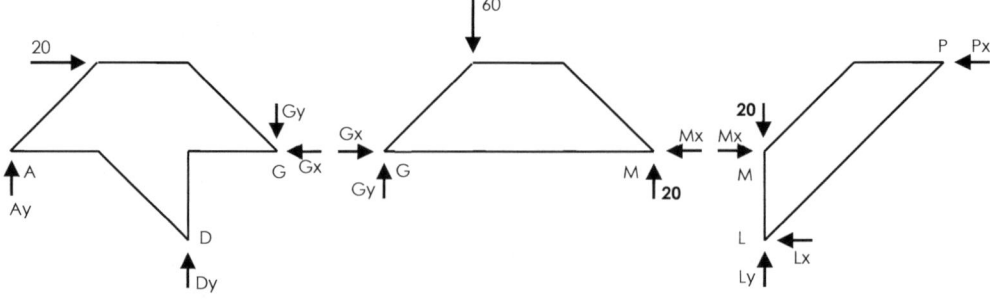

Ahora el equilibrio de fuerzas verticales del sólido central proporciona ya directamente el valor de Gy

$$\Sigma\,Fy = 0 \quad \rightarrow \quad -60 + 20 + Gy = 0 \quad \rightarrow \quad Gy = 40$$

Gy tiene que valer 40 kN para que no se produzca un movimiento vertical en el sólido central. Se traslada también este valor al sistema reemplazando a la incógnita Gy en las dos ocasiones en la que aparece (40 kN es, por tanto, el valor de la fuerza vertical que el sólido central transmite al izquierdo a través del nudo G).

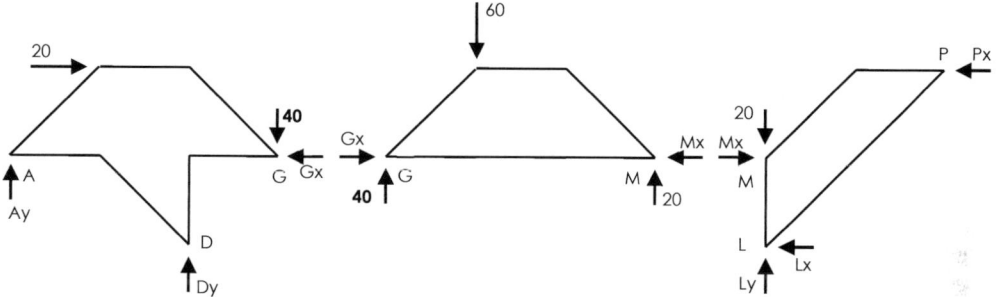

La ecuación de equilibrio de fuerzas horizontales del subsistema central no proporciona ningún valor numérico (relaciona 2 incógnitas) y no se plantea todavía.

En la situación actual, el sólido de la izquierda tiene 3 incógnitas y el de la derecha 4. Se aborda el sólido de la izquierda imponiendo su equilibrio de momentos en A para determinar el valor de Dy (ya que pasan por este punto las rectas de acción de las fuerzas Ay y Gx).

$$\Sigma\,M_A = 0 \quad \rightarrow \quad -20 \times 2 - 40 \times 6 + Dy \times 4 = 0 \quad \rightarrow \quad Dy = 70$$

El apoyo D ejerce sobre el subsistema una fuerza de 70 kN para impedir su giro alrededor de A. Trasladado este dato al sistema, la ecuación de equilibrio de fuerzas verticales proporciona el valor de Ay.

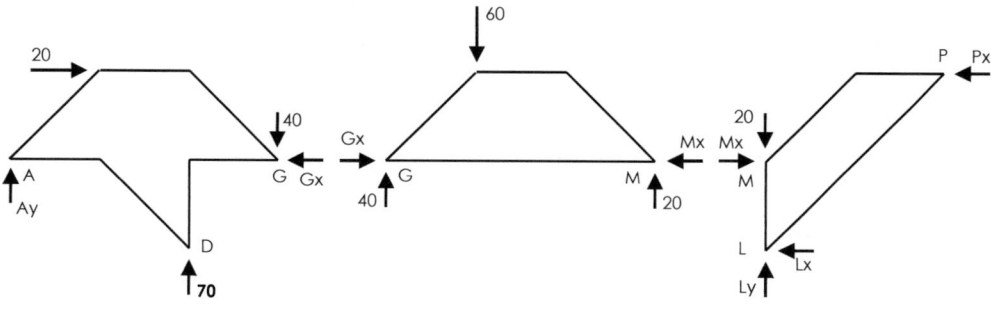

$$\Sigma\,Fy = 0 \quad \rightarrow \quad -20 - 40 + 70 + Ay = 0 \quad \rightarrow \quad Ay = -30$$

El resultado obtenido con la ecuación es negativo. Esto significa que el sentido dispuesto en la fuerza Ay no era el correcto y por ello se cambia en el sistema.

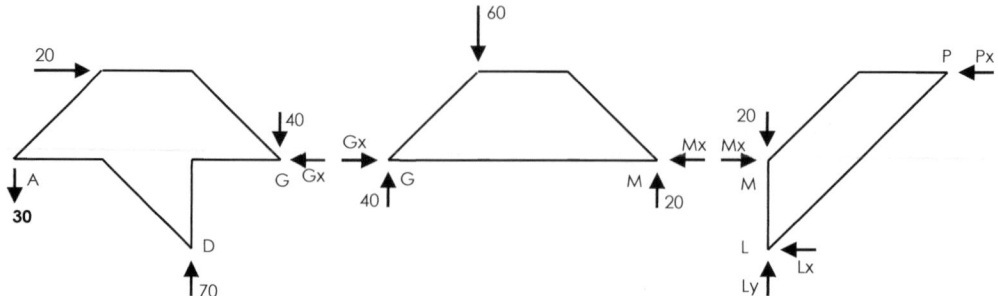

Finalmente el equilibrio de fuerzas horizontales proporciona el valor de la fuerza de interacción Gx entre los subsistemas.

$$\Sigma\ Fx = 0 \quad \rightarrow \quad 20 - Gx = 0 \quad \rightarrow \quad Gx = 20$$

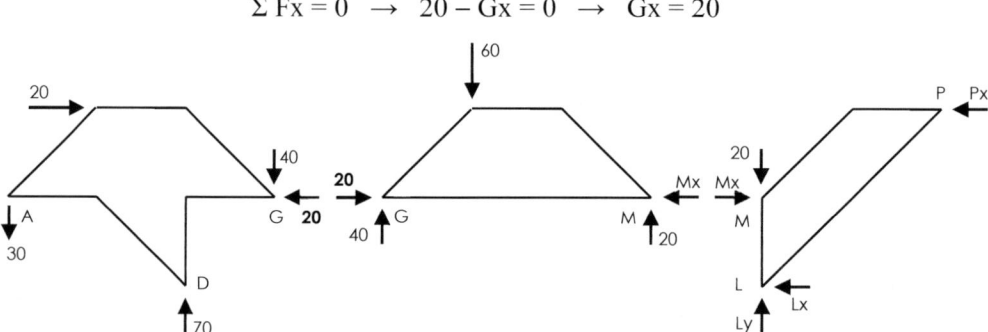

Trasladada al sistema en las dos ocasiones en las que interviene, ya se puede aplicar la ecuación de equilibrio de horizontales del sólido central, para obtener Mx.

$$\Sigma\ Fx = 0 \quad \rightarrow \quad 20 - Mx = 0 \quad \rightarrow \quad Mx = 20$$

Esta fuerza de 20 kN, que recibe el sólido central del sólido izquierdo, la traslada a su vez al derecho, como muestra la figura.

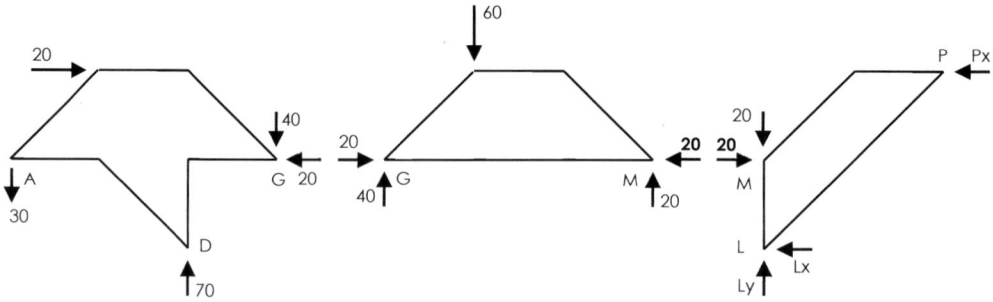

Al sólido de la derecha le quedan ya solamente 3 incógnitas que se resuelven aplicando la condición de equilibrio de momentos en el punto L para determinar el valor de la reacción del apoyo Px y obligando posteriormente al equilibrio de fuerzas horizontales y verticales para obtener Lx y Ly.

$$\Sigma\ M_L = 0\ \rightarrow\ -20 \times 2 + Px \times 4 = 0\ \rightarrow\ Px = 10$$

$$\Sigma\ Fx = 0\ \rightarrow\ 20 - 10 - Lx =\ \ \ \ \rightarrow\ Lx = 10$$

$$\Sigma\ Fy = 0\ \rightarrow\ -20 + Ly = 0\ \ \ \ \ \ \ \ \ \rightarrow\ Ly = 20$$

Estos valores se disponen finalmente en el sistema articulado, que queda con ello totalmente resuelto.

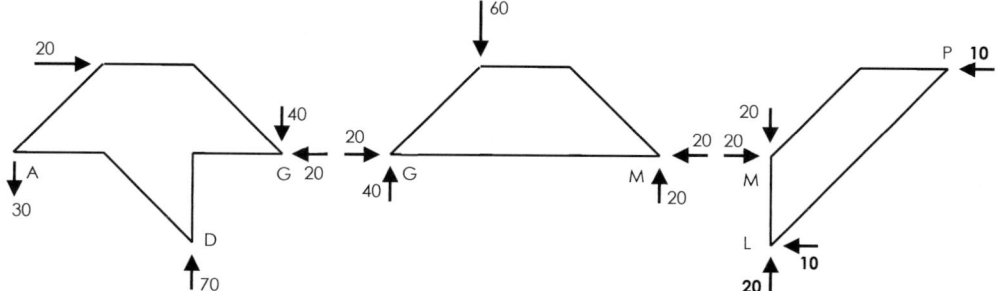

Mediante la estrategia de resolución adoptada, el teórico y laborioso sistema de 9 ecuaciones con 9 incógnitas se ha transformado en un conjunto secuencial de 9 sistemas (mucho más sencillo) de una ecuación con una incógnita cada uno.

Como comprobación de la consistencia de los valores obtenidos se podría verificar el cumplimiento de las ecuaciones de equilibrio del sistema completo con las fuerzas activas y reacciones de apoyos (no intervienen las fuerzas de interacción entre subsistemas por ser parejas de iguales y opuestas).

Este proceso ayuda también a comprender la respuesta de los distintos apoyos a las cargas aplicadas y cuál es su transmisión por la estructura.

En la dirección horizontal la carga de 20 kN aplicada en el subsistema izquierdo se transfiere por el central y se equilibra en el derecho por la acción horizontal de los apoyos L y P.

En la dirección vertical, un tercio de la carga de 60 kN se transfiere al sólido derecho y se absorbe directamente por el apoyo L y los otros dos tercios van al sólido izquierdo y se equilibran con la diferencia de reacciones verticales entre los apoyos D y A.

El efecto de palanca provocado por la fuerza vertical 40 kN y la horizontal de 20 kN sobre el sólido izquierdo en su tendencia de giro alrededor del apoyo D, provoca que el punto A tienda a subir si desaparece el apoyo, que la reacción de este sea, por tanto, descendente y se produzca una elevada reacción ascendente en D.

Para aumentar la eficacia de la ecuación de verificación del equilibrio de momentos en todo el sistema, se debe elegir un punto por el que no pase la recta de acción de ninguna reacción de apoyo. Así se garantiza que todas las incógnitas externas intervienen en la ecuación y que ningún eventual error en una de ellas queda enmascarado.

En la estructura en estudio, se selecciona con este criterio el punto G y la ecuación de comprobación resulta ser:

$$\Sigma \, M_G = -20 \times 2 - 60 \times 2 + 10 \times 2 - 10 \times 2 + 20 \times 6 - 70 \times 2 + 30 + 6 = 0$$

Una vez separada la estructura en subsistemas y determinadas todas las fuerzas que los solicitan, se procedería al análisis del comportamiento interno de cada uno de ellos, con los procedimientos de obtención de esfuerzos axiles reflejados en el siguiente apartado.

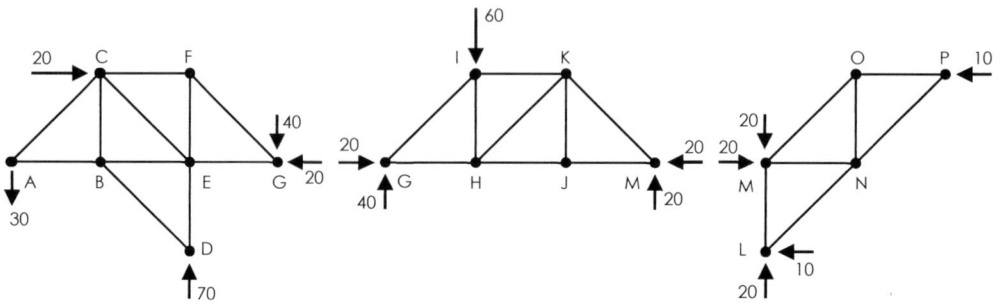

Ejercicio 3.3.02

Determinar las fuerzas de interacción entre subsistemas y las reacciones externas de la estructura articulada de la figura.

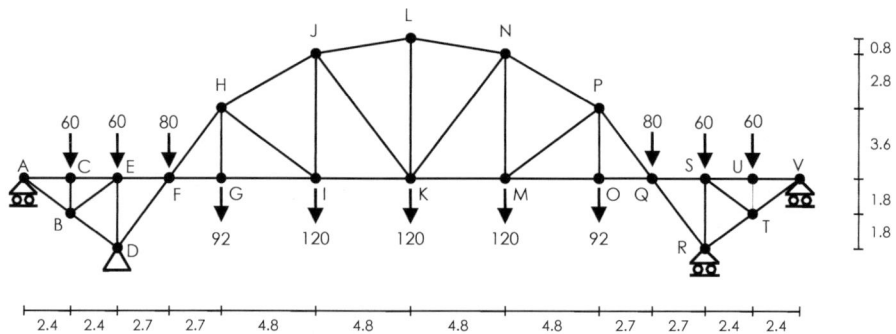

SOLUCIÓN

Se eliminan temporalmente todas las cargas y apoyos para descomponer la estructura en subsistemas rígidos.

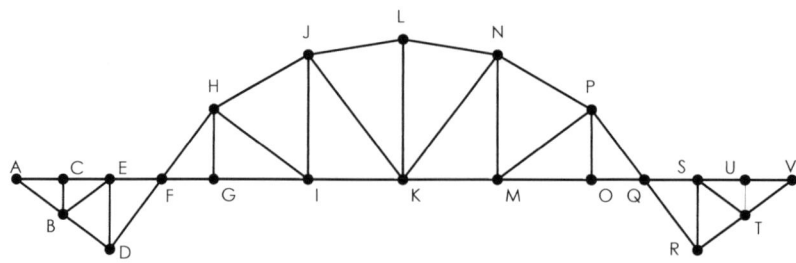

Podrían producirse giros relativos alrededor de los nudos F y Q. La estructura se divide en tres subsistemas rígidos y se representan con todas las fuerzas que los solicitan.

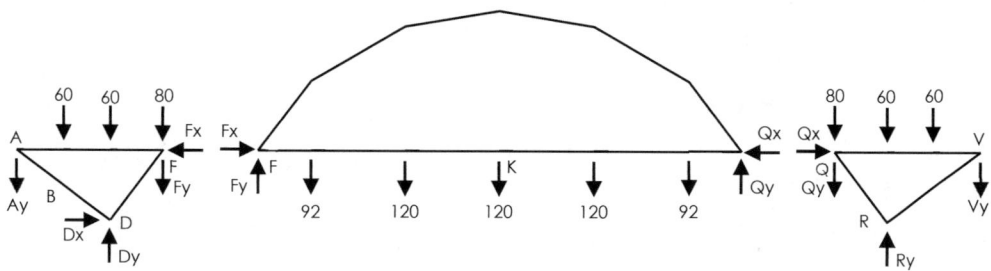

Las fuerzas activas de 80 kN aplicadas sobre los nudos F y Q se han dispuesto sobre los subsistemas laterales (podrían también haberse aplicado sobre el central).

Se comienza imponiendo el equilibrio de este último y aprovechando que, por simetría, las dos fuerzas verticales incógnita Fy y Qy son iguales (a la misma conclusión se llega también obligando al equilibrio de momentos respecto al nudo K: las tendencias de rotación de las fuerzas activas alrededor de K se anulan entre sí, la recta de acción de Fx y Qx pasa por el nudo y, por tanto, los momentos respecto a K de Fy y Qy tienen también que anularse entre sí; como las distancias KF y KQ son iguales, las fuerzas también tiene que serlo). Y por el equilibrio de fuerzas verticales cada una de ella tiene que valer la mitad de la carga total aplicada sobre el subsistema.

$$Fy = Qy = (2 \times 92 - 3 \times 120)/2 = 272$$

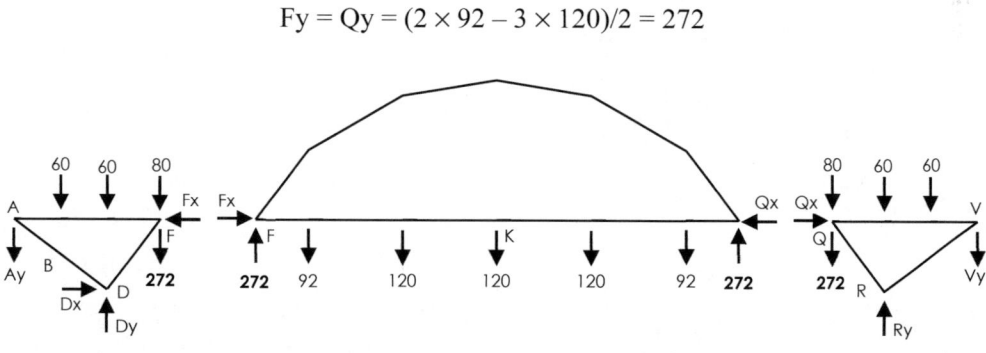

Combinando estos 272 kN transferidos a los sólidos laterales con los 80 kN aplicados en sus nudos F y Q, se obtiene una acción sobre estos de 352 kN.

De la condición de equilibrio de fuerzas horizontales sobre el subsistema derecho se deduce que la fuerza de interacción Qx debe ser nula. La imposición de equilibrio de las fuerzas horizontales aplicadas sobre el sólido central anula a su vez las fuerzas Fx.

Finalmente, para que el subsistema de la de izquierda no se desplace en horizontal, la fuerza Dx ejercida por el apoyo, tiene que ser también nula. A la misma conclusión se habría llegado imponiendo el equilibrio de fuerzas horizontales sobre la estructura completa: al existir una única fuerza horizontal Dx sobre el sistema conjunto, esta tiene que ser necesariamente nula.

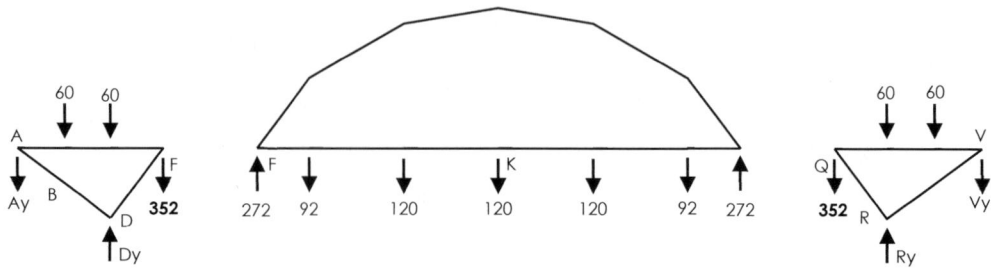

Los subsistemas laterales resultan ahora simétricos. Imponiendo el equilibrio de momentos respecto a D en el de la izquierda se obtiene el valor de Ay.

$$\Sigma\ M_D = 0 \quad \rightarrow \quad -352 \times 2.7 + 60 \times 2.4 + Ay \times 4.8 = 0 \quad \rightarrow \quad Ay = 168$$

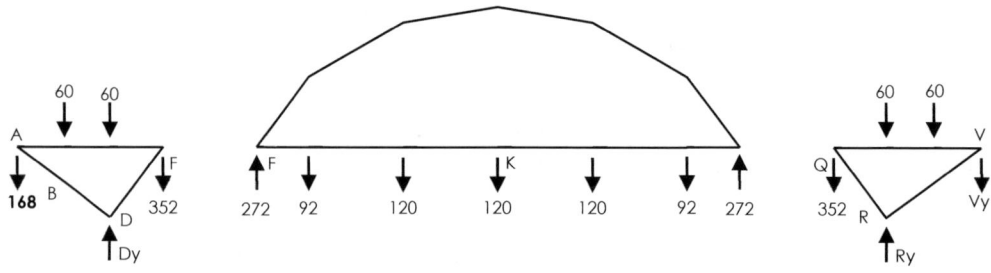

El equilibrio de fuerzas verticales en este subsistema izquierdo proporciona finalmente Dy. Los valores se reproducen por simetría en el subsistema derecho y el conjunto de reacciones e interacciones queda completo.

$$\Sigma\ Fy = 0 \quad \rightarrow \quad -168 - 60 - 60 - 352 + Dy = 0 \quad \rightarrow \quad Dy = 640$$

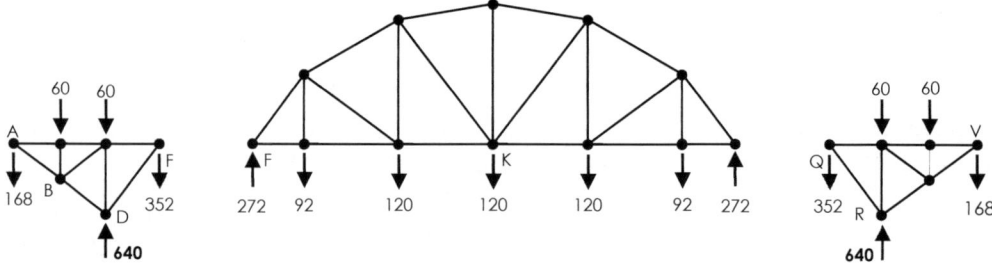

Si la fuerza de 80 kN en los nudos F y Q se hubiera aplicado sobre el subsistema central, Fy habría valido 352 kN y el resultado final sería idéntico.

Ejercicio 3.3.03

Determinar las reacciones en todos los apoyos de la estructura articulada de la figura.

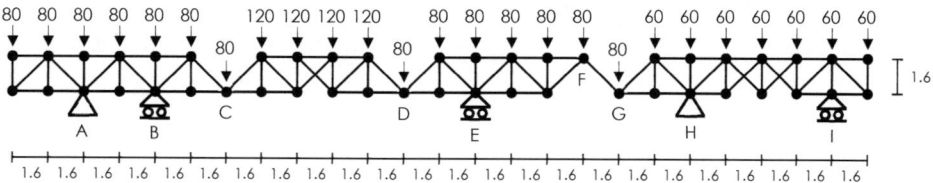

SOLUCIÓN

Tras la eliminación de cargas y apoyos, se divide la estructura en cinco subsistemas con posibles giros relativos alrededor de los nudos C, D, F y G.

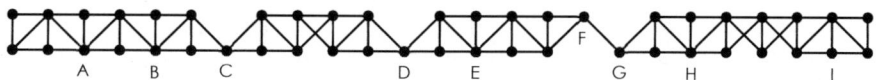

Estos subsistemas rígidos se identifican de izquierda a derecha con las denominaciones S1 a S5 y se representan por separado con todas las fuerzas activas y pasivas que los solicitan.

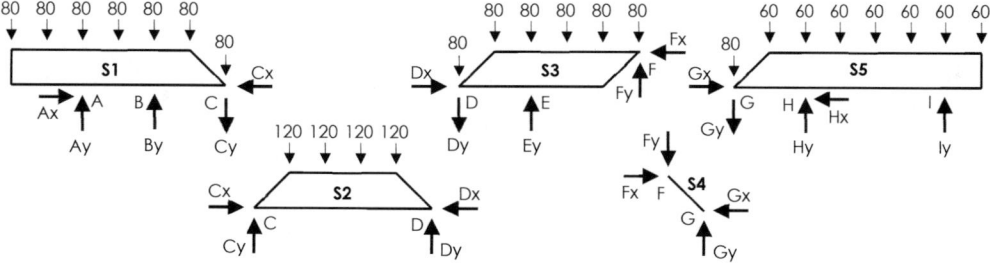

En los nudos de unión entre subsistemas se generan las fuerzas de interacción Cx, Cy, Dx, Dy, Fx, Fy, Gx y Gy, iguales y opuestas, para impedir los desplazamientos relativos entre ellos. Por su parte los apoyos fijos ejercen sobre la estructura las fuerzas Ax, Ay, Hx y Hy y los deslizantes By, Ey e Iy, con los valores necesarios para coartar los desplazamientos absolutos en sus puntos de aplicación.

En definitiva, suman 15 las incógnitas de reacción internas y externas y para su determinación se dispone precisamente de 15 ecuaciones de equilibrio en el plano (tres por cada uno de los cinco subsistemas).

Las fuerzas de 80 kN aplicadas en los nudos comunes C, D y G se han dispuesto respectivamente sobre los subsistemas S1, S3 y S5.

Para simplificar las operaciones en las ecuaciones de equilibro, se reemplazan los conjuntos de fuerzas activas iguales en cada subsistema por sus respectivos sistemas equivalentes. Al disponer la resultante de cada conjunto de fuerzas aplicada en el correspondiente eje central, no se alteran las condiciones de equilibrio global de cada subsistema.

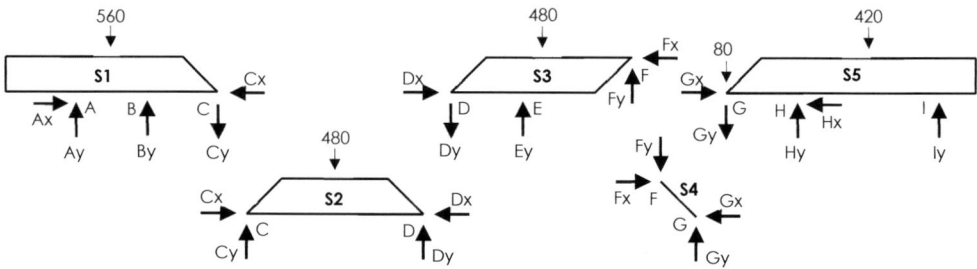

Los subsistemas S1, S3 y S5 contienen 5 incógnitas, los subsistemas S2 y S4 solamente 4. Además, en el primero de estos últimos, tres de las cuatro incógnitas concurren en los puntos C y D y se puede por ello determinar directamente la otra incógnita. Aplicando la condición de equilibrio de momentos de S2 respecto al punto C se obtiene el valor de Dy, e imponiendo el equilibrio de fuerzas verticales el valor de Cy.

$$\Sigma M_C = 0 \quad \rightarrow \quad -480 \times 4 + Dy \times 8 = 0 \quad \rightarrow \quad Dy = 240$$
$$\Sigma Fy = 0 \quad \rightarrow \quad -480 + Dy + Cy = 0 \quad \rightarrow \quad Cy = 240$$

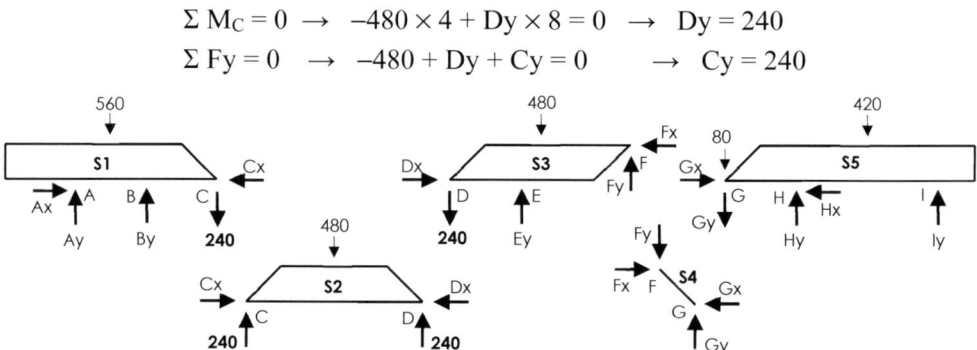

A esta misma conclusión se llega con facilidad mediante la condición de simetría de S2. El subsistema S4 también es sencillo y aunque la condición de equilibrio de momentos en G no proporciona el valor de ninguna incógnita, sí nos indica que Fx y Fy son iguales, por tener los mismos brazos de momentos. El balance de fuerzas horizontales y verticales sobre S4 obliga a su vez a que Gx y Gy sean iguales a Fx y Fy y, por tanto, las cuatro fuerzas tienen el mismo valor (Fx = Fy = Gx = Gy).

También se puede razonar que al tratarse de un subsistema formado por una única barra recta de 45 grados, solo puede estar en equilibrio bajo la acción de fuerzas iguales y opuestas de 45 grados en sus extremos y las componentes de estas son todas iguales.

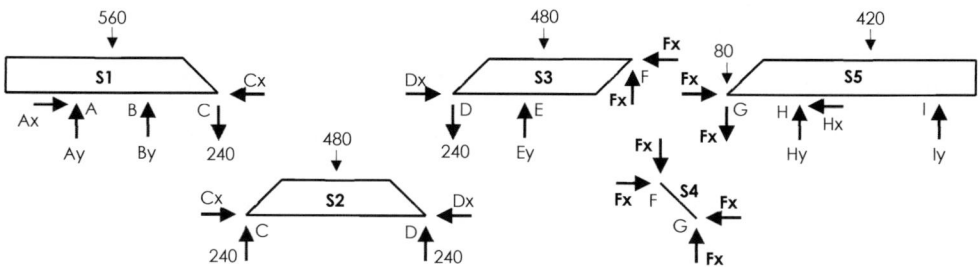

Al transmitir esta información al subsistema S3, se reduce otra incógnita sobre el mismo y ahora, el equilibrio de momentos en el punto E proporciona el valor de Fx

$$\Sigma\, M_E = 0 \quad \rightarrow \quad 240 \times 3.2 - 480 \times 0.8 + Fx \times 4.8 + Fx \times 1.6 = 0 \quad \rightarrow \quad Fx = -60$$

El signo negativo del resultado indica que el sentido inicialmente previsto para Fx no es el correcto. Se debe incorporar al sistema el valor obtenido de 60 kN pero con el sentido cambiado en todas las fuerzas Fx.

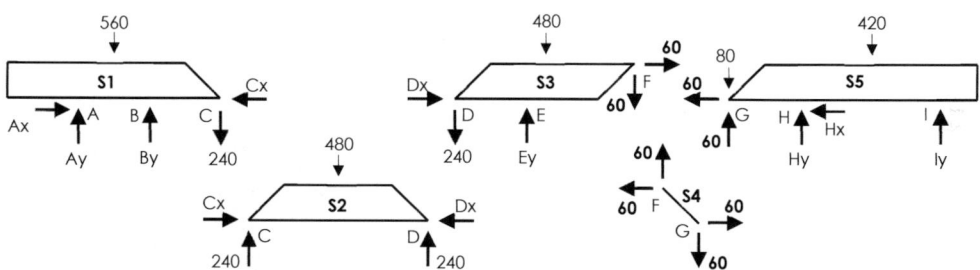

Esto significa que la barra FG se encuentra realmente traccionada. A pesar de que las fuerzas activas aplicadas sobre S3 tienden a producir un giro horario del subsistema alrededor del apoyo E y comprimir con ello la barra FG, la fuerza de 240 kN transmitida por el subsistema S2 al S3 provoca una tendencia de giro antihorario alrededor de E más fuerte y tracciona finalmente la barra FG.

Al quedar determinadas todas las interacciones en F y G, la aplicación secuencial de las ecuaciones de equilibrio de fuerzas horizontales de los subsistemas S3, S2, S1 y S5 proporciona respectivamente los valores de Dx, Cx, Ax y Hx.

Para todos ellos se obtiene como resultado −60 kN. También en este caso se cambia el sentido de las correspondientes fuerzas en todos los subsistemas sobre los que están aplicadas.

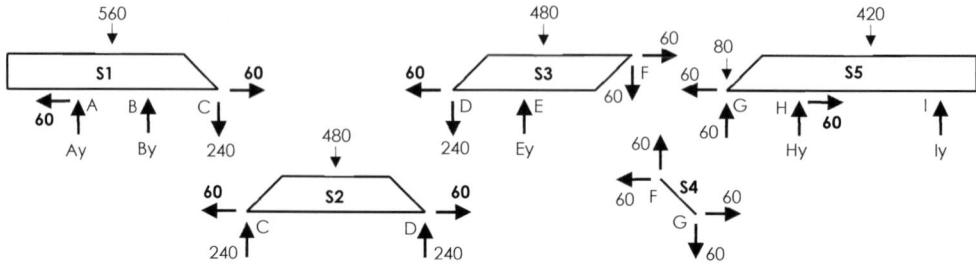

En el ejercicio anterior, todas las fuerzas activas eran verticales y existía solamente un apoyo fijo. Su reacción horizontal era la única fuerza horizontal sobre la estructura en su conjunto y por ello, necesariamente nula. El sistema actual también está solicitado solamente por fuerzas activas verticales, pero al contar con dos apoyos fijos, sus reacciones horizontales tienen que ser iguales y opuestas, pero no necesariamente nulas.

En este caso, es la inclinación de la barra FG la que provoca la aparición de fuerzas horizontales y los subsistemas las transmiten hasta los apoyos fijos en A y H.

La ecuación de equilibrio de fuerzas verticales en el subsistema S3 determina el valor de la reacción en el apoyo deslizante Ey.

$$\Sigma\, Fy = 0 \quad \rightarrow \quad -240 - 480 - 60 + Ey = 0 \quad \rightarrow \quad Ey = 780$$

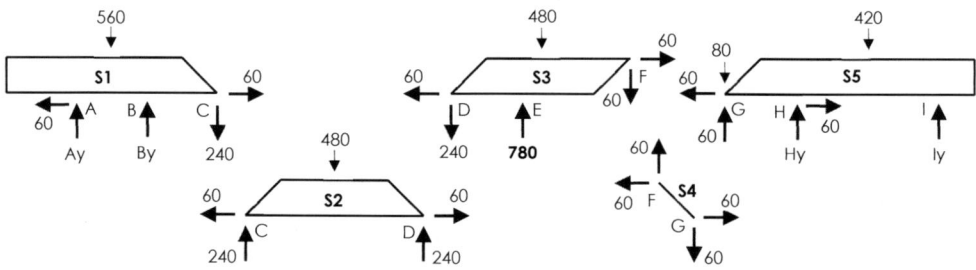

Con ello quedan completas las fuerzas actuantes sobre los subsistemas centrales S2, S3 y S4. Para la determinación de Ay se plantea el equilibrio de momentos del subsistema S1 respecto al punto B.

$$\Sigma\, M_B = 0 \quad \rightarrow \quad 560 \times 1.6 - 240 \times 3.2 - Ay \times 3.2 = 0 \quad \rightarrow \quad Ay = 40$$

El equilibrio de fuerzas verticales proporciona ahora el valor de la reacción en el apoyo deslizante en B.

$$\Sigma\, Fy = 0 \quad \rightarrow \quad 40 - 560 - 240 + By = 0 \quad \rightarrow \quad By = 760$$

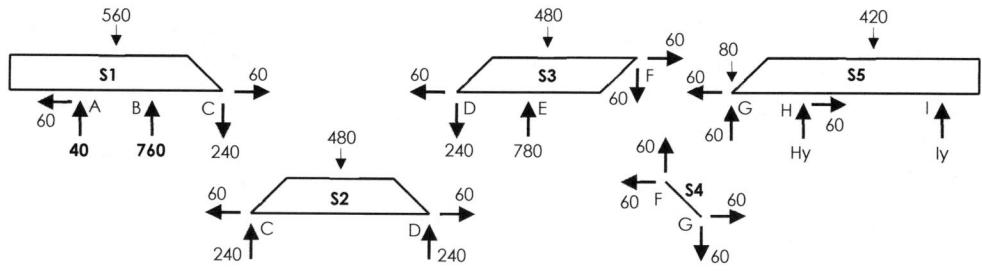

Finalmente, el equilibrio de momentos del subsistema S5 respecto al punto H determina el valor de Iv

$$\Sigma\, M_H = 0 \quad \rightarrow \quad (-60 + 80) \times 3.2 - 420 \times 3.2 + Iy \times 6.4 = 0 \quad \rightarrow \quad Iy = 200$$

y el correspondiente balance de fuerzas verticales en S5 proporciona el valor de la última incógnita Hy.

$$\Sigma\, Fy = 0 \quad \rightarrow \quad 60 - 80 - 420 + 200 + Hy = 0 \quad \rightarrow \quad Hy = 240$$

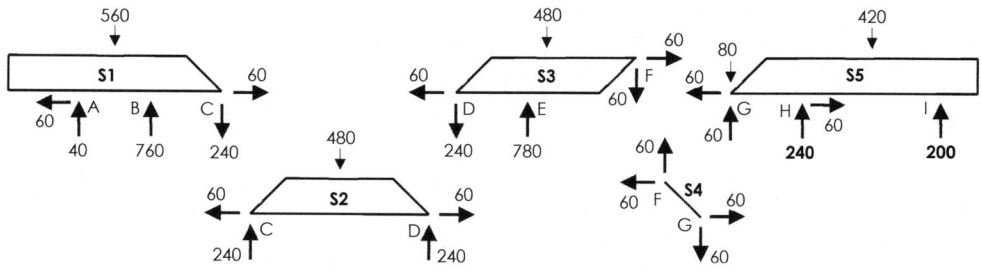

Tras la resolución ordenada de las 15 ecuaciones de equilibrio, se representan finalmente las reacciones solicitadas en los apoyos externos.

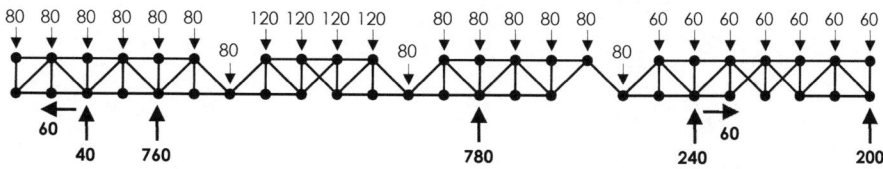

Ejercicio 3.3.04

Determinar las reacciones en los apoyos externos y las fuerzas de interacción entre los cinco subsistemas de la estructura de la figura.

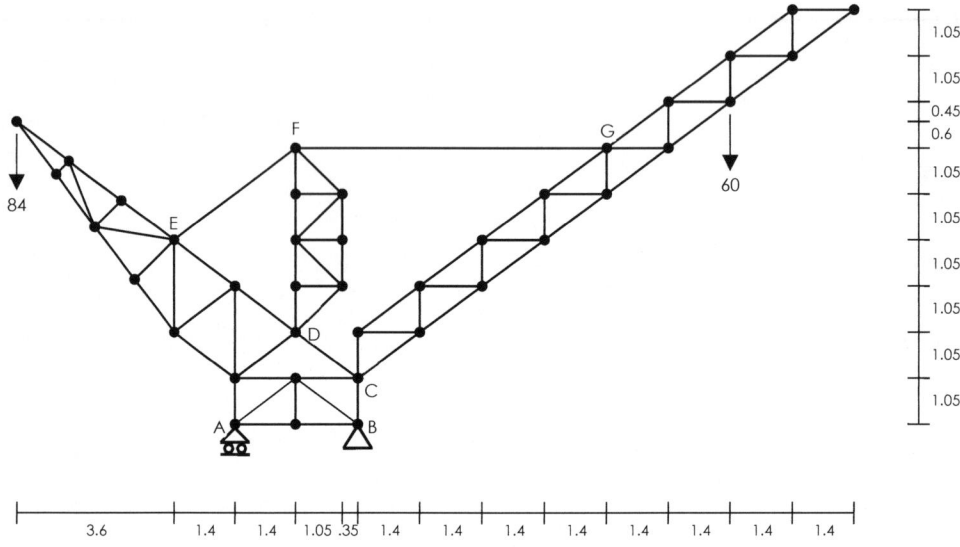

SOLUCIÓN

La estructura completa está sustentada externamente mediante un apoyo fijo y uno deslizante (tres incógnitas). Planteando su equilibrio global (tres ecuaciones) se pueden determinan directamente las reacciones en los apoyos.

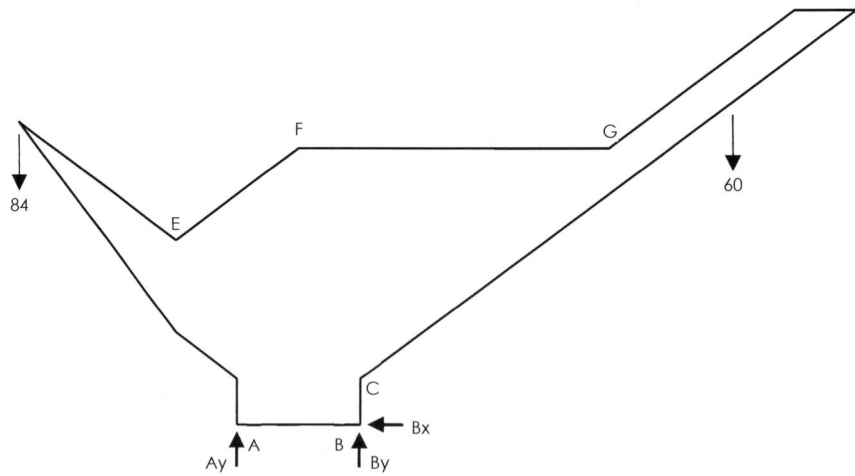

La condición de equilibrio de momentos respecto al punto B proporciona el valor de la fuerza Ay.

$$\Sigma\, M_B = 0 \quad \rightarrow \quad 84 \times 7.8 - 60 \times 8.4 - Ay \times 2.8 = 0 \quad \rightarrow \quad Ay = 54$$

El equilibrio de fuerzas horizontales impone la nulidad de Bx y el de fuerzas verticales determina el valor de By.

$$\Sigma\, Fy = 0 \quad \rightarrow \quad -84 - 60 + 54 + By = 0 \quad \rightarrow \quad By = 90$$

Seguidamente se descompone la estructura en subsistemas dividiéndola por los nudos C, D, E, F y G y se representan todas las fuerzas actuantes sobre cada subsistema.

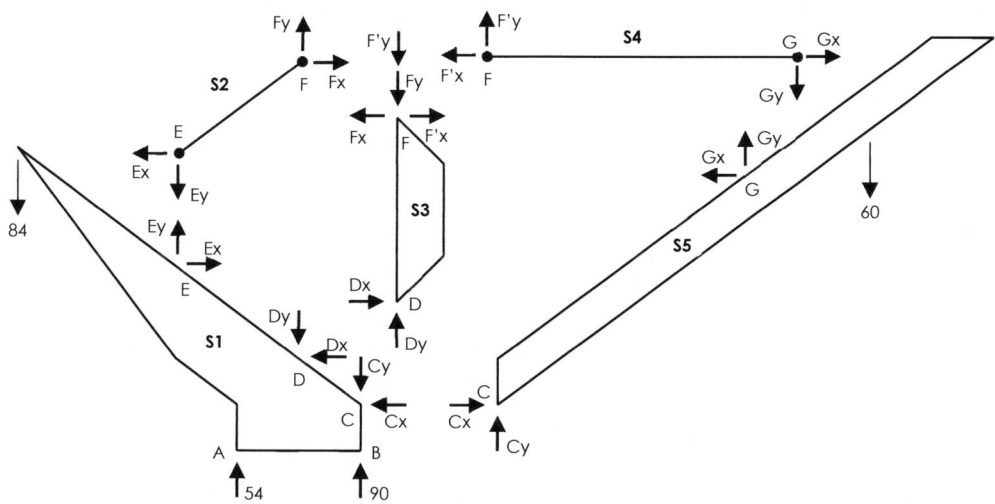

El nudo F conecta tres subsistemas (S2, S3 y S4). Las fuerzas aplicadas sobre S2 son Fx y Fy. Sobre el subsistema S4 se ejercen fuerzas diferentes F'x y F'y. Finalmente sobre el último subsistema (S3) se aplican las fuerzas iguales y opuestas a todas las anteriores (Fx, Fy, F'x y F'y) para garantizar el equilibrio del nudo.

Los nudos C, D E y G conectan cada uno dos subsistemas y entre ellos el último recibe fuerzas iguales y opuestas al primero.

El número total de incógnitas es 12 (Cx, Cy, Dx, Dy, Ex, Ey, Fx, Fy, F'x, F'y, Gx y Gy) y, sin embargo, son 15 las ecuaciones de equilibrio correspondientes a los cinco subsistemas. Esto no significa que la estructura sea un mecanismo. Se debe a que 3 incógnitas (las correspondientes a las reacciones externas) ya están previamente resueltas. Al haberse empleado para ello las tres ecuaciones de equilibrio del sistema conjunto, tres de las ecuaciones de los subsistemas son ahora linealmente dependientes, no son precisas para la determinación de incógnitas y pueden ser utilizadas como ecuaciones de comprobación.

Se comienza por el análisis del subsistema S4, ya que posee solamente cuatro incógnitas y tres de ellas tienen direcciones concurrentes. La ecuación de equilibrio de momentos en su extremo F implica la nulidad de la fuerza Gy y el equilibrio de fuerzas verticales indica que también es nula F'y.

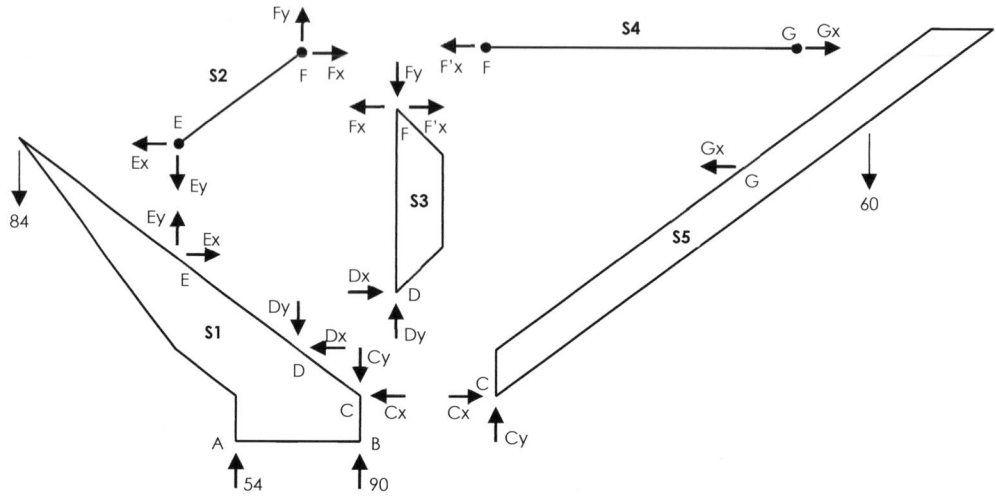

El subsistema S5 queda entonces con 3 incógnitas (Gx, Cx y Cy) y sus tres condiciones de equilibrio las determinan directamente. La tendencia de rotación horaria alrededor de C producida por la fuerza activa de 60 kN se contrarresta por el efecto de rotación antihoraria producido por la fuerza Gx:

$$\Sigma \, M_C = 0 \quad \rightarrow \quad -60 \times 8.4 + Gx \times 5.25 = 0 \quad \rightarrow \quad Gx = 96$$

Mediante estos 96 kN el tirante (subsistema S4) retiene el brazo de la grúa (subsistema S5) en su giro alrededor de C.

El equilibrio de fuerzas horizontales en S5 proporciona el valor Cx = 96, el balance de fuerzas verticales Cy = 60 y el equilibrio de fuerzas horizontales de S4 indica que F'x también vale 96 kN.

Una vez resueltos los subsistemas S4 y S5, las seis incógnitas iniciales correspondientes al subsistema S3 se han quedado reducidas a cuatro (Dx, Dy, Fx y Fy) y tres de ellas (Dy, Fx y Fy) tienen rectas de acción concurrentes en el punto F.

La ecuación de equilibrio de momentos en dicho punto obliga a que la fuerza Dx sea nula y el equilibrio de fuerzas horizontales sobre S3 proporciona el valor de la fuerza Fx que resulta ser el mismo que F'x, 96 kN.

A continuación se representan los cinco subsistemas con todos los valores obtenidos hasta el momento y solamente cuatro incógnitas por resolver (Dy, Fy, Ex y Ey).

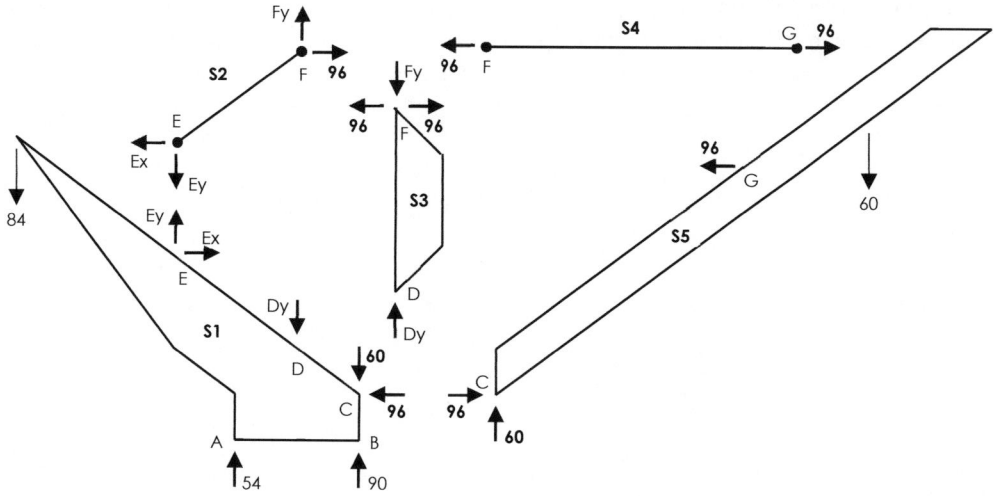

El subsistema S2 tiene ahora solamente tres incógnitas. El equilibrio de momentos en E determina el valor de Fy.

$$\Sigma\, M_E = 0 \quad \rightarrow \quad -96 \times 2.1 + Fy \times 2.8 = 0 \quad \rightarrow \quad Fy = 72$$

Finalmente, el equilibrio de fuerzas horizontales y verticales en S2 y verticales en S3 proporcionan respectivamente los valores Ex = 96, Ey = 72 y Dy = 72.

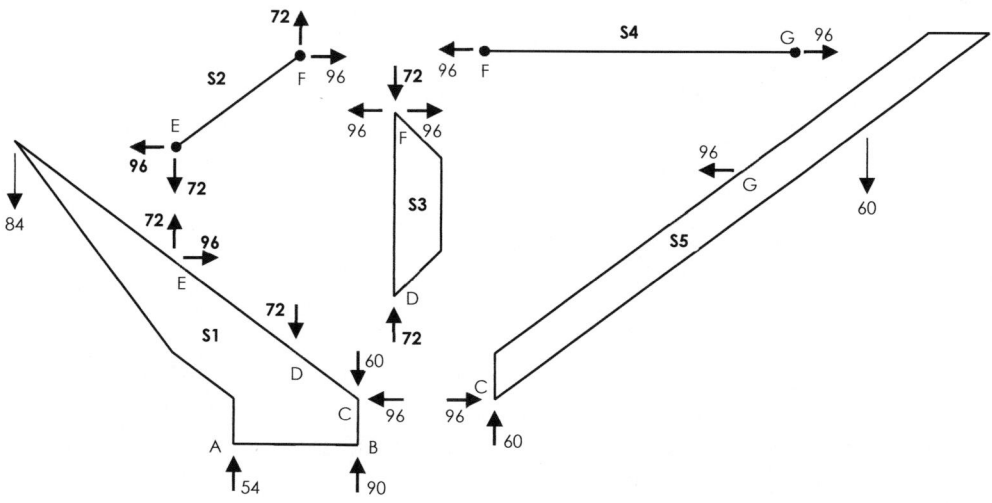

Como estaba previsto, tres ecuaciones de equilibrio (las correspondientes al subsistema S1) no han sido necesarias para determinar los valores de las incógnitas. A continuación se emplean como ecuaciones de comprobación, verificando el equilibrio de este subsistema.

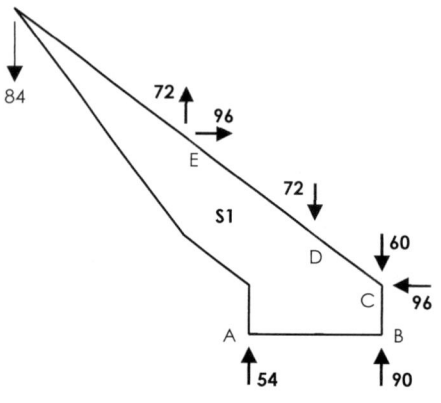

$\Sigma \ Fx = 96 - 96 = 0$

$\Sigma \ Fy = -84 + 72 + 54 - 72 + 90 - 60 = 0$

$\Sigma \ M_A = 84 \times 5 - 72 \times 1.4 - 96 \times 4.2$
$- 72 \times 1.4 - 60 \times 2.8 + 96 \times 1.05$
$+ 90 \times 2.8 = 0$

También se comprueba que la composición de las fuerzas horizontales y verticales en los extremos E y F del subsistema S2 tiene la dirección de la barra EF.

Tras la anulación entre sí de las fuerzas horizontales en el punto F del subsistema S3, los resultados finales se representan en la siguiente figura.

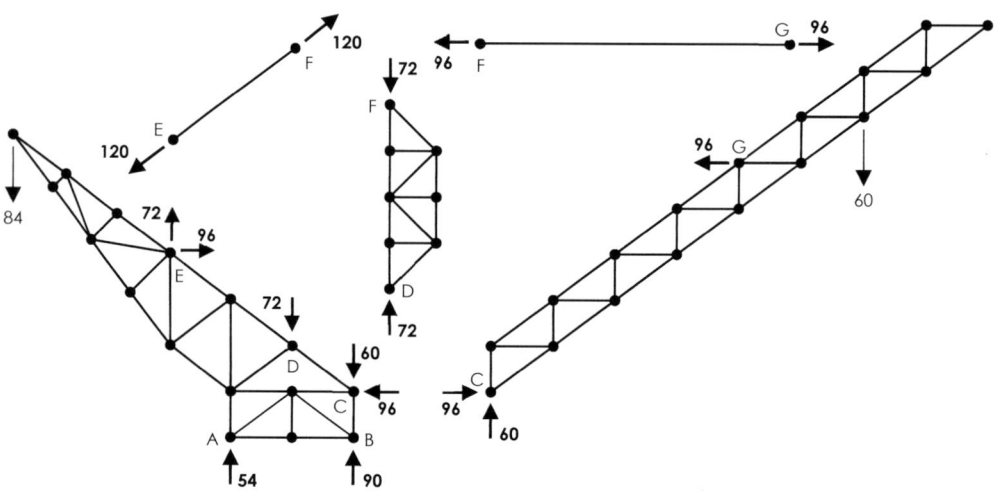

Ejercicio 3.3.05

Determinar las reacciones en los apoyos externos y las fuerzas de interacción entre los subsistemas de la estructura de la figura.

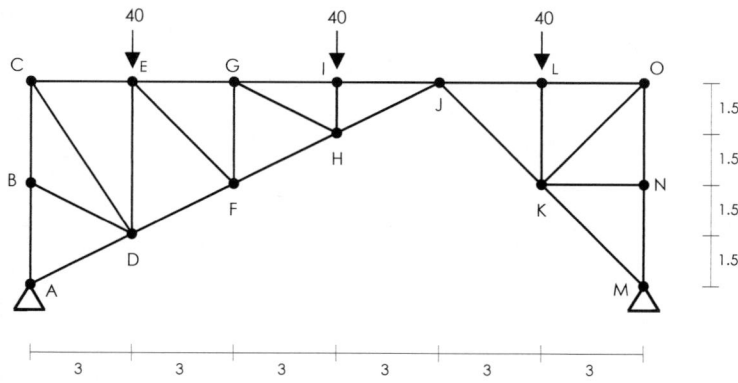

SOLUCIÓN

La estructura consta de dos subsistemas rígidos que se representan a continuación con las fuerzas activas y pasivas actuantes.

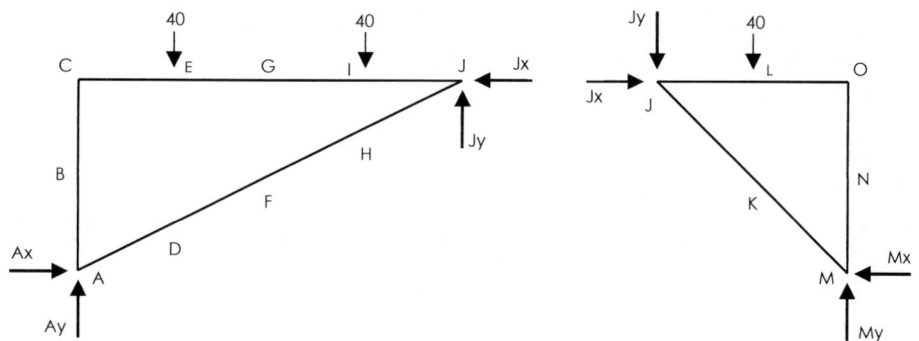

Ambos sistemas poseen cuatro incógnitas y en este caso es preciso combinar ecuaciones de los dos sistemas para su resolución.

El equilibrio de momentos respecto al punto A del subsistema izquierdo proporciona una primera relación entre Jx y Jy.

$$\Sigma \, M_A = 0 \;\rightarrow\; -40 \times 3 - 40 \times 9 + Jx \times 6 + Jy \times 12 = 0$$

El equilibrio de momentos respecto al punto M del subsistema derecho proporciona una segunda relación entre Jx y Jy.

$$\Sigma \, M_M = 0 \;\rightarrow\; 40 \times 3 - Jx \times 6 + Jy \times 6 = 0$$

Combinando ambas relaciones se determinan los valores de las fuerzas Jx y Jy. Al sumar las dos expresiones se elimina la variable Jx obteniéndose

$$-40 \times 9 + Jy \times 18 = 0 \;\rightarrow\; Jy = 20$$

La sustitución de este valor en la segunda ecuación proporciona el valor de la fuerza de interacción vertical Jy.

$$40 \times 3 - Jx \times 6 + 20 \times 6 = 0 \quad \rightarrow \quad Jx = 40$$

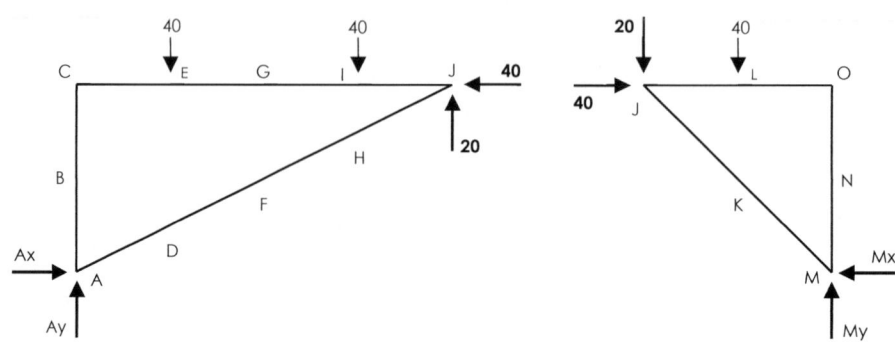

Finalmente, las ecuaciones de equilibrio de fuerzas horizontales y verticales de ambos subsistemas proporcionan respectivamente los valores Ax = 40, Ay = 60, Mx = 40 y My = 60.

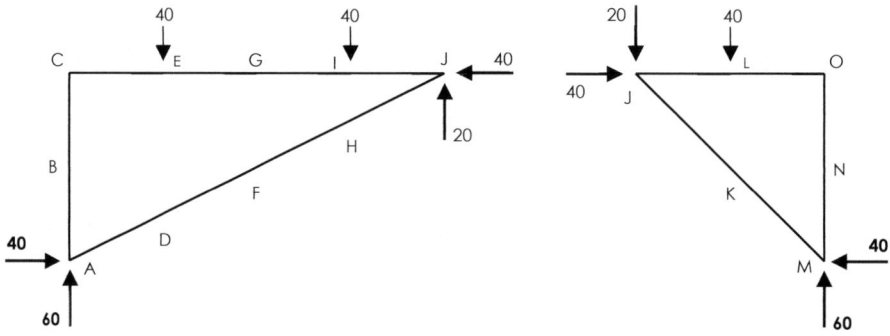

La combinación de condiciones de equilibrio de momentos de distintos sólidos dando lugar a un sistema de dos ecuaciones con dos incógnitas es un recurso habitual en estas situaciones.

Sin embargo, en este caso concreto, al encontrarse los apoyos A y M al mismo nivel, se puede plantear inicialmente el equilibrio del conjunto y posteriormente el de uno de los sólidos para evitar el sistema de ecuaciones.

Si se considera la estructura completa, la ecuación de equilibrio de momentos respecto al punto A proporciona directamente el valor de My.

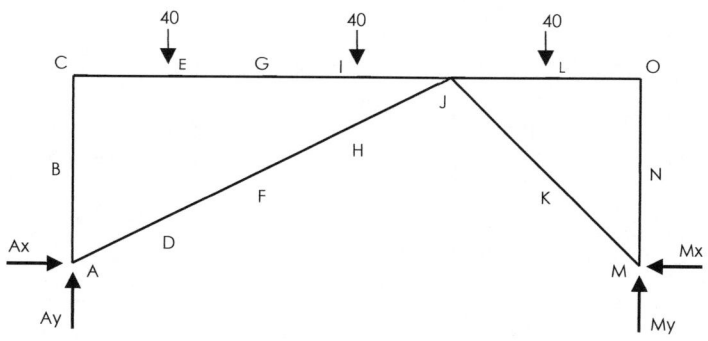

$$\Sigma\ M_A = 0 \quad \rightarrow \quad -40 \times 3 - 40 \times 9 - 40 \times 15 + M_y \times 18 = 0 \quad \rightarrow \quad M_y = 60$$

Imponiendo ahora el equilibrio de momentos del sólido de la derecha respecto al punto J, se obtiene el valor de Mx

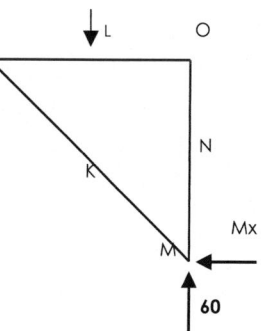

$$\Sigma\ M_J = 0 \quad \rightarrow \quad -40 \times 3 - 60 \times 6 + M_x \times 6 = 0 \quad \rightarrow \quad M_x = 40$$

Y finalmente, con My y Mx en el conjunto completo, el equilibrio de fuerzas en las direcciones horizontal y vertical proporciona los valores de Ax = 40 y Ay = 60.

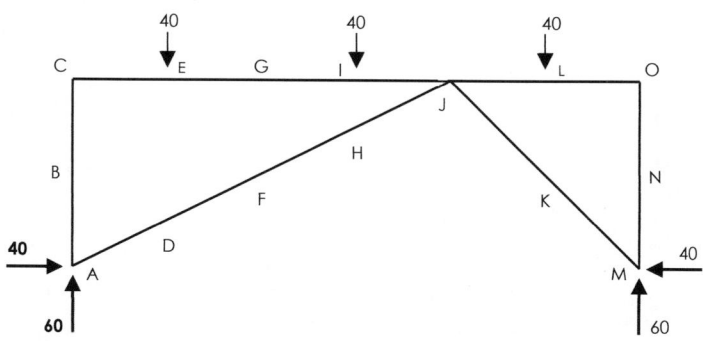

También se podrían haber anticipado los valores Ay = My = 60 atendiendo a la simetría de las fuerzas activas sobre la estructura global.

Ejercicio 3.3.06

Determinar las reacciones de los apoyos en el sistema estructural del ejercicio anterior cuando las tres cargas externas se concentran en una única centrada de 120 kN.

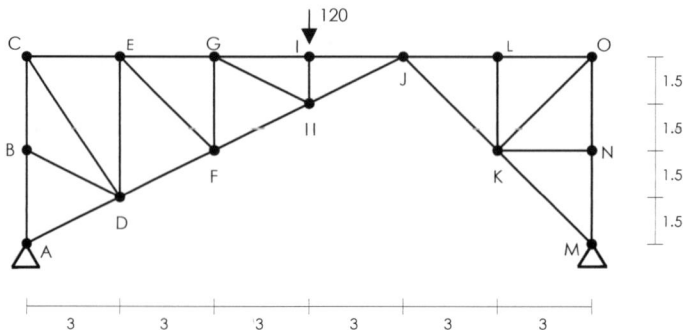

¿Cómo variarían dichas reacciones si la carga se aplicase en el nudo J de unión entre los subsistemas?

SOLUCIÓN

Considerando el equilibrio del sistema conjunto y la simetría de las fuerzas aplicadas sobre el mismo, las reacciones verticales en ambos apoyos serán iguales y con valor mitad de la carga externa ($Ay = My = 60$ kN). Al mismo resultado se llega imponiendo el equilibrio de momentos y fuerzas verticales en toda la estructura.

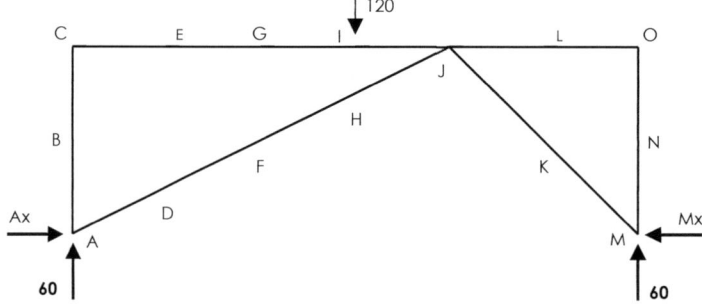

En este caso y a diferencia del ejercicio anterior, sobre el subsistema de la derecha no se ejerce ninguna fuerza activa. Se trata de un sólido biarticulado en sus extremos y no cargado internamente: solo puede encontrarse en equilibrio bajo la acción de dos fuerzas iguales y opuestas en la dirección que une sus dichos extremos.

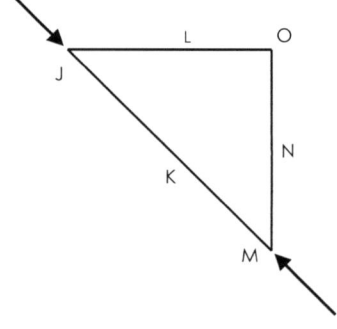

La reacción en M tiene por los tanto la dirección MJ (45°) y, por tanto, $Mx = My = 60$ kN. El equilibrio global de fuerzas horizontales obliga a que también $Ax = 60$ kN.

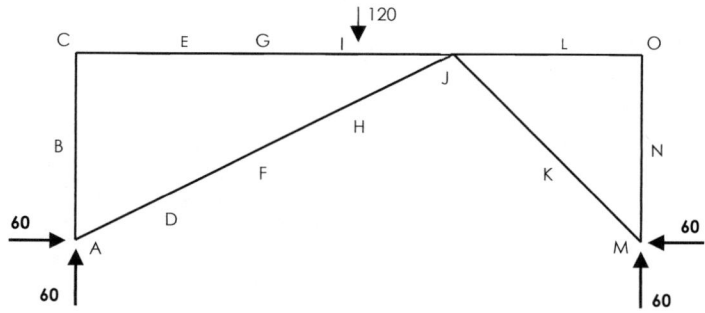

Con la fuerza externa situada sobre el nudo J, la ecuación de equilibrio de momentos respecto a A proporciona el nuevo valor de My (las acciones ya no son globalmente simétricas).

$$\Sigma\, M_A = 0 \quad \rightarrow \quad -120 \times 12 + M_y \times 18 = 0 \quad \rightarrow \quad M_y = 80$$

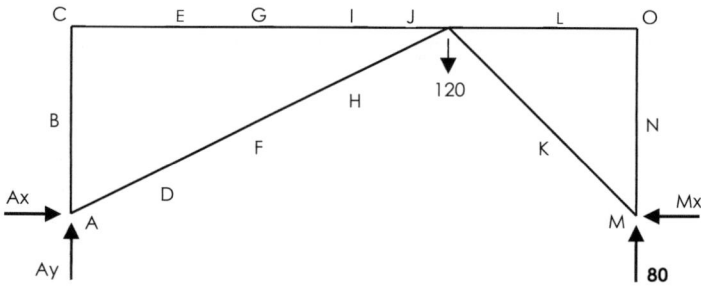

El sólido de la derecha sigue sin carga en su interior y por ello la reacción en M tiene una inclinación de 45° y su componente horizontal vale ahora Mx = 80 kN. El equilibrio de fuerzas horizontales y verticales sobre el sistema conjunto determina los valores Ax = 80 y Ay = 40. Se puede apreciar que la composición de ambos da lugar a una reacción en A en la dirección AJ (por no estar cargado el subsistema izquierdo).

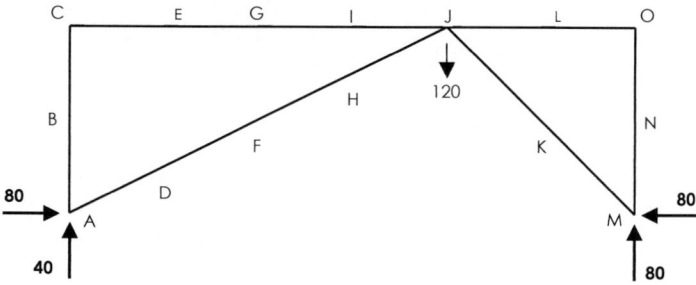

Ejercicio 3.3.07

Determinar las fuerzas de interacción en los nudos A, B y C del sistema articulado en las dos situaciones de cargas reflejadas en la figuras.

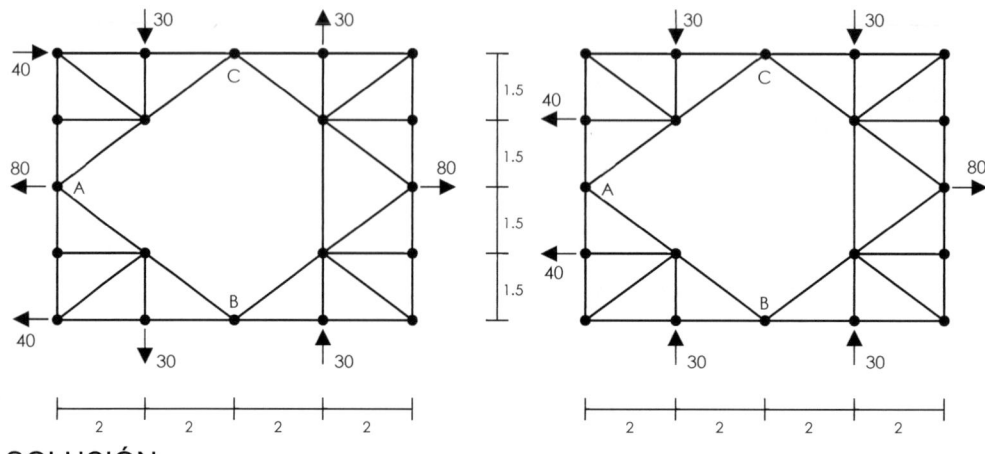

SOLUCIÓN

El sistema estructural está integrado por tres subsistemas rígidos enlazados mediante las articulaciones A, B y C. Se representan a continuación con las fuerzas activas correspondientes al primer caso y las fuerzas de interacción entre subsistemas.

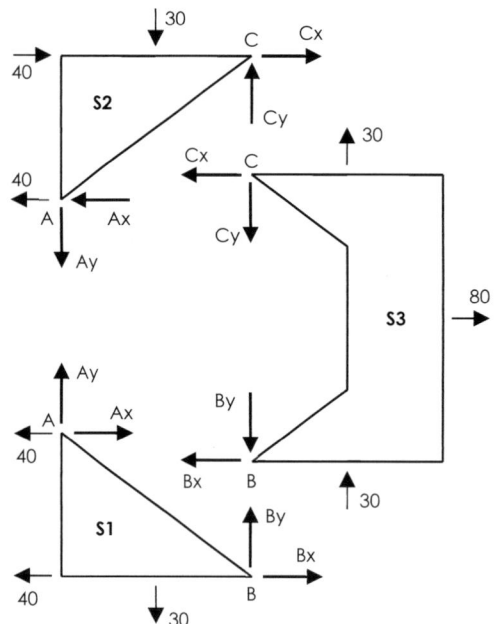

El sistema incluye solamente seis incógnitas (Ax, Ay, Bx, By, Cx y Cy) y sin embargo necesita cumplir nueve condiciones de equilibrio (3 por subsistema). Se trata, por tanto, de un mecanismo. Carece de apoyos externos y no puede garantizar el equilibrio ante cualquier conjunto de fuerzas exteriores.

Sin embargo, en la situación indicada, las cargas aplicadas satisfacen ellas solas las condiciones de equilibrio del sistema en su conjunto. No existen tendencias globales de traslación ni rotación y el mecanismo se encuentra en situación de equilibrio

Basta, por tanto, imponer el equilibrio de dos subsistemas (S1 y S2) para determinar las 6 incógnitas. El equilibrio del tercero (S3) se tiene que verificar directamente.

La fuerza activa de 80 kN en A se ha repartido inicialmente entre S1 y S2.

Todos los subsistemas tienen individualmente cuatro incógnitas. Aprovechando la simetría geométrica entre S1 y S2 respecto al eje horizontal, se imponen simultáneamente las condiciones de equilibrio de momentos de ambos subsistemas respecto a B y C, obteniendo con ello dos relaciones entre las incógnitas Ax y Ay.

$$\Sigma\ M_B = 0 \quad \rightarrow \quad 40 \times 3 + 30 \times 2 - Ax \times 3 - Ay \times 4 = 0$$

$$\Sigma\ M_C = 0 \quad \rightarrow -40 \times 3 + 30 \times 2 - Ax \times 3 + Ay \times 4 = 0$$

Sumando y restando ambas expresiones se obtienen los valores de las fuerzas de interacción en A.

$$120 - 6\ Ax = 0 \quad \rightarrow \quad Ax = 20$$

$$-240 + 8\ Ay = 0 \quad \rightarrow \quad Ay = 30$$

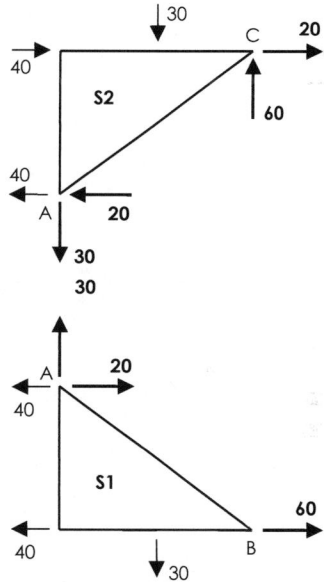

El equilibrio de fuerzas horizontales y verticales en S1 y S2 proporciona directamente los valores de Bx = 60, By = 0, Cx = 20 y Cy = 60.

La fuerza de interacción Ax corrige la estimación inicial del reparto entre subsistemas de la fuerza de 80 kN aplicada en su nudo de unión.

Tras componer las fuerzas horizontales en los nudos A de ambos subsistemas se observa que de los 80 kN aplicados, 20 los absorbe el sólido S1 y 60 el sólido S2.

Son las ecuaciones de equilibrio las que determinan la distribución real de las fuerzas aplicadas en los nudos de unión entre subsistemas, con independencia del reparto inicial de las mismas.

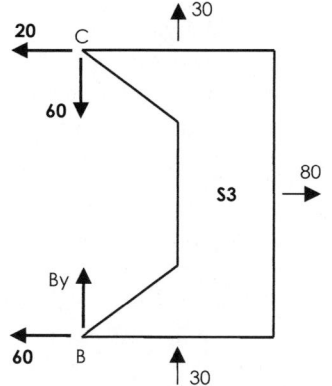

Tras efectuar la transmisión de las fuerzas obtenidas al sólido S3, se puede verificar el cumplimiento directo de sus condiciones de equilibrio.

Como ecuaciones de comprobación se observan los correctos balances fuerzas horizontales, verticales y momentos respecto al nudo C.

$$\Sigma\ M_C = -60 \times 6 + 30 \times 2 + 30 \times 2 + 80 \times 3 = 0$$

También se podrían haber determinado todas las incógnitas imponiendo el equilibrio de momentos en el nudo B del subsistema S3 (se obtiene Cx = 20), a continuación, el equilibrio de momentos en el nudo A del subsistema S2 (se obtiene Cy = 60)

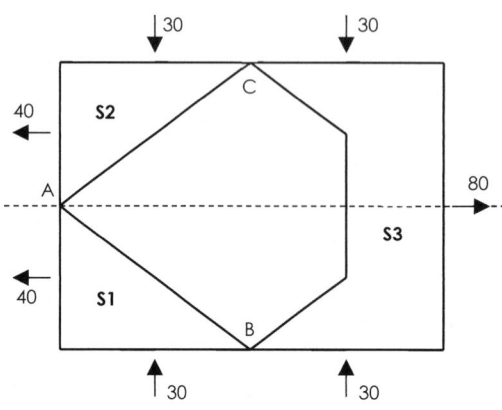

y finalmente las condiciones de equilibrio de fuerzas horizontales y verticales en S3 y S2 (Bx = 60, By = 0, Ax = 20 y Ay = 30).

En la segunda hipótesis de carga, las fuerzas aplicadas son simétricas respecto al eje horizontal que pasa por el nudo A.

No existe, por tanto, ninguna tendencia al desplazamiento horizontal relativo en A entre los sólidos S1 y S2. Dicho punto tiende a desplazarse horizontalmente hacia la izquierda, pero de igual manera en ambos sólidos.

La fuerza interacción horizontal Ax es por ello nula en esta situación. La simetría del comportamiento de S1 y S2 impide que se ejerzan mutuamente fuerzas de diferente sentido.

Una vez eliminada la fuerza Ax, el equilibrio de momentos de S1 en B proporciona el valor de Ay = 0 (40 × 1.5 − 30 × 2 − Ay × 4 = 0).

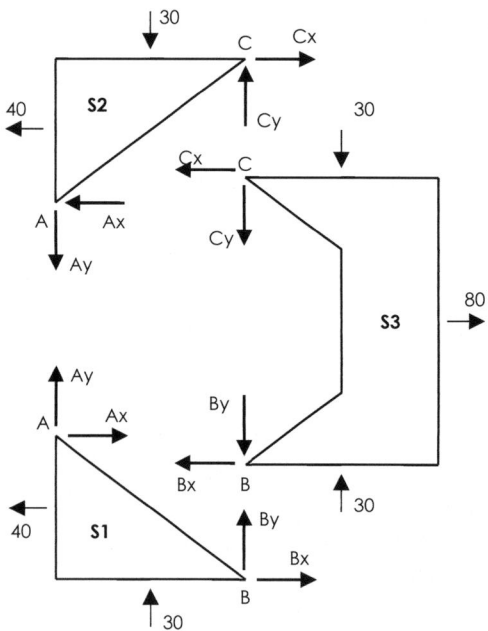

La tendencia al acercamiento entre ambos sólidos en A debida a la acción de las fuerzas verticales se compensa exactamente con su tendencia al alejamiento (girando alrededor de los nudos B y C) producida por las fuerzas horizontales de 40 kN.

La composición de ambas fuerzas en sus rectas de acción tiene la dirección AB y se transmite directamente al subsistema S3 sin interacción ninguna entre S1 y S2

Las fuerzas actuantes sobre S3 cumplen a su vez las condiciones de equilibrio del subsistema.

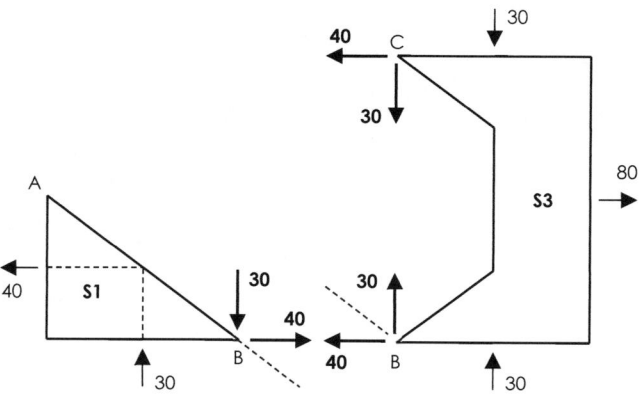

Ejercicio 3.3.08

Analizar la reacción en el apoyo A de la estructura articulada de la figura, en las dos hipótesis de cargas indicadas. Justificar la nulidad de su componente vertical con las cargas de la figura izquierda y determinar el sentido de dicha componente (ascendente o descendente) con las fuerzas de la figura derecha.

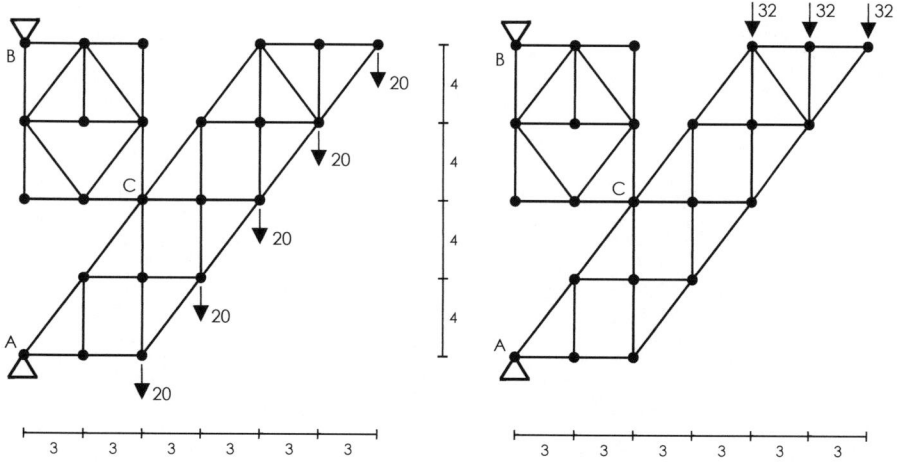

SOLUCIÓN

La estructura la integran dos subsistemas rígidos (S1 y S2) con sendos puntos fijos en B y A articulados entre sí en el nudo C. En la primera de las hipótesis de cargas, las fuerzas activas y pasivas actuantes sobre ellos son las siguientes:

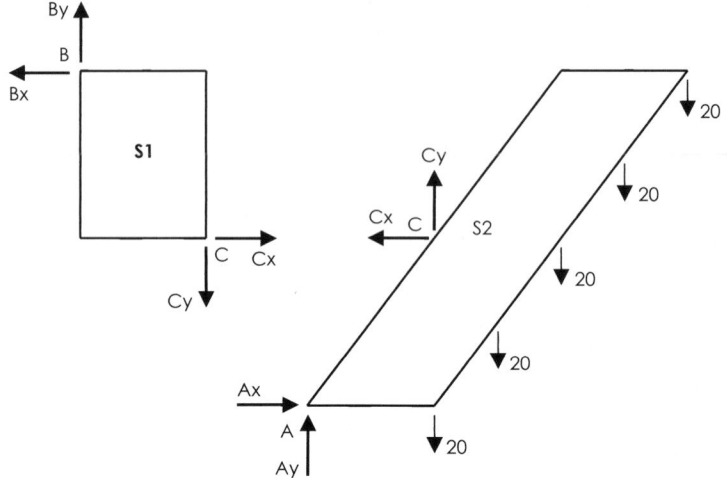

Se consideran las fuerzas A_R, B_R y C_R como resultantes de las respectivas componentes Ax, Ay, Bx, By, Cx y Cy.

El subsistema S1 no está solicitado internamente y su equilibrio obliga a que las fuerzas B_R y C_R aplicadas en sus extremos sean iguales y opuestas y tengan la dirección BC.

Por otra parte, en el sólido S2, las cinco fuerzas activas de 20 kN producen un efecto equivalente al de su resultante de 100 kN aplicada en el eje central.

Con todo ello, sobre S2 se ejercen solamente tres fuerzas (A_R, C_R y 100 kN) como se indica en la figura.

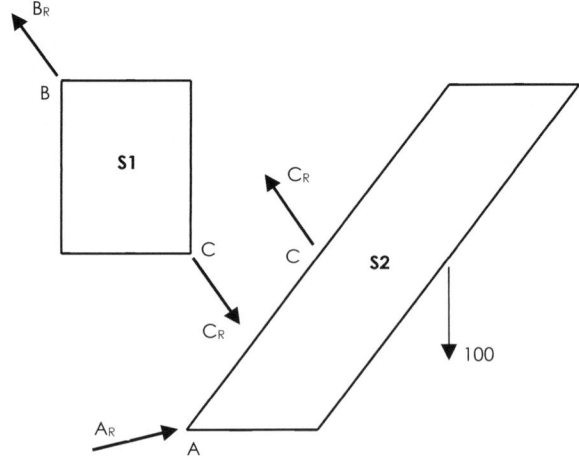

Con carácter general, un sólido rígido sometido a la acción exclusiva de tres fuerzas solamente puede encontrarse en equilibrio si estas son concurrentes en un mismo punto.

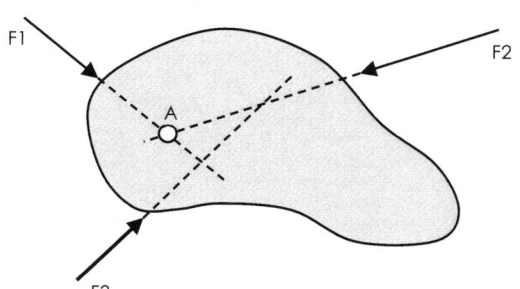

Si las tres rectas de acción no se cortan en un punto, no se cumple la ecuación de equilibrio de momentos respecto al punto de intersección (A) de dos de ellas (F1 y F2) ya que la tercera (F3) produce un efecto de rotación en A que no se contrarresta.

Para que el sólido no gire alrededor de A, la recta de acción de F3 también tiene que pasar por este punto.

Aplicando esta condición de concurrencia a las tres fuerzas actuantes sobre el subsistema S2 queda determinada la dirección de la reacción externa A_R a partir de la posición y direcciones de la resultante activa de 100 kN y la fuerza de interacción C_R.

La intersección de la fuerza vertical y la recta de acción de C_R se produce en un punto de la recta horizontal que pasa por A y, por tanto, A_R tiene que ser horizontal y su componente vertical Ay es nula.

En la segunda de las hipótesis de carga, la resultante de las tres fuerzas de 32 kN está desplazada hacia la derecha respecto a la hipótesis anterior.

Por ello, la intersección de su recta vertical de acción con la inclinada de C_R, se produce en este caso por debajo de la línea horizontal por el apoyo A.

Al tener que pasar la reacción A_R por dicho punto, su componente vertical Ay es ahora descendente.

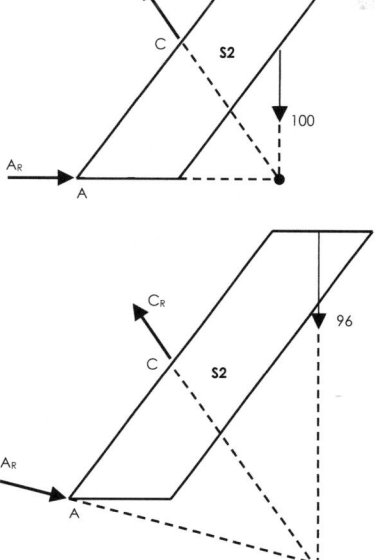

Wooden roof structure (Finland)
commons.wikimedia.org - Riisipuuro

CAPÍTULO 4

ESFUERZOS EN SISTEMAS ISOSTÁTICOS

[4.1]. DETERMINACIÓN ANALÍTICA DE ESFUERZOS EN BARRAS

Tras la imposición de las condiciones de equilibrio a todos los subsistemas de la estructura articulada y la obtención de los valores de las fuerzas de interacción entre ellos y las reacciones en los apoyos externos, se analiza por separado el comportamiento interno de cada subsistema y se procede a la determinación de los esfuerzos axiles en todas sus barras, pudiéndose emplear para ello diferentes procedimientos.

[4.1.1]. MÉTODO DE LOS NUDOS

El más común de estos procedimientos es el denominado método de los nudos, según el cual los esfuerzos en las barras de un entramado articulado plano isostático en equilibrio se determinan imponiendo secuencialmente las condiciones de equilibrio de sus nudos en un orden tal que el número de barras con esfuerzo desconocido en cada etapa no sea nunca superior a dos.

La característica esencial de este método es el establecimiento de un determinado orden de recorrido de los nudos del subsistema y el planteamiento de cada uno de manera secuencial. Siendo n el número total de nudos y dos el número de ecuaciones de equilibrio de un nudo en el plano, no se trata de resolver un sistema conjunto de 2n ecuaciones sino de plantear n sistemas de dos ecuaciones cada uno.

Esto resulta operativamente mucho más sencillo, pero limita el número de incógnitas a un máximo de dos cada vez que se establecen las ecuaciones de equilibrio de un nudo. Por ello el orden es importante y se precisa del aprovechamiento de los resultados obtenidos en el equilibrio de los nudos anteriores cuando se aborda un nuevo nudo.

La utilización de los valores que se van obteniendo facilita el planteamiento de las siguientes ecuaciones de equilibrio pero tiene como peligro la capacidad de arrastre de cualquier error de cálculo a todos los nudos posteriores. Por ello resulta especialmente aconsejable el planteamiento de las ecuaciones finales de comprobación que proporciona el método.

Efectivamente, en todo sistema articulado isostático, el número total de ecuaciones (2n) coincide con el número total de incógnitas (b + R). Si se han determinado previamente las R incógnitas de reacción, para obtener los esfuerzos en las b barras solo se precisan b ecuaciones (b = 2n − R) y de las 2n iniciales sobran R que pueden ser empleadas como ecuaciones de comprobación.

Los criterios para el establecimiento correcto del orden de los nudos y las ecuaciones de comprobación se pueden apreciar sobre un ejemplo teórico. Se considera para ello el sistema isostático de la izquierda y la resolución de sus reacciones externas en la derecha. Todas las fuerzas actuantes son, por tanto, conocidas.

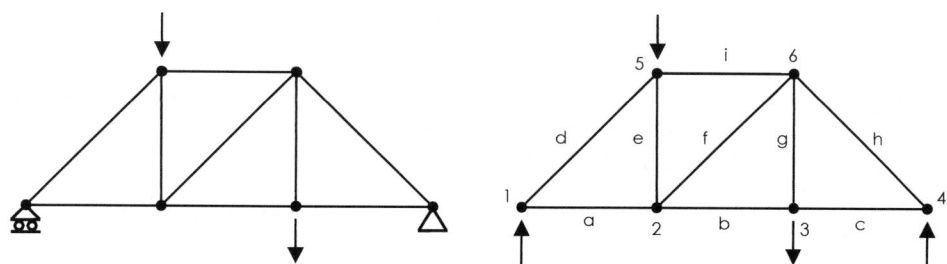

Sobre la figura anterior se identifican con números los 6 nudos y con letras las 9 barras cuyo esfuerzo se desea determinar.

El método de los nudos no se puede aplicar comenzando por el nudo 2 porque acceden al mismo cuatro barras («a», «b», «e» y «f») de esfuerzo todavía desconocido. De igual forma tampoco pueden se puede considerar como nudo inicial el 3 (tres barras incógnita), el 5 (otras tres barras desconocidas) y el 6 (cuatro incógnitas). El método de los nudos solamente se puede aplicar en este caso comenzando por los nudos 1 o 4 (dos barras con esfuerzo desconocido en cada caso).

Se considera como primer nudo el número 1 y se emplean sus dos ecuaciones de equilibrio para determinar los esfuerzos axiles en las barras «a» y «d». No se puede plantear a continuación el equilibrio del nudo 2 porque, aunque la barra «a» ya no aporta una fuerza incógnita, existen todavía tres barras desconocidas («b», «e» y «f») con extremo en dicho nudo.

Sí se puede plantear ahora, sin embargo, el equilibrio del nudo 5 porque, tras la determinación previa del axil de la barra «d», solo acceden al mismo dos barras («e» e «i») con esfuerzo desconocido en este momento. Precisamente las dos ecuaciones de equilibrio del nudo 5 proporcionan los valores de los axiles en ambas barras.

El nudo 6 todavía no es abordable pero ahora ya si se puede plantear las ecuaciones de equilibrio del nudo 2. Las barras «a» y «e» ejercen sobre el mismo fuerzas ya conocidas y estas ecuaciones se emplean para determinar los esfuerzos en las barras «b» y «f».

A continuación ya se puede imponer el equilibrio del nudo 6 para determinar los axiles en las barras «g» y «h» (las fuerzas ejercidas por «i» y «f» ya no son incógnitas).

Cuando se aborda el nudo 3 queda solamente una barra con esfuerzo desconocido. De las dos ecuaciones de equilibrio de dicho nudo, una se emplea para determinar el axil de la barra «c» y la otra se tiene que verificar directamente (ecuación de comprobación).

Finalmente, el equilibrio del nudo 4 aporta otras dos ecuaciones de comprobación. Ya se conocen todas las fuerzas aplicadas sobre el mismo y sus dos ecuaciones de equilibrio se tienen que satisfacer directamente.

El número de total de ecuaciones de comprobación es efectivamente el número de incógnitas de reacción externas inicialmente resueltas (dos del apoyo fijo y una del deslizante). De las 12 ecuaciones de equilibrio de todos los nudos (2n), 9 se han empleado en la determinación de las b barras y 3 ($R = 2n - b$) son las de comprobación.

El orden seguido en el ejemplo no es el único posible. Se podría haber comenzado por el nudo 4 y un posible orden sería el 4,3,6,2,5,1 o también abordar el sistema por ambos extremos en distintos momentos, por ejemplo, con la secuencia 1,5,2,4,3,6. Son múltiples las posibilidades, pero en todas ellas las incógnitas en el nudo planteado en cada momento no pueden ser más de dos.

Una ver determinado el orden, en cada etapa se plantean las condiciones de equilibrio del correspondiente nudo aislándolo de la estructura y disponiendo sobre el mismo todas las fuerzas que lo solicitan; las activas y pasivas ya determinadas, con su valor dirección y sentido; las ejercidas por las barras de esfuerzo conocido, con su valor, la dirección de la barra y el sentido acorde con el signo del esfuerzo (empujando el nudo si la barra está comprimida y tirando de él si se encuentra traccionada). Finalmente, las fuerzas ejercidas por las barras de esfuerzo todavía desconocido se disponen sobre el nudo con la dirección de la barra, un valor incógnita y un sentido inicial.

En función de los sentidos dispuestos se imponen las dos ecuaciones de equilibrio del nudo (balance de las proyecciones de las componentes de todas las fuerzas actuantes en dos direcciones, normalmente el equilibrio de proyecciones horizontales y el equilibrio de proyecciones verticales). Tras la resolución completa del sistema algebraico, si alguna de las fuerzas incógnita resulta negativa se cambia su sentido como paso previo al razonamiento del signo del esfuerzo en la barra correspondiente.

El signo obtenido en las ecuaciones matemáticas no determina el signo de la fuerza con el criterio de fuerzas (positivo hacia arriba y hacia la derecha) ni es tampoco el signo del esfuerzo en la barra (positivo en tracción y negativo en compresión). Un signo positivo en el resultado algebraico de una incógnita indica que el sentido inicialmente dispuesto para la fuerza aplicada sobre el nudo es correcto y un signo negativo indica que es incorrecto y que debe cambiarse.

El sentido inicial de las fuerzas incógnita aplicadas sobre el nudo se puede establecer mediante tres posibles procedimientos, que se describen a continuación y se aplican sobre el nudo 1 del ejemplo anterior.

PRIMER PROCEDIMIENTO

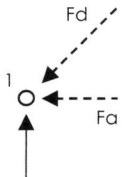

El sentido se establece con carácter aleatorio. En el ejemplo se han dispuesto las dos fuerzas incógnitas Fa y Fd dirigidas hacia el nudo. Las ecuaciones de equilibrio determinan a continuación los valores algebraicos de Fa y Fd. En este caso Fd resulta positiva y Fa negativa. Debe cambiarse, por tanto, el sentido de esta última.

SEGUNDO PROCEDIMIENTO

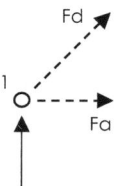

El sentido se establece siempre con la fuerza tirando del nudo. De esta manera, si la incógnita resulta positiva, el sentido es correcto y la barra tira del nudo, es decir, se encuentra traccionada y el signo de su esfuerzo es también positivo.

Si por el contrario, la incógnita resulta negativa, el sentido es incorrecto y realmente la barra empuja al nudo. Se trata entonces de una barra comprimida y el signo de su esfuerzo es también negativo.

Con esta estrategia, el signo algebraico de la incógnita coincide con el signo del esfuerzo en la correspondiente barra.

TERCER PROCEDIMIENTO

El sentido se establece mediante un razonamiento previo para que el nudo se encuentre en equilibrio. En el caso del ejemplo la fuerza vertical necesita compensarse con un Fd descendente y la acción de esta última hacia la izquierda impone que Fa tenga que compensarla hacia la derecha.

Con este procedimiento, las incógnitas tienen que resultar siempre positivas y en caso contrario, es síntoma de un error en las operaciones o en el razonamiento previo.

El procedimiento ayuda a la comprensión intuitiva del funcionamiento de las barras y proporciona, de alguna manera, una cierta posibilidad de comprobación.

Una vez dispuestas todas las fuerzas actuantes sobre el nudo se plantean sus dos condiciones de equilibrio mediante ecuaciones algebraicas. Si una de las dos fuerzas desconocida es horizontal o vertical, conviene imponer primero la condición de equilibrio de fuerzas en la dirección perpendicular, para obtener directamente la otra incógnita y utilizar su valor en la segunda ecuación. De este modo se reduce el sistema de dos ecuaciones con dos incógnitas a dos sistemas de una ecuación con una incógnita.

Tras la determinación de los valores y sentidos reales de las fuerzas ejercidas por las barras sobre el nudo, se procede finalmente a la obtención del signo de los correspondientes esfuerzos mediante el razonamiento ya conocido. Si la barra ejerce una acción sobre el nudo tirando de él, el nudo tira a su vez de la barra y esta se encuentra traccionada. El signo de su esfuerzo es positivo y así se debe reflejar en la estructura. Si la barra ejerce una acción que empuja el nudo, este también empuja la barra y la comprime. El signo de su esfuerzo es entonces negativo y así se debe indicar en la estructura.

En el ejemplo descrito, la barra «a» ejerce sobre el nudo una acción hacia la derecha. Tira de él y se encuentra traccionada. La barra «d», por el contrario, ejerce una acción descendente sobre el nudo y lo empuja. Está por ello comprimida.

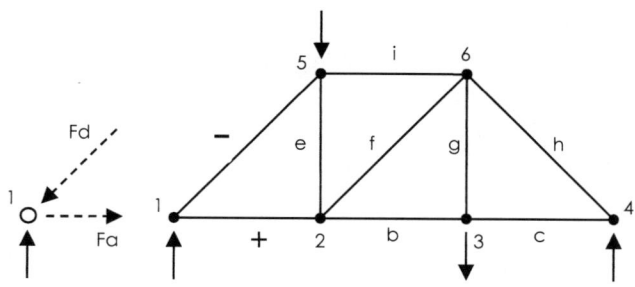

Se recomienda disponer las fuerzas con sus sentidos sobre los nudos aislados y los signos de los esfuerzos en la estructura global. Cada barra ejerce fuerzas iguales y opuestas sobre sus nudos extremos y estos a su vez ejercen fuerzas iguales y opuestas sobre la barra. La colocación de flechas en el sistema conjunto admite interpretaciones diferentes y puede en ocasiones resultar confusa.

Este método de los nudos es especialmente indicado para la obtención de esfuerzos en estructuras o subsistemas triangulados o simples y puede no resultar adecuado para sistemas compuestos o complejos.

Las posibilidades y procedimientos de aplicación de este método se muestran en los siguientes ejercicios, con un desarrollo muy detallado en los primeros y resolución menos pormenorizada en los últimos. En todos ellos las fuerzas se expresan en kN y las cotas en metros.

En los 6 primeros ejercicios el sentido de las fuerzas desconocidas cuando se aplican sobre los nudos se establece mediante el razonamiento previo de las condiciones de equilibrio. En los restantes se disponen todas las fuerzas desconocidas saliendo de los nudos y el signo en cada caso de la solución del sistema determina el signo del esfuerzo en la correspondiente barra.

Con el objeto de centrar el foco de los ejercicios en la correcta aplicación del método y minimizar la operativa matemática, las barras se disponen geométricamente con ángulos que facilitan la determinación de las proyecciones de las fuerzas y las cargas externas adoptan valores dan lugar a resultados sencillos de los esfuerzos (enteros en la mayoría de los casos).

Los ángulos y proporciones más habitualmente empleados con este fin se indican a continuación con sus valores de seno y coseno y ordenados en ángulo creciente.

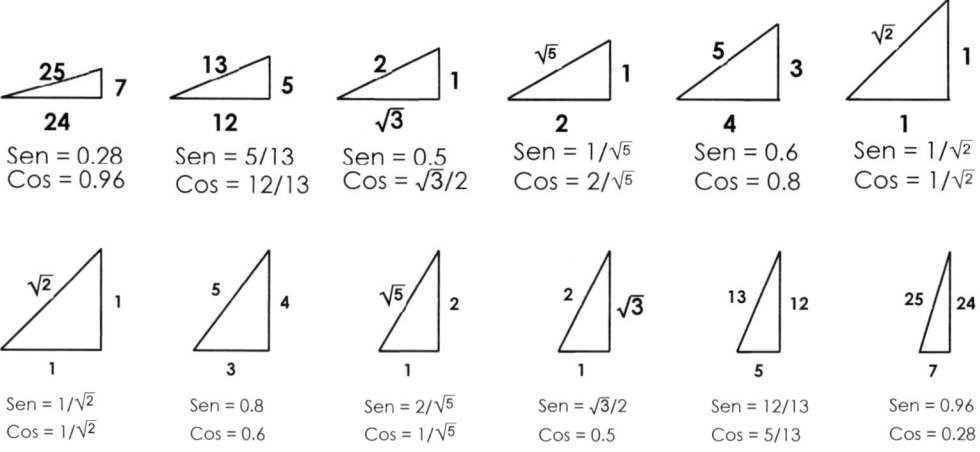

A continuación se reflejan todos los triángulos de lados enteros y menores de 100, también ordenados por ángulo creciente y excluyendo los triángulos semejantes.

TRIÁNGULOS RECTÁNGULOS CON LADOS ENTEROS Y MENORES DE 100

a	b	c	α	Sen α	Cos α
84	13	85	8,7974	0,15294118	0,98823529
60	11	61	10,3889	0,18032787	0,98360656
40	9	41	12,6804	0,21951220	0,97560976
63	16	65	14,2500	0,24615385	0,96923077
24	7	25	16,2602	0,28000000	0,96000000
35	12	37	18,9246	0,32432432	0,94594595
12	5	13	22,6199	0,38461538	0,92307692
77	36	85	25,0576	0,42352941	0,90588235
80	39	89	25,9892	0,43820225	0,89887640
15	8	17	28,0725	0,47058824	0,88235294
56	33	65	30,5102	0,50769231	0,86153846
45	28	53	31,8908	0,52830189	0,84905660
4	3	5	36,8699	0,60000000	0,80000000
55	48	73	41,1121	0,65753425	0,75342466
72	65	97	42,0750	0,67010309	0,74226804
21	20	29	43,6028	0,68965517	0,72413793
20	21	29	46,3972	0,72413793	0,68965517
65	72	97	47,9250	0,74226804	0,67010309
48	55	73	48,8879	0,75342466	0,65753425
3	4	5	53,1301	0,80000000	0,60000000
28	45	53	58,1092	0,84905660	0,52830189
33	56	65	59,4898	0,86153846	0,50769231
8	15	17	61,9275	0,88235294	0,47058824
39	80	89	64,0108	0,89887640	0,43820225
36	77	85	64,9424	0,90588235	0,42352941
5	12	13	67,3801	0,92307692	0,38461538
12	35	37	71,0754	0,94594595	0,32432432
7	24	25	73,7398	0,96000000	0,28000000
16	63	65	75,7500	0,96923077	0,24615385
9	40	41	77,3196	0,97560976	0,21951220
11	60	61	79,6111	0,98360656	0,18032787
13	84	85	81,2026	0,98823529	0,15294118

En cualquier caso, sea cual sea la dirección de las fuerzas aplicadas sobre los nudos, en las ecuaciones de equilibrio intervienen sus proyecciones y estas se determinan con el seno y el coseno del ángulo. La geometría de la estructura proporciona habitualmente los valores «a» y «b» de las proyecciones de las barras. Se puede calcular su longitud «c» mediante la raíz cuadrada de la suma de los cuadrados de «a» y «b», el seno mediante el cociente b/c y el coseno como a/c.

Como alternativa, a partir de los valores «a» y «b» también se puede obtener la tangente del ángulo (b/a), con esta el coseno (inverso de la raíz de 1 más la tangente al cuadrado) y finalmente el seno (tangente por coseno).

Ejercicio 4.1.1.01

Verificar el isostatismo del entramado articulado de la figura, obtener las reacciones en sus apoyos y determinar los esfuerzos axiles en todas las barras del mediante el método analítico de los nudos.

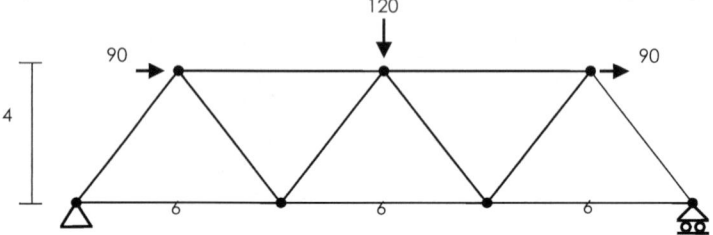

SOLUCIÓN

Se trata de una estructura articulada de 7 nudos y 11 barras, sustentada externamente mediante un apoyo fijo y otro deslizante. Con los valores n = 7, b = 11 y R = 3 se verifica la condición [2n = b + R] necesaria para el isostatismo. Por otra parte, su disposición triangulada formando un único sistema rígido y la estricta vinculación externa del sistema son condición suficiente para el mismo.

Para la obtención de las reacciones en los apoyos se imponen las condiciones de equilibrio global de todo el sistema:

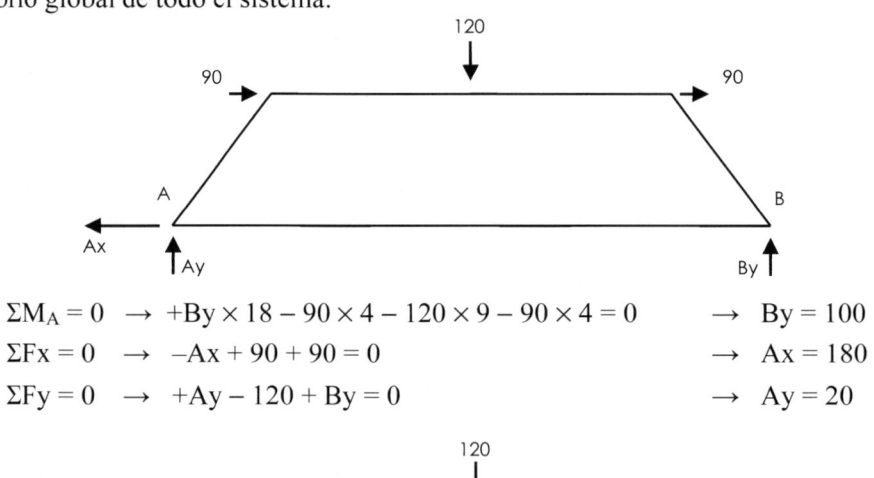

$$\Sigma M_A = 0 \quad \rightarrow \quad +By \times 18 - 90 \times 4 - 120 \times 9 - 90 \times 4 = 0 \qquad \rightarrow \quad By = 100$$

$$\Sigma Fx = 0 \quad \rightarrow \quad -Ax + 90 + 90 = 0 \qquad\qquad\qquad\qquad\qquad \rightarrow \quad Ax = 180$$

$$\Sigma Fy = 0 \quad \rightarrow \quad +Ay - 120 + By = 0 \qquad\qquad\qquad\qquad\qquad \rightarrow \quad Ay = 20$$

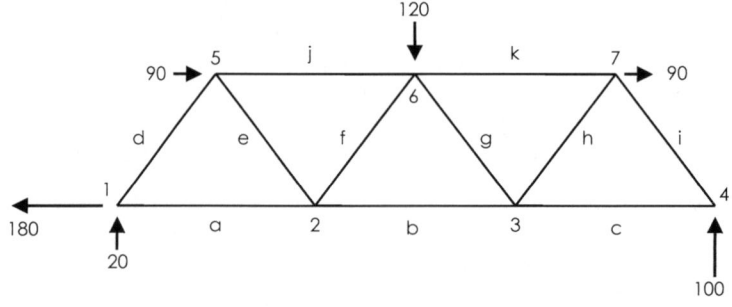

Tras la identificación numérica de los nudos y alfabética de las barras se plantea la aplicación del método de los nudos en el orden 1,5,2,6,3,7,4. En los gráficos se muestran con trazos discontinuos las barras y fuerzas desconocidas en cada momento

EQUILIBRIO DEL NUDO 1

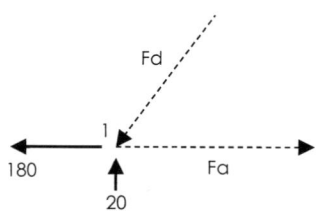

Las barras «a» y «d» ejercen fuerzas sobre el nudo 1 según su dirección. El sentido de Fd es descendente para equilibrar la fuerza ascendente de 20 kN. La fuerza Fa se dirige hacia la derecha para contrarrestar la fuerza de 180 kN y la componente horizontal de Fd. El ángulo de Fd con la horizontal tiene seno de valor 0.6 (3/5) y coseno 0.8 (4/5).

$$\Sigma Fy = 0 \quad \rightarrow \quad +20 - Fd \times 0.8 = 0 \qquad \rightarrow \quad Fd = 25$$

$$\Sigma Fx = 0 \quad \rightarrow \quad -180 - Fd \times 0.6 + Fa = 0 \quad \rightarrow \quad Fa = 195$$

La barra «d», con su acción descendente sobre el nudo 1, lo empuja y se encuentra, por tanto, comprimida (–25). La barra «a» tira del nudo 1 y está por ello traccionada (+195).

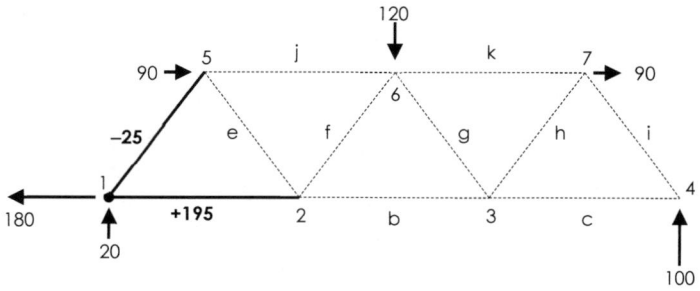

EQUILIBRIO DEL NUDO 5

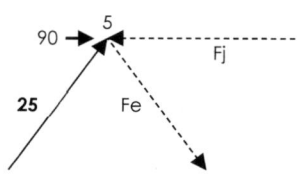

La barra «d» está comprimida y ejerce por ello una fuerza ascendente sobre el nudo 5. Las fuerzas incógnita Fe y Fj llevan la dirección de las correspondientes barras y el sentido que equilibra el nudo 5.

$$\Sigma Fy = 0 \quad \rightarrow \quad +25 \times 0.8 - Fe \times 0.8 = 0 \quad \rightarrow \quad Fe = 25$$

$$\Sigma Fx = 0 \quad \rightarrow +25 \times 0.6 + 90 + Fe \times 0.6 - Fj = 0 \rightarrow Fj = 120$$

La barra «e», con su acción descendente sobre el nudo 5, tira de él y está, por ello, traccionada (+25). La barra «j» empuja el nudo 5 y se encuentra comprimida (–120).

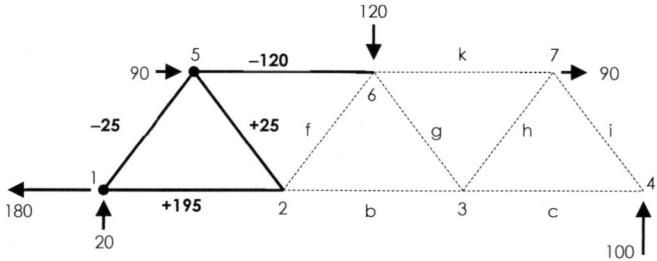

Equilibrio del nudo 2

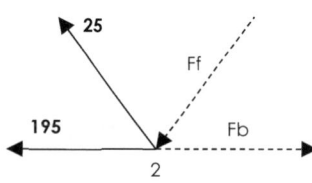

Las barras «a» y «e» están traccionadas y tiran hacia la izquierda del nudo 2. Las fuerzas incógnita Ff y Fb llevan la dirección de las correspondientes barras y el sentido que equilibra el nudo.

$$\Sigma Fy = 0 \rightarrow -25 \times 0.8 - Ff \times 0.8 = 0 \rightarrow Ff = 25$$

$$\Sigma Fx = 0 \rightarrow -195 - 25 \times 0.6 - Ff \times 0.6 + Fb = 0 \rightarrow Fb = 225$$

La barra «f», con su acción descendente sobre el nudo 2, lo empuja y está, por ello, comprimida (−25). La barra «b» tira el nudo 2 y se encuentra traccionada (+225).

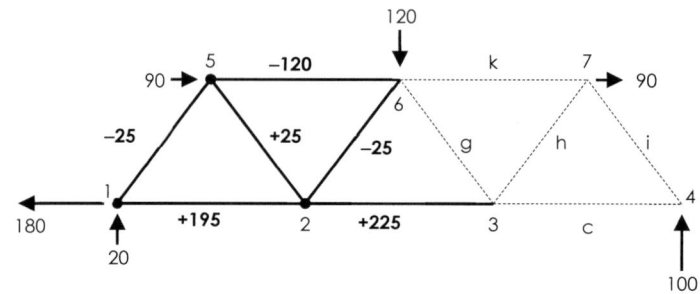

Equilibrio del nudo 6

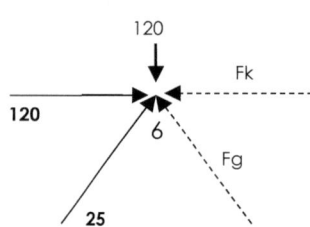

Las barras «f» e «i» están comprimidas y ejercen fuerzas sobre el nudo 6 hacia la derecha. Las fuerzas incógnita Fg y Fk llevan la dirección de las correspondientes barras y el sentido que equilibra el nudo.

$$\Sigma Fy = 0 \rightarrow +25 \times 0.8 - 120 + Fg \times 0.8 = 0 \rightarrow Fg = 125$$

$$\Sigma Fx = 0 \rightarrow +120 + 25 \times 0.6 - Fg \times 0.6 - Fk = 0 \rightarrow Fk = 60$$

Las barras «g» y «k», con sus acciones hacia la izquierda, empujan el nudo 6 y se encuentran comprimidas (−125 y −60).

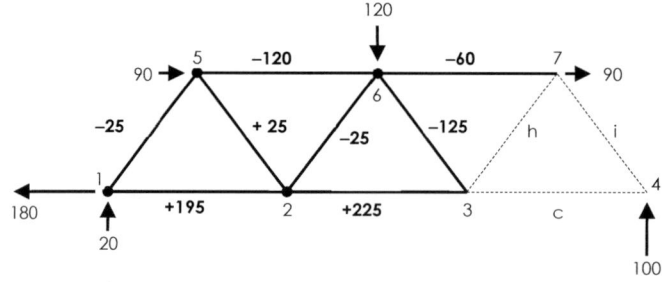

Equilibrio del nudo 3

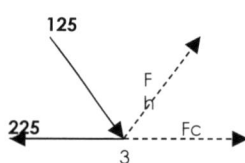

La barra «b» está traccionada y tira del nudo 3 hacia la izquierda mientras la barra «g», comprimida, ejerce una acción descendente sobre él. Las fuerzas incógnita Fh y Fc llevan la dirección de las respectivas barras y el sentido que corresponde al equilibrio del nudo.

$$\Sigma Fy = 0 \quad \rightarrow \quad -125 \times 0.8 + Fh \times 0.8 = 0 \quad \rightarrow Fh = 125$$

$$\Sigma Fx = 0 \quad \rightarrow \quad -225 + 125 \times 0.6 + Fh \times 0.6 + Fc = 0 \rightarrow Fc = 75$$

Las barras «h» y «c», con sus acciones hacia la derecha, tiran del nudo 3 y ambas se encuentran, por tanto, traccionadas (+125 y +75).

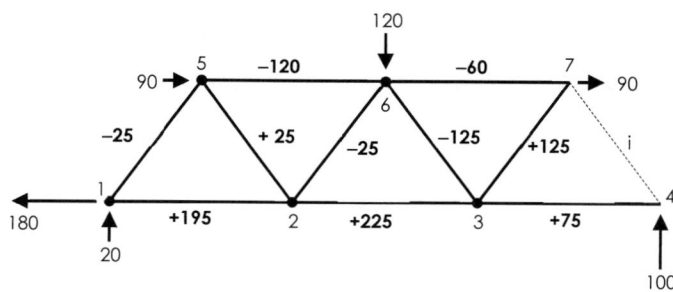

EQUILIBRIO DEL NUDO 7

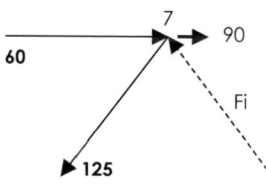

La barra «k» está comprimida y empuja al nudo 7 hacia la derecha mientras la barra «h», traccionada, ejerce una acción descendente sobre él. La fuerza incógnita Fi lleva la dirección de la correspondiente barra y el sentido adecuado al equilibrio del nudo.

$$\Sigma Fy = 0 \quad \rightarrow \quad -125 \times 0.8 + Fi \times 0.8 = 0 \quad \rightarrow \quad Fi = 125$$

$$\Sigma Fx = 0 \quad \rightarrow \quad + 60 - 125 \times 0.6 + 90 - Fi \times 0.6 = 0$$

La barra «i» empuja el nudo 7 y se encuentra, por tanto, comprimida (−125). La ecuación de equilibrio de componentes horizontales se verifica directamente.

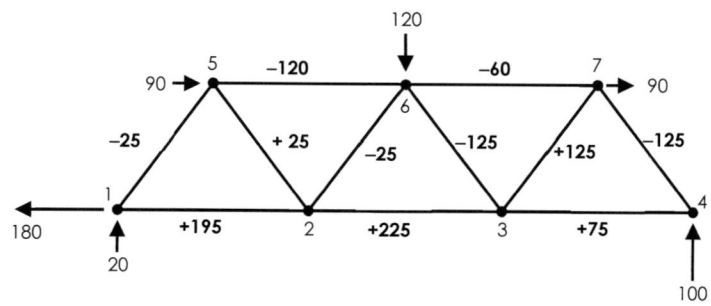

EQUILIBRIO DEL NUDO 4

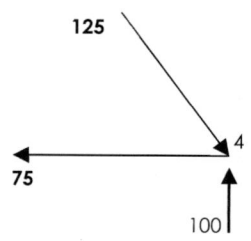

La barra «i» está comprimida y empuja al nudo 4 hacia abajo y la derecha mientras la barra «c», traccionada, ejerce una acción hacia la izquierda sobre el mismo.

$$\Sigma Fy = 0 \quad \rightarrow \quad -125 \times 0.8 + 100 = 0$$

$$\Sigma Fx = 0 \quad \rightarrow \quad -75 + 125 \times 0.6 = 0$$

Las dos ecuaciones de equilibrio se verifican directamente.

La ecuación de equilibrio de componentes horizontales sobre el nudo 7 y las dos ecuaciones de equilibrio del nudo 4 constituyen las tres ecuaciones de comprobación correspondientes a las tres incógnitas (reacciones en los apoyos) determinadas previamente.

Para facilitar el análisis del comportamiento estructural del entramado, se representa la solución final, indicando con doble trazo las barras comprimidas y con trazo simple las traccionadas. Se puede apreciar que el efecto de la carga vertical predomina sobre las horizontales.

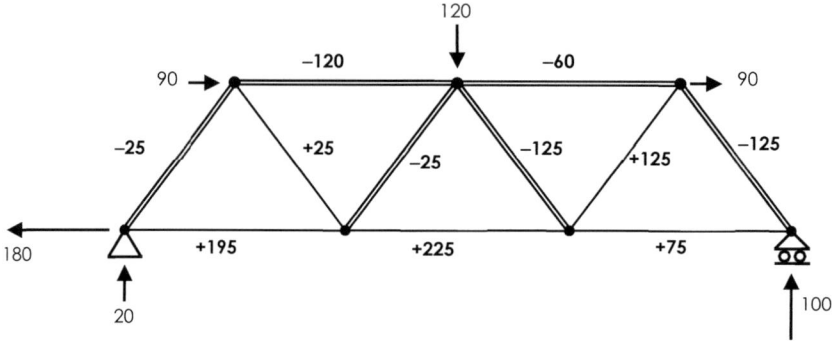

Ejercicio 4.1.1.02

Verificar el isostatismo y determinar las reacciones en sus apoyos y los esfuerzos axiles en todas las barras del entramado articulado de la figura.

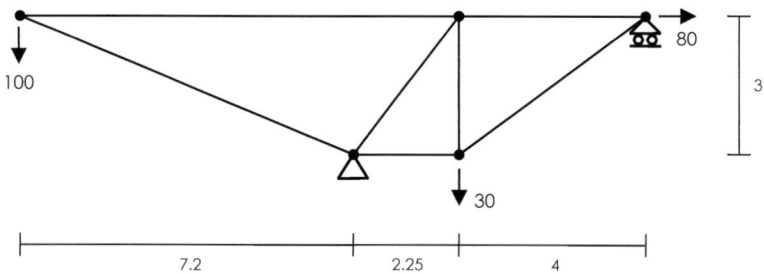

SOLUCIÓN

La estructura posee 5 nudos y 7 barras y se encuentra sustentada externamente mediante un apoyo fijo y otro deslizante. Con los valores n = 5, b = 7 y R = 3 se verifica la condición necesaria en los sistemas isostáticos planos [2n = b + R]. Además, su disposición triangulada formando un único sistema monolítico y la estricta vinculación externa del mismo garantizan finalmente el isostatismo.

Para la obtención de las reacciones en los apoyos se imponen las condiciones de equilibrio global de la estructura:

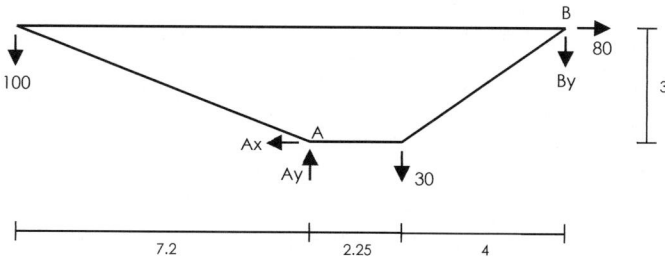

$$\Sigma M_A = 0 \;\rightarrow\; + 100 \times 7.2 - 30 \times 2.25 - 80 \times 3 - By \times 6.25 = 0 \;\rightarrow\; By = 66$$

$$\Sigma Fx = 0 \;\rightarrow\; - Ax + 80 = 0 \qquad\qquad\qquad\qquad \rightarrow\; Ax = 80$$

$$\Sigma Fy = 0 \;\rightarrow\; -100 + Ay - 30 - By = 0 \qquad\qquad \rightarrow\; Ay = 196$$

Estos resultados se trasladan a la figura, procediéndose también a la identificación numérica de los nudos y alfabética de las barras.

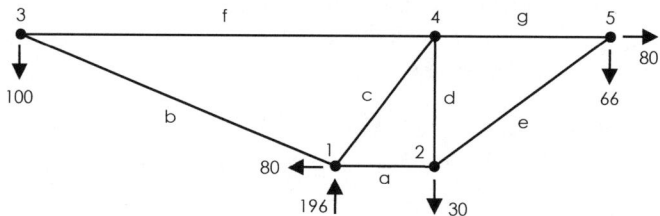

A continuación se establece el orden en el que se plantean las condiciones de equilibrio de los nudos. Se puede comenzar por el nudo 3 y determinar con sus 2 ecuaciones de equilibrio los esfuerzos en las barras «b» y «f» y abordar seguidamente el nudo 1 para obtener los esfuerzos en «c» y «a». Mediante el equilibrio del nudo 4 se determina el comportamiento de las barras «d» y «g» y después se pasa al 2 para obtener el valor del esfuerzo en «e» y el cumplimiento de una ecuación de comprobación. Finalmente se comprueba que se verifican directamente las dos ecuaciones de equilibrio del nudo 5 completando las tres ecuaciones de comprobación.

EQUILIBRIO DEL NUDO 3

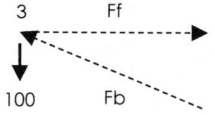

El sentido de la fuerza ejercida por la barra «b» es ascendente para equilibrar la fuerza descendente de 100 kN. La fuerza Ff se dirige hacia la derecha para contrarrestar la componente horizontal de Fb. El ángulo de Fb con la horizontal (tangente 3/7.2 equivalente a 5/12) tiene seno de valor 5/13 y coseno 12/13.

$$\Sigma Fy = 0 \;\rightarrow\; -100 + Fb \times 5/13 = 0 \;\rightarrow\; Fb = 260$$

$$\Sigma Fx = 0 \;\rightarrow\; -Fb \times 12/13 + Ff = 0 \;\rightarrow\; Ff = 240$$

La barra «b», con su acción ascendente sobre el nudo 3, lo empuja y se encuentra, por tanto, comprimida (−260). La barra «f» tira del nudo 3 hacia la derecha y está, por ello, traccionada (+240).

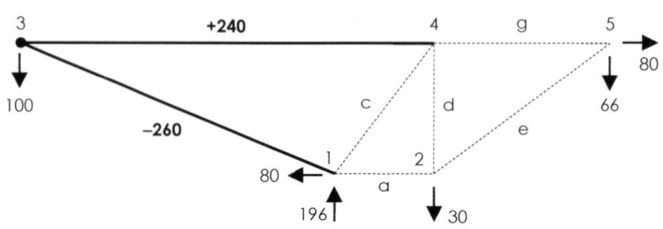

Equilibrio del nudo 1

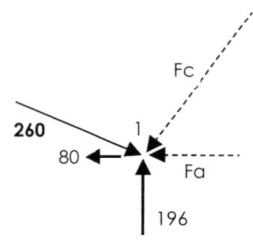

La barra «b» está comprimida y ejerce por ello una fuerza descendente sobre el nudo 1. Las fuerzas incógnita Fa y Fc llevan la dirección de las correspondientes barras y el sentido que equilibra el nudo 1. El ángulo de Fc con la horizontal (tangente 3/2.25 equivalente a 4/3) tiene valores de seno y coseno 0.8 y 0.6 respectivamente.

$$\Sigma Fy = 0 \rightarrow -260 \times 5/13 + 196 - Fc \times 0.8 = 0 \rightarrow Fc = 120$$

$$\Sigma Fx = 0 \rightarrow 260 \times 12/13 - 80 - Fc \times 0.6 - Fa = 0 \rightarrow Fa = 88$$

Las dos barras «c» y «a» ejercen acciones que empujan el nudo 1 y se encuentran ambas comprimidas (−120 y −88).

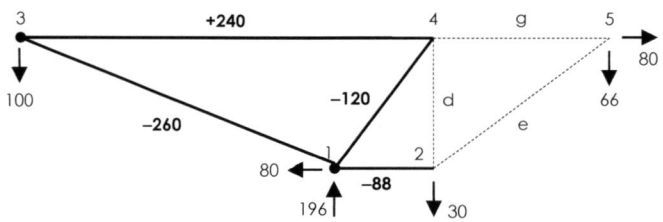

Equilibrio del nudo 4

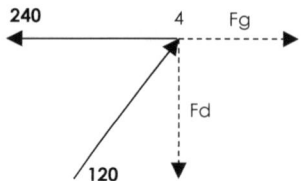

La barra «f» está traccionada y tira hacia la izquierda del nudo 4. La barra «c» se encuentra comprimida y lo empuja ejerciendo una acción ascendente. Las fuerzas incógnita Fd y Fg tienen direcciones vertical y horizontal y en ambos casos tiran del nudo para equilibrarlo.

$$\Sigma Fy = 0 \rightarrow + 120 \times 0.8 - Fd = 0 \rightarrow Fd = 96$$

$$\Sigma Fx = 0 \rightarrow -240 + 120 \times 0.6 + Fg = 0 \rightarrow Fg = 168$$

Las fuerzas Fd y Fg tiran del nudo hacia abajo y hacia la derecha y sus correspondientes barras están por ello solicitadas por un esfuerzo axil de tracción.

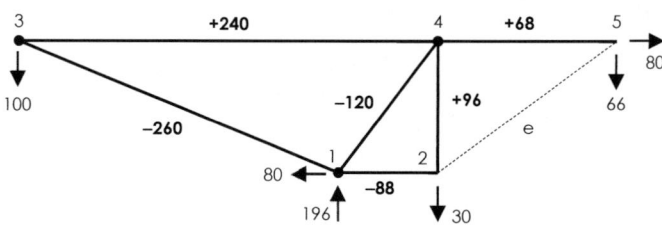

EQUILIBRIO DEL NUDO 2

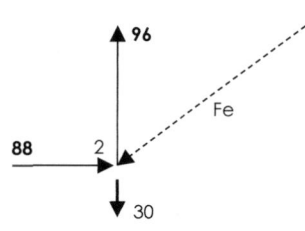

La barra «a» está comprimida y empuja al nudo 2 hacia la derecha. La barra «d», traccionada, ejerce sobre este nudo una acción ascendente. La barra «e» ejerce una acción Fe descendente hacia la izquierda para equilibrarlo. Su ángulo con la horizontal (tangente 3/4) tiene seno de valor 0.6 y coseno 0.8.

$$\Sigma Fy = 0 \quad \rightarrow \quad +96 - 30 - Fe \times 0.6 = 0 \quad \rightarrow \quad Fe = 110$$

$$\Sigma Fx = 0 \quad \rightarrow \quad +88 - Fg \times 0.8 = 0$$

La barra «e» empuja el nudo 2 y se encuentra, por tanto, comprimida (−110). La ecuación de equilibrio de componentes horizontales se verifica directamente.

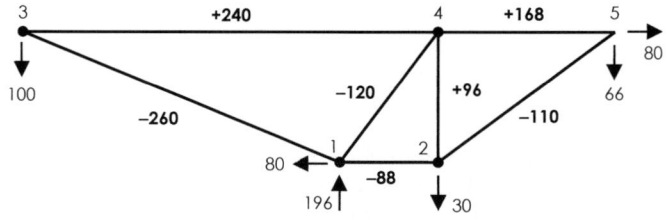

EQUILIBRIO DEL NUDO 5

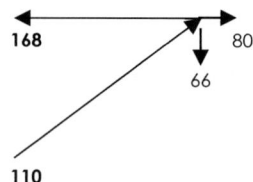

La barra «i» está comprimida y empuja al nudo 4 hacia abajo y la derecha mientras la barra «c», traccionada, ejerce una acción hacia la izquierda sobre el mismo.

$$\Sigma Fy = 0 \quad \rightarrow \quad -168 + 110 \times 0.8 + 80 = 0$$

$$\Sigma Fx = 0 \quad \rightarrow \quad +110 \times 0.6 - 66 = 0$$

Las dos ecuaciones de equilibrio se verifican directamente (ecuaciones de comprobación) y el resultado final se refleja en la siguiente figura, con las barras comprimidas en trazo doble.

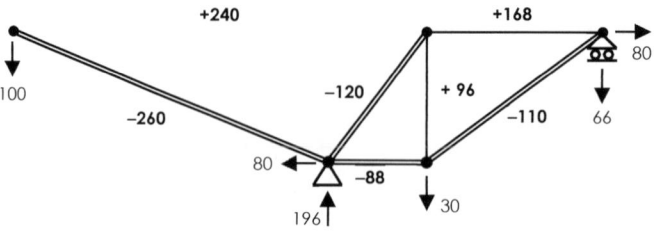

Ejercicio 4.1.1.03

Analizar el isostatismo de la estructura de la figura, determinar las reacciones de sus apoyos externos y obtener los valores y signos de los esfuerzos axiles en todas sus barras mediante el método de los nudos.

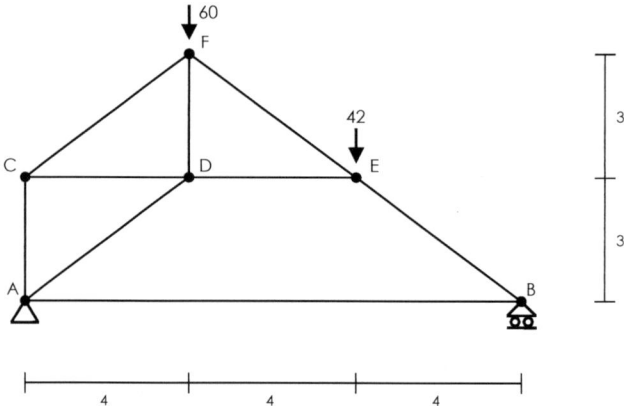

SOLUCIÓN

El sistema tiene 6 nudos, 9 barras y 3 incógnitas de reacción externa. Se cumple la condición $2n = b + R$. En este caso en entramado no es triangulado, pero sí es un sistema simple y sustentado externamente con vinculación estricta para un sólido único. Se trata, por tanto, de una estructura isostática.

Las reacciones en los apoyos se obtienen imponiendo las condiciones de equilibrio global del sistema:

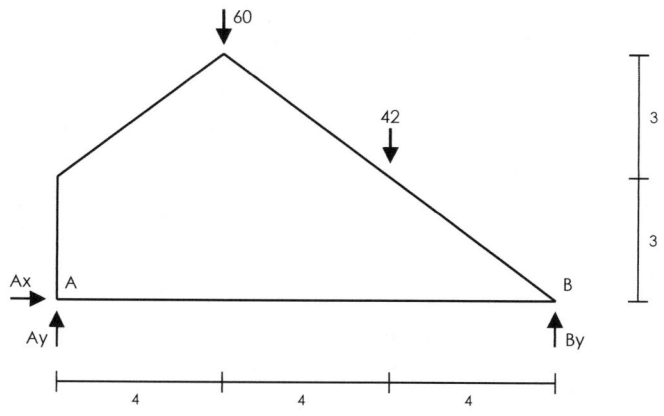

$$\Sigma M_A = 0 \quad \rightarrow \quad -60 \times 4 - 42 \times 8 + By \times 12 = 0 \quad \rightarrow \quad By = 48$$
$$\Sigma Fy = 0 \quad \rightarrow \quad + Ay - 60 - 42 - By = 0 \qquad \rightarrow \quad Ay = 54$$

y $Ax = 0$, por ser la única fuerza horizontal sobre la estructura. Estos resultados se trasladan a la figura y se procede a la identificación numérica y alfabética de los nudos y barras.

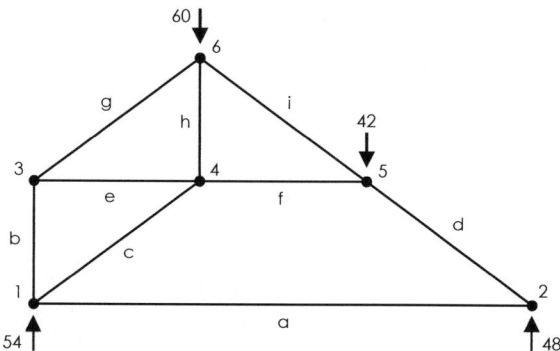

La secuencia de aplicación del método de los nudos debe comenzar necesariamente por el nudo 2. Se puede continuar luego por el 5 y 6 y abordar a continuación la zona izquierda con los nudos 1 y 3, dejando el nudo central 4 para las dos últimas ecuaciones de comprobación.

EQUILIBRIO DEL NUDO 2

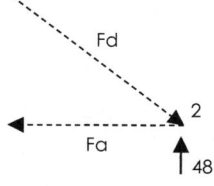

El sentido de la fuerza ejercida por la barra «d» es descendente para contrarrestar la reacción ascendente de 48 kN. La fuerza Fa se dispone hacia la izquierda para equilibrar la componente horizontal de Fd. El ángulo de esta última con la horizontal tiene seno de valor 0.6 (3/5) y coseno 0.8 (4/5).

$$\Sigma Fy = 0 \quad \rightarrow \quad + 48 - Fd \times 0.6 = 0 \quad \rightarrow \quad Fd = 80$$
$$\Sigma Fx = 0 \quad \rightarrow \quad - Fa + Fd \times 0.8 = 0 \quad \rightarrow \quad Fa = 64$$

La barra «d» empuja el nudo 2 y se encuentra, por tanto, comprimida (−80). La barra «a» tira del nudo hacia la izquierda y está por ello traccionada (+64).

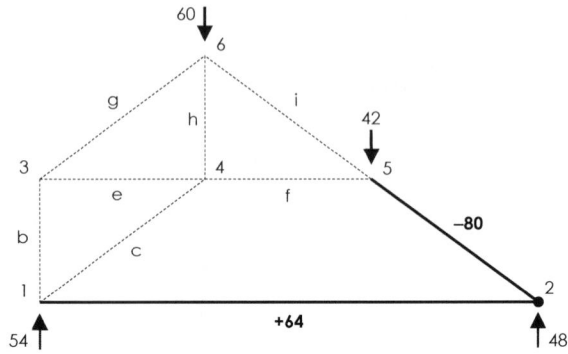

Equilibrio del nudo 5

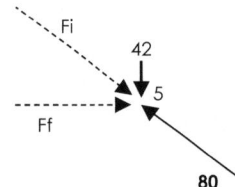

La barra «d» está comprimida y ejerce por ello una fuerza ascendente sobre el nudo 5. Las fuerzas incógnita Fi y Ff están dirigidas hacia el nudo para equilibrarlo.

$$\Sigma Fy = 0 \quad \rightarrow \quad + 80 \times 0.6 - 42 - Fi \times 0.6 = 0 \quad \rightarrow \quad Fi = 10$$

$$\Sigma Fx = 0 \quad \rightarrow \quad + Fi \times 0.8 + Ff - 80 \times 0.8 = 0 \quad \rightarrow \quad Ff = 56$$

Las dos barras empujan el nudo y están comprimidas (−10 y −56).

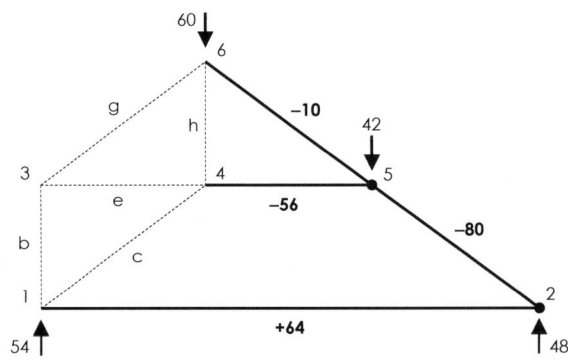

Equilibrio del nudo 6

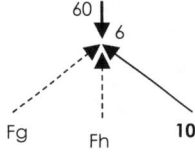

La barra «i» está comprimida y ejerce una fuerza ascendente sobre el nudo 6. Las fuerzas incógnita Fg y Fh están dirigidas hacia el nudo para garantizar su equilibrio.

$$\Sigma Fx = 0 \quad \rightarrow + Fg \times 0.8 - 10 \times 0.8 = 0 \qquad\qquad \rightarrow \ Fg = 10$$

$$\Sigma Fy = 0 \quad \rightarrow + Fg \times 0.6 + Fh + 10 \times 0.6 - 60 = 0 \quad \rightarrow Fh = 48$$

Ambas barras ejercen acciones ascendentes sobre el nudo 6. Lo empujan y su esfuerzo axil es, por tanto, de compresión (−10 y −48).

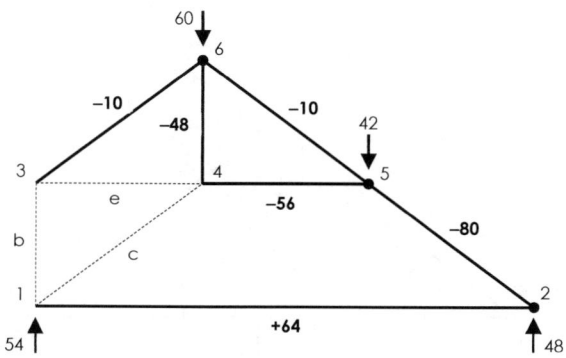

Equilibrio del nudo 1

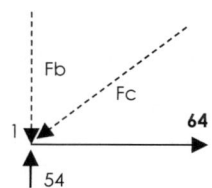

La barra «a» se encuentra traccionada y ejerce una fuerza hacia la derecha sobre el nudo 1. Las fuerzas desconocidas Fc y Fb se disponen dirigidas hacia el nudo para equilibrarlo.

$$\Sigma Fx = 0 \ \rightarrow \ +64 - Fc \times 0.8 = 0 \quad \rightarrow \ Fc = 80$$

$$\Sigma Fy = 0 \ \rightarrow \ +54 - Fb - Fc \times 0.6 = 0 \rightarrow \ Fb = 6$$

Las dos barras empujan el nudo y están comprimidas (−80 y −6).

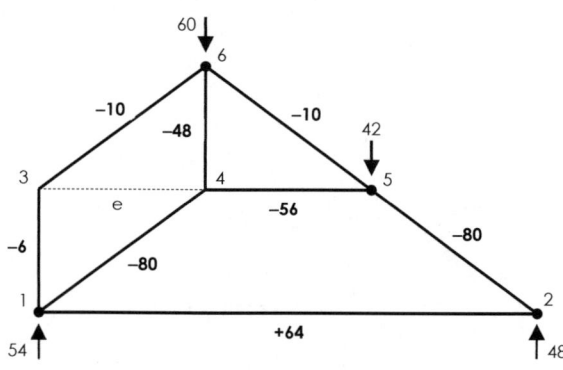

Equilibrio del nudo 3

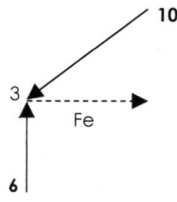

La barra «b» está comprimida y empuja al nudo 2 hacia la arriba. La barra «g», también comprimida, ejerce sobre él una acción descendente. La barra «e» se dispone dirigida hacia la derecha para equilibrar el nudo.

$$\Sigma Fx = 0 \ \rightarrow \ + Fe - 10 \times 0.8 = 0 \ \rightarrow \ Fe = 8$$

$$\Sigma Fy = 0 \ \rightarrow \ + 6 - 10 \times 0.6 = 0$$

La barra «e» tira del nudo 3 y está por ello, traccionada (+8). La ecuación de equilibrio de componentes verticales se verifica directamente.

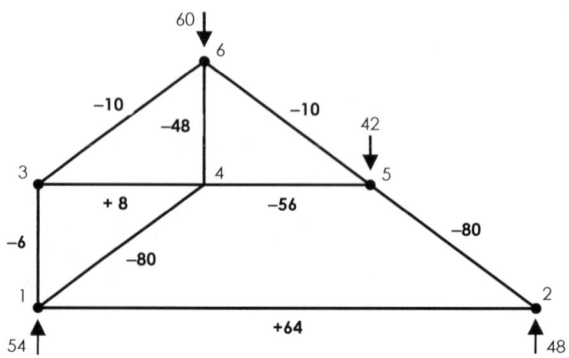

EQUILIBRIO DEL NUDO 4

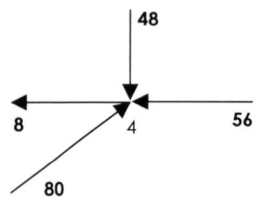

Las barras «c», «f» y «h», comprimidas, empujan el nudo 4. La barra «e», traccionada, tira de él hacia la izquierda.

$$\Sigma Fx = 0 \quad \rightarrow \quad +80 \times 0.8 - 8 - 56 = 0$$

$$\Sigma Fy = 0 \quad \rightarrow \quad +80 \times 0.6 - 48 = 0$$

Se verifican las ecuaciones de comprobación y el resultado final refleja un cierto comportamiento de arco atirantado.

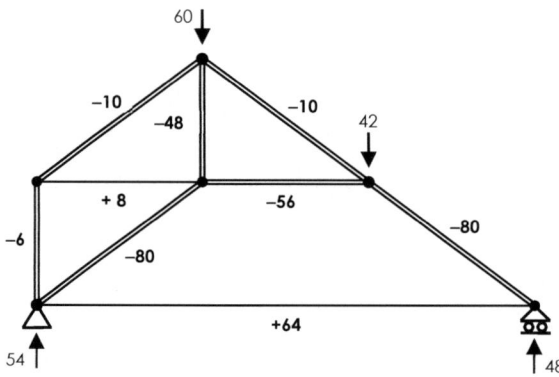

Ejercicio 4.1.1.04

Determinar las reacciones y los esfuerzos axiles en todas las barras del sistema estructural de la figura.

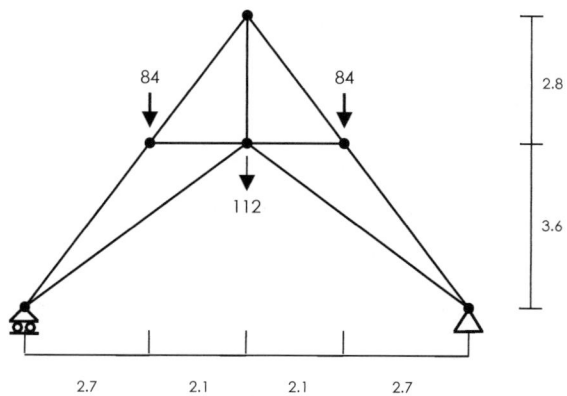

SOLUCIÓN

El sistema es simétrico en geometría y cargas. Las reacciones serán por ello verticales e iguales a la mitad del total de las fuerzas aplicadas (280/2). Se representan sobre la estructura y se establece la identificación de nudos y barras.

Para la determinación de los esfuerzos en las barras, se plantean secuencialmente las condiciones de equilibrio de los nudos del lado izquierdo 1, 3 y 6. Por simetría, no resulta necesario el análisis de los nudos 2, 4 y 5.

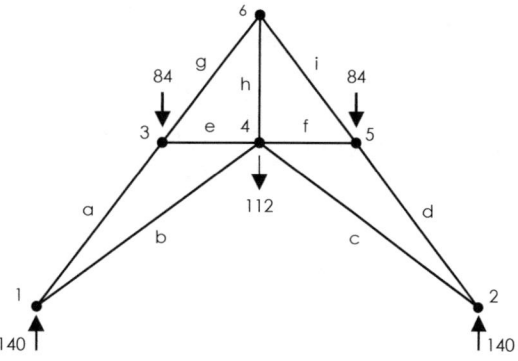

En los ejercicios anteriores siempre ha existido en cada nudo al menos una barra horizontal o vertical de esfuerzo desconocido. Ello permitía establecer las ecuaciones de equilibrio de manera secuencial y despejar una incógnita de cada ecuación. En este caso, ninguna de las barras que parten del nudo 1 es horizontal ni vertical y por ello, el sistema de ecuaciones debe de resolverse conjuntamente.

EQUILIBRIO DEL NUDO 1

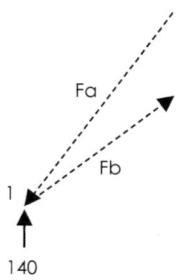

Las fuerzas desconocidas Fa y Fb tienen que tener la misma componente horizontal y sentidos opuestos. Para compensar la reacción vertical ascendente de 140, Fa (con mayor componente vertical) debe ser descendente y Fb ascendente. Los ángulos que forman las barras «a» y «b» con la horizontal (tangentes 4/3 y 3/4) tienen senos de valor 0.8 y 0.6 y cosenos 0.6 y 0.8, respectivamente.

$$\Sigma Fx = 0 \quad \rightarrow \quad -Fa \times 0.6 + Fb \times 0.8 = 0$$

$$\Sigma Fy = 0 \quad \rightarrow \quad -Fa \times 0.8 + Fb \times 0.6 + 140 = 0$$

La resolución conjunta del sistema proporciona los valores Fa = 400, Fb = 300. La barra «a» empuja el nudo 1 y se encuentra, por tanto, comprimida (−400). La barra «b» tira del nudo y está por ello traccionada (+300).

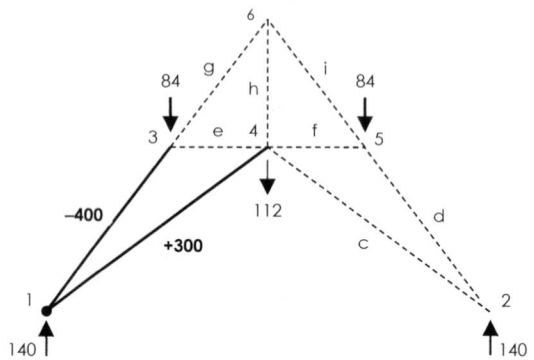

Equilibrio del nudo 3

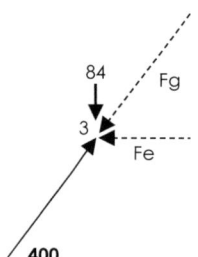

La barra «a», comprimida, empuja el nudo 3. Las fuerzas incógnita Fg y Fe están dirigidas también hacia el nudo para equilibrarlo.

$$\Sigma Fy = 0 \quad \rightarrow \quad +400 \times 0.8 - 84 - Fg \times 0.8 = 0 \quad \rightarrow \quad Fg = 295$$

$$\Sigma Fx = 0 \quad \rightarrow \quad +400 \times 0.6 - Fe - Fg \times 0.6 = 0 \quad \rightarrow \quad Ff = 63$$

Las barras «g» y «e» empujan ambas el nudo 3 y tienen consecuentemente un esfuerzo axil de compresión (−295 y −63).

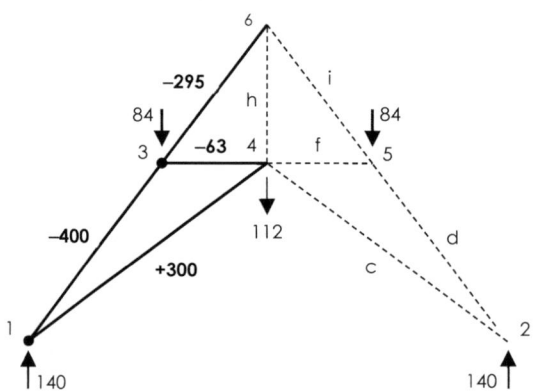

Equilibrio del nudo 6

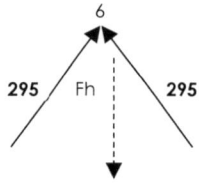

La barra «g» está comprimida y ejerce una fuerza ascendente sobre el nudo 6. Por simetría la barra «i» ejerce otra del mismo valor y también ascendente. La fuerza desconocida Fh está dirigida hacia abajo para equilibrar en nudo.

$$\Sigma Fy = 0 \quad \rightarrow \quad +295 \times 0.8 - Fh + 295 \times 0.8 = 0 \quad \rightarrow Fh = 472$$

$$\Sigma Fx = 0 \quad \rightarrow \quad +295 \times 0.6 - 295 \times 0.6 = 0$$

La barra «h» tira del nudo 6 y su esfuerzo axil es de tracción (+472). La ecuación de equilibrio de componentes horizontales se verifica directamente.

Tras completar el lado derecho con los valores simétricos, el resultado final se muestra en la figura.

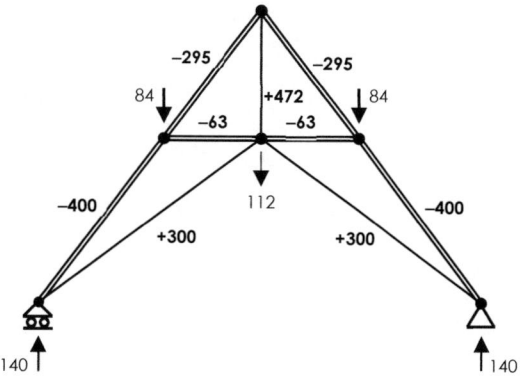

Ejercicio 4.1.1.05

Identificar las barras con esfuerzo nulo en la estructura articulada de la figura con las cargas indicadas. Determinar esfuerzos en todas las demás barras mediante el método de los nudos.

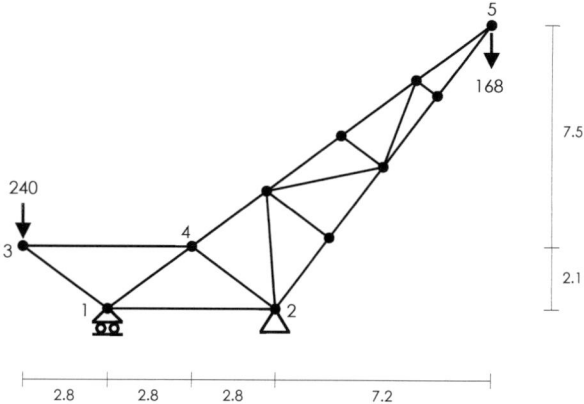

SOLUCIÓN

Como paso previo se detectan todas las barras con esfuerzo axil nulo en la actual hipótesis de cargas.

Estas se encuentran situadas en el interior de la pluma ascendente de la derecha y se representan con trazo discontinuo en la figura.

Una vez eliminadas del modelo de cálculo, se numeran los nudos y barras restantes y se establece la secuencia de aplicación de las ecuaciones de equilibrio.

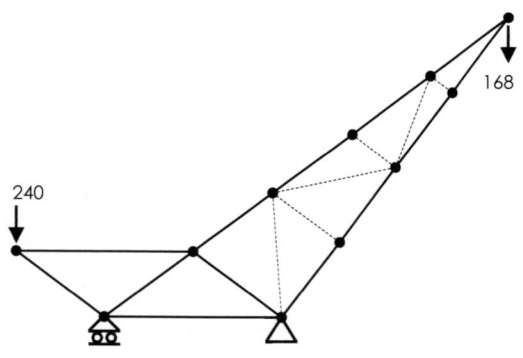

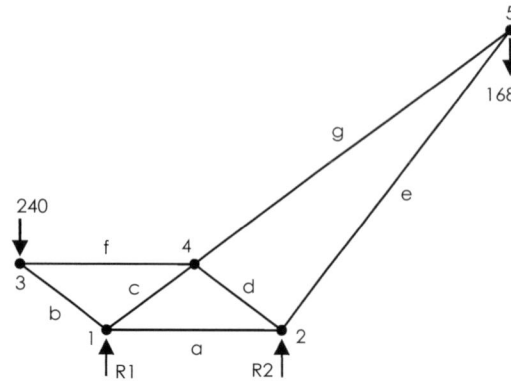

En este caso no existen nudos intermedios entre los apoyos y no resulta necesaria la obtención previa de las reacciones.

Una vez calculados los esfuerzos en todas las barras, se determinan las reacciones a partir de las ecuaciones de equilibrio de los últimos nudos.

Finalmente, se verifica el cumplimiento de las condiciones de equilibrio global del sistema completo, que son, en estos casos, las ecuaciones de comprobación.

Se comienza con los nudos más alejados de los apoyos (nudos 5 y 3), se avanza hacia ellos (nudo 4) y se termina en los nudos 1 y 2 determinando las reacciones R1 y R2.

EQUILIBRIO DEL NUDO 5

Las fuerzas Fe y Fg tienen que tener la misma componente horizontal y sentidos opuestos. Para compensar la carga vertical descendente de 168 kN, Fe (con mayor componente vertical que Fg) debe ser ascendente y Fg, por su lado, descendente desde el nudo 5.

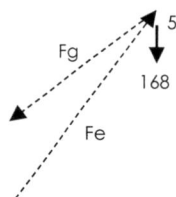

Los ángulos de las barras «e» y «g» tienen senos y cosenos de valores 0.8 y 0.6.

$$\Sigma Fx = 0 \quad \rightarrow \quad + Fe \times 0.6 - Fg \times 0.8 = 0$$

$$\Sigma Fy = 0 \quad \rightarrow \quad + Fe \times 0.8 - Fg \times 0.6 - 168 = 0$$

La resolución conjunta del sistema da lugar a los valores Fe = 480, Fg = 360. La barra «e» empuja el nudo 5 y se encuentra, por tanto, comprimida (−480). La barra «g» tira del nudo y está por ello traccionada (+360).

EQUILIBRIO DEL NUDO 3

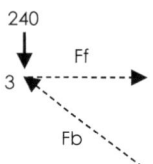

El sentido de Fb es ascendente para contrarrestar la fuerza vertical aplicada y empuja el nudo 3 (barra comprimida). La fuerza Ff se dispone tirando del nudo (barra traccionada) para equilibrar la componente de Fb. El ángulo de esta última con la horizontal (tangente 2.1/2.8 = 3/4) tiene seno de valor 0.6 y coseno 0.8.

$$\Sigma Fy = 0 \quad \rightarrow \quad -240 + Fb \times 0.6 = 0 \quad \rightarrow \quad Fb = 400$$

$$\Sigma Fx = 0 \quad \rightarrow \quad -Fb \times 0.8 + Ff = 0 \quad \rightarrow \quad Ff = 320$$

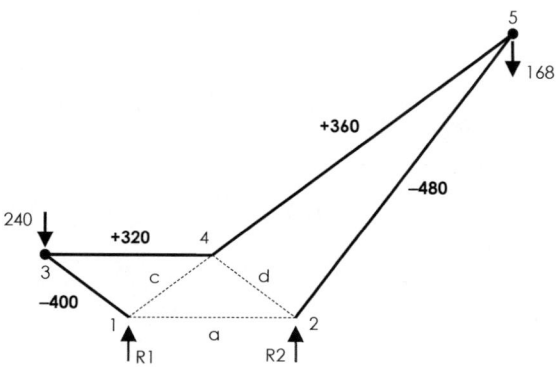

EQUILIBRIO DEL NUDO 4

Las barras «f» y «g», traccionadas, tiran del nudo 4 y las fuerzas Fc y Fd tienen que ser descendentes para equilibrarlo.

$$\Sigma Fx = 0 \quad \rightarrow -Fc \times 0.8 + Fd \times 0.8 - 320 + 360 \times 0.8 = 0$$
$$\Sigma Fy = 0 \quad \rightarrow -Fc \times 0.6 - Fd \times 0.6 + 360 \times 0.6 = 0$$

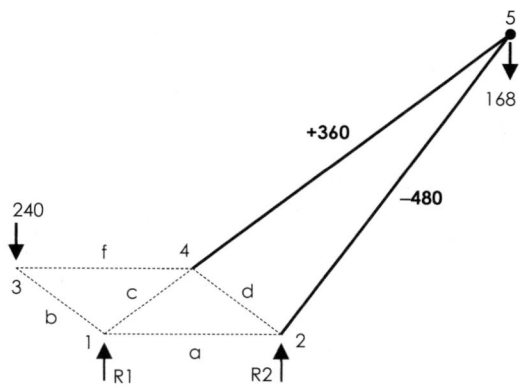

El esfuerzo de ambas barras es de tracción y los valores se obtienen de la resolución conjunta del sistema (Fc = 160 y Fd = 200).

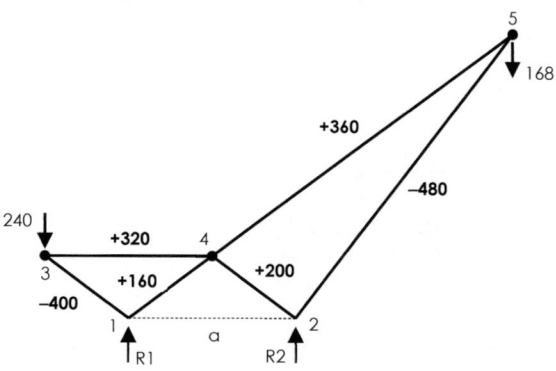

Equilibrio del nudo 1

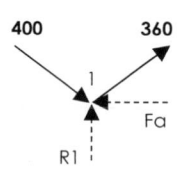

La barra «b» está comprimida y ejerce una fuerza descendente sobre el nudo 1. La barra «c», traccionada, tira de él en sentido ascendente. Tanto la fuerza Fa como la reacción R1 están dirigidas hacia el nudo para garantizar su equilibrio.

$\Sigma Fx = 0 \rightarrow +400 \times 0.8 + 360 \times 0.8 - Fa = 0 \rightarrow Fa = 448$

$\Sigma Fy = 0 \rightarrow +R1 - 400 \times 0.6 + 360 \times 0.6 = 0 \rightarrow R1 = 144$

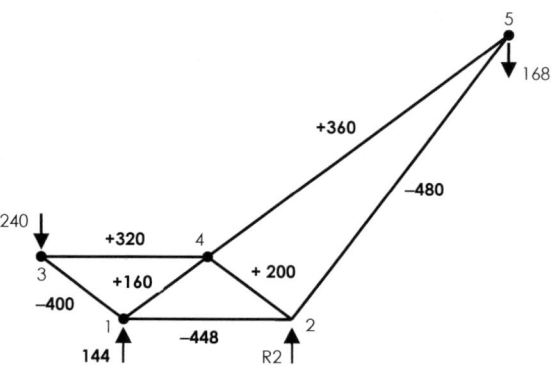

Equilibrio del nudo 2

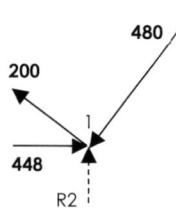

Las barras «a» y «e», comprimidas, ejercen fuerzas dirigidas hacia el nudo 2 y la barra «d», traccionada, tira de él. La reacción del apoyo fijo es ascendente y su valor viene determinado por el equilibrio de componentes verticales. La otra ecuación se cumple directamente.

$\Sigma Fy = 0 \rightarrow +R2 + 200 \times 0.6 - 480 \times 0.8 = 0 \rightarrow R2 = 264$

$\Sigma Fx = 0 \rightarrow +448 - 200 \times 0.8 - 480 \times 0.6 = 0$

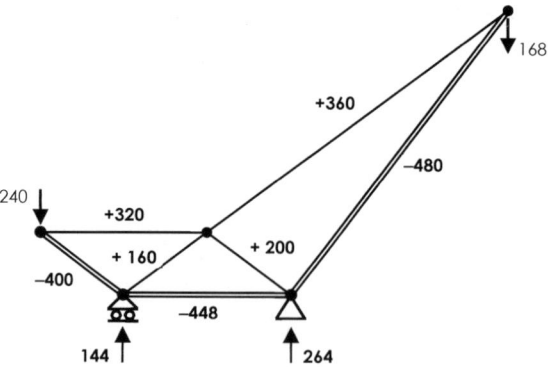

La figura muestra el resultado final, con todas las barras que confluyen en el nudo central traccionadas y las inferiores comprimidas.

En esta ocasión se han empleado las 2n ecuaciones de equilibrio para determinar el valor de las b + R incógnitas. Las reacciones en los apoyos se han obtenido también mediante las condiciones de equilibrio de los nudos.

El balance de proyecciones verticales del nudo 1 ha proporcionado el valor de R1 en el apoyo deslizante y la misma ecuación en el nudo 2 el valor R2 de la componente vertical de la reacción del apoyo fijo.

La componente horizontal en este último se había suprimido inicialmente por ser la única fuerza horizontal aplicada sobre el sistema en su conjunto. De haberse mantenido esta componente horizontal, el equilibrio de las proyecciones horizontales en el nudo 2 habría confirmado su valor nulo.

Cuando se obtienen previamente las reacciones, las últimas ecuaciones de equilibrio de nudos se convierten en ecuaciones de comprobación. En este caso, al emplearse esas últimas ecuaciones para determinar los valores de las reacciones, pueden plantearse como ecuaciones de comprobación las de equilibrio global de la estructura en su conjunto.

$$\Sigma M_A = 0 \rightarrow +240 \times 2.8 + 264 \times 5.6 - 168 \times 12.8 = 0$$
$$\Sigma F_y = 0 \rightarrow -240 + 144 + 264 - 168 = 0$$

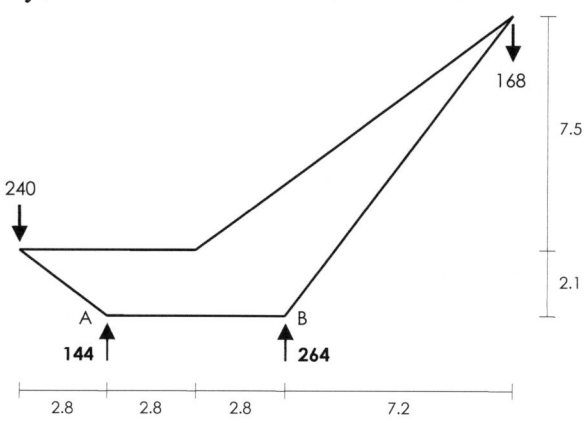

Ejercicio 4.1.1.06

Determinar los esfuerzos en todas las barras de la cercha articulada de la figura mediante el método de los nudos.

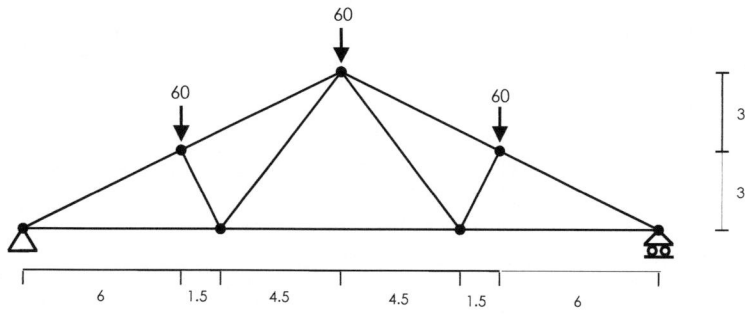

SOLUCIÓN

La estructura es simétrica en geometría y cargas. Las reacciones serán por ello verticales e iguales a la mitad del total de las fuerzas aplicadas (180/2). Se representan sobre la estructura y se establece la identificación de nudos y barras.

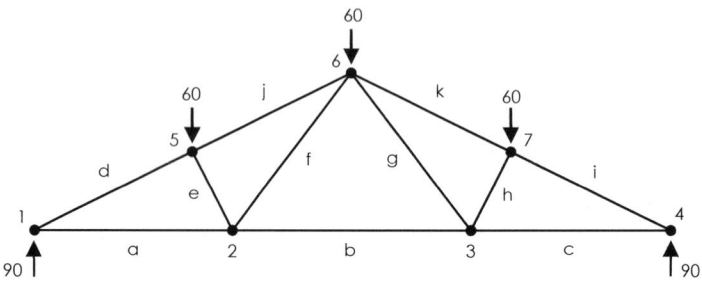

Para la determinación de los esfuerzos en las barras, se plantean secuencialmente las condiciones de equilibrio de los nudos del lado izquierdo 1, 5 y 2. Por simetría, no resulta necesario el análisis de los nudos 4, 7, 3 y 6.

EQUILIBRIO DEL NUDO 1

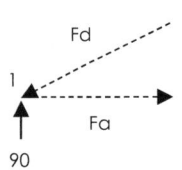

El sentido de la fuerza ejercida por la barra «d» es descendente para contrarrestar la reacción ascendente de 90 kN. La fuerza Fa se dispone hacia la derecha para equilibrar la componente horizontal de Fd. El ángulo de esta última con la horizontal (tangente $3/6 = 1/2$) tiene seno de valor $1/\sqrt{5}$ y coseno $2/\sqrt{5}$.

$$\Sigma Fy = 0 \quad \rightarrow \quad +90 - Fd/\sqrt{5} = 0 \quad \rightarrow \quad Fd = 90\sqrt{5}$$
$$\Sigma Fx = 0 \quad \rightarrow \quad +Fa - Fd \times 2/\sqrt{5} = 0 \quad \rightarrow \quad Fa = 180$$

La barra inclinada «d» empuja el nudo 1 y se encuentra comprimida ($-90\sqrt{5}$). La barra horizontal «a» tira del nudo hacia la derecha y está, en consecuencia, solicitada por un esfuerzo de tracción ($+180$).

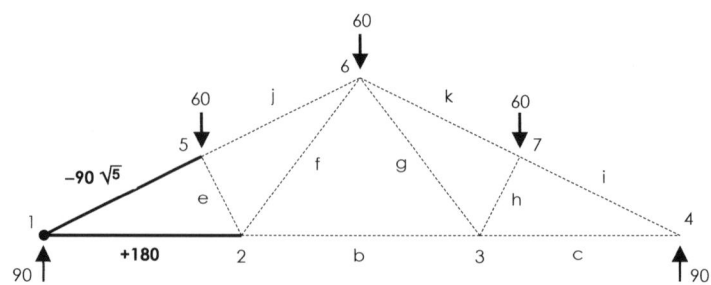

EQUILIBRIO DEL NUDO 5

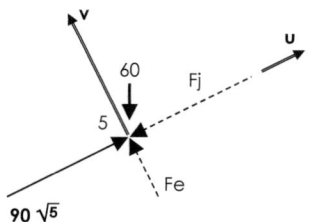

La barra «d», comprimida, empuja el nudo 5 y ejerce sobre él una acción ascendente. Las fuerzas desconocidas Fe y Fj están dirigidas también hacia el nudo para equilibrarlo.

Ninguna de las fuerzas incógnita es horizontal ni vertical. Con el sistema habitual de ejes XY se precisaría la resolución conjunta del sistema de ecuaciones. Sin embargo, en este caso resulta más sencillo el planteamiento de las ecuaciones de equilibrio en los ejes UV, según la dirección de las barras.

En estos nuevos ejes solamente es preciso proyectar la fuerza vertical aplicada, que forma un ángulo con el eje U de seno $2/\sqrt{5}$ y coseno $1/\sqrt{5}$. La ecuación de equilibrio de componentes según el eje V proporciona el valor de Fe y en la dirección V el de Fj.

$$\Sigma Fv = 0 \rightarrow -60 \times 2/\sqrt{5} + Fe = 0 \qquad \rightarrow \quad Fe = 24\sqrt{5}$$
$$\Sigma Fu = 0 \rightarrow +90\sqrt{5} - 60/\sqrt{5} - Fj = 0 \qquad \rightarrow \quad Fj = 78\sqrt{5}$$

Ambas barras ejercen acciones dirigidas al nudo 5. Lo empujan y están sometidas por ello a un esfuerzo axil de compresión ($-24\sqrt{5}$ y $-78\sqrt{5}$)

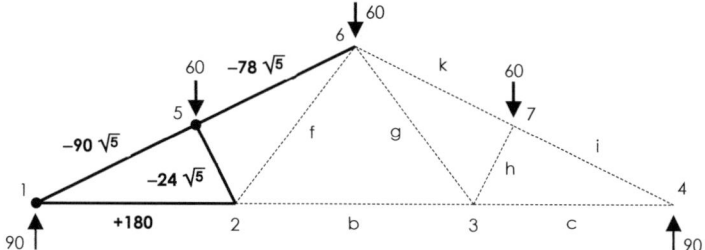

EQUILIBRIO DEL NUDO 2

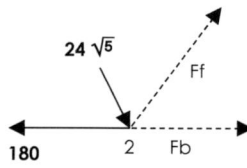

El equilibrio de este nudo se vuelve a plantear en los ejes XY con las fuerzas incógnitas Ff y Fb tirando del mismo (barras traccionadas). El ángulo que forma la barra «f» con la horizontal (tangente $6/4.5 = 4/3$) tiene seno 0.8 y coseno 0.6.

$$\Sigma Fy = 0 \rightarrow -24\sqrt{5} \times 2/\sqrt{5} + Ff \times 0.8 = 0 \quad \rightarrow Ff = 60$$
$$\Sigma Fx = 0 \rightarrow -180 - 24\sqrt{5}/\sqrt{5} + Ff \times 0.6 + Fb = 0 \rightarrow Fb = 120$$

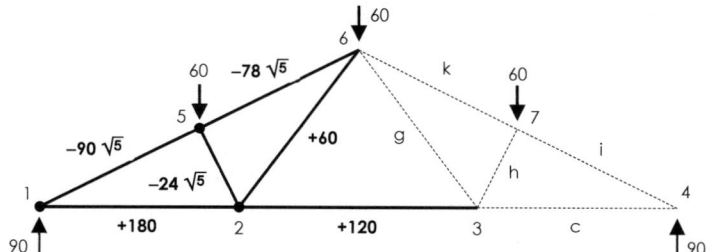

Tras completar el lado derecho con los valores simétricos de los esfuerzos en las barras, el resultado final se indica en la figura.

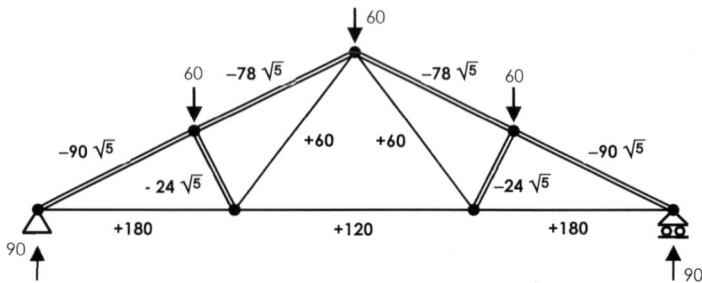

Se ha empleado el número estricto de ecuaciones (seis) para determinar todos los valores de esfuerzos. Como ecuación de comprobación se puede plantear el equilibrio de las componentes verticales de las fuerzas actuantes sobre el nudo central.

$$\text{Nudo 6:} \quad \Sigma Fy = 0 \quad \rightarrow \quad +78\sqrt{5}/\sqrt{5} - 60 \times 0.8 - 60 - 60 \times 0.8 + 78\sqrt{5}/\sqrt{5} = 0$$

Ejercicio 4.1.1.07

Identificar las barras con esfuerzo nulo y determinar los valores de los esfuerzos en todas las demás.

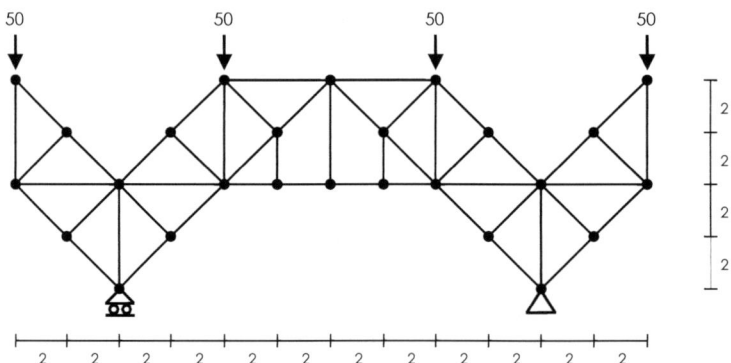

Se propone plantear las condiciones el equilibrio disponiendo en cada caso las fuerzas desconocidas con sentidos salientes desde los nudos, de forma que el signo de los resultados del sistema de ecuaciones represente también el signo de los esfuerzos en las correspondientes barras.

SOLUCIÓN

La aplicación de los distintos procedimientos de detección de barras con axil nudo indicados en el Apartado 2.4.1, permite seleccionar en una primera etapa las barras representadas con trazo discontinuo en la figura.

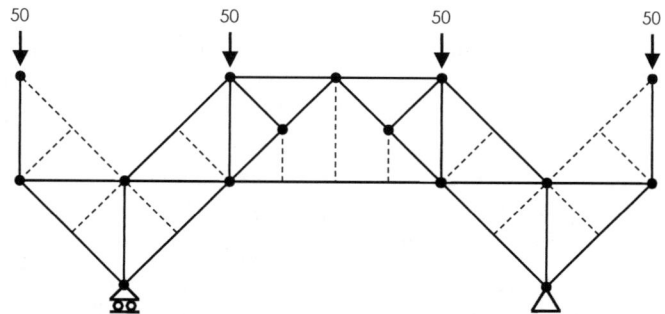

Tras su eliminación, en una segunda etapa, se detectan algunas barras más sin esfuerzo, teniendo además en cuenta la simetría del sistema en geometría y en cargas aplicadas.

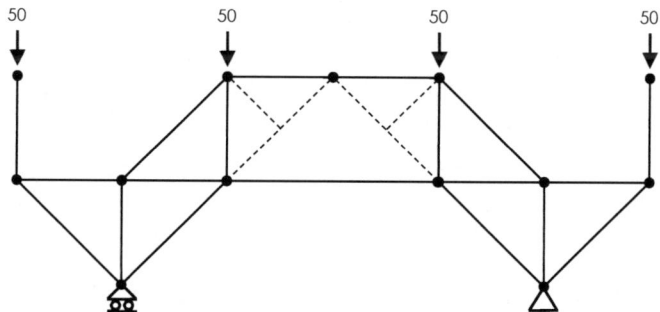

Finalmente, tras suprimir también estas últimas, se representan las reacciones sobre la estructura (iguales por simetría) y se establece la identificación de nudos y barras.

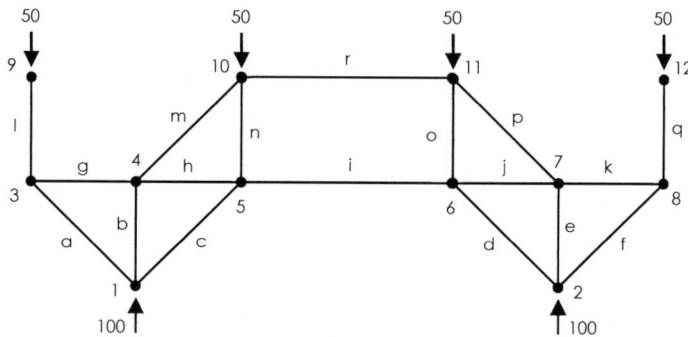

A continuación, se plantean secuencialmente las condiciones de equilibrio de los nudos 9, 3, 1, 4, 5 y 10. Por la simetría de la estructura, no resulta necesario el análisis de los nudos restantes.

Equilibrio del nudo 9

El equilibrio de este nudo determina directamente un esfuerzo de compresión de 50 kN en la barra «l» y la transmisión de la carga aplicada al nudo 3.

Equilibrio del nudo 3

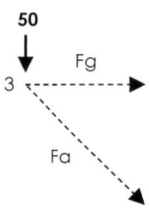

Las fuerzas Fa y Fg, ejercidas según sus direcciones por las barras «a» y «g», se disponen saliendo del nudo y asumiendo que pueden resultar negativas en la resolución del sistema. Los ángulos de todas las barras inclinadas son de 45 grados con senos y cosenos de valor $1/\sqrt{2}$.

$$\Sigma Fy = 0 \quad \rightarrow \quad -50 - Fa/\sqrt{2} = 0 \quad \rightarrow \quad Fa = -50\sqrt{2}$$
$$\Sigma Fx = 0 \quad \rightarrow \quad +Fa/\sqrt{2} + Fg = 0 \quad \rightarrow \quad Fg = 50$$

Una vez resuelto el sistema completo de ecuaciones se analizan los signos y sentidos. La primera ecuación ha determinado un signo negativo para Fa. Esto significa que el sentido inicial no era el correcto y que realmente Fa ejerce una acción ascendente sobre el nudo 1. Lo empuja y está por ello comprimida. El signo de su esfuerzo (−) coincide con el signo obtenido matemáticamente para Fa.

El valor de Fa se sustituye en la segunda ecuación con su signo negativo (se cambia el sentido de la fuerza, no el signo algebraico de la variable) y ésta proporciona para Fg un valor positivo. El sentido inicialmente dispuesto en este caso sí era el correcto, la barra «g» tira efectivamente del nudo 3 hacia la derecha, se encuentra por ello solicitada a tracción y el signo de su esfuerzo (+), coincide también con el obtenido en la ecuación de equilibrio.

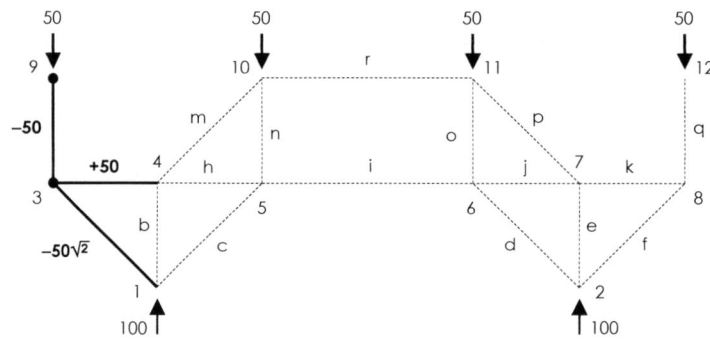

Equilibrio del nudo 1

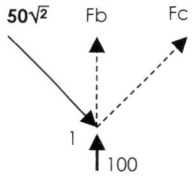

La barra «a» se encuentra comprimida y empuja el nudo 1 con una fuerza descendente. Los sentidos de Fb y Fc se disponen en principio saliendo del nudo.

$$\Sigma Fx = 0 \quad \rightarrow \quad +50\sqrt{2}/\sqrt{2} + Fc/\sqrt{2} = 0 \quad \rightarrow \quad Fc = -50\sqrt{2}$$
$$\Sigma Fy = 0 \quad \rightarrow \quad -50\sqrt{2}/\sqrt{2} + 100 + Fb + Fc/\sqrt{2} = 0 \quad \rightarrow \quad Fb = 0$$

Como la variable Fc ha resultado negativa, el sentido de la fuerza ejercida por la barra «c» es el opuesto al previsto inicialmente, la fuerza Fc es descendente, empuja el nudo 1 y la barra está comprimida. Esto nos lo indica directamente el signo negativo de Fc. Por otra parte, el equilibrio de fuerzas verticales ha determinado un valor nulo para el esfuerzo de la barra «b».

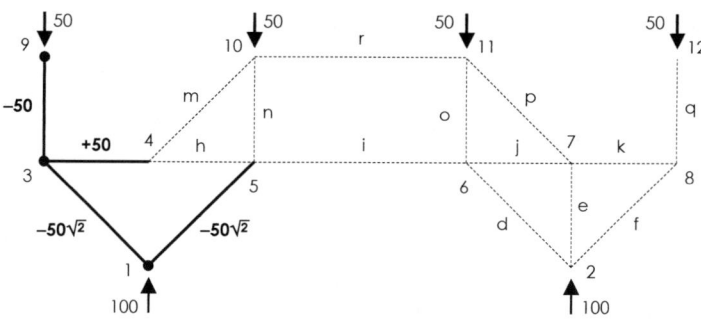

Al suprimir la barra «b» al nudo 4 acceden solamente tres barras y dos son colineales. La tercera barra («m») tiene esfuerzo nulo. Cuando esta se suprime a su vez, al nudo 10 acceden dos barras («n» y «r») y está solicitado por una fuerza en la dirección de una de ellas. La barra de la otra dirección («r») tampoco trabaja en este caso y la fuerza externa de 50 kN comprime la barra «n» y se transmite al nudo 5.

EQUILIBRIO DEL NUDO 5

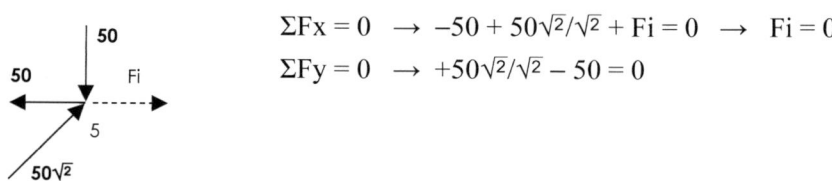

$$\Sigma Fx = 0 \;\; \rightarrow \;\; -50 + 50\sqrt{2}/\sqrt{2} + Fi = 0 \;\; \rightarrow \;\; Fi = 0$$
$$\Sigma Fy = 0 \;\; \rightarrow \;\; +50\sqrt{2}/\sqrt{2} - 50 = 0$$

Trasladando por simetría los resultados obtenidos a la zona derecha, queda definido el comportamiento completo de la estructura.

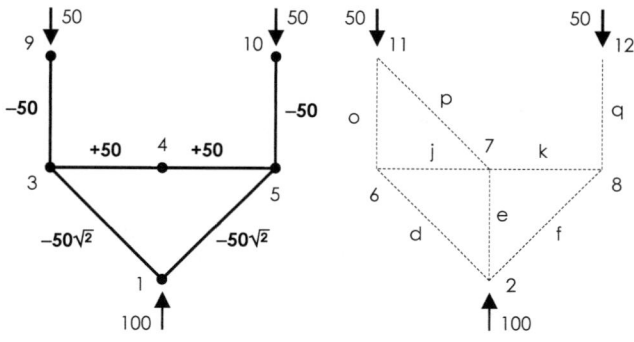

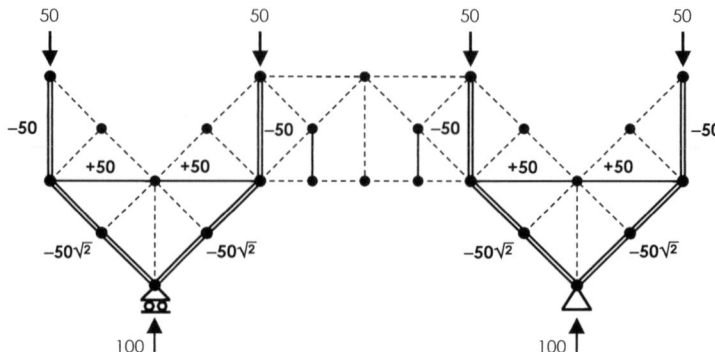

Ambas zonas están directamente equilibradas con las fuerzas y reacciones actuantes sobre cada una y no precisan, por tanto, de ninguna interacción entre ellas. Las cuatro cargas aplicadas de 50 kN se transmiten directamente a los apoyos mediante las barras comprimidas y los tirantes horizontales y las barras que unen ambas zonas tienen todas esfuerzos nulos.

Ejercicio 4.1.1.08

Identificar las barras con esfuerzo nulo y determinar los valores de los esfuerzos en todas las restantes.

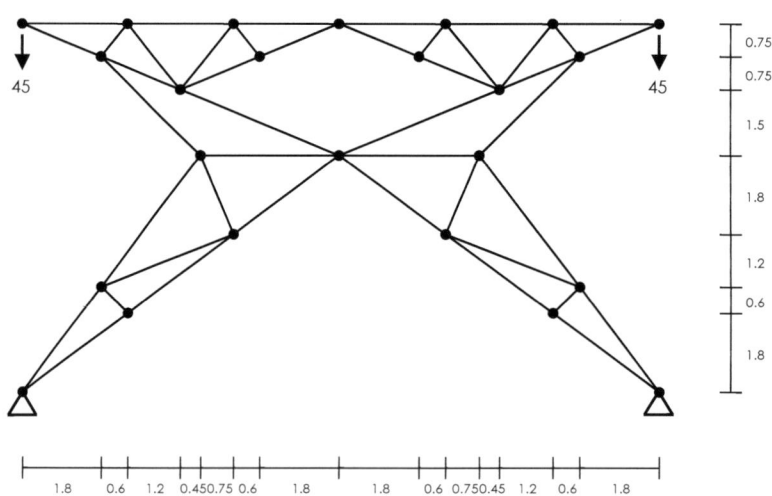

SOLUCIÓN

La detección de las barras con esfuerzo nudo se realiza en este caso en diez etapas consecutivas (la supresión de barras provoca secuencialmente la detección de otras). La figura muestra con trazo discontinuo las barras sin axil, indicando en cada una la etapa de su eliminación.

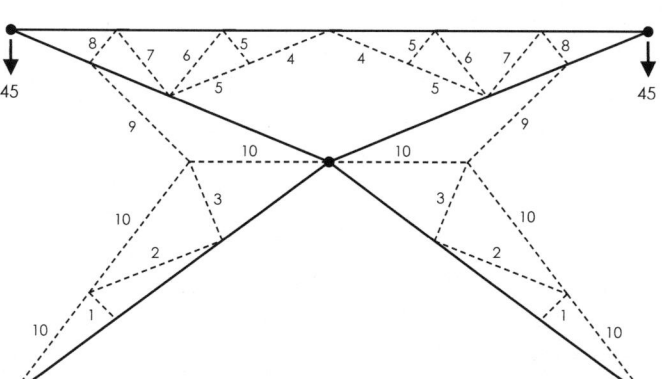

Sobre la estructura resultante se representan las reacciones (simétricas), se simplifican las cotas y se establece la identificación de nudos y barras.

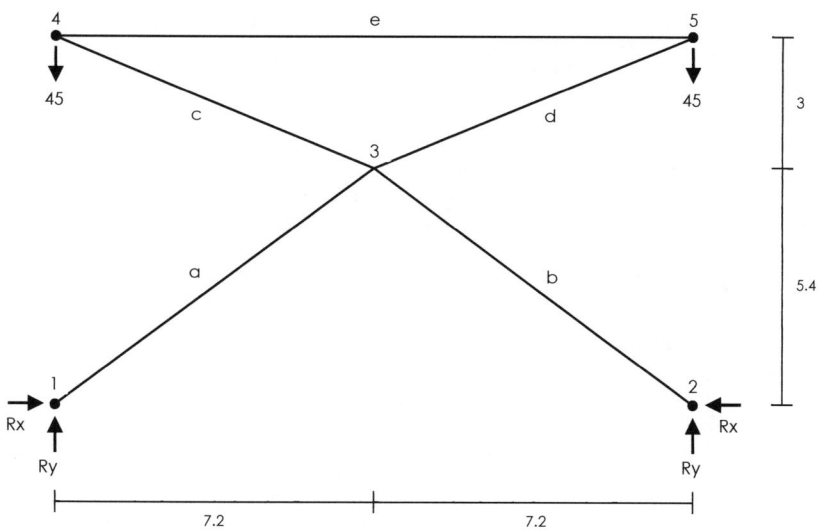

Se plantean después las condiciones de equilibrio de los nudos 4, 3 y 1 (para las reacciones) no siendo necesario el análisis de los restantes nudos.

Equilibrio del nudo 4

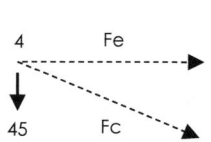

Las fuerzas Fe y Fc se disponen saliendo del nudo, por lo que el signo resultante coincide con el del correspondiente esfuerzo. El ángulo de Fc con la horizontal (tangente 3/7.2 equivalente a 5/12) tiene seno de valor 5/13 y coseno 12/13.

$$\Sigma Fy = 0 \rightarrow -45 + Fc \times 5/13 = 0 \rightarrow Fc = -117 \text{ (compresión)}$$

$$\Sigma Fx = 0 \rightarrow + Fc \times 12/13 + Fe = 0 \rightarrow Fe = 108 \text{ (tracción)}$$

Equilibrio del nudo 3

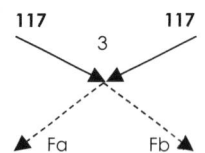

Las barras «c» y «d» tienen, por simetría, el mismo esfuerzo de compresión y ejercen acciones descendentes sobre el nudo 3. Las fuerzas incógnita Fa y Fb se disponen saliendo del nudo. El equilibrio de componentes horizontales indica Fa = Fb (también por simetría) y el de fuerzas verticales proporciona su valor. El ángulo de ambas con la horizontal (tangente 5.4/7.2 = 3/4) tiene seno de valor 0.6 y coseno 0.8.

$$\Sigma Fy = 0 \rightarrow 2\times(-117 \times 5/13) - Fa \times 0.6 - Fb \times 0.6 = 0 \rightarrow Fa = Fb = -75 \text{ (compresión)}$$

Las reacciones en los apoyos se obtienen descomponiendo esta fuerza de 75 kN en sus proyecciones horizontal (75 × 0.8 = 60) y vertical (75 × 0.6 = 45). El resultado final se refleja en la figura.

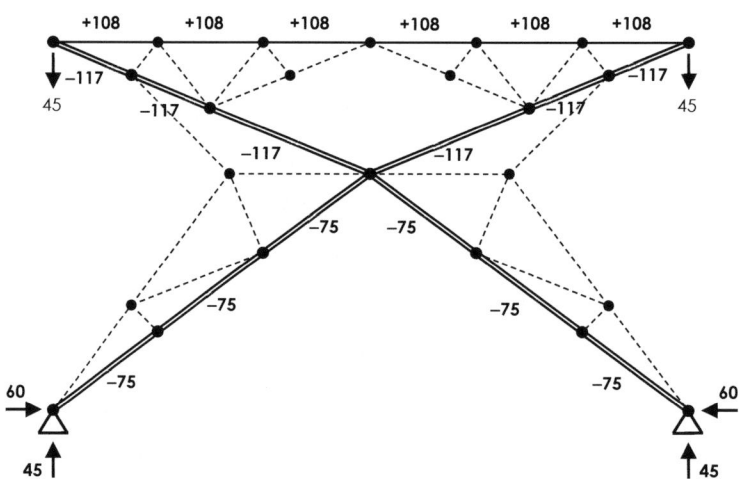

La simetría del sistema en geometría y fuerzas aplicadas y la disposición de estas últimas sobre los nudos extremos permiten su transmisión a los apoyos movilizando muy pocas barras. El resto, en este caso, contribuye a la estabilidad de la estructura.

Ejercicio 4.1.1.09

Determinar las reacciones en los apoyos, simplificar el modelo de cálculo y obtener los valores de los esfuerzos en todas las barras de la estructura representada.

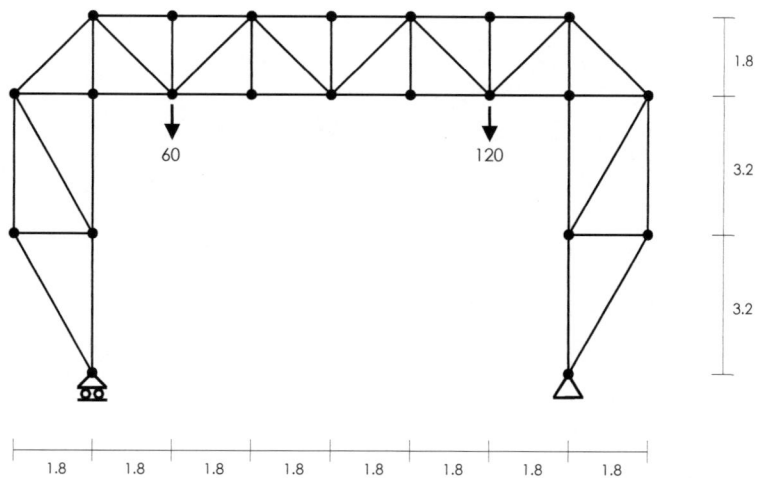

SOLUCIÓN

Para determinar las reacciones en los apoyos se plantea el equilibrio global del sistema en su conjunto.

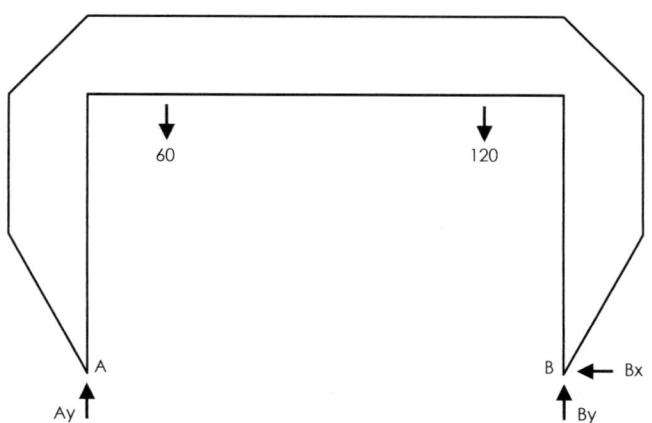

$$\Sigma M_A = 0 \quad \rightarrow \quad -60 \times 1.8 - 120 \times 9 + By \times 10.8 = 0 \qquad \rightarrow \quad By = 110$$

$$\Sigma Fx = 0 \quad \rightarrow \quad -Bx = 0 \qquad \rightarrow \quad Bx = 0$$

$$\Sigma Fy = 0 \quad \rightarrow \quad +Ay - 60 - 120 + By = 0 \qquad \rightarrow \quad Ay = 70$$

A continuación se identifican las barras con esfuerzo axil nulo para las fuerzas y reacciones aplicadas.

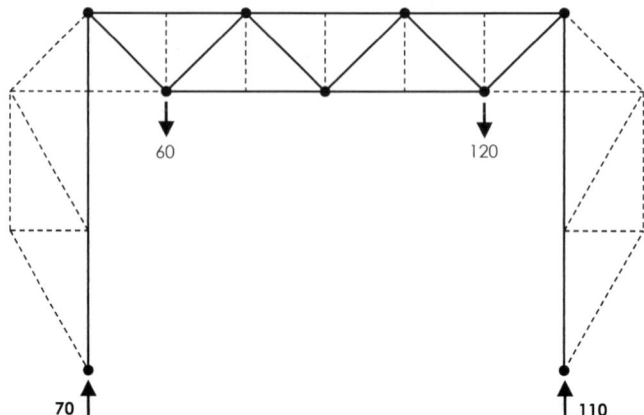

En este caso, aunque existe simetría geométrica, las acciones exteriores no son simétricas y por ello las dos barras inclinadas que parten del nudo central sí se encuentran sometidas a esfuerzo axil.

Las reacciones provocan directamente compresiones de 70 y 110 kN en las barras verticales y estas transmiten las fuerzas a los nudos extremos de la viga superior. El modelo de cálculo se reduce a esta viga, sobre la que se establece la identificación de nudos y barras.

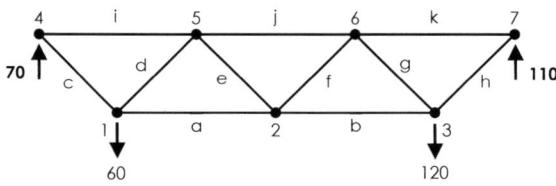

Para la determinación de los esfuerzos axiles se plantean las condiciones de equilibrio de los nudos en el orden 4, 1, 5, 2, 6, 3, 7 (el penúltimo nudo incorpora una ecuación de comprobación y el último las otras dos).

El desarrollo de estas ecuaciones de equilibrio se resume en la siguiente página en un cuadro que incluye para cada barra la denominación de nudo y barra, la condición de equilibrio, la ecuación matemática, la fuerza incógnita y el resultado obtenido. Las fuerzas desconocidas siempre se disponen saliendo de los respectivos nudos y por ello el resultado expresa directamente el esfuerzo en la barra correspondiente.

Todas las barras inclinadas forman ángulos de 45° con la horizontal (seno y coseno con valor $1/\sqrt{2}$).

N	B	Cond.	Ecuación	Inc	Valor
4	c	$\Sigma Fy = 0$	$+70 - Fc/\sqrt{2} = 0$	Fc	$+70\sqrt{2}$
4	i	$\Sigma Fx = 0$	$+Fc/\sqrt{2} + Fi = 0$	Fi	-70
1	d	$\Sigma Fy = 0$	$+70\sqrt{2}/\sqrt{2} - 60 + Fd/\sqrt{2} = 0$	Fd	$-10\sqrt{2}$
1	a	$\Sigma Fx = 0$	$-70\sqrt{2}/\sqrt{2} - 10\sqrt{2}/\sqrt{2} + Fd/\sqrt{2} + Fa = 0$	Fa	$+80$
5	e	$\Sigma Fy = 0$	$+10\sqrt{2}/\sqrt{2} - Fe/\sqrt{2} = 0$	Fe	$+10\sqrt{2}$
5	j	$\Sigma Fx = 0$	$+70 + 10\sqrt{2}/\sqrt{2} + Fe/\sqrt{2} + Fj = 0$	Fj	-90
2	f	$\Sigma Fy = 0$	$+10\sqrt{2}/\sqrt{2} + Ff/\sqrt{2} = 0$	Ff	$-10\sqrt{2}$
2	b	$\Sigma Fx = 0$	$-80 - 10\sqrt{2}/\sqrt{2} + Ff/\sqrt{2} + Fb = 0$	Fb	$+100$
6	g	$\Sigma Fy = 0$	$+10\sqrt{2}/\sqrt{2} - Fg/\sqrt{2} = 0$	Fg	$+10\sqrt{2}$
6	k	$\Sigma Fx = 0$	$+90 + 10\sqrt{2}/\sqrt{2} + Fg/\sqrt{2} + Fj = 0$	Fk	-110
3	h	$\Sigma Fy = 0$	$+10\sqrt{2}/\sqrt{2} - 120 + Fh/\sqrt{2} = 0$	Fh	$+110\sqrt{2}$

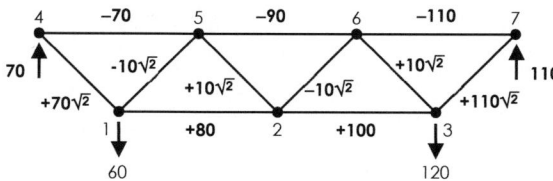

La figura incorpora todos los resultados obtenidos y sobre ella se pueden verificar las ecuaciones de comprobación.

Nudo	Cond.	Ecuación de comprobación
3	$\Sigma Fx = 0$	$-100 - 10\sqrt{2}/\sqrt{2} + Fg/\sqrt{2} = 0$
7	$\Sigma Fy = 0$	$-110\sqrt{2}/\sqrt{2} + 110 = 0$
7	$\Sigma Fx = 0$	$+110\sqrt{2}/\sqrt{2} - 110 = 0$

La estructura completa se representa finalmente para facilitar un análisis global del comportamiento del sistema.

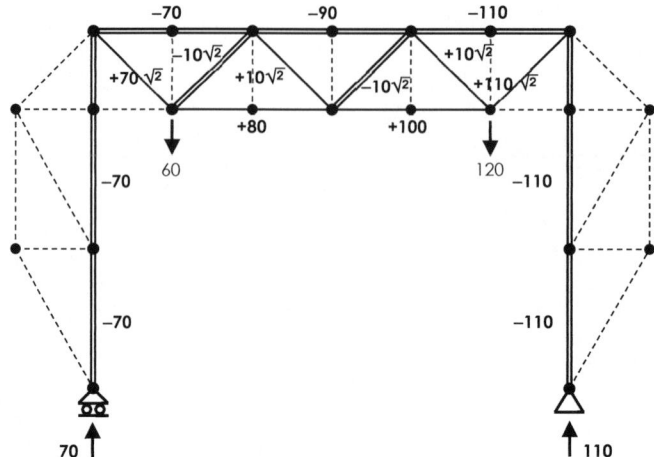

La asimetría de las cargas es la que provoca esfuerzos en las diagonales interiores, por el cortante global que produce en la viga (que es constante y por ello las diagonales, con igual ángulo alternan signo, pero repiten el valor absoluto).

Si las cargas externas fueran iguales, la viga estaría solicitada por dos pares de fuerzas idénticos en sus extremos (momento puro, sin esfuerzo global de cizalladura) y todas las diagonales interiores tendrían axil nulo.

Ejercicio 4.1.1.10

Determinar las reacciones en los apoyos y esfuerzos en todas las barras de la estructura representada.

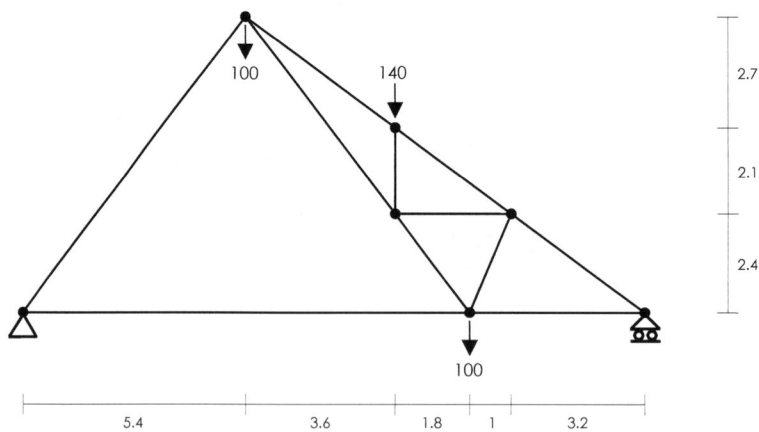

SOLUCIÓN

Las ecuaciones de equilibrio global de la estructura proporcionan los valores de las reacciones en los apoyos.

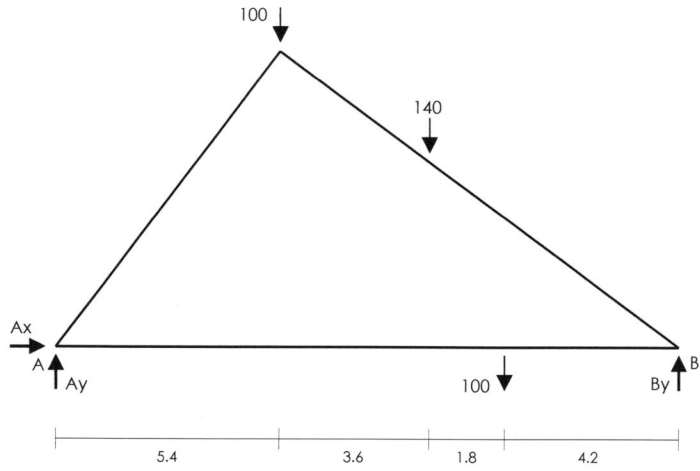

$$\Sigma M_A = 0 \quad \rightarrow \quad -100 \times 5.4 - 140 \times 9 - 100 \times 10.8 + By \times 15 = 0 \quad \rightarrow \quad By = 192$$
$$\Sigma Fx = 0 \quad \rightarrow \quad + Ax = 0 \qquad\qquad\qquad\qquad\qquad\qquad\qquad \rightarrow \quad Ax = 0$$
$$\Sigma Fy = 0 \quad \rightarrow \quad + Ay - 100 - 140 - 100 + 192 = 0 \qquad\qquad \rightarrow \quad Ay = 148$$

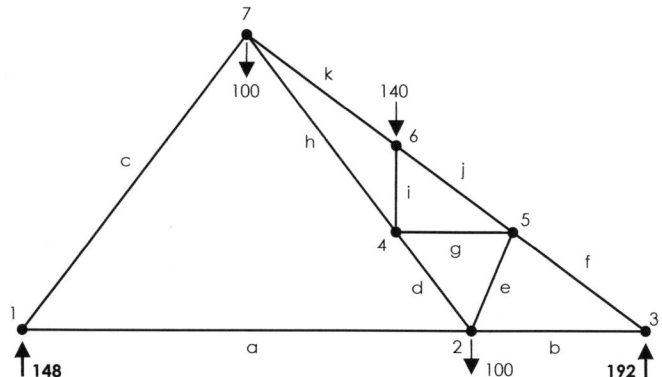

Tomando como referencia la numeración indicada en la figura anterior, se impone secuencialmente el equilibrio de los nudos 3, 1, 7, 6, 4, 5 y 2, reflejándose las ecuaciones y resultados en el correspondiente cuadro. Las fuerzas desconocidas siempre se disponen saliendo de los respectivos nudos y por ello el resultado expresa directamente el esfuerzo en la barra correspondiente.

Los ángulos formados por las barras «c», «h» y «h» con la horizontal (tangente 7.2/5.4 = 4/3) tienen seno de valor 0.8 y coseno 0.6, los correspondientes a las barras «f», «i» y «k» (tangente 7.2/9.6 = 3/4) seno 0.6 y coseno 0.8 y el de la barra «e» (tangente 2.4/1 = 12/5) tiene seno de valor 12/13 y coseno 5/13. Las dos ecuaciones del nudo 7 se acometen conjuntamente. Finalmente se muestra y se comprueba la estructura resuelta.

N	B	Cond.	Ecuación	Inc	Valor
3	f	$\Sigma Fy = 0$	$+192 + Ff \times 0.6 = 0$	Ff	−320
3	b	$\Sigma Fx = 0$	$-Fb - Ff \times 0.8 = 0$	Fb	+256
1	c	$\Sigma Fy = 0$	$+148 + Fc \times 0.8 = 0$	Fc	−185
1	a	$\Sigma Fx = 0$	$+Fc \times 0.6 + Fa = 0$	Fa	+111
7	h	$\Sigma Fx = 0$	$+185 \times 0.6 + Fh \times 0.6 + Fk \times 0.8 = 0$	Fh	+375
7	k	$\Sigma Fy = 0$	$+185 \times 0.8 - 100 - Fh \times 0.8 - Fk \times 0.6 = 0$	Fk	−420
6	j	$\Sigma Fx = 0$	$-420 \times 0.8 + Fj \times 0.8 = 0$	Fj	−420
6	i	$\Sigma Fy = 0$	$-420 \times 0.6 - 140 - Fi + 420 \times 0.6 = 0$	Fi	−140
4	d	$\Sigma Fy = 0$	$+375 \times 0.8 - 140 - Fd \times 0.8 = 0$	Fd	+200
4	g	$\Sigma Fx = 0$	$-375 \times 0.6 + Fg \times 0.6 + Fd = 0$	Fg	+105
5	e	$\Sigma Fy = 0$	$-420 \times 0.6 - Fe \times 12/13 + 320 \times 0.6 = 0$	Fe	−65

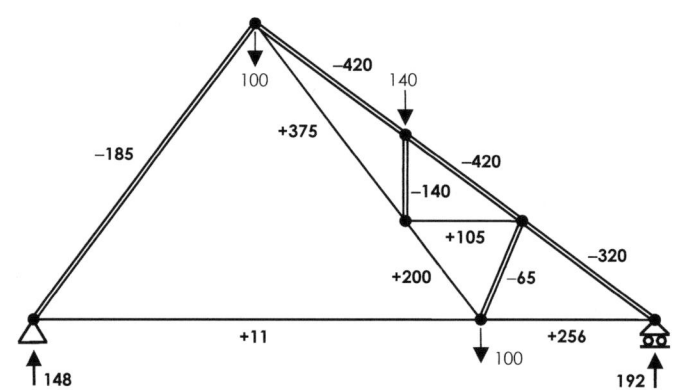

Nudo	Cond.	Ecuación de comprobación
5	$\Sigma Fx = 0$	$+420 \times 0.8 - 105 + 65 \times 5/13 - 320 \times 0.8 = 0$
2	$\Sigma Fy = 0$	$+200 \times 0.8 - 100 - 65 \times 12/13 = 0$
2	$\Sigma Fx = 0$	$-111 - 200 \times 0.6 - 65 \times 5/13 + 256 = 0$

Ejercicio 4.1.1.11

Determinar las reacciones en los apoyos y esfuerzos en todas las barras de la estructura representada en la figura.

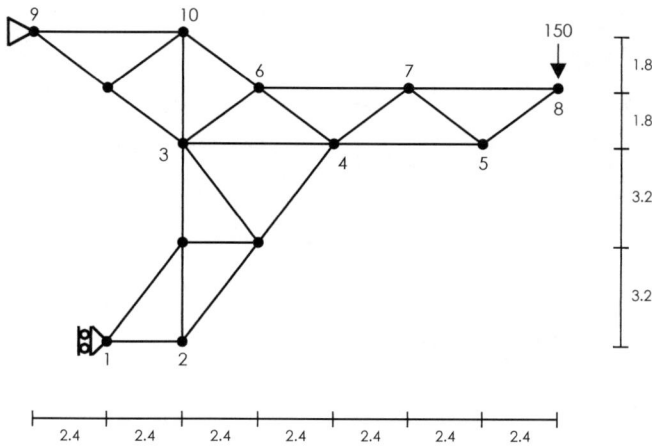

SOLUCIÓN

Las reacciones en los apoyos se obtienen imponiendo las condiciones de equilibrio global de la estructura.

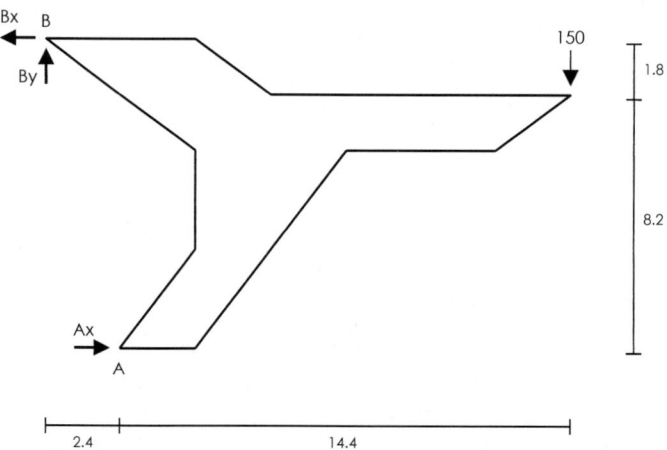

$$\Sigma M_B = 0 \qquad \rightarrow \quad -150 \times 16.8 + Ax \times 10 = 0 \quad \rightarrow \quad Ax = 252$$

$$\Sigma Fx = 0 \qquad \rightarrow \quad + Ax - Bx = 0 \qquad\qquad\qquad \rightarrow \quad Bx = 252$$

$$\Sigma Fy = 0 \qquad \rightarrow \quad + By - 150 = 0 \qquad\qquad\qquad \rightarrow \quad Ay = 150$$

A continuación se detectan y eliminan del modelo de cálculo las barras con esfuerzo axil nulo y se procede a la identificación numérica de los nudos y alfabética de las barras.

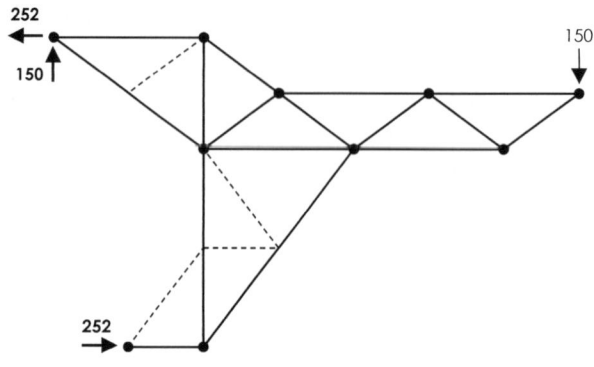

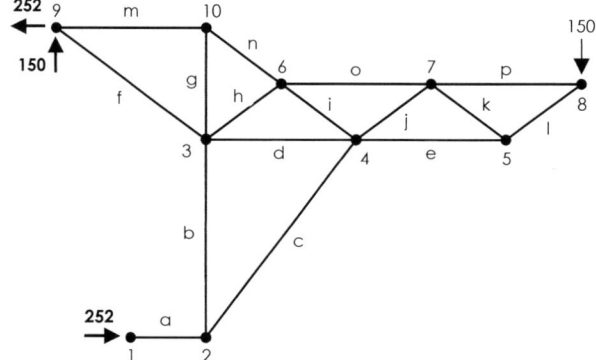

Todas las barras inclinadas salvo la «c» forman con la horizontal ángulos de tangente 3/4 (seno de valor 0.6 y coseno 0.8). La barra «c» por su parte está dispuesta con el ángulo complementario (tangente 4/3, seno 0.8, coseno 0.6).

La elección del orden de los nudos se realiza intentando no abordar los nudos con las dos barras incógnita inclinadas (para evitar la resolución del sistema conjunto) y procurando que los nudos finales contengan el mayor número posible de barras (para aumentar la eficacia de las ecuaciones de comprobación). Para ello se acomete la estructura desde los tres extremos y se comprueba la ausencia de errores en la zona central.

Se comienza desde el extremo derecho (nudos 8, 5 y 7), luego se pasa al apoyo fijo (nudos 9 y 10) y después al deslizante (nudos 2 y 4) para terminar en los centrales 6 y 3. El equilibrio del nudo 1 se impone asignando directamente una compresión de 252 kN a la barra «a».

La tabla siguiente incluye la secuencia completa de ecuaciones y resultados. Las fuerzas desconocidas siempre se disponen saliendo de los respectivos nudos (el signo obtenido expresa directamente el tipo de esfuerzo).

N	B	Cond.	Ecuación	Inc	Valor
8	l	$\Sigma Fy = 0$	$-Fl \times 0.6 - 150 = 0$	Fl	-250
8	p	$\Sigma Fx = 0$	$-Fl \times 0.8 - Fp = 0$	Fp	$+200$
5	k	$\Sigma Fy = 0$	$+Fk \times 0.6 - 250 \times 0.6 = 0$	Fk	$+250$
5	e	$\Sigma Fx = 0$	$-Fe \times 0.6 - Fk \times 0.8 - 250 \times 0.8 = 0$	Fe	-400
7	j	$\Sigma Fy = 0$	$-Fj \times 0.6 - 250 \times 0.6 = 0$	Fj	-250
7	o	$\Sigma Fx = 0$	$-Fo - Fj \times 0.8 + 250 \times 0.8 + 200 = 0$	Fo	-600
9	f	$\Sigma Fy = 0$	$+150 - Ff \times 0.6 = 0$	Ff	$+250$
9	m	$\Sigma Fx = 0$	$-252 + Fj \times 0.8 + Fm = 0$	Fm	$+52$
10	n	$\Sigma Fx = 0$	$-52 + Fn \times 0.8 = 0$	Fn	$+65$
10	g	$\Sigma Fy = 0$	$-Fg - Fn \times 0.6 = 0$	Fg	-39
2	c	$\Sigma Fx = 0$	$+252 + Fc \times 0.6 = 0$	Fc	-420
2	b	$\Sigma Fy = 0$	$+Fb + Fc \times 0.8 = 0$	Fb	$+336$
4	i	$\Sigma Fy = 0$	$+420 \times 0.8 + Fi \times 0.6 - 250 \times 0.6 = 0$	Fi	-310
4	d	$\Sigma Fx = 0$	$+420 \times 0.6 - Fd - Fi \times 0.8 - 250 \times 0.8 - 400 = 0$	Fd	-100
6	h	$\Sigma Fy = 0$	$-Fh \times 0.6 + 65 \times 0.6 + 310 \times 0.6 = 0$	Fh	$+375$

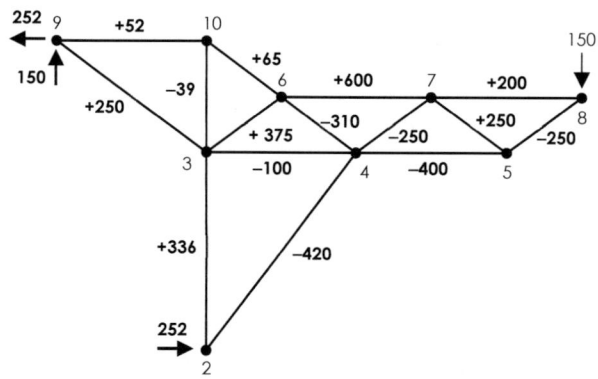

Nudo	Cond.	Ecuación de comprobación
6	$\Sigma Fx = 0$	$-375 \times 0.8 - 65 \times 0.8 - 310 \times 0.8 + 600 = 0$
3	$\Sigma Fy = 0$	$-336 + 250 \times 0.6 - 39 + 375 \times 0.6 = 0$
3	$\Sigma Fx = 0$	$-250 \times 0.8 - 100 + 375 \times 0.8 = 0$

Tras la verificación del cumplimiento de las anteriores ecuaciones de comprobación, se representa finalmente la estructura completa, con todos los resultados obtenidos.

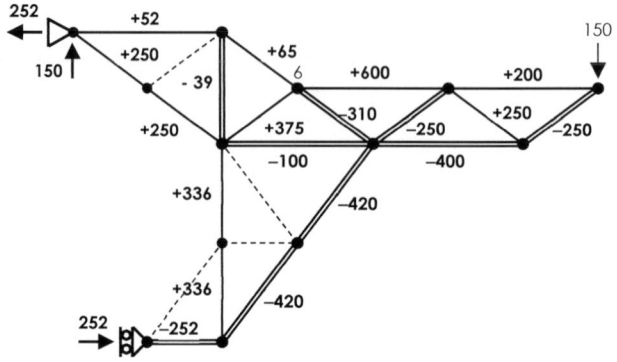

Ejercicio 4.1.1.12

Determinar las reacciones en los apoyos y esfuerzos en todas las barras de la estructura representada.

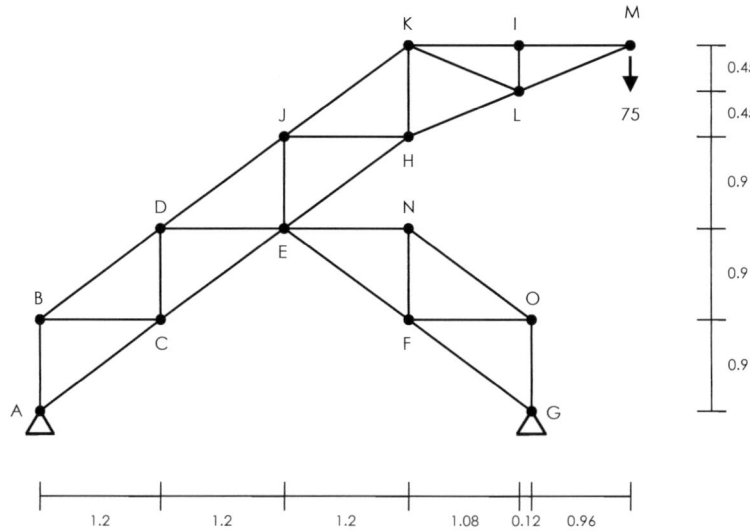

SOLUCIÓN

La estructura está formada por dos subsistemas rígidos. Para la obtención de los esfuerzos por el método de los nudos se precisa la determinación de las reacciones en los apoyos.

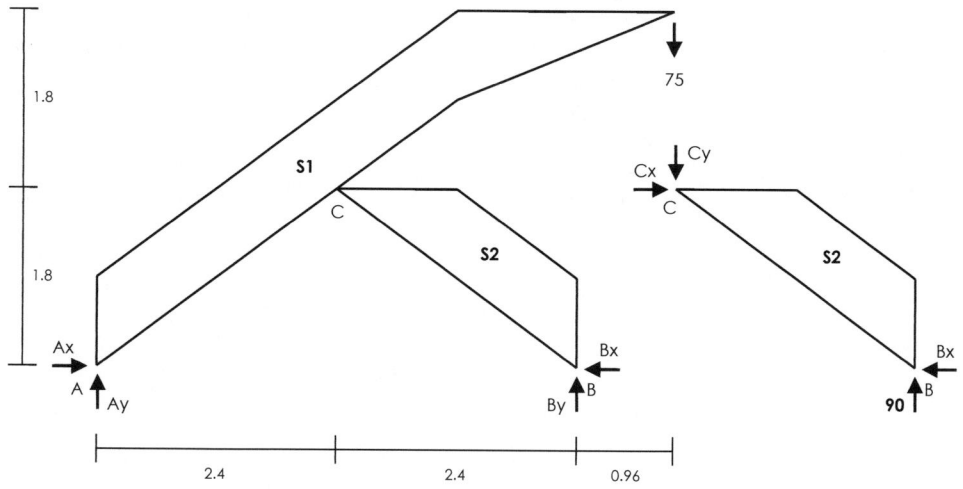

Las ecuaciones de equilibrio del sistema completo (figura izquierda) proporcionan los valores de Ay y By además de la igualdad entre Ax y Bx.

$$\Sigma M_A = 0 \quad \rightarrow \quad -75 \times 5.76 + By \times 4.8 = 0 \quad \rightarrow \quad By = 90$$

$$\Sigma Fy = 0 \quad \rightarrow \quad +Ay - 75 + By = 0 \quad \rightarrow \quad Ay = -15$$

La componente horizontal se determina con la ecuación de equilibrio de momentos del subsistema S2 (figura derecha) respecto a C.

$$\Sigma M_C = 0 \quad \rightarrow \quad +90 \times 2.4 - Bx \times 1.8 = 0 \quad \rightarrow \quad Bx = 120$$

Las otras dos condiciones de equilibrio de S2 proporcionan directamente los valores de Cx y Cy. A continuación se componen las fuerzas extremas sobre S2 en sus resultantes y se identifican las barras de esfuerzo nulo.

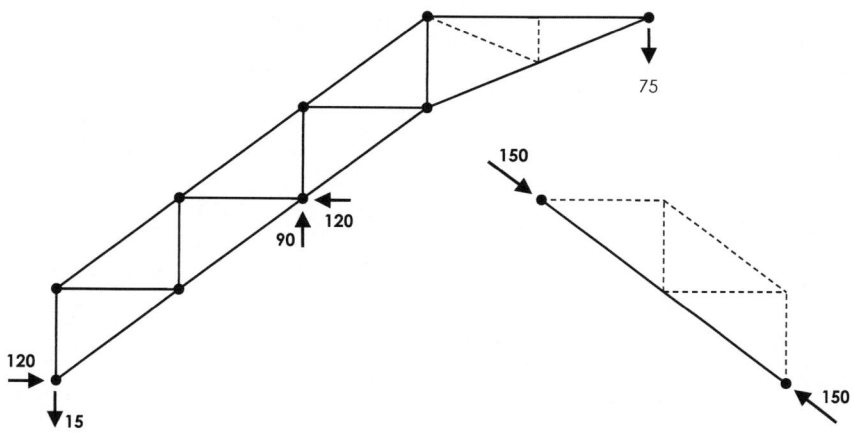

La barra que queda del subsistema S2 está directamente sometida a una compresión de 150 kN. En el subsistema S1, ya resoluble por el método de los nudos, se procede a la identificación de estos, así como de las barras.

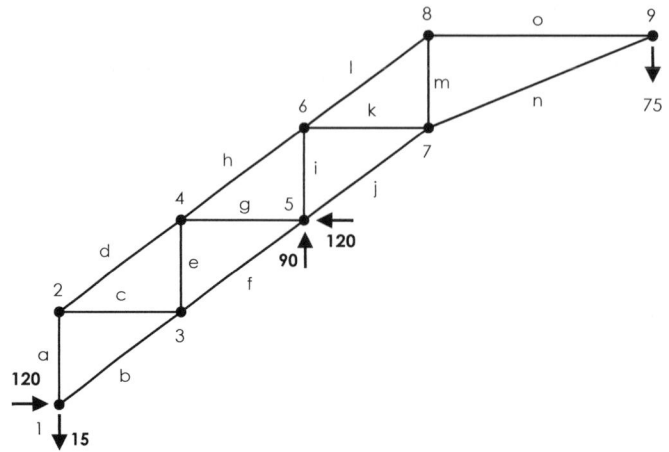

Los ángulos respecto a la horizontal de todas las barras inclinadas, a excepción de «n», tienen tangente 0.9/1.2 (3/4) y por ello seno de valor 0.6 y coseno 0.8. La tangente de la barra «n» vale 0.9/2.16 (5/12), su seno 5/13 y su coseno 12/13.

En el orden natural del 1 al 9, se impone secuencialmente el equilibrio de todos los nudos.

Las fuerzas desconocidas en cada etapa se disponen siempre saliendo de los respectivos nudos y por ello el resultado expresa directamente el esfuerzo en la barra correspondiente.

N	B	Cond.	Ecuación	Inc	Valor
1	b	$\Sigma Fx = 0$	$+120 + Fb \times 0.8 = 0$	Fb	-150
1	a	$\Sigma Fy = 0$	$-15 + Fa + Fb \times 0.6 = 0$	Fa	$+105$
2	d	$\Sigma Fy = 0$	$-105 + Fd \times 0.6 = 0$	Fd	$+175$
2	c	$\Sigma Fx = 0$	$+Fc + Fd \times 0.8 = 0$	Fc	-140
3	f	$\Sigma Fx = 0$	$+150 \times 0.8 + 140 + Ff \times 0.8 = 0$	Ff	-325
3	e	$\Sigma Fy = 0$	$+150 \times 0.6 + Fe + Ff \times 0.6 = 0$	Fe	$+105$
4	h	$\Sigma Fy = 0$	$-175 \times 0.6 - 105 + Fh \times 0.6 = 0$	Fh	$+350$
4	g	$\Sigma Fx = 0$	$-175 \times 0.8 + Fg + Fh \times 0.8 = 0$	Fg	-140
5	j	$\Sigma Fx = 0$	$+325 \times 0.8 + 140 + Fi \times 0.8 - 120 = 0$	Fj	-350
5	i	$\Sigma Fy = 0$	$+325 \times 0.6 + 90 + Fi + Fj \times 0.6 = 0$	Fi	-75
6	l	$\Sigma Fy = 0$	$-350 \times 0.6 + 75 - Fl \times 0.6 = 0$	Fl	$+225$
6	k	$\Sigma Fx = 0$	$-350 \times 0.8 + Fk + Fl \times 0.8 = 0$	Fk	$+100$
7	n	$\Sigma Fx = 0$	$+350 \times 0.8 - 100 + Fn \times 12/13 = 0$	Fn	-195
7	m	$\Sigma Fy = 0$	$+350 \times 0.6 + Fm + Fn \times 5/13 = 0$	Fm	-135
8	o	$\Sigma Fx = 0$	$-225 \times 0.8 + Fo = 0$	Fo	$+180$

En la figura se representan todos los resultados obtenidos y finalmente se verifican las tres ecuaciones de comprobación.

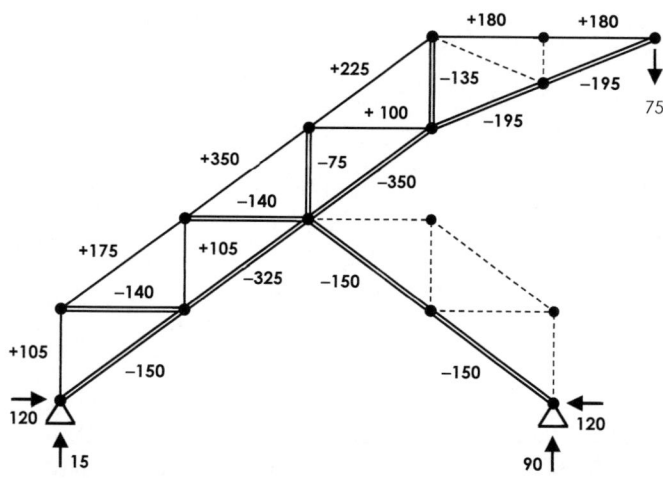

Nudo	Cond.	Ecuación de comprobación
8	$\Sigma Fy = 0$	$-225 \times 0.6 + 135 = 0$
9	$\Sigma Fy = 0$	$+195 \times 5/13 - 75 = 0$
9	$\Sigma Fx = 0$	$+195 \times 12/13 - 180 = 0$

Ejercicio 4.1.1.13

Determinar los esfuerzos en todas las barras de la estructura representada.

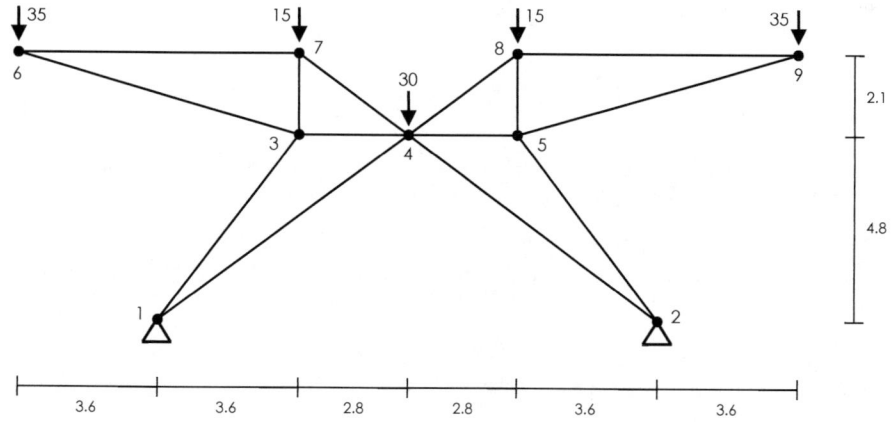

SOLUCIÓN

El entramado articulado está compuesto por dos subsistemas, que se representan por separado, disponiendo sobre cada uno la mitad de la fuerza de 30 kN ejercida en el nudo central.

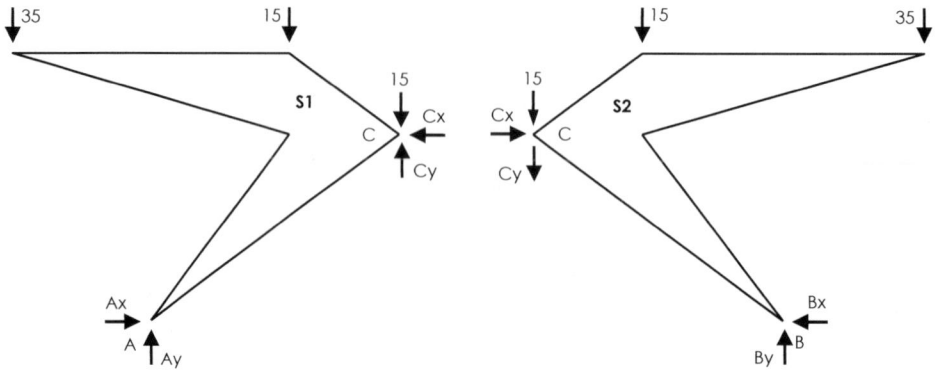

Debido a las condiciones de simetría geométrica y de cargas de ambos subsistemas, la fuerza vertical de interacción Cy tiene que ser nula (el comportamiento estructural a derecha e izquierda del nudo C es simétrico). No existe tendencia al deslizamiento vertical relativo entre los subsistemas y no se precisa por ello fuerza que lo coarte.

En este caso sí se pueden determinar todos los esfuerzos por el método de los nudos sin la obtención previa de las reacciones. Tras asignar números y letras a nudos y barras se establece la secuencia de obtención de los esfuerzos axiles.

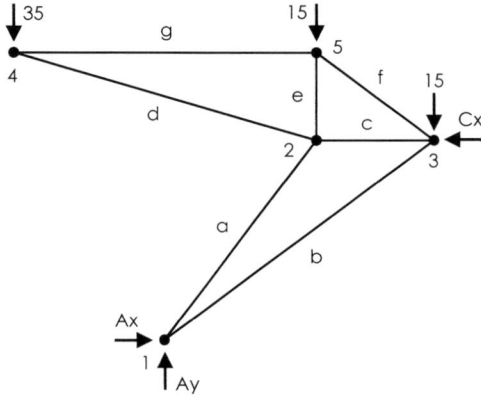

El equilibrio del nudo 4 determina los valores correspondientes a las barras «d» y «g» (Fd y Fg). A continuación el nudo 5 proporciona las fuerzas Fe y Ff, del nudo 2 se obtienen Fc y Fa y el equilibrio de fuerzas verticales del nudo 3 determina el valor de Fb.

La otra ecuación de equilibrio del nudo 3 y las dos del nudo 1 se emplean finalmente para la obtención de la fuerza de interacción Cx y las reacciones Ax y Ay.

El triángulo formado por las barras «e», «g» y «d» tiene proporciones 7, 24, 25 (2.1, 7.2, 7.5). El seno del ángulo formado en el nudo 4 vale $7/25 = 0.28$ y su coseno $24/25 = 0.96$.

Los ángulos respecto a la horizontal de las barras «f» y «b» tienen tangente 3/4 y por ello seno de valor 0.6 y coseno 0.8. En el caso de la barra «a» la tangente vale $4.8/3.6 = 4/3$, su seno 0.8 y su coseno 0.6.

La tabla siguiente recoge la secuencia de ecuaciones y sus correspondientes resultados. Las siete primeras filas se refieren a los esfuerzos en las barras (con todas las fuerzas desconocidas saliendo de los respectivos nudos) y las tres últimas a las reacciones.

N	B	Cond.	Ecuación	Inc	Valor
4	d	$\Sigma Fy = 0$	$-35 - Fd \times 0.28 = 0$	Fd	-125
4	g	$\Sigma Fx = 0$	$+Fd \times 0.96 + Fg = 0$	Fg	$+120$
5	f	$\Sigma Fx = 0$	$-120 + Ff \times 0.8 = 0$	Ff	$+150$
5	e	$\Sigma Fy = 0$	$-Fe - 15 - Ff \times 0.6 = 0$	Fe	-105
2	a	$\Sigma Fy = 0$	$-Fa \times 0.8 - 125 \times 0.28 - 105 = 0$	Fa	-175
2	c	$\Sigma Fx = 0$	$+125 \times 0.96 - Fa \times 0.6 + Fc = 0$	Fc	-225
3	b	$\Sigma Fy = 0$	$-Fb \times 0.6 + 150 \times 0.6 - 15 = 0$	Fb	$+125$
3		$\Sigma Fx = 0$	$- Fb \times 0.8 + 225 - 150 \times 0.8 - Cx = 0$	Cx	5
1		$\Sigma Fx = 0$	$+Ax - 175 \times 0.6 + 125x\ 0.8 = 0$	Ax	5
1		$\Sigma Fy = 0$	$+Ay - 175 \times 0.8 + 125 \times 0.6 = 0$	Ay	65

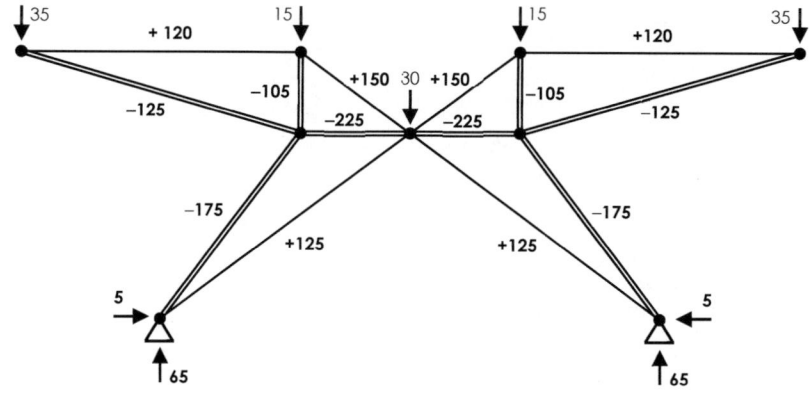

La figura presenta la solución completa. Como comprobación se puede verificar el equilibrio de fuerzas verticales en toda la estructura y el equilibrio de momentos en uno de los subsistemas (considerando la fuerza horizontal de 5 kN ejercida entre ambos).

Ámbito	Cond.	Ecuación de comprobación
Todo el sistema	$\Sigma Fy = 0$	$-2 \times 35 - 2 \times 15 - 30 + 2 \times 65 = 0$
Subsistema S1	$\Sigma M_1 = 0$	$+35 \times 3.6 - 15 \times 3.6 - 15 \times 6.4 + 5 \times 4.8 = 0$

Ejercicio 4.1.1.14

El perímetro exterior de la estructura representada es un hexágono regular de 4 metros de lado. Determinar los esfuerzos en todas las barras del sistema bajo la acción de una fuerza sobre su nudo central de $20\sqrt{3}$ kN.

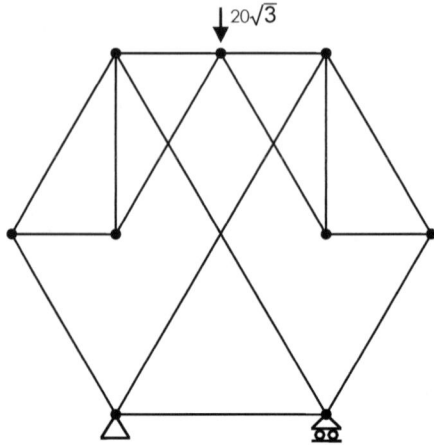

Razonar las alteraciones del comportamiento estructural del entramad cuando las dos barras verticales parten de los apoyos en vez de los nudos superiores.

SOLUCIÓN

La simetría de la estructura y las cargas aplicadas proporciona directamente el valor de las reacciones en los apoyos (verticales y ascendentes de $10\sqrt{3}$ kN cada una) y permite considerar solamente como incógnitas los esfuerzos en las barras de uno de los lados.

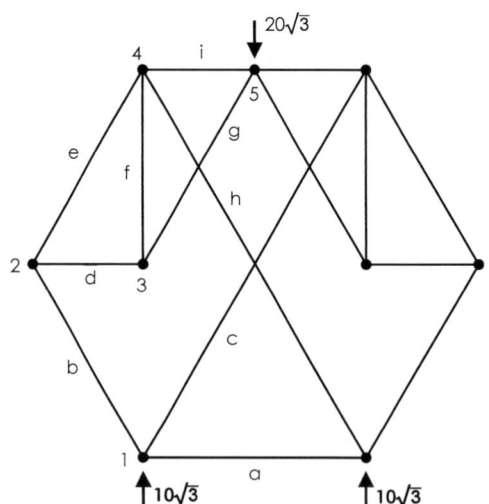

Al analizar el entramado se aprecia que no existe ningún nudo con menos de tres barras para comenzar planteando sus ecuaciones de equilibrio.

Esta dificultad la resuelve también la simetría del sistema. Al nudo 5 acceden cuatro barras, pero sus esfuerzos son iguales dos a dos y la ecuación de equilibrio de fuerzas verticales determina el esfuerzo axil de las barras inclinadas.

Conocido el valor de Fg, en el nudo 3 se obtienen Fd y Ff, en el nudo 2 Fb y Fe, en el nudo 4 Fh y Fi y en el nudo 1 Fa y Fc.

La condición de equilibrio de componentes horizontales del nudo 5 proporciona además una ecuación de comprobación.

Todas las barras inclinadas forman con la horizontal ángulos de 60° (seno 0.5 y coseno $\sqrt{3}/2$). Las ecuaciones de equilibrio del nudo 2 se resuelven conjuntamente por tener dirección inclinada sus dos fuerzas incógnita (Fb y Fe).

La secuencia indicada de ecuaciones y resultados se refleja en el correspondiente cuadro (las fuerzas desconocidas se disponen siempre saliendo de los respectivos nudos por lo que el signo obtenido expresa directamente el tipo de esfuerzo).

N	B	Cond.	Ecuación	Inc	Valor
5	g	$\Sigma Fy = 0$	$-Fg \times \sqrt{3}/2 - 20\sqrt{3}/2 = 0$	Fg	-20
3	d	$\Sigma Fx = 0$	$-Fd + Fg \times 0.5 = 0$	Fd	-10
3	f	$\Sigma Fy = 0$	$+Ff + Fg \times \sqrt{3}/2 = 0$	Ff	$+10\sqrt{3}$
2	b	$\Sigma Fx = 0$	$+Fb \times 0.5 + Fe \times 0.5 - 10 = 0$	Fb	$+10$
2	e	$\Sigma Fy = 0$	$-Fj \times 0.6 - 250 \times 0.6 = 0$	Fe	$+10$
4	h	$\Sigma Fy = 0$	$-10 \times \sqrt{3}/2 - 10\sqrt{3} - Fh \times \sqrt{3}/2 = 0$	Fh	-30
4	i	$\Sigma Fx = 0$	$-10 \times 0.5 + Fh \times 0.5 + Fi = 0$	Fi	$+20$
1	c	$\Sigma Fy = 0$	$+10 \times \sqrt{3}/2 + 10\sqrt{3} + Fc \times \sqrt{3}/2 = 0$	Fc	-30
1	a	$\Sigma Fx = 0$	$-10 \times 0.5 + Fc \times 0.5 + Fa = 0$	Fa	$+20$

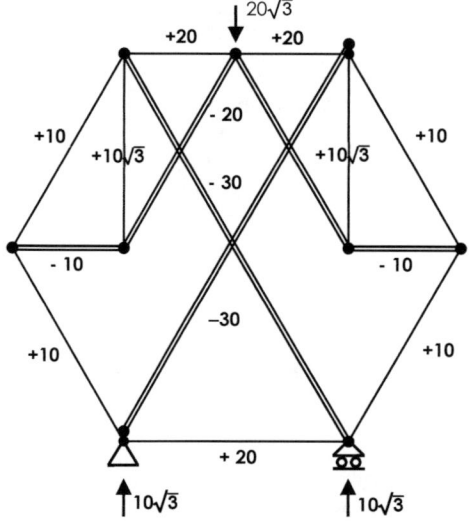

Tras incorporar los valores obtenidos a la zona simétrica, la figura refleja los esfuerzos axiles en las barras de todo el sistema.

Para su cálculo no se ha precisado la utilización de las dimensiones del hexágono (cuatro metros de lado).

El ejemplo muestra con claridad que las fuerzas que equilibran los nudos dependen de la inclinación de las barras, no de su longitud. El resultado obtenido es el mismo con diferentes escalas geométricas.

Nudo	Cond.	Ecuación de comprobación
5	$\Sigma Fx = 0$	$-336 + 250 \times 0.6 - 39 + 375 \times 0.6 = 0$

En la estructura anterior se observa que la fuerza aplicada provoca que barras interiores se encuentren comprimidas en su mayoría y las exteriores todas traccionadas.

Son precisamente las dos barras traccionadas interiores las que el enunciado propone para modificar el entramado, haciéndolas partir de los apoyos.

La figura de la derecha representa el nuevo sistema con las modificaciones de los esfuerzos producidas. Las barras verticales están ahora comprimidas con el mismo valor absoluto del axil. Las barras diagonales centrales (las más largas y delicadas frente a la inestabilidad por pandeo) han reducido su esfuerzo a la tercera parte y las horizontales extremas que las unen a la mitad.

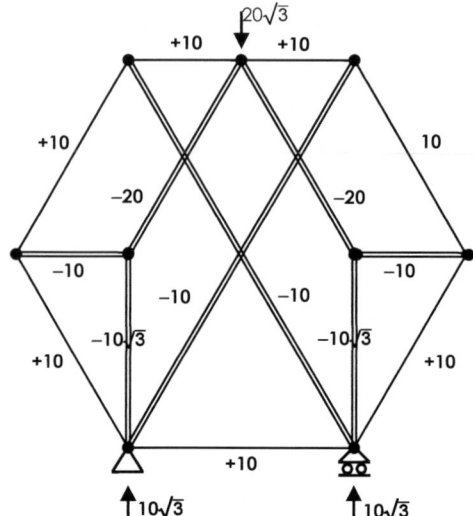

En comportamiento estructural del conjunto es mucho más favorable y homogéneo. Para un análisis más detallado se puede considerar la división de estructura en los dos subconjuntos representados en la figura inferior.

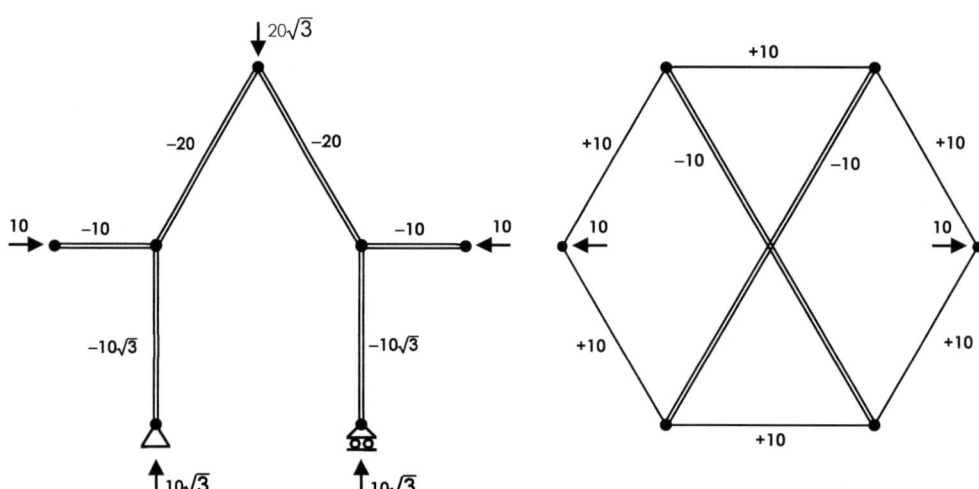

La fuerza superior aplicada se transfiere a los apoyos mediante las barras interiores reflejadas en la zona izquierda. Todas ellas están comprimidas y para el equilibrio de este subconjunto se requieren dos fuerzas horizontales de 10 kN que coarten la tendencia a la separación de sus extremos.

El subconjunto de la derecha es el que produce esta coacción y recibe a su vez dos fuerzas iguales y opuestas de 10 kN. Todos sus nudos están solicitados por tres fuerzas con ángulos de 120° entre sí e iguales por simetría. El anillo exterior está homogéneamente traccionado y las barras interiores igualmente comprimidas.

Ejercicio 4.1.1.15

Determinar los esfuerzos axiles en todas las barras del sistema estructural de la figura bajo la acción de una fuerza en su nudo central de 180 kN.

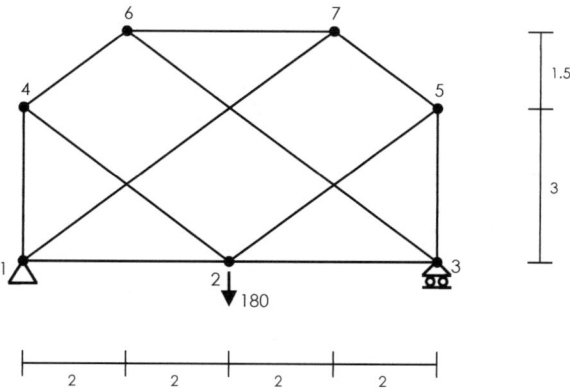

SOLUCIÓN

Teniendo en cuenta la simetría del sistema estructural se obtienen directamente los valores de las reacciones en los apoyos (90 kN en cada uno). En la asignación numérica y alfabética de nudos y barras se consideran solamente la zona izquierda.

Tampoco en este caso existe ningún nudo con menos de tres barras para comenzar planteando sus ecuaciones de equilibrio.

Sin embargo, el nudo 2, aunque confluyen en él cuatro barras, por simetría solamente tiene dos incógnitas diferentes. Su condición de equilibrio de fuerzas verticales determina el esfuerzo de las barras inclinadas.

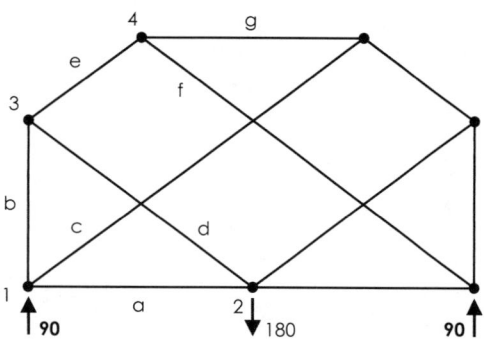

Conocido el valor de Fd, en el nudo 3 se obtienen Fb y Fe, en el nudo 4 Ff y Fg y en el nudo 1 Fa y Fc.

La condición de equilibrio de fuerzas horizontales del nudo 2 (no utilizada inicialmente) proporciona una ecuación de comprobación de los valores en las barras «a» y «d».

Todas las barras inclinadas forman con la horizontal ángulos de tangente 3/4 (seno 0.6 y coseno 0.8).

La secuencia indicada de ecuaciones y resultados se refleja en el correspondiente cuadro (las fuerzas desconocidas se disponen siempre saliendo de los respectivos nudos por lo que el signo obtenido expresa directamente el tipo de esfuerzo).

N	B	Cond.	Ecuación	Inc	Valor
2	d	$\Sigma Fy = 0$	$+ Fd \times 0.6 - 180/2 = 0$	Fd	+150
3	e	$\Sigma Fx = 0$	$+150 \times 0.8 + Fe \times 0.8 = 0$	Fe	−150
3	b	$\Sigma Fy = 0$	$+Fb - 150 \times 0.6 + Fe \times 0.6 = 0$	Fb	−180
4	f	$\Sigma Fy = 0$	$+150 \times 0.6 - Ff \times 0.6 = 0$	Ff	+150
4	g	$\Sigma Fx = 0$	$+150 \times 0.8 + Fh \times 0.8 + Fg = 0$	Fg	−240
1	c	$\Sigma Fy = 0$	$+90 - 180 + Fc \times 0.6 = 0$	Fc	+150
1	a	$\Sigma Fx = 0$	$+Fc \times 0.8 + Fa = 0$	Fa	−120

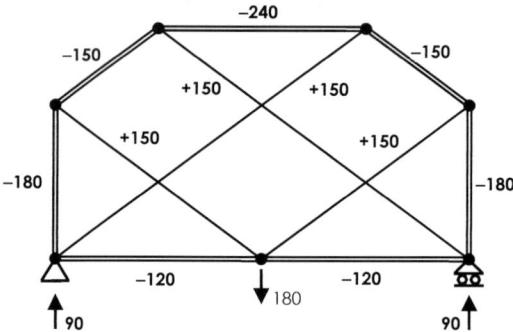

El comportamiento resistente de la estructura es el opuesto al observado en el ejercicio anterior. La disposición de la fuerza aplicada provoca que en este caso todas las barras del perímetro exterior se encuentren comprimidas y que el interior solamente contenga tirantes sometidos a tracción.

Finalmente se verifica como comprobación el equilibrio de componentes horizontales de las fuerzas aplicadas en el nudo 2.

Nudo	Cond.	Ecuación de comprobación
2	$\Sigma Fx = 0$	$+ 120 - 150 \times 0.8 = 0$

Ejercicio 4.1.1.16

Determinar los esfuerzos en todas las barras del sistema estructural de la figura.

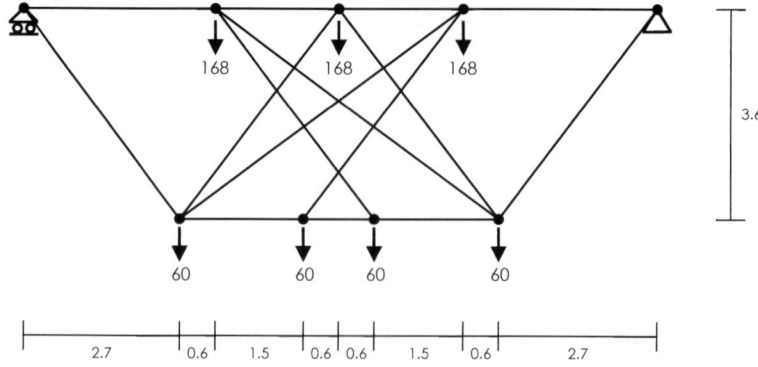

SOLUCIÓN

La simetría de la estructura y de las cargas aplicadas proporciona directamente el valor de las reacciones en los apoyos [(3 × 168 + 4 × 60)/2 = 372] y permite considerar solamente como incógnitas los esfuerzos en las barras de uno de los lados.

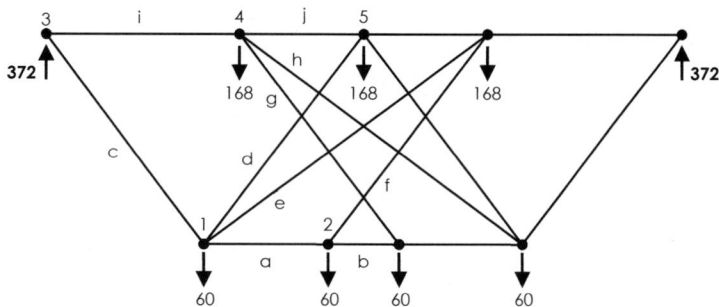

El cálculo de los esfuerzos en barras comienza en el nudo 3, cuyas ecuaciones de equilibrio proporcionan los valores de Fc y Fi. A partir de aquí ya no existen nudos con menos de tres barras pero se puede plantear el equilibrio de componentes verticales del nudo 2 para obtener el esfuerzo en la barra «f» (aunque es un nudo con tres barras desconocidas, en esta ecuación no intervienen 2 de ellas).

Por simetría la barra «g» tiene el mismo esfuerzo que la barra «f». Nuevamente la ecuación de equilibrio de fuerzas verticales, ahora en el nudo 4, permite despejar otra incógnita (Fh que es además idéntica a Fe).

También por las condiciones de simetría, la fuerza de 168 kN aplicada en el nudo 5 se divide de igual forma entre las dos barras inclinadas que parten de él y ello permite determinar Fd. al no intervenir en la ecuación las otras dos incógnitas del nudo.

Una vez obtenidos los esfuerzos en todas las barras inclinadas, las ecuaciones de equilibrio de componentes horizontales proporcionan ahora los valores de Fa (nudo 1), Fb (nudo 2) y Fj (nudo 4). Como ecuación de comprobación se plantea el equilibrio de las fuerzas verticales actuantes sobre el nudo 1.

Existen otras secuencias también válidas para la determinación de los esfuerzos pero, por la distribución geométrica de las barras de este sistema, en todas ellas es necesaria la combinación de ecuaciones individuales de diferentes nudos.

Las barras inclinadas «c», «d», «f» y «g» forman con la horizontal ángulos de tangente 4/3 (seno 0.8 y coseno 0.6), los correspondientes a las barras «e» y «h» son complementarios (tangente 33/4, seno 0.6 y coseno 0.8).

La secuencia indicada de ecuaciones (disponiendo las fuerzas incógnitas saliendo siempre de los nudos) y los correspondientes resultados se reflejan en La tabla siguiente. La estructura con los esfuerzos y la ecuación de comprobación completan el ejercicio.

N	B	Cond.	Ecuación	Inc	Valor
3	c	$\Sigma Fy = 0$	$+ 372 - Fc \times 0.8 = 0$	Fc	+465
3	i	$\Sigma Fx = 0$	$+Fc \times 0.6 + Fi = 0$	Fi	−279
2	f	$\Sigma Fy = 0$	$-60 + Ff \times 0.8 = 0$	Ff, Fg	+75
4	h	$\Sigma Fy = 0$	$-168 - 75 \times 0.8 - Fh \times 0.6 = 0$	Fh, Fe	−380
5	g	$\Sigma Fy = 0$	$- Fd \times 0.8 - 168/2 = 0$	Fd	−105
1	a	$\Sigma Fx = 0$	$-465 \times 0.6 - 105 \times 0.6 - 380 \times 0.8 + Fa = 0$	Fa	+646
2	b	$\Sigma Fx = 0$	$-646 + 75 \times 0.6 + Fb = 0$	Fb	+601
4	j	$\Sigma Fx = 0$	$+279 + 75 \times 0.6 - 380 \times 0.8 + Fj = 0$	Fj	−20

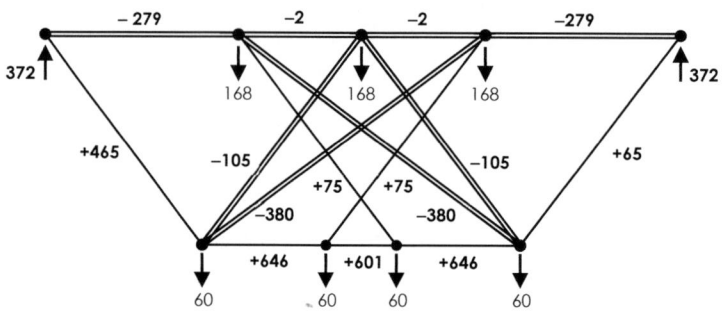

Nudo	Cond.	Ecuación de comprobación
1	$\Sigma Fy = 0$	$+ 465 \times 0.8 - 60 - 105 \times 0.8 - 380 \times 0.6 = 0$

Ejercicio 4.1.1.17

Analizar la posibilidad de obtención de los esfuerzos en todas las barras del entramado de la figura por el método de los nudos.

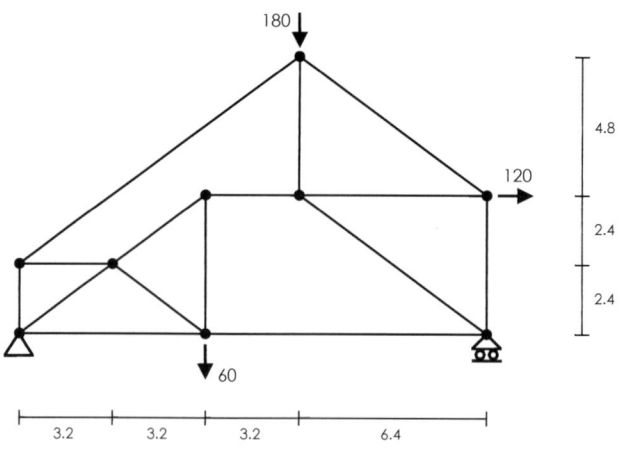

SOLUCIÓN

La estructura es isostática y la determinación de las reacciones en los apoyos externos es sencilla, a partir de las ecuaciones globales de equilibrio del sistema conjunto.

Sin embargo, no existe ningún nudo con menos de tres barras de esfuerzo desconocido con el que iniciar la aplicación del método de los nudos.

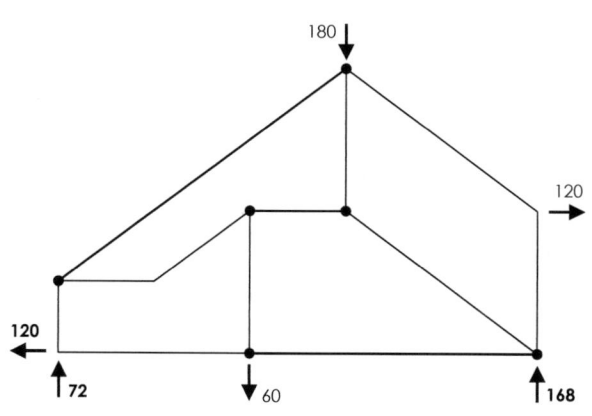

No se pueden eliminar barras con axil nulo. Tampoco existen condiciones de simetría. No hay nudos con tres barras y dos de ellas colineales, ni nudos en los que el equilibrio de componentes en alguna dirección contenga solamente una incógnita.

Tal como se aprecia en la figura, se trata de un sistema articulado compuesto de dos subsistemas simples unidos mediante tres barras.

En este caso, el método de los nudos, aplicable con éxito en múltiples ocasiones e indicado especialmente para estructuras trianguladas y simples, no es el adecuado para la obtención de los esfuerzos en las barras del entramado propuesto.

[4.1.2]. MÉTODO DE RITTER

El último ejercicio del apartado anterior demuestra la necesidad de otros procedimientos de obtención de esfuerzos alternativos a la aplicación secuencial de las condiciones de equilibrio de los nudos.

El método de Ritter o de las secciones que se aborda a continuación posee un planteamiento muy diferente al de los nudos. Mientras aquel proponía un desarrollo completo y ordenado para la determinación de todos los esfuerzos del entramado (incluso con ecuaciones de comprobación), este persigue la obtención directa del esfuerzo en una determinada barra o conjunto de barras. Se trata, por tanto, de un método más específico que general y más intuitivo que sistemático.

Con el procedimiento propuesto por August Ritter (ingeniero civil alemán, 1826-1908) la determinación del esfuerzo en una barra de un entramado articulado plano en equilibrio se realiza mediante el corte del mismo por una sección, recta o curva, que intercepta la barra en estudio y otras dos más como máximo (no concurrentes con ella) y la imposición de las ecuaciones de equilibrio a cualquiera de las dos zonas de la estructura resultantes.

Los esfuerzos en las barras también se obtienen a partir de condiciones de equilibrio, pero no el de un nudo, una barra, un subsistema rígido o la estructura completa. En el método de Ritter se plantea el equilibrio de una zona (conjunto de nudos, barras completas y cortadas, apoyos y cargas) definida mediante la división en dos partes de la estructura por una determinada sección.

La figura representa un entramado articulado en equilibrio. Se suponen ya conocidas todas las fuerzas activas y las reacciones en los apoyos externos.

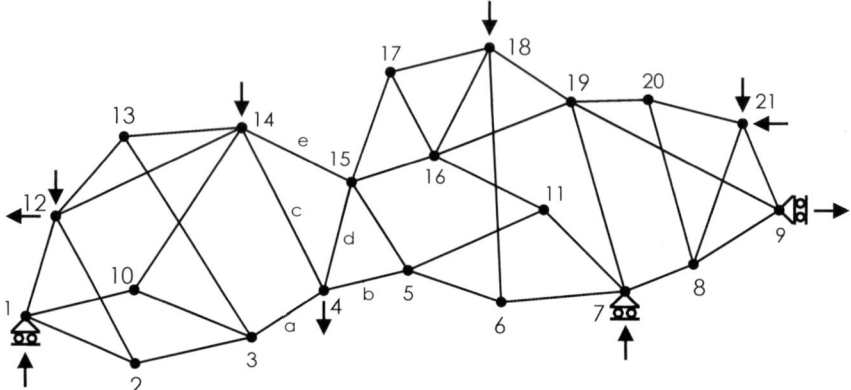

Se plantea la determinación de los esfuerzos en las barras «c» y «d», que unen el nudo 4 con el 14 y 15.

Para obtener el esfuerzo en la barra «c» se divide la estructura en dos partes (cortándola por dicha barra y otras dos más: la barra «a» y la barra «b») y se plantea el equilibrio de la zona resultante a la izquierda de la sección.

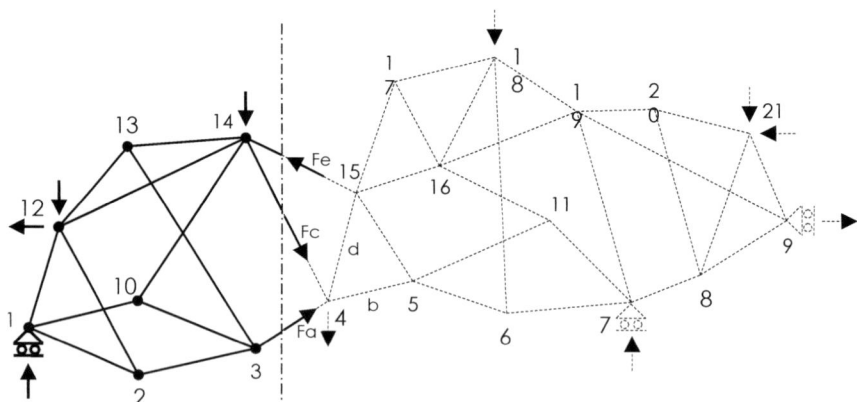

La zona izquierda debe cumplir sus tres ecuaciones de equilibrio bajo la acción de las fuerzas que la solicitan: Las activas en los nudos 12 y 14, la reacción ya calculada en el nudo 1 y las fuerzas pasivas internas Fa, Fc y Fe, que reflejan el efecto que la zona derecha ejerce sobre la izquierda.

Esta acción se transmite a los nudos 3 y 14 través de las barras cortadas «a», «c» y «e» y por eso lleva la dirección de estas y su valor coincide con el esfuerzo axil en las mismas.

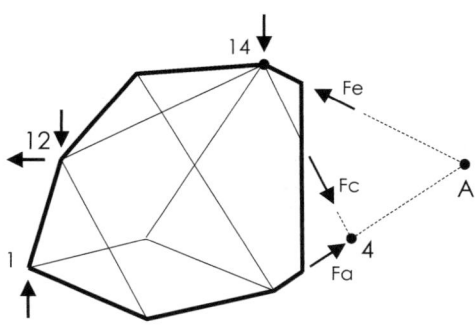

La figura representa exclusivamente la zona en estudio. Se ha eliminado la parte derecha de la estructura y sustituido por las fuerzas ejercidas desde allí.

Al haber efectuado el corte por tres barras, en el sistema de ecuaciones de equilibrio de la zona intervienen tres incógnitas (Fa, Fc y Fe) y, si las direcciones de las respectivas barras no son concurrentes ni paralelas, el sistema es compatible y la resolución del mismo proporciona sus valores.

Para determinar específicamente una fuerza incógnita no es preciso resolver todo el sistema. Basta plantear el equilibrio de momentos en el punto de corte de las otras dos fuerzas desconocidas. Al no intervenir estas en la ecuación, se obtiene directamente el valor de la fuerza buscada. En el caso del ejemplo, para determinar Fc se impone la condición de equilibrio de momentos respecto al punto A. Por su parte el equilibrio de momentos en el nudo 14 proporciona el valor de Fa y para obtener Fe se emplea el equilibrio de momentos respecto a punto 4.

Cuando se disponen las fuerzas incógnita sobre la zona se puede elegir arbitrariamente su sentido inicial. Un resultado negativo en el valor obtenido en las ecuaciones de equilibrio significa que el sentido asignado no es el correcto y debe cambiarse.

También pueden disponerse siempre las fuerzas saliendo desde la zona en equilibrio. El signo que proporcionan las ecuaciones coincide entonces con el signo del esfuerzo real en la barra. Si la barra tira de la zona (y por ello de su nudo interior) su esfuerzo es positivo (tracción). Si el signo obtenido es negativo, la barra en realidad empuja la zona (y el nudo que está en ella) y se encuentra comprimida.

Finalmente es recomendable asignar inicialmente a las fuerzas desconocidas su sentido real, que puede determinarse eliminando hipotéticamente la barra y analizando la tendencia al alargamiento o acortamiento de la distancia entre sus nudos extremos. Si se utiliza este procedimiento, el resultado del sistema algebraico es siempre positivo y un valor negativo puede indicar un error en las operaciones o en la apreciación inicial del sentido.

Para obtener el esfuerzo axil en la barra «d» se plantea otro corte de la estructura. Además de dicha barra se interceptan también la «b» y la «e». Siempre se puede escoger la zona a la que se aplican las condiciones globales de equilibrio y, en este caso, se adopta la derecha.

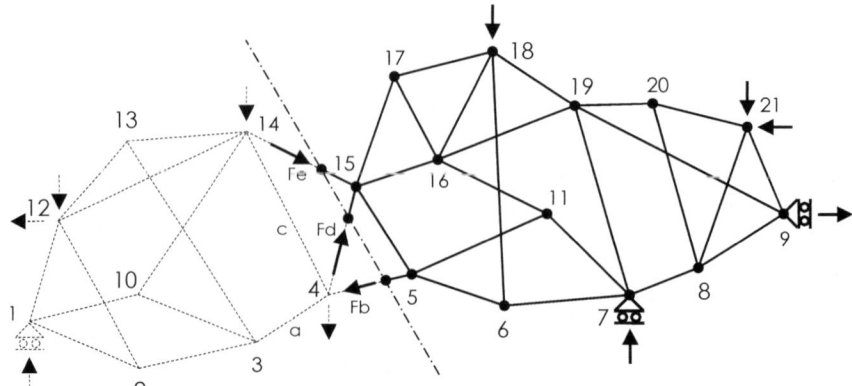

Las fuerzas conocidas son las activas en los nudos 18 y 21 y las reacciones en 7 y 9.

Las incógnitas en este caso son Fb, Fd y Fe. Para obtener Fd se impone la ecuación de equilibrio de momentos en B (punto de corte de las rectas de acción de Fb y Fe), para determinar Fb se analizan los momentos en el nudo 15 y, al igual que en el caso anterior, el equilibrio de momentos en el nudo 4 proporciona el valor de Fe.

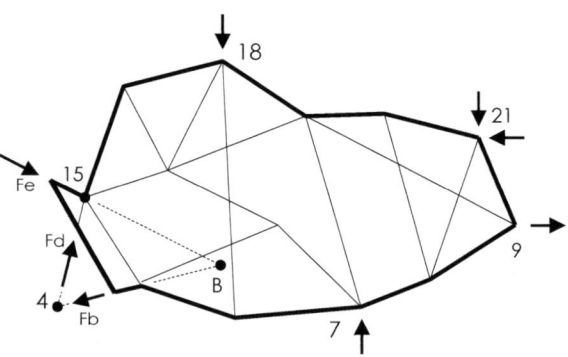

También, a partir de la determinación de una de las fuerzas, se pueden obtener las otras dos mediante el equilibrio de componentes horizontales y verticales.

El método de Ritter puede emplearse con cortes que intercepten más de tres barras cuando ya se conocen los esfuerzos en algunas de ellas y se mantiene un número máximo de tres incógnitas.

Incluso podrían plantearse secciones con un mayor número de incógnitas cuando no se precisa el valor de todas ellas y existe una ecuación de equilibrio en la que interviene solo la incógnita seleccionada.

En general, se trata de un método especialmente adecuado para el análisis de sistemas compuestos y su división en simples y también como recurso directo para la obtención del esfuerzo en una barra determinada sin tener que analizar los nudos intermedios hasta alcanzarla.

Todas estas posibilidades y los procedimientos operativos se reflejan a continuación en los correspondientes ejercicios. Las fuerzas siempre se expresan en kN y las cotas en metros.

Ejercicio 4.1.2.01

Dividir en dos sistemas simples la estructura compuesta planteada en el Ejercicio
4.1.1.17, mediante la determinación de los esfuerzos en las tres barras «a»·, «b» y «c»
que los unen.

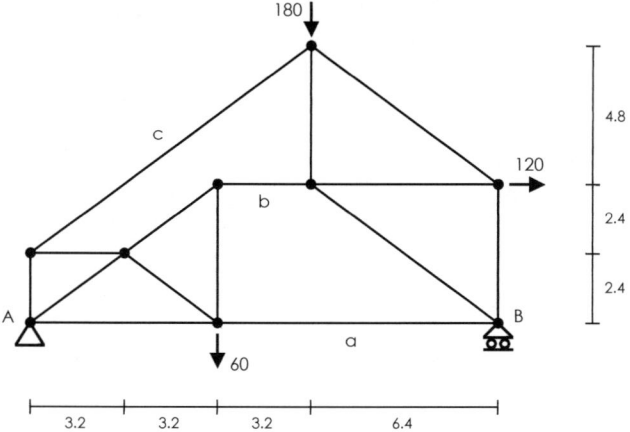

SOLUCIÓN

Como paso previo se determinan las reacciones en los apoyos mediante las ecuaciones
de equilibrio global de la estructura.

$$\Sigma M_A = 0 \quad \rightarrow \quad 60 \times 6.4 - 180 \times 9.6 - 120 \times 4.8 + By \times 16 = 0 \quad \rightarrow \quad By = 168$$

$$\Sigma Fy = 0 \quad \rightarrow \quad + Ay - 60 - 180 - By = 0 \qquad\qquad\qquad \rightarrow \quad Ay = 72$$

$$\Sigma Fx = 0 \quad \rightarrow \quad + Ax + 120 = 0 \qquad\qquad\qquad\qquad \rightarrow \quad Ax = -120$$

A continuación se aplica el método de Ritter dividiendo la estructura por la sección
que corta las tres barras indicadas, disponiendo las fuerzas que se ejercen mutuamente
las dos zonas a través de dichas barras e imponiendo las condiciones de equilibrio de
una de las zonas (por ejemplo la izquierda) para la obtención de sus esfuerzos.

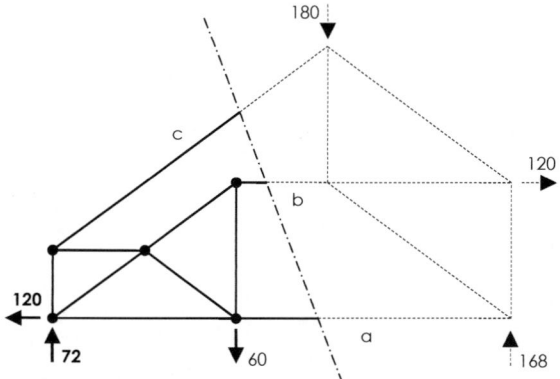

Los sentidos iniciales de las fuerzas incógnita se disponen razonando previamente el
signo de los esfuerzos en estas barras. Si se suprime la barra «a», el apoyo deslizante se

desplaza hacia la derecha y los nudos extremos se separan (barra traccionada). Al eliminar la barra «b» sus extremos tienden a acercarse por el efecto de las cargas verticales (manteniéndose la posición del apoyo deslizante). La barra está comprimida igual que la «c», cuyos extremos también se acercan si se suprime.

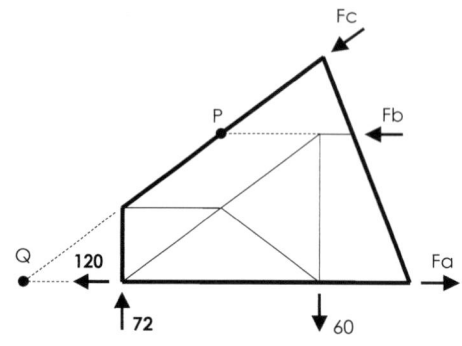

Para determinar Fa se impone el equilibrio de momentos en el punto P (donde se cortan las rectas de acción de Fb y Fc).

El valor de Fb se obtiene mediante el balance de momentos en el punto Q.

La incógnita Fc se despeja de la ecuación de equilibrio de componentes verticales (en la que no intervienen Fa ni Fb). El ángulo formado por la barra «c» con la horizontal tiene tangente 7.2/9.6 = 3/4, por lo que su seno vale 0.6.

$$\Sigma M_P = 0 \quad \rightarrow \quad -72 \times 3.2 - 120 \times 4.8 - 60 \times 3.2 + Fa \times 4.8 = 0 \quad \rightarrow \quad Fa = 208$$

$$\Sigma M_Q = 0 \quad \rightarrow \quad +72 \times 3.2 - 60 \times 9.6 + Fb \times 4.8 = 0 \quad \rightarrow \quad Fb = 72$$

$$\Sigma Fy = 0 \quad \rightarrow \quad +72 - 60 - Fc \times 0.6 = 0 \quad \rightarrow \quad Fc = 20$$

Los tres valores obtenidos son positivos. Esto significa que los sentidos adoptados para las fuerzas Fa, Fb y Fc son los correctos. La fuerza Fa «tira» de la zona en estudio (barra traccionada) y las fuerzas Fb y Fc «empujan» sobre la zona (barras comprimidas).

Se puede precisar, a nivel teórico, que la ecuación de equilibrio de componentes verticales empleada en la determinación de Fc es también una ecuación de balance de momentos. Conceptualmente equivale al equilibrio de momentos donde se cortan las rectas de acción de Fa y Fb. Estas son paralelas y se cortan en el punto del infinito en dirección horizontal. Para que no se produzca giro alrededor de ese punto (traslación vertical) deben compensarse las componentes verticales de las fuerzas aplicadas.

La figura representa finalmente la división de la estructura compuesta en subsistemas simples y los esfuerzos en las barras de conexión.

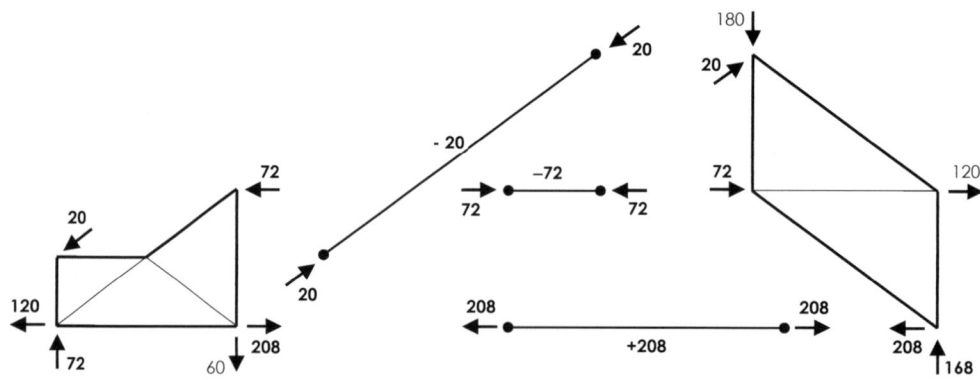

Ejercicio 4.1.2.02

Mediante el método de Ritter, determinar el esfuerzo axil en el tirante CD de la estructura articulada de la figura.

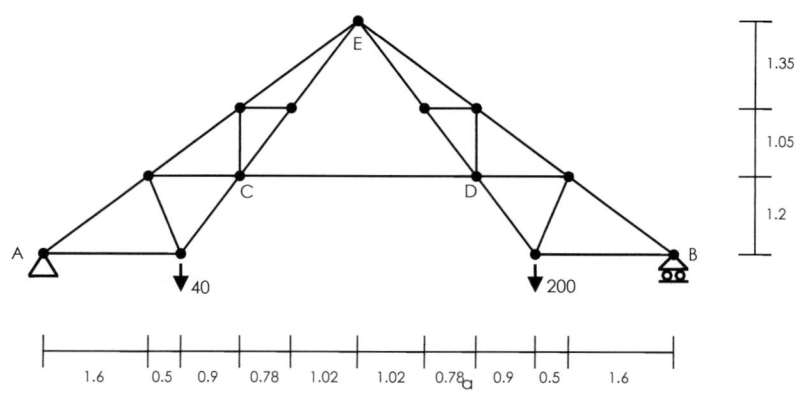

SOLUCIÓN

El sistema posee simetría geométrica pero las fuerzas aplicadas no lo son. Para determinar las reacciones en los apoyos se plantean las ecuaciones de equilibrio global.

$$\Sigma M_A = 0 \quad \rightarrow \quad -40 \times 2.1 - 200 \times 7.5 + By \times 9.6 = 0 \qquad \rightarrow \quad By = 165$$

$$\Sigma Fy = 0 \quad \rightarrow \quad +Ay - 40 - 200 + By = 0 \qquad\qquad\qquad \rightarrow \quad Ay = 75$$

A continuación se divide la estructura en dos zonas mediante una sección que corta al tirante CD y a otras dos barras.

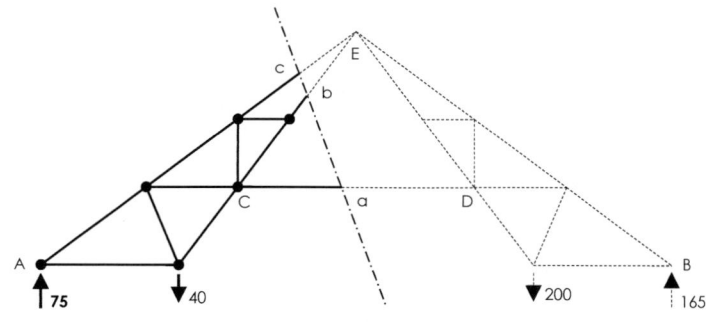

Los sentidos iniciales de las fuerzas en las tres barras se establecen razonando el signo de sus esfuerzos. Si se suprime la barra «a», el apoyo deslizante se desplaza hacia la derecha y los nudos extremos se separan (barra traccionada). Al eliminar la barra «b» sus extremos tienden a separarse por el efecto de las cargas aplicadas (barra traccionada). Al suprimir, sin embargo, la barra «c» sus extremos tienden a acercarse por el efecto de las reacciones de los apoyos (barra comprimida).

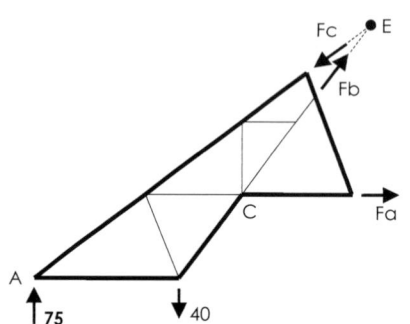

Se selecciona por ejemplo la zona izquierda y se plantean sus condiciones de equilibrio.

Como solamente se precisa la determinación de Fa, es suficiente imponer la ecuación de equilibrio de momentos en el punto E (donde se cortan las rectas de acción de las fuerzas Fb y Fc).

$$\Sigma M_E = 0 \quad \rightarrow \quad -75 \times 4.8 + 40 \times 2.7 + Fa \times 2.4 = 0$$

Esto determina que Fa = 105. El valor obtenido es positivo y esto significa que el sentido inicial adoptado para la fuerza es el correcto. La fuerza Fa tira de la zona en estudio y el tirante CD se encuentra efectivamente traccionado (+105 kN).

Ejercicio 4.1.2.03

Obtener los esfuerzos axiles en las barras que confluyen en el nudo de aplicación de la fuerza de la estructura representada.

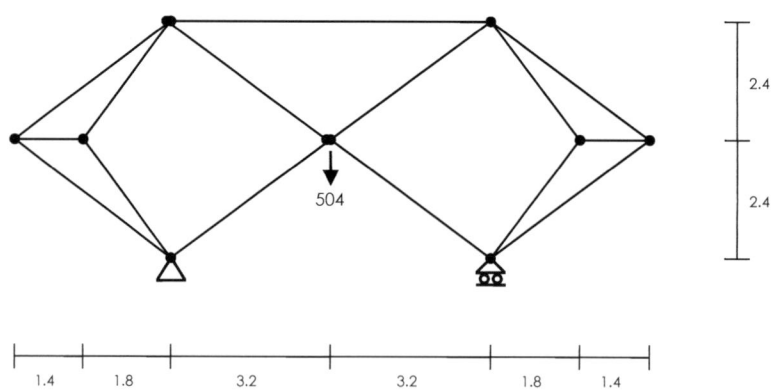

SOLUCIÓN

La estructura tiene características de simetría en geometría y cargas y la determinación de las reacciones es por ello inmediata. Ambos apoyos ejercen sobre el sistema fuerzas verticales y ascendentes de 252 kN cada una.

Para obtener los esfuerzos en barras, al no existir ningún nudo con menos de tres incógnitas, no es aconsejable la aplicación del método de los nudos. Se plantea, por tanto, el método de Ritter dividiendo la estructura por una sección que corte dos de las barras requeridas y la barra horizontal superior, e imponiendo el equilibrio de una de las zonas resultantes (por ejemplo, la derecha).

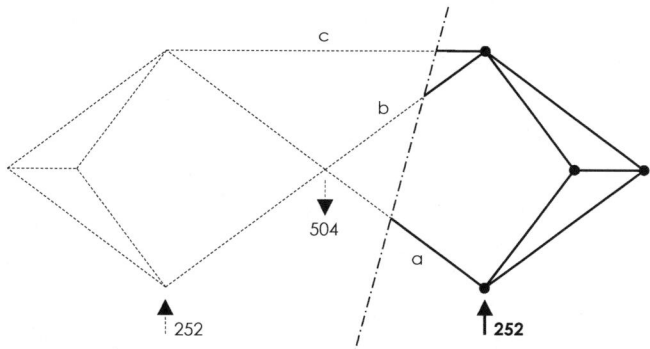

Al suprimir la barra superior, el nudo central baja, los apoyos se alejan y lo extremos de la barra se acercan. La barra «c» se encuentra, por tanto, comprimida. Al eliminar la barra intermedia sus nudos extremos se alejan claramente. La barra «b» está traccionada.

Finalmente, al suprimir la barra inferior no se aprecia fácilmente si sus nudos extremos se acercan o se alejan. Se supone inicialmente la barra «a» comprimida y si el signo sale negativo se cambia el sentido de la fuerza y del esfuerzo.

Para determinar Fa se impone el equilibrio de momentos en el punto P (donde se cortan las rectas de acción de Fb y Fc).

Como la fuerza de reacción del apoyo pasa también por P, Fa tiene que ser nula para que la zona no gire alrededor de P.

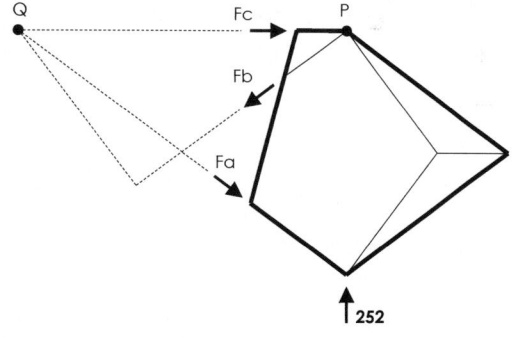

El valor de Fb se obtiene mediante el balance de momentos en el punto Q (intersección de las rectas de acción de Fa y Fc).

$$\Sigma M_Q = 0 \quad \rightarrow \quad + 252 \times 6.4 - Fb \times 6.4 \times 0.6 = 0 \quad \rightarrow \quad Fb = 420$$

El valor es positivo y confirma la tracción de la barra. Las barras de la izquierda tienen los mismos esfuerzos (0 y + 420) por simetría. Al ser nulos los esfuerzos en las barras inferiores la carga aplicada de 504 kN se dirige solamente a los nudos superiores. La ecuación de equilibrio de componentes verticales en el nudo central proporciona ahora el valor de Fb. Finalmente se verifica como ecuación de comprobación.

$$\Sigma Fy = 0 \quad \rightarrow \quad + Fb \times 0.6 - 504 + Fb \times 0.6 = 0 \quad \rightarrow \quad Fb = 420$$

Ejercicio 4.1.2.04

Dividir en dos sistemas simples la estructura compuesta de la figura, determinando los esfuerzos en las tres barras que los unen.

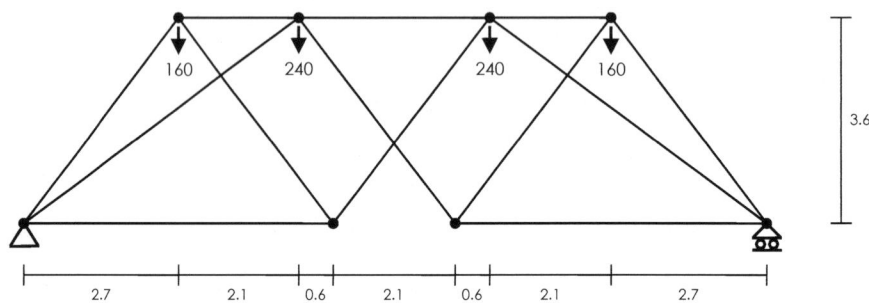

SOLUCIÓN

La estructura tiene un comportamiento simétrico y las reacciones de los apoyos tienen un valor de 400 kN en cada uno.

Inicialmente todos los nudos de la estructura tienen un mínimo de tres incógnitas y no es por ello recomendable el método de los nudos. La estructura se divide como paso previo en subsistemas simples.

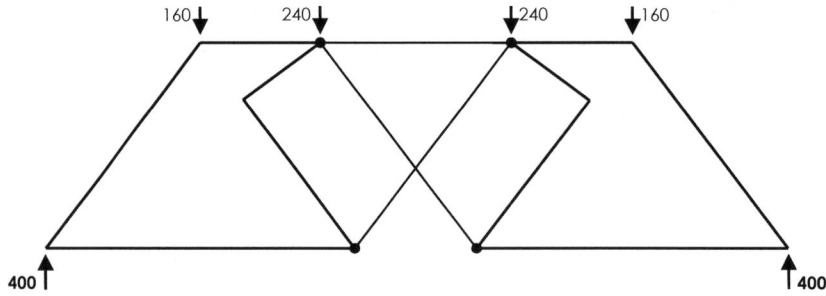

A continuación se aplica el método de Ritter, cortando las tres barras que unen los subsistemas rígidos.

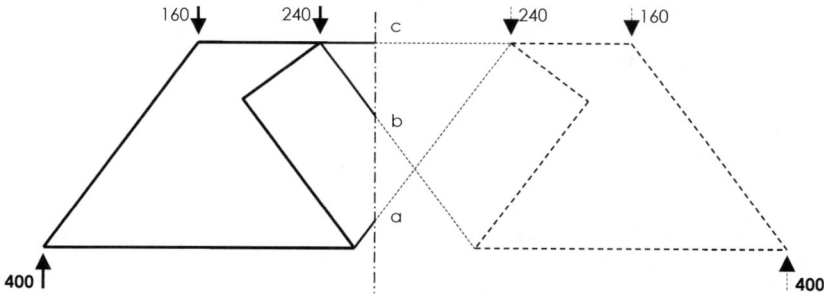

Los sentidos iniciales de las fuerzas incógnita se disponen razonando previamente el signo de los esfuerzos. Si se suprimen las barras «a» o «b», el apoyo deslizante se desplaza hacia la derecha y los nudos extremos se separan (barras traccionadas). Al eliminar la barra «c» sus extremos tienden a bajar y acercarse por el efecto de las cargas verticales. La barra se encuentra comprimida.

Para determinar Fc se impone el equilibrio de momentos en el punto P (donde se cortan las rectas de acción de Fa y Fb).

El valor de Fa se obtiene mediante el balance de momentos en el punto Q y la fuerza Fb coincide con Fa por simetría (se comprueba también mediante el equilibrio de componentes verticales).

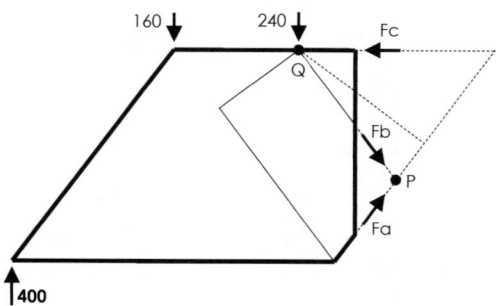

$$\Sigma M_P = 0 \quad \rightarrow \quad -400 \times 6.45 + 160 \times 3.75 + 240 \times 1.65 + Fc \times 2.2 = 0 \quad \rightarrow \quad Fc = 720$$

$$\Sigma M_Q = 0 \quad \rightarrow \quad -400 \times 4.8 + 160 \times 2.1 + Fa \times 3.3 \times 0.8 = 0 \qquad \rightarrow \quad Fa = 600$$

$$\Sigma Fy = 0 \quad \rightarrow \quad +400 - 160 - 240 + Fa \times 0.8 - Fb \times 0.8 = 0 \qquad \rightarrow \quad Fb = 600$$

Los tres valores obtenidos son positivos. Esto significa que los sentidos adoptados para las fuerzas Fa, Fb y Fc son los correctos. Las fuerzas Fa y Fb tiran de la zona en estudio (barras traccionadas) y la fuerza Fc empuja sobre la zona (barra comprimida).

La figura representa finalmente la división de la estructura compuesta en subsistemas simples y los esfuerzos en las barras de conexión. Los esfuerzos en las restantes barras se obtendrían con facilidad mediante el método de los nudos.

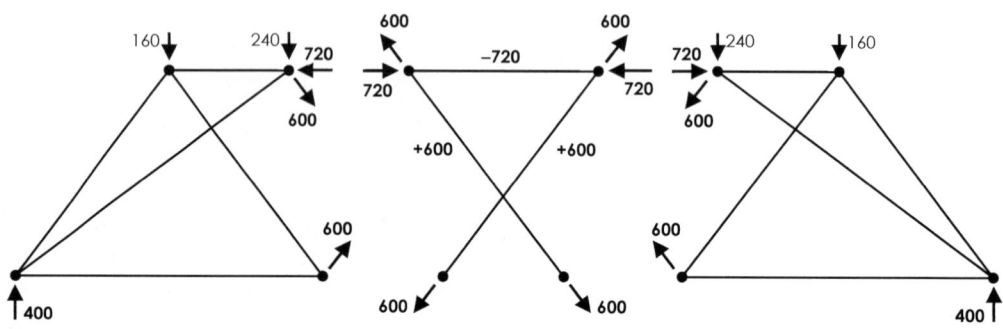

Ejercicio 4.1.2.05

Dividir en dos sistemas simples la estructura compuesta de la figura, determinando los esfuerzos en las tres barras que los unen.

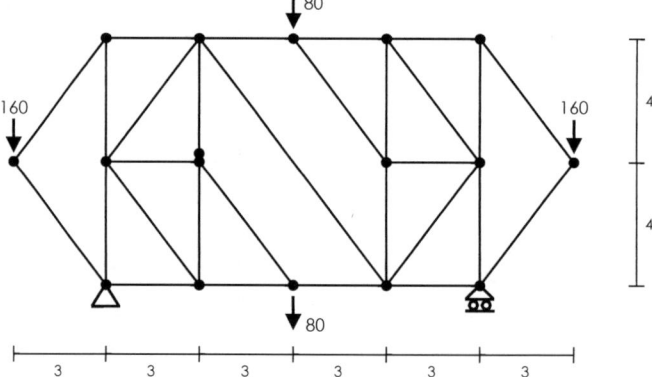

SOLUCIÓN

Las fuerzas ejercidas sobre el sistema en su conjunto son simétricas y las reacciones en los apoyos también lo son (240 kN en cada uno).

El método de los nudos solo es directamente aplicable en los nudos extremos centrales y superiores. A partir de aquí, todos los nudos tienen un mínimo de tres incógnitas.

Se identifican inicialmente los subsistemas simples (triangulados) incluidos en la estructura compuesta.

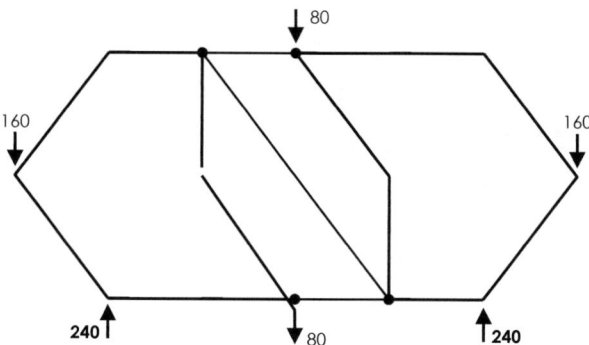

Seguidamente se aplica el método de Ritter, cortando las barras «a», «b» y «c» que unen los subsistemas rígidos y planteando el equilibrio de una de las dos zonas resultantes (por ejemplo, la derecha).

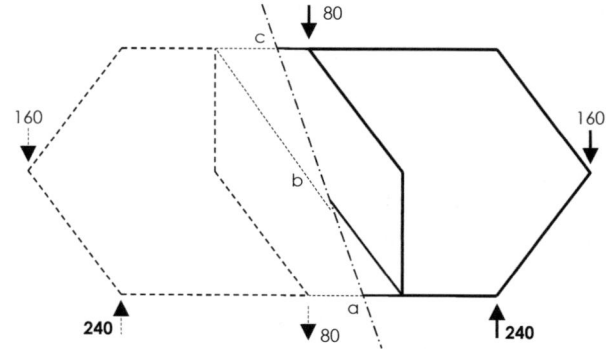

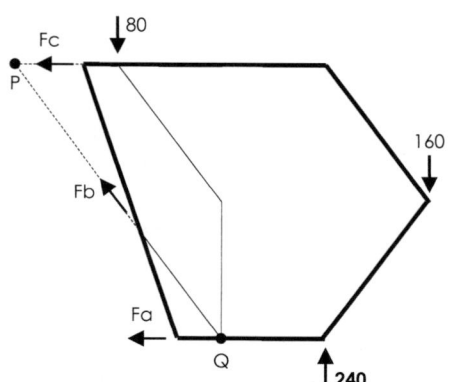

Las tres fuerzas desconocidas Fa, Fb y Fc se disponen tirando de la zona en estudio. De esta forma el signo obtenido en la resolución de las ecuaciones de equilibrio coincide con el signo del esfuerzo axil en las correspondientes barras.

Para determinar Fa se impone el equilibrio de momentos en el punto P (donde se cortan las rectas de acción de Fb y Fc).

El valor de Fc se obtiene de la ecuación de equilibrio de momentos en el punto Q (punto de intersección de las direcciones de Fb y Fc).

El valor de Fb lo determina finalmente el equilibrio de componentes verticales.

$$\Sigma M_P = 0 \quad \rightarrow \quad -80 \times 3 + 240 \times 9 - 160 \times 12 + Fa \times 8 = 0 \quad \rightarrow \quad Fa = 0$$

$$\Sigma M_Q = 0 \quad \rightarrow \quad +80 \times 3 + 240 \times 3 - 160 \times 6 - Fc \times 8 = 0 \quad \rightarrow \quad Fc = 0$$

$$\Sigma Fy = 0 \quad \rightarrow \quad -80 + 240 - 160 + Fb \times 0.8 = 0 \quad \rightarrow \quad Fb = 0$$

Los tres valores obtenidos son nulos. Esto significa que, con las fuerzas aplicadas en el ejercicio, los dos subsistemas se encuentran en equilibrio por sí mismos y no necesitan la transmisión de ninguna fuerza entre ellos.

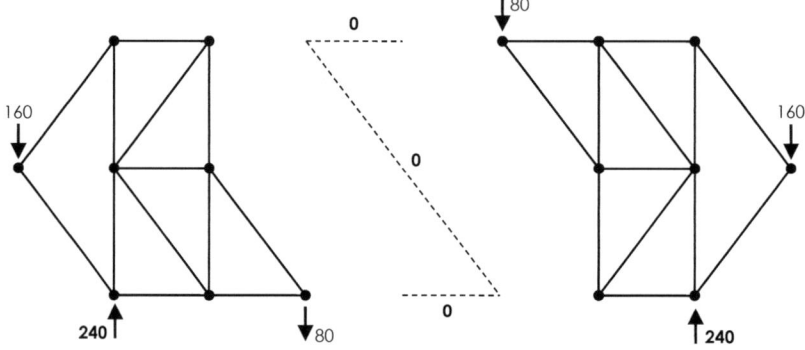

Ejercicio 4.1.2.06

Determinar los valores del esfuerzo axil en las barras representadas a trazos en el sistema estructural de la figura (las barras horizontales más comprimidas y traccionadas y el montante vertical de máxima tracción).

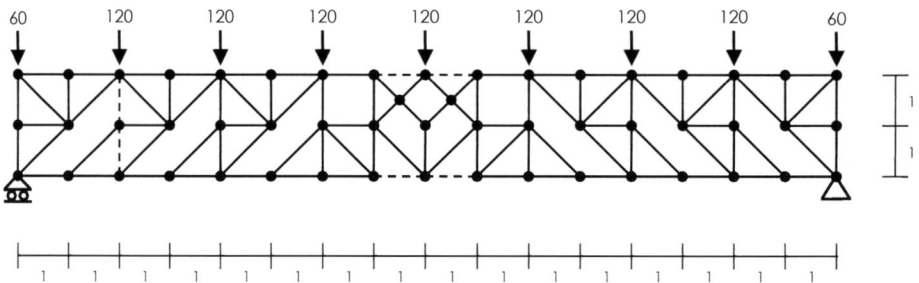

SOLUCIÓN

El sistema presenta condiciones de simetría, geométrica y de cargas. Las reacciones en los apoyos extremos son iguales y de 480 kN cada una. Como paso previo se detectan y eliminan las barras de esfuerzo nulo en las cinco etapas reflejadas en la página siguiente.

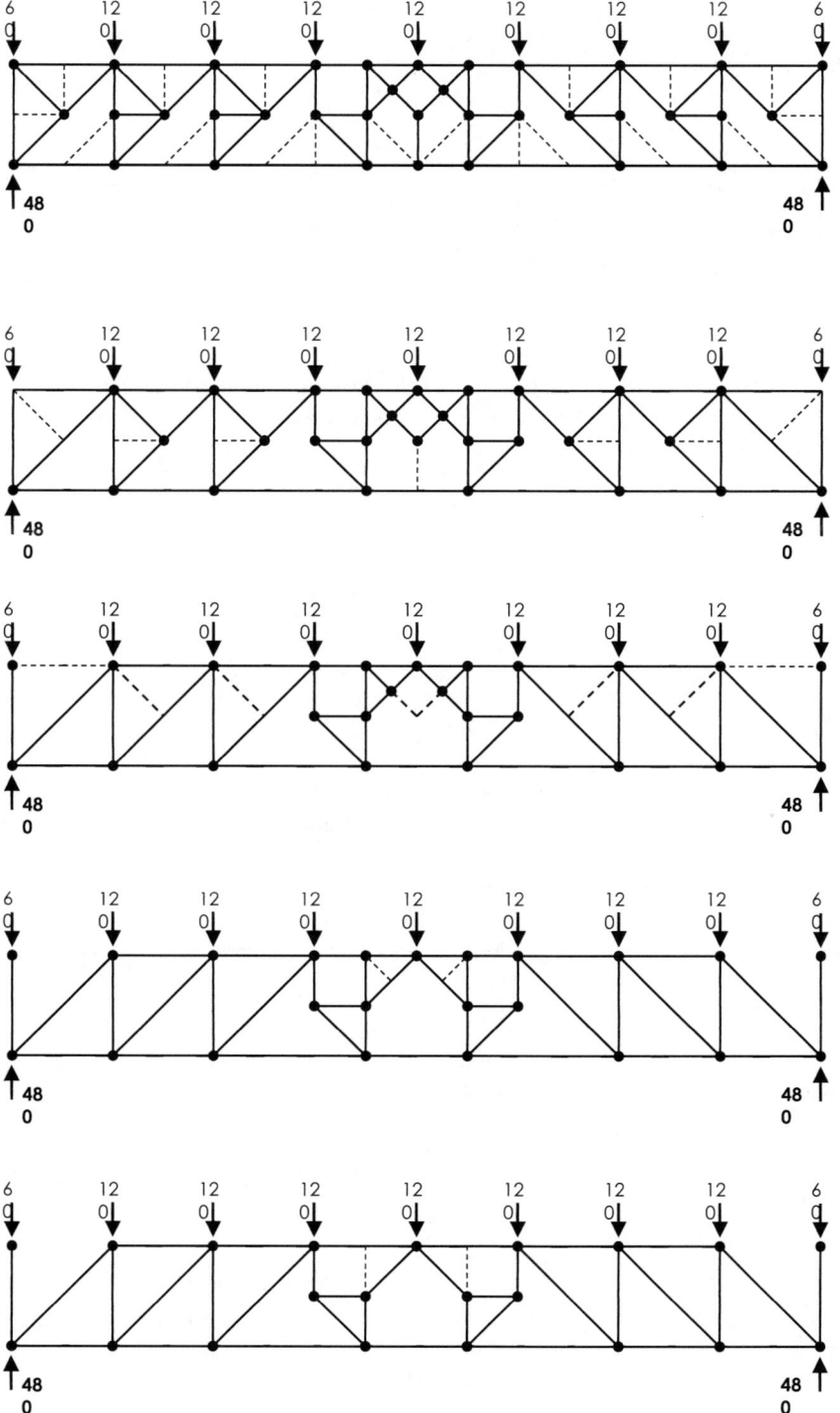

Los esfuerzos requeridos en las barras horizontales se pueden determinar con el método de los nudos, partiendo de un extremo y avanzando hacia el centro con la secuencia indicada en la figura.

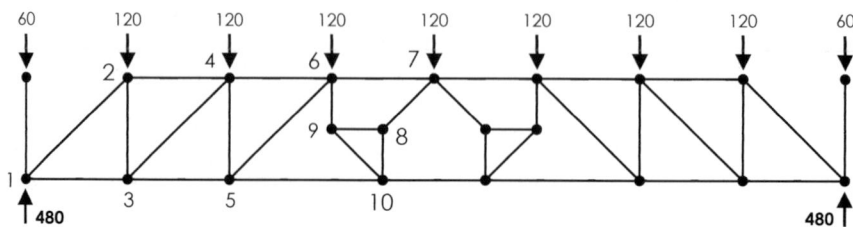

Sin embargo, este procedimiento es laborioso y si solamente se desea la obtención de los esfuerzos en determinadas barras, es más eficaz el empleo del método de Ritter cortando directamente por ellas y planteando las condiciones de equilibrio de una zona (por ejemplo, la derecha).

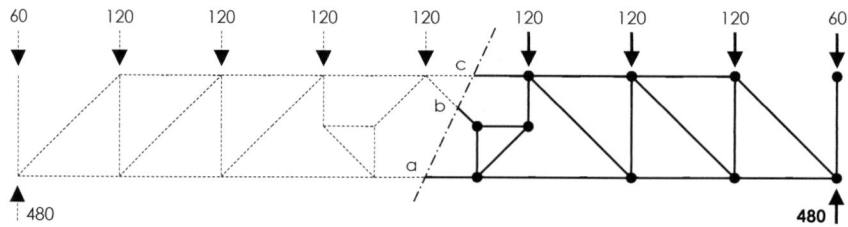

Los sentidos iniciales de las fuerzas desconocidas se disponen razonando previamente el signo de los esfuerzos en estas barras. Si se suprime la barra «a», el apoyo deslizante se desplaza hacia la derecha y los nudos extremos se separan (barra traccionada). Al eliminar la barra «c» sus extremos tienden a acercarse por el efecto de las cargas verticales, manteniéndose la posición del apoyo deslizante (barra comprimida). La barra «b» también se encuentra comprimida por el efecto de la carga vertical central en el nudo superior.

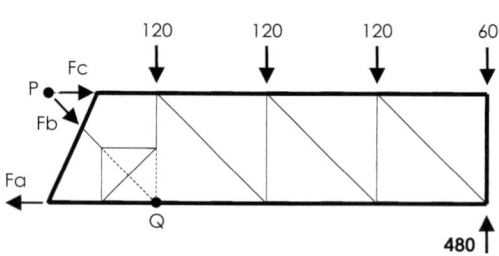

Para determinar Fa se impone el equilibrio de momentos en el punto P (donde se cortan las rectas de acción de Fb y Fc).

El valor de Fc se obtiene de la ecuación de equilibrio de momentos en el punto Q (punto de intersección de Fb y Fc).

Las tres fuerzas de 120 kN se sustituyen por una de 360 kN aplicada en su eje central.

$$\Sigma M_P = 0 \quad \rightarrow \quad -Fa \times 2 - 360 \times 4 - 60 \times 8 + 480 \times 8 = 0 \quad \rightarrow \quad Fa = 960$$
$$\Sigma M_Q = 0 \quad \rightarrow \quad -Fc \times 2 - 360 \times 2 - 60 \times 6 + 480 \times 6 = 0 \quad \rightarrow \quad Fc = 900$$

Para determinar el esfuerzo requerido en el montante vertical se realiza un nuevo corte y se impone el equilibrio en una de las zonas (en este caso la izquierda, al contener un menor número de fuerzas).

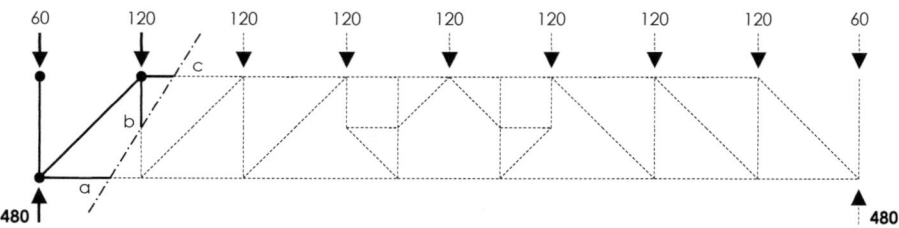

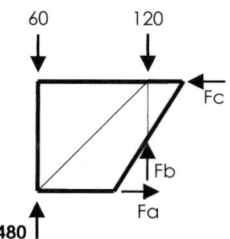

La barra «a» se encuentra traccionada (sus nudos extremos se separan cuando se suprime). También lo está la barra «b» por el mismo motivo (al tener en cuenta el efecto de las restantes cargas verticales). La barra «c» está comprimida (sus nudos extremos tienden a acercarse cuando se elimina la barra).

Para determinar el valor de Fb basta plantear la ecuación de equilibrio de fuerzas verticales.

$$\Sigma Fy = 0 \quad \rightarrow \quad +480 - 60 - 120 + Fb = 0 \quad \rightarrow \quad Fb = 300$$

Ejercicio 4.1.2.07

Determinar el máximo esfuerzo axil de compresión que se produce en cada una de las tres vigas de celosía indicadas en la figura.

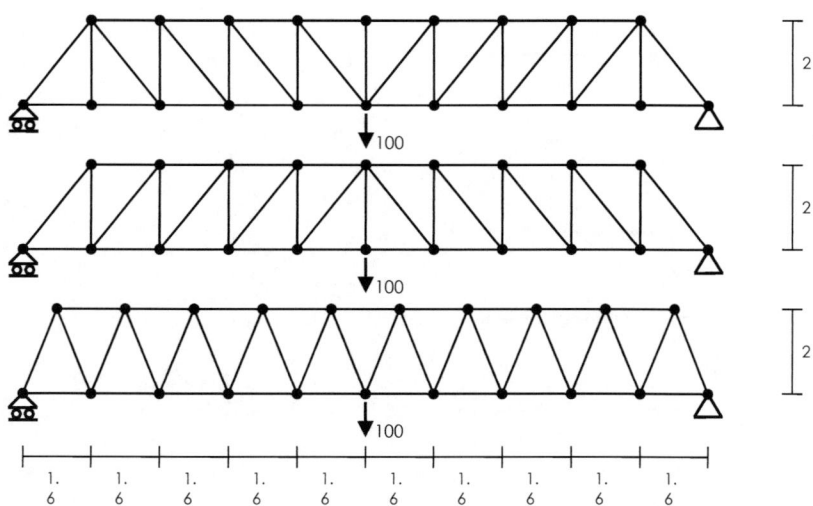

SOLUCIÓN

Los máximos esfuerzos de compresión se producen en las barras horizontales centrales del cordón superior. Para su determinación se sustituyen los apoyos por las fuerzas que realmente ejercen y se aplica el método de Ritter cortando la estructura por las barras indicadas.

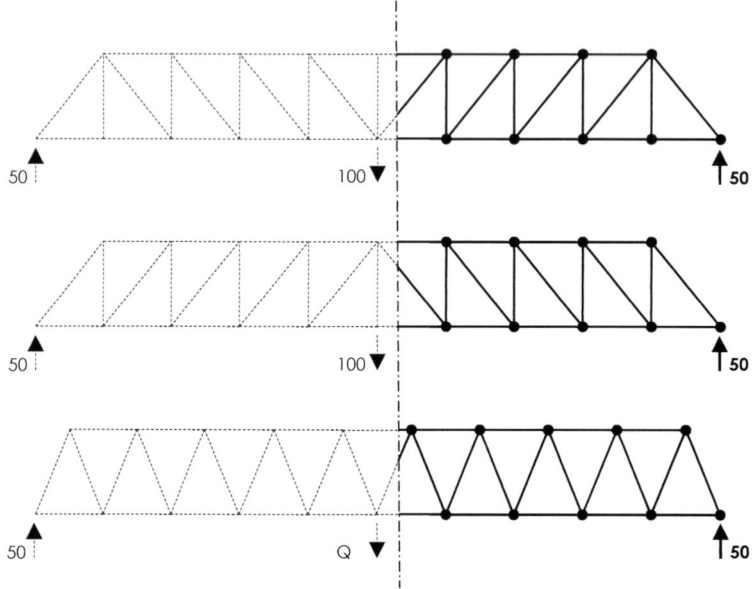

En los tres casos se plantea el equilibrio de la zona derecha, disponiendo en la figura las fuerzas ejercidas en la barra horizontal superior (F1, F2 y F3).

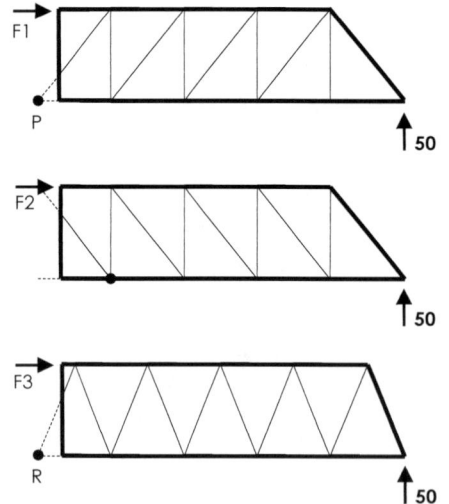

Las fuerzas ejercidas en las otras dos barras no intervienen en la ecuación de equilibrio de momentos respecto a los puntos de intersección de sus rectas de acción (P, Q y R).

$$\Sigma M_P = 0 \rightarrow -\,F1 \times 2 + 50 \times 8 = 0$$
$$\rightarrow F1 = 200$$

$$\Sigma M_Q = 0 \rightarrow -\,F2 \times 2 + 50 \times 6.4 = 0$$
$$\rightarrow F2 = 160$$

$$\Sigma M_R = 0 \rightarrow -\,F3 \times 2 + 50 \times 8 = 0$$
$$\rightarrow F3 = 200$$

Precisamente la diferencia de posiciones de estos puntos de intersección P, Q y R de las otras barras determina la diferencia de valores de los esfuerzos axiles máximos de compresión en los tres casos analizados.

Ejercicio 4.1.2.08

Determinar los esfuerzos axiles de todas las barras y sus valores máximos en los cordones inferior y superior, montantes y diagonales de la celosía paramétrica de tipo HOWE de «T» tramos representada. (T es un número par para garantizar la simetría de la estructura).

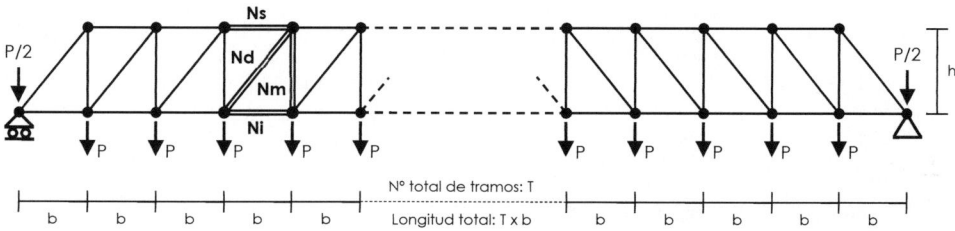

En un tramo genérico «n» (de 1 a «T») como el indicado, los valores de los esfuerzos en las cuatro barras Ni(n), Ns(n), Nm(n) y Nd(n) deben expresarse en función de la carga en el tramo (P), la longitud del tramo (b) y el canto de la estructura (h). Aplicar finalmente las fórmulas obtenidas al caso concreto T = 8, b = 4, h = 3, P = 24.

SOLUCIÓN

Para la obtención de los esfuerzos en las barras horizontales y verticales se emplea el método de Ritter. Tras determinar el valor de las reacciones en los apoyos (PT/2), se realiza un corte genérico por los tramos «n» y «n + 1» y se plantea el equilibrio de la zona izquierda.

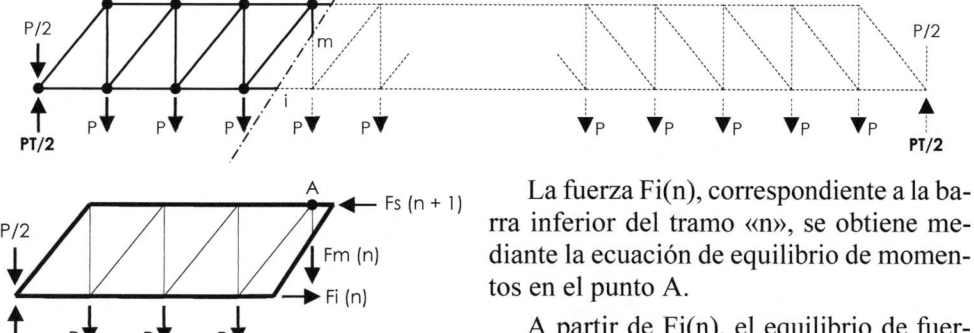

La fuerza Fi(n), correspondiente a la barra inferior del tramo «n», se obtiene mediante la ecuación de equilibrio de momentos en el punto A.

A partir de Fi(n), el equilibrio de fuerzas horizontales proporciona el valor Fs (n + 1) correspondiente a la fuerza en la barra superior del tramo «n + 1».

Por su parte, la ecuación de equilibrio de fuerzas verticales determina el valor de la fuerza Fm(n) del montante derecho correspondiente al tramo «n».

$\Sigma M_A = 0 \rightarrow -PT/2 \times nb + P/2 \times nb + P\times(n-1)b + P\times(n-2)b + \ldots + P\times b + Fi(n)\times h = 0$
$\rightarrow Fi(n) = (Pb/h)(Tn/2 - n/2 - 1 - 2 - \ldots - (n-2) - (n-1))$

Considerando que la suma de la serie $1 + 2 + \ldots + (k-2) + (k-1) + k$ tiene como valor el producto $(k+1)\,k\,/2$, al sustituir $k = n-1$, se obtiene

$$1 + 2 + \ldots + (n-2) + (n-1) = n\,(n-1)/2$$

y empleando esta expresión en la fórmula proporcionada por la ecuación de equilibrio de momentos:

$Fi(n) = (Pb/h)(Tn/2 - n/2 - n\,(n-1)/2) = (Pb/h)(n/2)(T - 1 - n + 1) = (Pb/2h)\,n\,(T-n)$

La ecuación de equilibrio de horizontales impone la igualdad de los valores de las fuerzas $Fi(n)$ y $Fs(n+1)$ en dos tramos consecutivos. Por tanto:

$$\Sigma Fx = 0 \rightarrow Fs(n+1) = Fi(n) \rightarrow Fs(n) = Fi(n-1) = (Pb/2h)(n-1)(T-n+1)$$

Finalmente se plantea la ecuación de equilibrio de fuerzas verticales:

$$\Sigma Fy = 0 \rightarrow + PT/2 - P/2 - P(n-1) - Fm(n) = 0 \rightarrow Fm(n) = P((T+1)/2 - n)$$

Para la determinación del valor del esfuerzo en las barras diagonales se puede plantear otro corte mediante el método de Ritter pero, a partir de los resultados anteriores, es más cómoda la utilización del método de los nudos y concretamente la ecuación de equilibrio de componentes verticales de las fuerzas actuantes sobre el nudo superior derecho del tramo considerado.

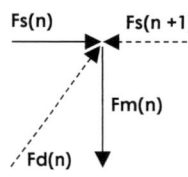

El coseno del ángulo formado por la barra diagonal con la vertical vale $h/(b^2 + h^2)^{1/2}$

$$\Sigma Fy = 0 \rightarrow + Fd(n) \times h/(b^2 + h^2)^{1/2} - Fm(n) = 0$$

y, por tanto:

$$Fd(n) = Fm(n)(b^2 + h^2)^{1/2}/h = P((T+1)/2 - n)(b^2 + h^2)^{1/2}/h$$

Los valores máximos de los esfuerzos axiles en los cordones horizontales se obtienen en las barras centrales ($n = T/2$). Los esfuerzos máximos en los montantes y las diagonales se producen, sin embargo, en las barras de los extremos ($n = 1$).

$Fi_{máx} = Fi_{(n=T/2)} = (Pb/2h)\,T/2\,(T - T/2) = PbT^2/8h$

$Fs_{máx} = Fs_{(n=T/2)} = (Pb/2h)(T/2 - 1)(T/2 + 1) = (Pb/2h)(T^2/4 - 1)$

$Fm_{máx} = Fm_{(n=1)} = P((T+1)/2 - 1) = P(T-1)/2$

$Fd_{máx} = Fd_{(n=1)} = P((T+1)/2 - 1))\,(b^2 + h^2)^{1/2}/h = P(T-1)(b^2 + h^2)^{1/2}/2h$

Las fuerzas obtenidas Fi, Fs, Fm y Fd proporcionan los valores absolutos de los esfuerzos en las correspondientes barras Ni, Ns, Nm y Nd. Los signos de estos esfuerzos en el cordón inferior y los montantes son positivos (barras traccionadas) y en el cordón superior y las diagonales negativos (barras comprimidas). El resultado final se refleja en la siguiente tabla.

Red de barras	Esf.	Valor genérico (función de n)	Valor máximo
Cordón inferior	Ni	$+(Pb/2h)\, n\, (T-n)$	$+PbT^2/8h$
Cordón superior	Ns	$-(Pb/2h)\,(n-1)\,(T-n+1)$	$-(Pb/2h)\,(T^2/4-1)$
Montantes	Nm	$+P((T+1)/2-n)$	$+P(T-1)/2$
Diagonales	Nd	$-P((T+1)/2-n)(b^2+h^2)^{1/2}/h$	$-P(T-1)(b^2+h^2)^{1/2}/2h$

Aplicando finalmente estas fórmulas al caso $T = 8$, $b = 4$, $h = 3$, $P = 24$ se obtienen los resultados indicados en la figura:

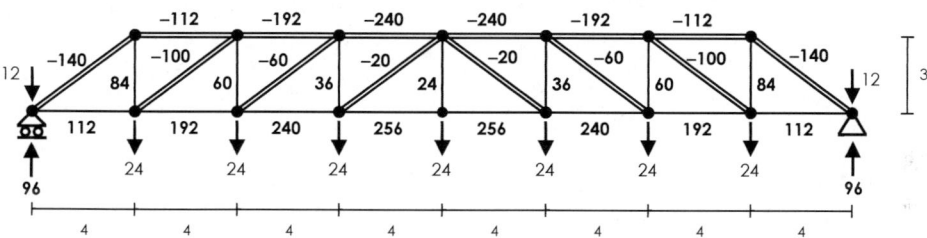

Ejercicio 4.1.2.09

Determinar los esfuerzos axiles de todas las barras y sus valores máximos en los cordones superior e inferior, montantes y diagonales de la celosía paramétrica de tipo PRATT de «T» tramos representada.

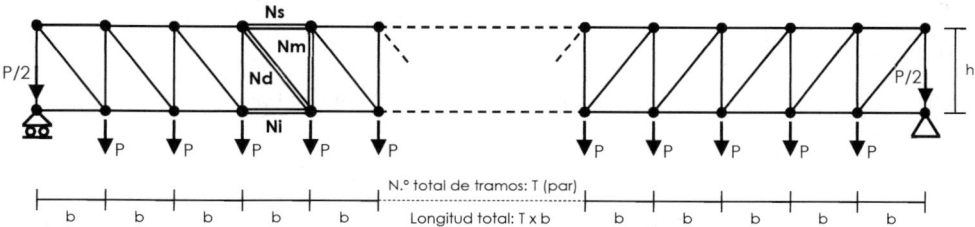

En un tramo genérico «n» como el indicado, los valores de los esfuerzos en las cuatro barras Ns(n), Ni(n), Nm(n) y Nd(n) deben expresarse en función de la carga en el tramo (P), la longitud del tramo (b) y el canto de la estructura (h). Aplicar finalmente las fórmulas obtenidas al caso concreto $T = 8$, $b = 4$, $h = 3$, $P = 24$.

SOLUCIÓN

Para la obtención de los esfuerzos en las barras horizontales y verticales se emplea el método de Ritter. Tras determinar el valor de las reacciones en los apoyos (PT/2), se realiza un corte genérico por los tramos «n» y «n + 1» y se plantea el equilibrio de la zona izquierda.

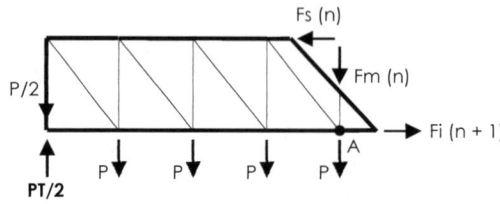

La fuerza Fs(n), correspondiente a la barra superior del tramo «n», se obtiene mediante la ecuación de equilibrio de momentos en el punto A.

A partir de Fs(n), el equilibrio de fuerzas horizontales proporciona el valor Fi(n + 1) correspondiente a la fuerza en la barra inferior del tramo «n + 1».

Por su parte, la ecuación de equilibrio de fuerzas verticales determina el valor de la fuerza Fm(n) del montante derecho correspondiente al tramo «n».

$\Sigma M_A = 0 \rightarrow -PT/2 \times nb + P/2 \times nb + P\times(n-1)b + P\times(n-2)b + \ldots + P\times b + Fs(n)\times h = 0$

$\rightarrow Fs(n) = (Pb/h)[Tn/2 - n/2 - 1 - 2 - \ldots - (n-2) - (n-1)] =$

$(Pb/h)\,[Tn/2 - n/2 - n(n-1)/2] = (Pb/h)\,(n/2)\,(T - 1 - n + 1) = (Pb/2h)\,n\,(T - n)$

$\Sigma Fx = 0 \rightarrow Fi(n+1) = Fs(n) \rightarrow Fi(n) = Fs(n-1) = (Pb/2h)\,(n-1)\,(T-n+1)$

$\Sigma Fy = 0 \rightarrow +PT/2 - P/2 - Pn - Fm(n) = 0 \rightarrow Fm(n) = P((T-1)/2 - n)$

Para la determinación del valor del esfuerzo en las barras diagonales se plantea la ecuación de equilibrio de componentes verticales de las fuerzas actuantes sobre el nudo superior derecho del tramo considerado.

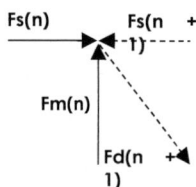

El coseno del ángulo formado por la barra diagonal con la vertical vale $h/(b^2 + h^2)^{1/2}$.

$\Sigma Fy = 0 \rightarrow + Fm(n) - Fd(n+1) \times h/(b^2 + h^2)^{1/2} = 0$

$\rightarrow Fd(n+1) = Fm(n)(b^2 + h^2)^{1/2}/h = P((T-1)/2 - n)(b^2 + h^2)^{1/2}/h$

$\rightarrow Fd(n) = P((T+1)/2 - n)(b^2 + h^2)^{1/2}/h$

Los valores máximos de los esfuerzos axiles en los cordones horizontales se obtienen en las barras centrales (n = T/2), mientras los máximos en los montantes y las diagonales se producen en el primer tramo (n = 0 para el primer montante y n = 1 para la diagonal).

$Fs_{máx} = Fs_{(n = T/2)} = (Pb/2h)\,T/2\,(T - T/2) = PbT^2/8h$

$Fi_{máx} = Fi_{(n = T/2)} = (Pb/2h)\,(T/2 - 1)\,(T/2 + 1) = (Pb/2h)\,(T^2/4 - 1)$

$Fm_{máx} = Fm_{(n = 0)} = P((T - 1)/2 - 0) = P(T - 1)/2$

$Fd_{máx} = Fd_{(n = 1)} = P((T + 1)/2 - 1))\,(b^2 + h^2)^{1/2}/h = P(T - 1)(b^2 + h^2)^{1/2}/2h$

Las fuerzas obtenidas Fs, Fi, Fm y Fd proporcionan los valores absolutos de los esfuerzos en las correspondientes barras Ns, Ni, Nm y Nd. Los signos de estos esfuerzos en el cordón inferior y las diagonales son positivos (barras traccionadas) y en el cordón superior y los montantes, negativos (barras comprimidas). El resultado final se refleja en la siguiente tabla.

Red de barras	Esf.	Valor genérico (función de n)	Valor máximo
Cordón superior	Ns	$-(Pb/2h)\, n\, (T - n)$	$-PbT^2/8h$
Cordón inferior	Ni	$+(Pb/2h)\, (n - 1)\, (T - n + 1)$	$+(Pb/2h)\, (T^2/4 - 1)$
Montantes	Nm	$-P((T - 1)/2 - n)$	$-P(T - 1)/2$
Diagonales	Nd	$+P((T + 1)/2 - n)(b^2 + h^2)^{1/2}/h$	$+P(T - 1)(b^2 + h^2)^{1/2}/2h$

Aplicando finalmente estas fórmulas al caso $T = 8$, $b = 4$, $h = 3$, $P = 24$ se obtienen los resultados indicados en la figura y se comparan con los del ejercicio anterior.

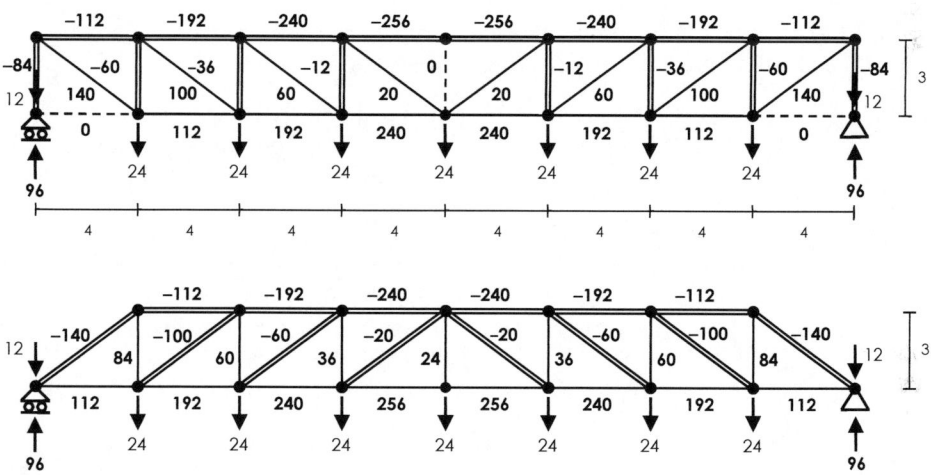

Ejercicio 4.1.2.10

Determinar los esfuerzos axiles de todas las barras y sus valores máximos en los cordones superior e inferior y diagonales de la celosía paramétrica de tipo WARREN de «T» tramos representada.

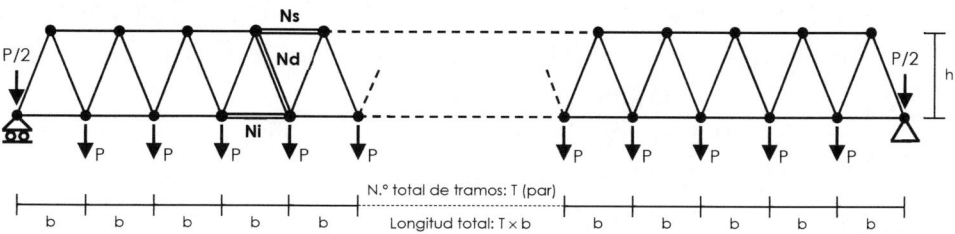

En un tramo genérico «n» como el indicado, los valores de los esfuerzos en las barras Ns(n), Ni(n) y Nd(n) deben expresarse en función de la carga en el tramo (P), la longitud del tramo (b) y el canto de la estructura (h). Aplicar finalmente las fórmulas obtenidas al caso concreto T = 8, b = 4.5, h = 3, P = 72.

SOLUCIÓN

Para la obtención de los esfuerzos en las barras se emplea el método de Ritter. Tras determinar el valor de las reacciones en los apoyos (PT/2), se realiza un corte genérico por el tramo «n» y se plantea el equilibrio de la zona izquierda.

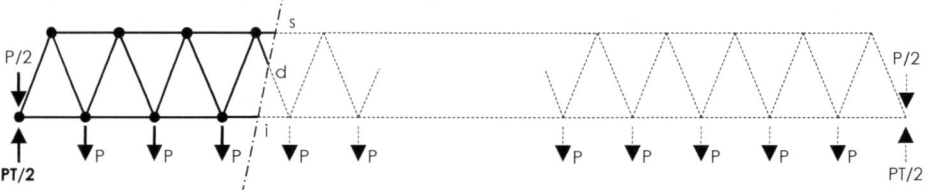

La fuerza Fs(n), correspondiente a la barra superior del tramo «n», se obtiene mediante la ecuación de equilibrio de momentos en el punto A.

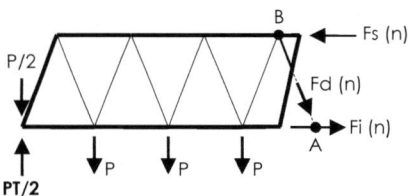

La ecuación de equilibrio de momentos en el punto B proporciona el valor de la fuerza Fi(n) correspondiente a la barra inferior del tramo «n».

Por su parte, la ecuación de equilibrio de fuerzas verticales determina el valor de la fuerza Fd(n) de la diagonal correspondiente al tramo «n».

$$\Sigma M_A = 0 \rightarrow -PT/2 \times nb + P/2 \times nb + P\times(n-1)b + P\times(n-2)b +\ldots+ P\times b + Fs(n)\times h = 0$$

$$\rightarrow \quad Fs(n) = (Pb/h)\,(Tn/2 - n/2 - 1 - 2 - \ldots - (n-2) - (n-1))$$

Considerando que la suma de la serie $1 + 2 + \ldots + (k-2) + (k-1) + k$ tiene como valor el producto $(k+1)\,k/2$, al sustituir $k = n - 1$, se obtiene

$$1 + 2 + \ldots + (n-2) + (n-1) = n\,(n-1)/2$$

y empleando esta expresión en la fórmula proporcionada por la ecuación de equilibrio de momentos

$$Fs(n) = (Pb/h)(Tn/2 - n/2 - n(n-1)/2) = (Pb/h)(n/2)(T - 1 - n + 1) = (Pb/2h)n(T - n)$$

De manera análoga, la ecuación de equilibrio de momentos respecto al punto B proporciona Fi(s)

$$\Sigma M_B = (-PT/2 + P/2)\times(2n - 1)b/2 + P\times(2n - 3)b/2 + P\times(2n - 5)b/2 +\ldots +P\times b/2 + Fi(n)\times h = 0$$

$$Fi(n) = (Pb/h)\,((T - 1)(2n - 1)/4 - 1/2 - 3/2 - \ldots - (2n - 5)/2 - (2n - 3)/2)$$

y teniendo en cuenta que la suma de la serie $[1 + 3 + 5 + \ldots + (2n - 5) + (2n - 3)]$ vale $(n - 1)^2$:

$$Fi(n) = (Pb/h)((T-1)(2n-1)/4 - (n-1)^2/2) = (Pb/4h)(T(2n-1) - 2n(n-1) - 1)$$

Finalmente se plantea la ecuación de equilibrio de componentes verticales ($\Sigma Fy = 0$), considerando que el coseno del ángulo formado por la barra diagonal con la vertical vale $h/(h^2 + b^2/4)^{1/2}$:

$$+ PT/2 - P/2 - P(n-1) - Fd(n) \times h/(h^2 + b^2/4)^{1/2} = 0$$

$$\rightarrow \quad Fd(n) = P((T+1)/2 - n)(h^2 + b^2/4)^{1/2}/h$$

Los valores máximos de los esfuerzos axiles en los cordones horizontales se obtienen en las barras centrales ($n = T/2$), mientras los máximos en las diagonales se producen en los extremos ($n = 1$).

$$Fs_{máx} = Fs_{(n = T/2)} = (Pb/2h)\,T/2\,(T - T/2) = PbT^2/8h$$

$$Fi_{máx} = Fs_{(n = T/2)} = (Pb/4h)\,(T(T-1) - T^2/4) = Pb\,(T^2 - 2)/8h$$

$$Fd_{máx} = Fd_{(n = 1)} = P((T+1)/2 - 1)\,(h^2 + b^2/4)^{1/2}/h = P(T-1)(h^2 + b^2/4)^{1/2}/2h$$

Las fuerzas obtenidas Fs, Fi y Fd proporcionan los valores absolutos de los esfuerzos en las correspondientes barras Ns, Ni y Nd. Los signos de estos esfuerzos en el cordón inferior son positivos (barras traccionadas) y en el cordón superior negativos (barras comprimidas). En las diagonales los signos son alternos, comenzando con signo negativo en los extremos. El signo adopta, por tanto, el valor $(-1)^n$ y las barras están comprimidas y traccionadas alternativamente.

Todos los resultados de los esfuerzos obtenidos para las distintas barras se resumen en la siguiente tabla.

Red	Esf.	Valor genérico	Valor máximo
C. superior	Ns	$-(Pb/2h)\,n\,(T-n)$	$-PbT^2/8h$
C. inferior	Ni	$+(Pb/4h)\,(T(2n-1) - 2n(n-1) - 1)$	$+Pb\,(T^2 - 2)/8h$
Diagonales	Nd	$(-1)^n\,P((T+1)/2 - n)(h^2 + b^2/4)^{1/2}/h$	$(-1)^n\,P(T-1)(h^2 + b^2/4)^{1/2}/2h$

Aplicando finalmente estas fórmulas al caso concreto $T = 8$, $b = 4.5$, $h = 3$, $P = 72$ se obtienen los valores indicados en la figura.

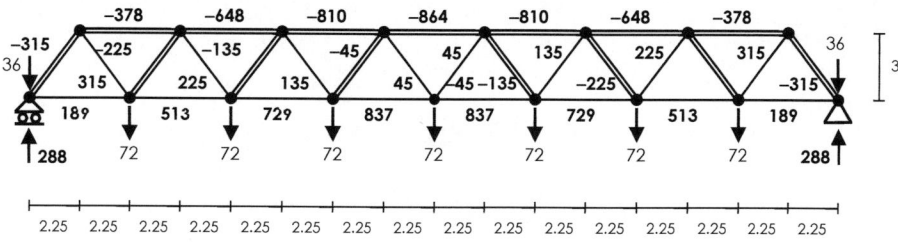

Ejercicio 4.1.2.11

Determinar, mediante cortes consecutivos, los valores de los esfuerzos en las 9 barras que confluyen en los dos nudos centrales del sistema articulado de la figura.

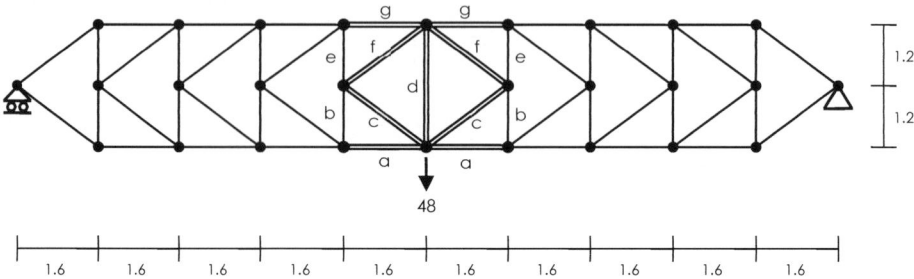

SOLUCIÓN

Las condiciones de simetría permiten reducir el número real de incógnitas a 5 (Fa, Fc, Fd, Ff y Fg). Con tres ecuaciones de equilibrio por corte se precisan dos cortes. No existe ninguna sección que intercepte solamente tres barras centrales y se plantea por ello inicialmente un corte por cuatro barras.

Como las tres ecuaciones de equilibrio de una zona no pueden proporcionan el valor de las cuatro incógnitas correspondientes a las barras cortadas, se debe elegir una sección que facilite la determinación de algunas de las incógnitas.

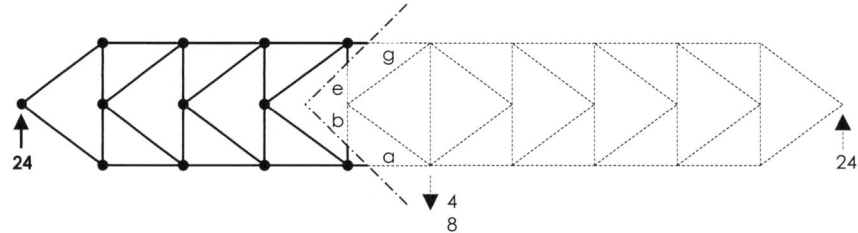

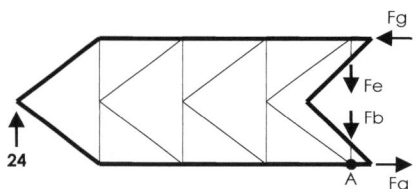

El corte indicado en la figura intercepta cuatro barras («a», «c», «e» y «g») pero al ser colineales «b» y «d», en la ecuación de equilibrio de momentos respecto al punto A, tres de las incógnitas no intervienen (Fa, Fb y Fe) y dicha ecuación proporciona directamente el valor de Fg.

$$\Sigma M_A = 0 \quad \rightarrow \quad -24 \times 6.4 + Fg \times 2.4 = 0 \quad \rightarrow \quad Fg = 64$$

La ecuación de equilibrio de fuerzas horizontales indica que las fuerzas Fa y Fg tienen el mismo módulo (Fa = Fg = 64).

A continuación se plantea un nuevo corte, esta vez por cinco barras («a», «c», «d», «f», «g»). Como ya son conocidas las fuerzas Fa y Fg, se emplean las tres ecuaciones de equilibrio de la zona izquierda para determinar Fc, Fd y Ff.

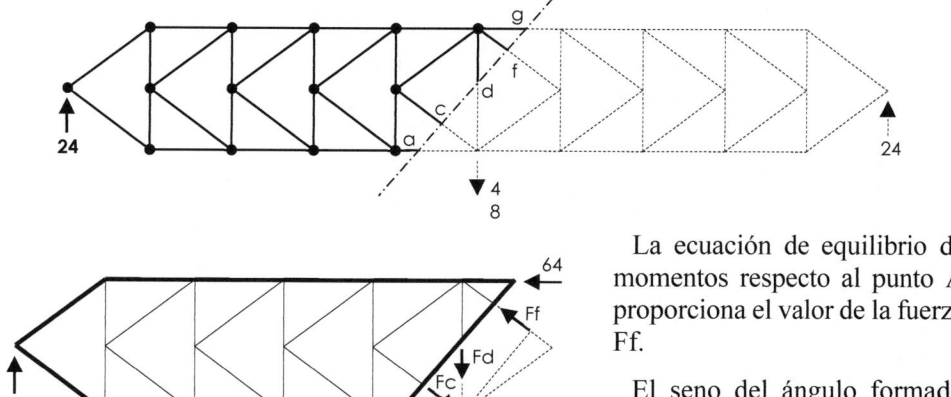

La ecuación de equilibrio de momentos respecto al punto A proporciona el valor de la fuerza Ff.

El seno del ángulo formado por las direcciones de Ff y Fd vale $1.6/(1.2^2 + 1.6^2)^{1/2} = 0.8$.

$$\Sigma M_A = 0 \quad \rightarrow \quad -24 \times 12 + 64 \times 2.4 + Ff \times 2.4 \times 0.8 = 0 \quad \rightarrow \quad Ff = 20$$

El equilibrio de componentes horizontales indica que Fc = Ff = 20 por tener ambas fuerzas la misma inclinación y el equilibrio de componentes verticales establece finalmente el valor de Fd = 24, al anularse los efectos de Fc y Ff.

En la determinación de los signos de los esfuerzos se considera que las barras «a», «c» y «d» tiran de la zona en equilibrio (barras traccionadas), mientras que las barras «f» y «g» empujan la zona (barras comprimidas).

En la figura se incluyen todos los esfuerzos obtenidos y se representan con doble trazo las barras comprimidas de la estructura.

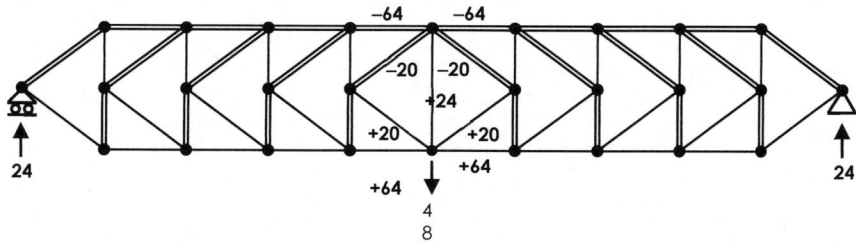

Ejercicio 4.1.2.12

Determinar el valor del esfuerzo axil en la barra BF de la estructura articulada isostática representada en la figura.

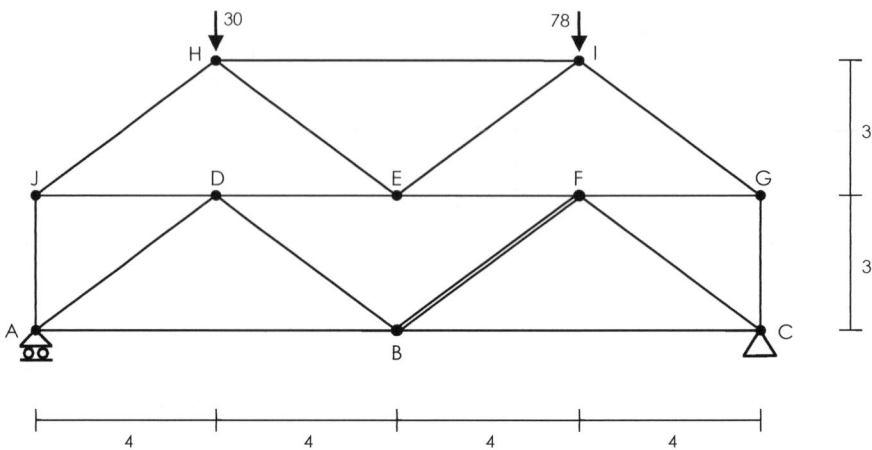

SOLUCIÓN

El sistema tiene condiciones de simetría geométrica pero no de cargas aplicadas. Para determinar las reacciones en los apoyos se plantean las ecuaciones globales de equilibrio del sistema conjunto.

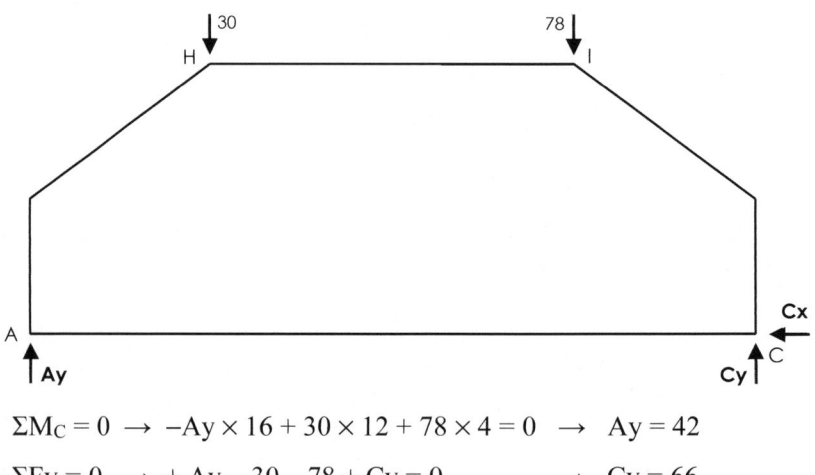

$$\Sigma M_C = 0 \;\rightarrow\; -Ay \times 16 + 30 \times 12 + 78 \times 4 = 0 \;\rightarrow\; Ay = 42$$

$$\Sigma Fy = 0 \;\rightarrow\; + Ay - 30 - 78 + Cy = 0 \qquad \rightarrow\; Cy = 66$$

Obviamente, Cx es nulo. Para determinar los esfuerzos en las barras no existe ningún nudo con menos de tres incógnitas ni ninguna sección de la estructura definida por tres barras que no sean concurrentes.

El corte planteado para su resolución intercepta seis barras (AJ, JD, DE, EF, FG y GC) pero permite una ecuación de equilibrio de momentos (respecto al punto J) en la que no intervienen cinco de las seis incógnitas y que permite la obtención directa del esfuerzo en una barra (GC).

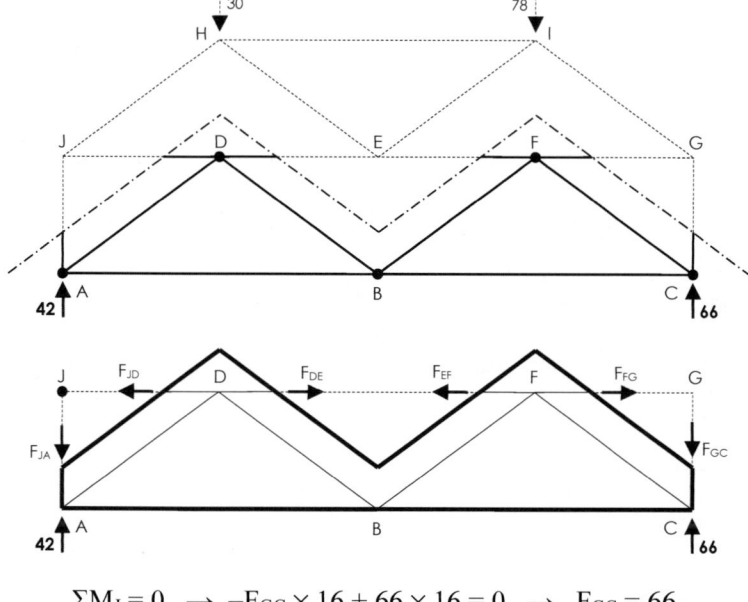

$$\Sigma M_J = 0 \quad \rightarrow \quad -F_{GC} \times 16 + 66 \times 16 = 0 \quad \rightarrow \quad F_{GC} = 66$$

Una vez determinado el esfuerzo en una barra, ya se pueden obtener todos los demás mediante el método de los nudos.

Concretamente en el equilibrio del nudo C se anulan las fuerzas transmitidas por el apoyo y por la barra CG. Las otras dos barras (BC y FC) tienen por ello esfuerzo axil nulo. Imponiendo ahora el equilibrio de componentes verticales del nudo F, se obtiene también un axil nulo para la barra solicitada BF.

Planteando el equilibrio del resto de los nudos se pueden completar los esfuerzos en las demás barras.

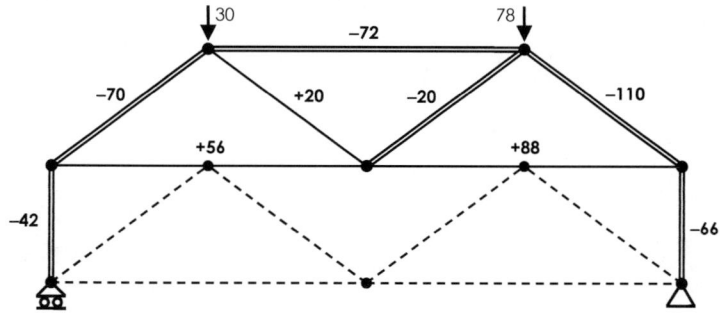

Ejercicio 4.1.2.13

Determinar el valor del esfuerzo axil en la barra FH de la estructura articulada isostática representada en la figura.

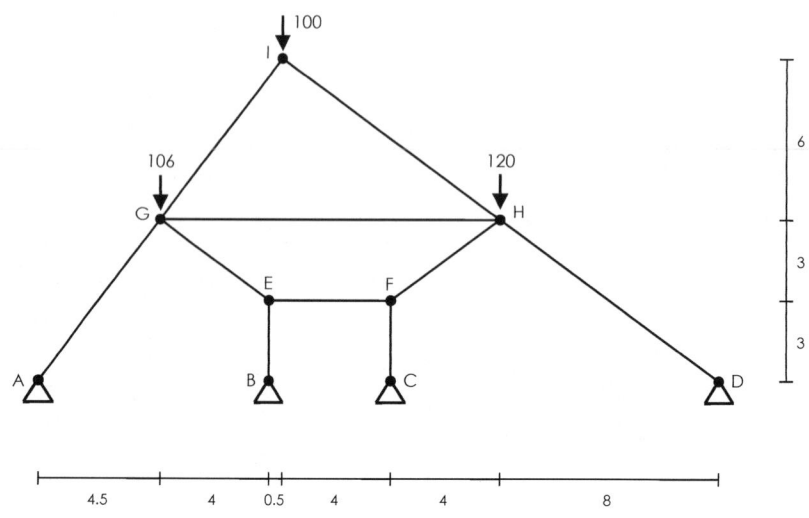

SOLUCIÓN

A partir del valor de la reacción en el apoyo C se podría obtener con facilidad el esfuerzo en la barra FH mediante las ecuaciones de equilibrio del nudo F.

Sin embargo, el sistema posee una escasa vinculación interna (10 barras para 9 nudos) que se compensa con una mayor vinculación externa (4 apoyos fijos) y la determinación de las reacciones mediante la división en subsistemas rígidos es laboriosa.

Es más sencilla y directa la obtención del esfuerzo en la barra solicitada realizando dos cortes por el método de Ritter.

En el primero se interceptan las barras EG y FG y se plantea el equilibrio de la zona central inferior.

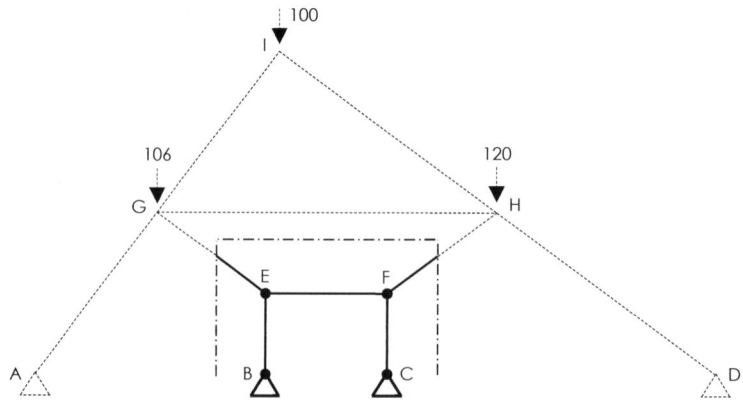

El equilibrio de las barras BE y CF determina que las reacciones en los apoyos B y C sean verticales. Por ser desconocidas se plantea la ecuación en la que no intervienen estas incógnitas, o sea, la del equilibrio de componentes horizontales.

Como las barras EG y FH forman el mismo ángulo con la horizontal, para que se compensen las proyecciones horizontales de F_{EG} y F_{FH}, los valores de sus módulos tienen que ser iguales.

$$F_{EG} = F_{FH}$$

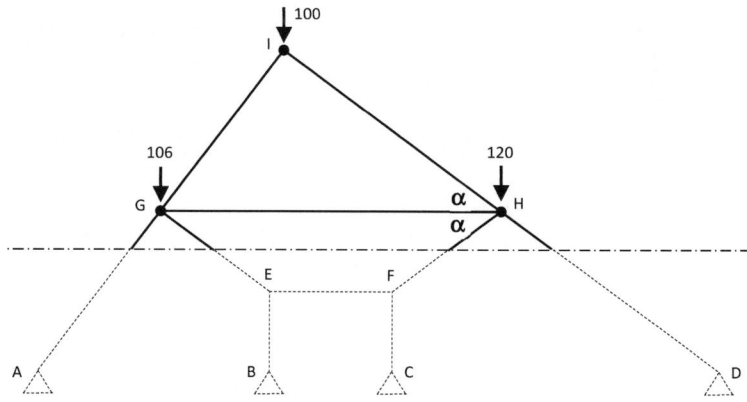

A continuación se efectúa un segundo corte seccionando la estructura por las barras AG, EG, FH y DH y se impone el equilibrio de la zona superior.

Aunque se interceptan cuatro barras, dos de las cuatro incógnitas son iguales (F_{EG} y F_{FH}). Bastará plantear una condición de equilibrio en la que no intervengan las otras dos (F_{AG} y F_{DH}) para obtener el valor requerido del esfuerzo en la barra FH.

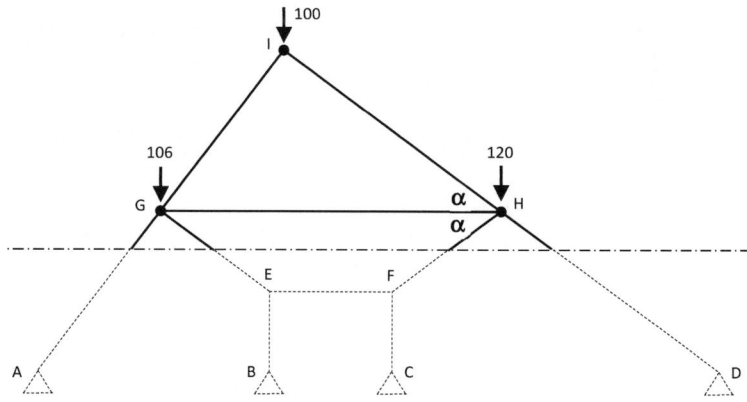

Las barras AG y DH se cortan en el punto I y es, por tanto, la ecuación de equilibrio de momentos respecto a I la que proporciona los valores de los esfuerzos en las barras EG y FH.

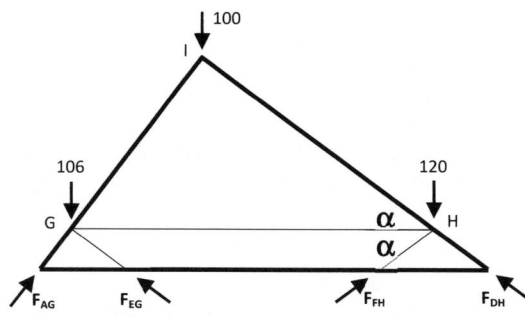

Las barras EG y GI son perpendiculares entre sí, pero las barras FH y HI no lo son. El ángulo formado por las dos últimas es el doble del ángulo de la barra FH con la horizontal (α) y su seno tiene, por tanto, el valor:

$$\operatorname{sen} 2\alpha = 2 \operatorname{sen} \alpha \cos \alpha =$$
$$= 2 \times 0.6 \times 0.8 = 0.96$$

La longitud de la barra GI es $(4.5^2 + 6^2)^{1/2} = 7.5$ y la de HI $(8^2 + 6^2)^{1/2} = 10$

Considerando además que $F_{EG} = F_{FH}$, la ecuación de momentos resulta finalmente:

$$\Sigma M_I = 0 \;\rightarrow\; + 106 \times 4.5 - F_{FH} \times 7.5 + F_{FH} \times 10 \times 0.96 - 120 \times 8 = 0 \;\rightarrow\; F_{FH} = 230$$

y, en consecuencia, las barras EG y FH están sometidas a sendas compresiones de 230 kN bajo la acción de las cargas actuantes de 106 y 120 kN.

La carga vertical superior de 100 kN no ha intervenido de ninguna forma en el proceso de determinación del esfuerzo en la barra FH. El valor de este es, por tanto, independiente de la existencia y de la intensidad de la fuerza aplicada en el nudo I.

Ello es debido a que dicha fuerza (vertical, horizontal o inclinada) se transmite directamente a los apoyos A y D a través de las barras IG, GA, IH y HD y no provoca respuesta estructural en las demás barras y apoyos.

Ejercicio 4.1.2.14

La estructura articulada de la figura se ha obtenido a partir de la correspondiente al ejercicio anterior, desplazando hacia la izquierda 3.5 metros el apoyo A para conseguir una simetría geométrica en su zona inferior.

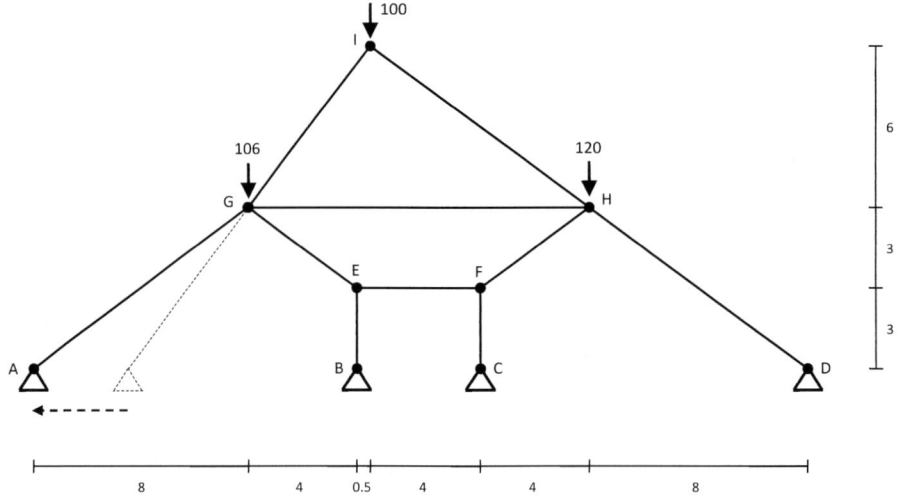

Aplicando la misma secuencia de resolución del ejercicio precedente, razonar el efecto de este desplazamiento sobre el esfuerzo en la barra FH. ¿Influye ahora la carga vertical aplicada en el nudo I?

SOLUCIÓN

El primer corte y el equilibrio de la zona central inferior no se ven afectados por el desplazamiento del nudo A.

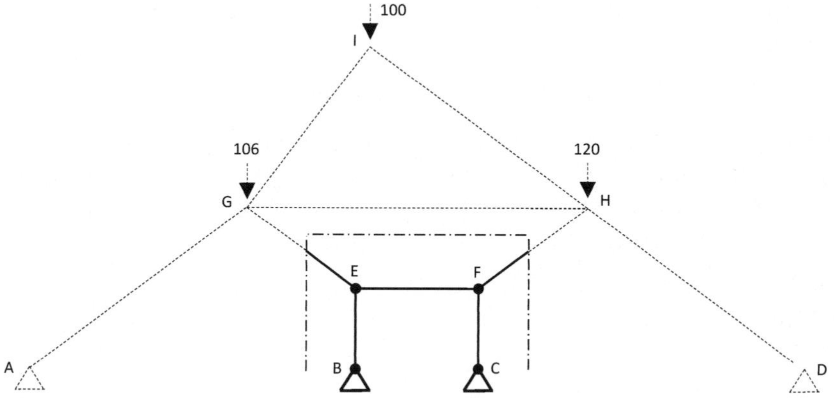

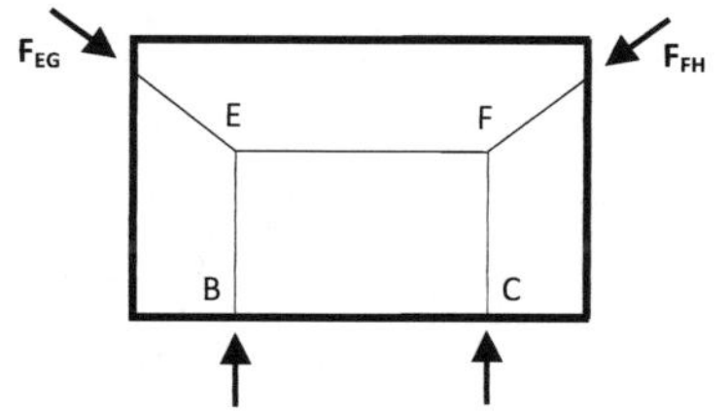

También en este caso el equilibrio de componentes horizontales obliga a la igualdad

$$F_{EG} = F_{FH}$$

En el segundo corte por el método de Ritter cambia la inclinación de la barra AG y de la correspondiente fuerza transmitida a la zona superior.

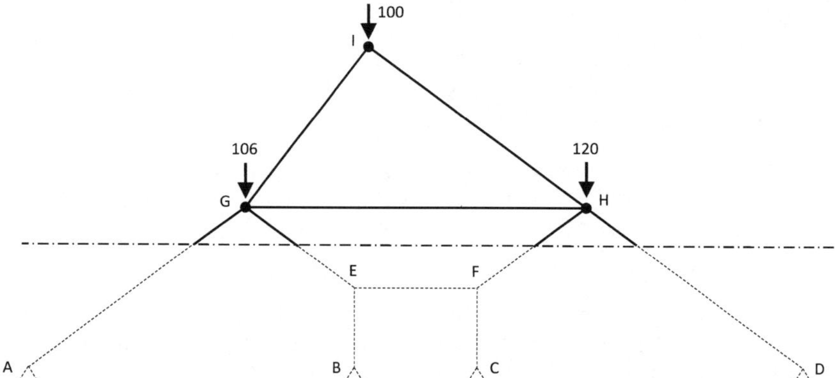

Ahora el punto de intersección de las rectas de acción de las fuerzas F_{AG} y F_{DH} es P.

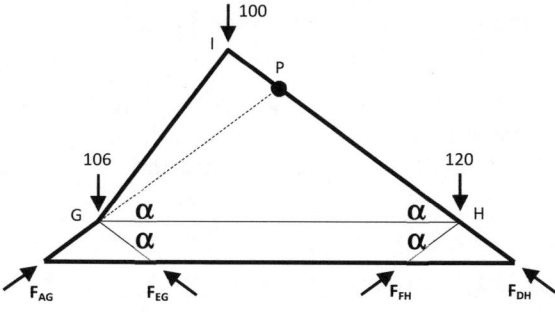

Los ángulos formados por las barras EG y FH con las direcciones GP y HP son ambos 2α (seno 0.96).

Las distancias GP y HP son también iguales y de valor 7.8125 (6.25/0.8) y las mínimas distancias entre las rectas de acción de F_{EG} y F_{FH} y el punto P valen $7.8125 \times 0.96 = 7.5$.

Considerando que $F_{EG} = F_{FH}$, la ecuación de equilibrio de momentos respecto a P queda finalmente:

$$\Sigma M_P = 0 \rightarrow 106 \times 6.25 - F_{FH} \times 7.5 + 100 \times 1.75 + F_{FH} \times 7.5 - 120 \times 6.25 = 0 \rightarrow 87.5 = 0$$

La ecuación de equilibrio no se cumple con independencia del valor de F_{FH}. En esta estructura no se encuentra coartado el giro de la zona superior alrededor de P y es por ello un mecanismo. La simetría producida por el desplazamiento del apoyo izquierdo ha convertido el sistema articulado isostático en crítico.

Este efecto de la simetría se puede apreciar también considerando el sistema articulado conjunto.

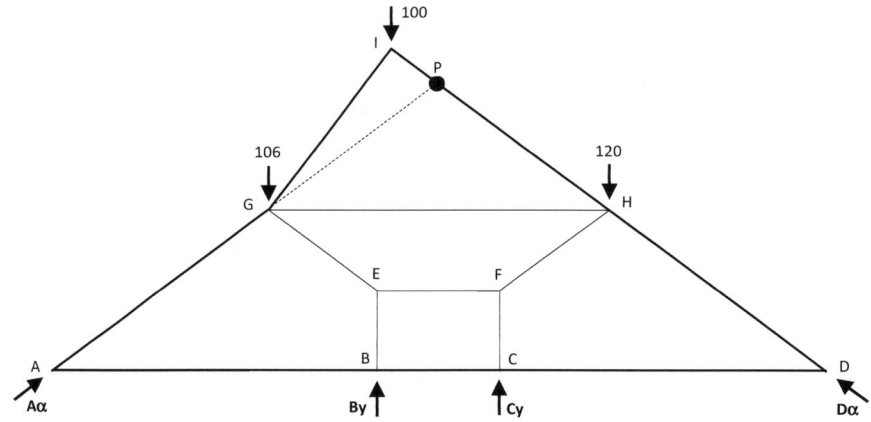

La igualdad de los esfuerzos de las barras inclinadas EG y FH provoca que, en el equilibrio de los nudos E y F, las barras verticales BE y CF tengan también esfuerzos de compresión idénticos y con ello que las reacciones By y Cy en los apoyos fijos B y C sean también iguales.

Al encontrarse por simetría el punto P a la misma distancia de las rectas de acción de By y Cy, las reacciones en estos apoyos producen unos efectos de rotación respecto a P que se anulan entre sí.

Las otras reacciones en los apoyos A y D no producen tampoco rotación alrededor de P (por encontrarse este punto en la recta de acción de ambas) y por ello, si las fuerzas activas provocan tendencias de giro alrededor de P, las fuerzas pasivas no pueden impedirlo.

Para que este mecanismo se encuentre en situación de equilibrio las fuerzas aplicadas tendrían que producir una tendencia de rotación global nula alrededor de P. Esto sería posible, por ejemplo, con un valor de la fuerza vertical aplicada en el punto superior de 50 kN.

$$\Sigma M_P = + 106 \times 6.25 + 50 \times 1.75 - 120 \times 6.25 = 0$$

o bien, con dos fuerzas verticales iguales aplicadas en los nudos G y H y ninguna fuerza sobre el nudo I.

Ejercicio 4.1.2.15

En la estructura articulada isostática de la figura, analizar la posibilidad de obtención del esfuerzo en la barra inclinada EH mediante el método de Ritter.

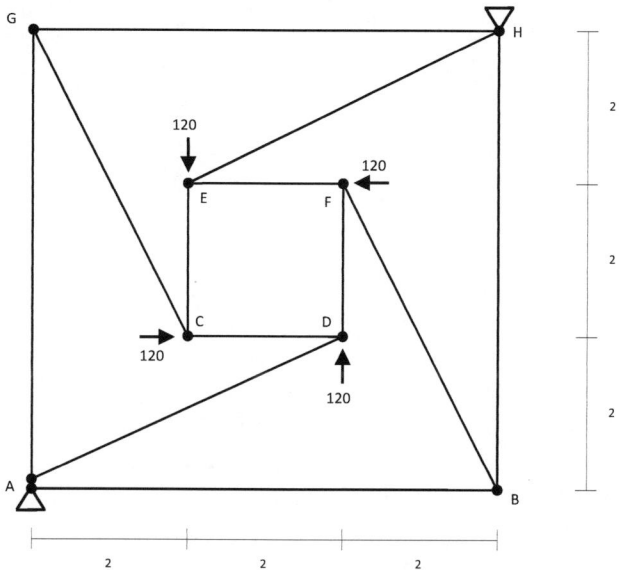

¿Cuál sería el procedimiento más directo para la determinación posterior del resto de los esfuerzos en las barras del sistema?

SOLUCIÓN

Si se eliminan las cargas y los apoyos externos, el sistema en su conjunto es deformable (no es globalmente monolítico).

La obtención de las reacciones en los apoyos mediante la división de la estructura en subsistemas rígidos implica un proceso especialmente laborioso.

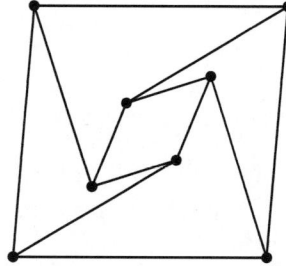

En cualquier caso, aun conociendo los valores de las reacciones no existe ningún nudo con menos de tres barras para el inicio del método de los nudos.

Tampoco existen divisiones de la estructura mediante cortes por tres barras no concurrentes.

La aplicación del método de Ritter sí es posible, sin embargo, cortando cuatro barras y dividiendo la estructura en dos zonas (interior y exterior), de acuerdo con la figura.

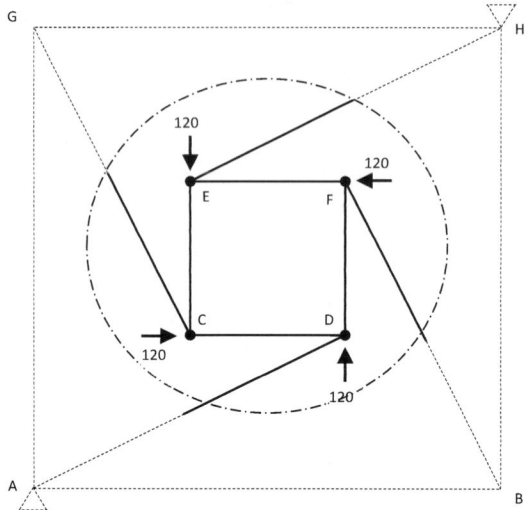

Las condiciones de simetría de la zona interior garantizan la igualdad de los esfuerzos en las cuatro barras inclinadas ($F_{DA} = F_{CG} = F_{EH} = F_{FB}$).

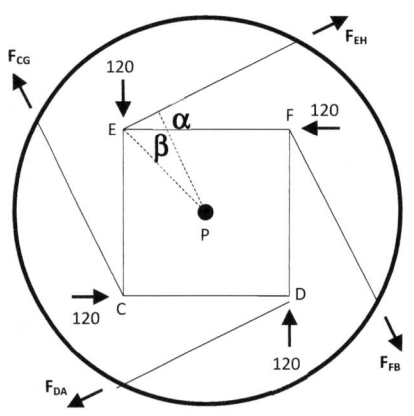

El valor de estas cuatro fuerzas lo proporciona la ecuación de equilibrio de momentos respecto al punto central P.

El ángulo α tiene tangente 1/2 (seno $1/\sqrt{5}$) y el ángulo β tangente 1 (seno $1/\sqrt{2}$). El seno del ángulo suma vale entonces

$$\text{sen } (\alpha + \beta) = \text{sen } \alpha \cos \beta + \text{sen } \beta \cos \alpha$$

$$= 1/\sqrt{5} \times 1/\sqrt{2} + 2/\sqrt{5} \times 1/\sqrt{2} = 3/(\sqrt{5}\sqrt{2})$$

La distancia PE tiene el valor $1 \times \sqrt{2}$ y la mínima distancia entre las rectas de acción de las fuerzas aplicadas (120) y el punto P es 1.

$$\Sigma M_P = 0 \quad \rightarrow \quad + 4 \times (120 \times 1) - 4 \times (F_{EH} \times 3/(\sqrt{5}\sqrt{2}) \times \sqrt{2}) = 0 \quad \rightarrow \quad F_{EH} = 40 \sqrt{5}$$

Para determinar los valores del resto de los esfuerzos se pueden aplicar las condiciones de equilibrio de los nudos E y G.

El equilibrio de componentes horizontales de las fuerzas aplicadas sobre el nudo E proporciona el esfuerzo en la barra EF (−80) y el de componentes verticales el esfuerzo en la barra EC (−80). El equilibrio de componentes horizontales en el nudo G proporciona el esfuerzo en la barra GH (−40) y el de componentes verticales, el correspondiente a la barra GA (−80).

El resto de las barras se completan por simetría y las reacciones en los apoyos se obtienen finalmente mediante las ecuaciones de equilibrio en los nudos A y H.

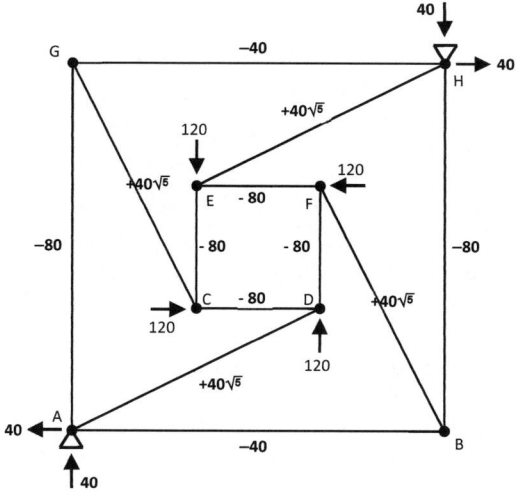

Ejercicio 4.1.2.16

En la estructura articulada isostática de la figura, analizar la posibilidad de obtención del esfuerzo en la barra AE mediante el método de Ritter.

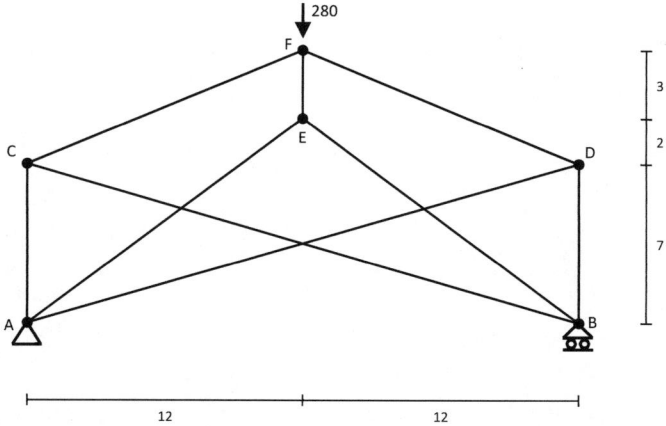

SOLUCIÓN

Si se eliminan las cargas y los apoyos externos, el sistema en su conjunto cumple la condición de rigidez (Ejercicio 2.3.08). Las reacciones en los apoyos las proporciona directamente el equilibrio del sólido global y por simetría son iguales y de 140 kN de valor.

Todos los nudos de la estructura enlazan tres barras y no resulta procedente la aplicación del método de los nudos. En las posibles divisiones del sistema mediante cortes por tres barras, estas son siempre concurrentes. En este caso, además, no existen cortes por más de tres barras con ecuaciones de equilibrio que faciliten directamente el esfuerzo en alguna de ellas. En consecuencia, tampoco procede entonces la aplicación del método de Ritter para la determinación de los valores de los esfuerzos.

Estas dificultades se deben a la propia tipología de la estructura. Se trata de un sistema articulado que no es triangulado, ni simple ni compuesto de sistemas simples. Es un sistema complejo y requiere la aplicación de un procedimiento específico que se desarrolla a continuación.

[4.1.3]. MÉTODO DE HENNEBERG

El método de Henneberg (matemático alemán, 1850-1933) es especialmente adecuado para el cálculo de los esfuerzos en las barras de los sistemas articulados complejos.

Se aplica reemplazando una barra de la estructura original por otra dispuesta en una posición que elimine la complejidad del sistema. La barra reemplazada se sustituye por dos fuerzas iguales y opuestas aplicadas en sus nudos extremos que simulan su acción real y se determina el valor de estas obligando a que la nueva barra (que realmente no existe) posea un esfuerzo nulo. El procedimiento se desarrolla en cinco etapas, de acuerdo con el esquema de la figura.

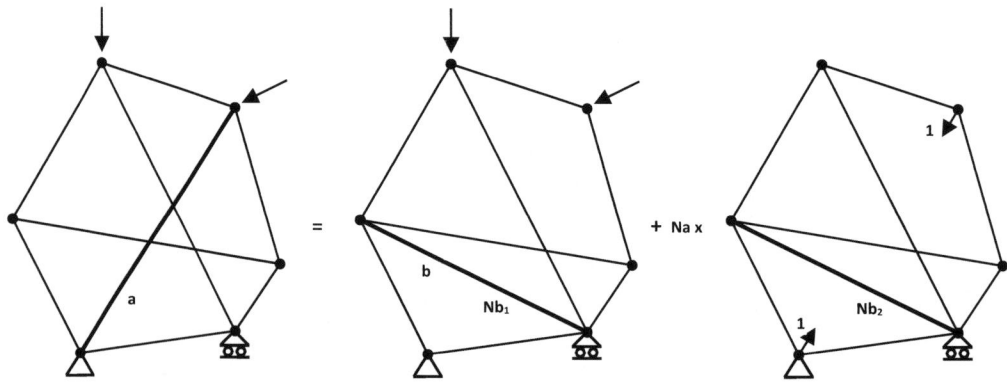

1. Sustitución de una de las barras (a) por otra (b) que, manteniendo el isostatismo, convierta la estructura en simple.

2. Resolución de un primer estado bajo las fuerzas activas aplicadas, determinando el esfuerzo Nb_1 en la barra b.

3. Resolución de un segundo estado, eliminando las fuerzas activas y disponiendo dos fuerzas unitarias iguales y opuestas tirando de los nudos extremos de la barra eliminada. Determinación del nuevo esfuerzo Nb_2 en la barra añadida.

4. Obtención del valor Na del esfuerzo en la barra eliminada (a) imponiendo que el esfuerzo total en la barra b sea nulo.

$$Nb_1 + Na \times Nb_2 = 0 \quad \rightarrow \quad Na = - Nb_1/Nb_2$$

5. Cálculo de los esfuerzos en las demás barras mediante la suma de los obtenidos en el estado 1 más el producto de Na por los obtenidos en el estado 2.

En los siguientes ejercicios se aplica el método de Henneberg a distintos entramados articulados, comenzando por la última estructura planteada en el apartado anterior.

Ejercicio 4.1.3.01

Determinar los valores de los esfuerzos en las barras de la estructura articulada isostática indicada, mediante la aplicación del método de Henneberg.

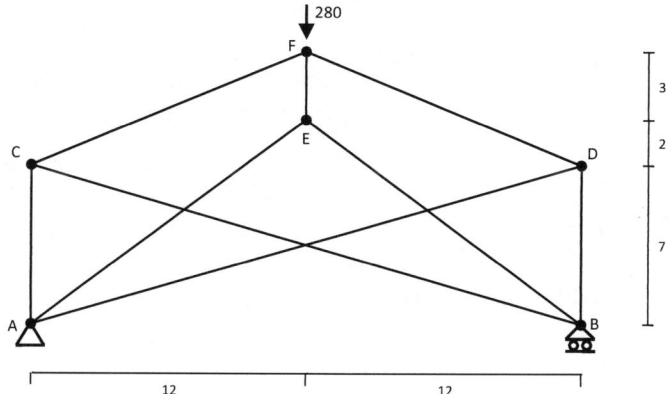

SOLUCIÓN

Se trata de un sistema articulado complejo que se transforma en simple mediante la sustitución de la barra vertical superior EF por una nueva barra horizontal AB entre los apoyos.

El ángulo de las barras AD y BC tiene tangente 7/24, el de las barras CF y DF tangente 5/12 y el de AE y BE tangente 3/4.

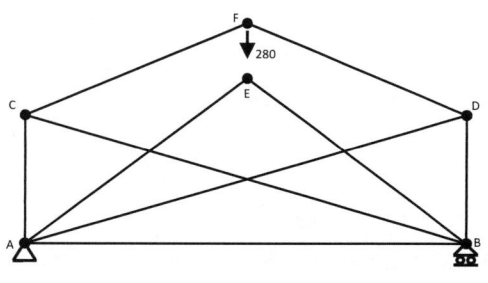

La resolución de este primer estado es sencilla. Las barras AE y BE tienen esfuerzo nulo. Aprovechando la simetría del sistema, el equilibrio de componentes verticales en el nudo F proporciona los valores de los esfuerzos en FC y FD. Del equilibrio del nudo C se obtienen los esfuerzos en las barras CA y CD (y sus simétricos DA y DB). Finalmente, el equilibrio de componentes horizontales en el apoyo B proporciona el esfuerzo en la nueva barra AB correspondiente a este estado ($N_{AB1} = -336$), tal como se muestra en la figura.

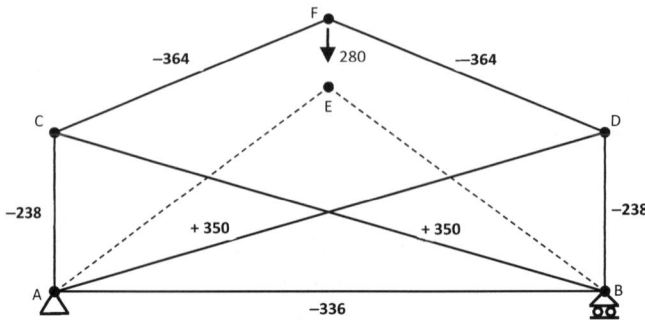

El segundo estado se forma eliminando la fuerza activa del nudo F e incorporando dos fuerzas unitarias en los nudos extremos (E y F) de la barra eliminada.

Ahora los esfuerzos en las barras AE y BE se obtienen directamente del equilibrio de componentes verticales del nudo E. Los esfuerzos en las barras FC, FD, CA, CB, DA y DB resultan proporcionales (con factor 1/280) a los obtenidos en el estado 1 y, finalmente, el equilibrio de componentes horizontales en el apoyo B proporciona el esfuerzo en la barra AB correspondiente a este estado ($N_{AB2} = -336$).

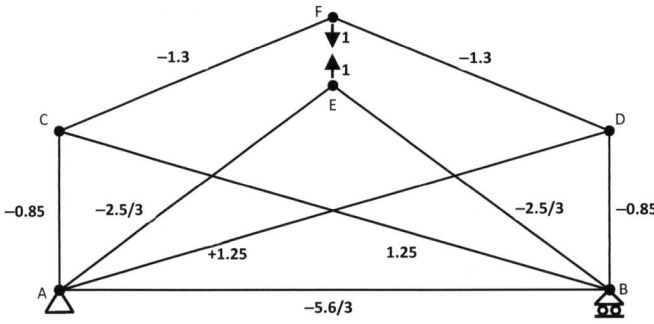

Las fuerzas ejercidas por la barra EF no son realmente unitarias, sino las correspondientes a su esfuerzo real N_{EF}. Multiplicando por este factor el segundo estado y sumándolo al primero se obtiene el esfuerzo total en todas las barras. El esfuerzo N_{EF} tiene que ser el necesario para que el valor de esfuerzo total en la barra AB sea nulo (ya que realmente no existe esta barra).

A partir de los valores de los esfuerzos en la barra ficticia AB correspondientes a ambos estados (N_{AB1} y N_{AB2}) se determina el esfuerzo real en la barra EF.

$$N_{AB1} + N_{EF} \times N_{AB2} = 0 \quad \rightarrow \quad N_{EF} = - N_{AB1}/N_{AB2} = -(-336)/(-5.6/3) = -180$$

Sumando los esfuerzos del estado 1 a los del estado 2 multiplicados por (−180) se obtienen los esfuerzos finales en todas las barras. La barra AB se elimina (esfuerzo nulo) y la barra EF se dispone nuevamente con su esfuerzo calculado (compresión de 180 kN).

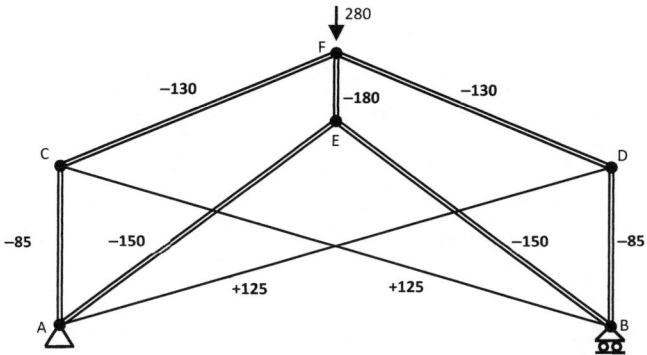

De los 280 kN aplicados sobre el nudo F, 180 se dirigen a los apoyos a través de las barras interiores FE EA y EB y los otros 100 a través del perímetro exterior.

Ejercicio 4.1.3.02

Mediante la aplicación del método de Henneberg, determinar los valores de los esfuerzos en las barras de la estructura articulada isostática de la figura.

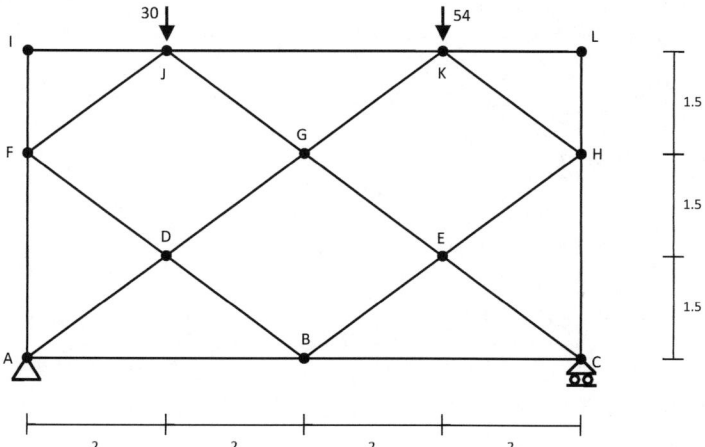

SOLUCIÓN

El sistema se transforma en simple mediante la sustitución de la barra horizontal superior EF por una nueva barra vertical central BG.

El equilibrio del sistema conjunto proporciona las reacciones en los apoyos (Av = 36 y Cv = 48). Las barras FI, IJ, JL y HL tienen esfuerzo nulo y los esfuerzos en las demás barras se obtienen fácilmente por el método de los nudos con la secuencia J, F,

A, D, K, H, C y E. Finalmente el equilibrio de fuerzas verticales del nudo B proporciona el esfuerzo en la barra BG correspondiente a este primer estado ($N_{BG1} = -42$).

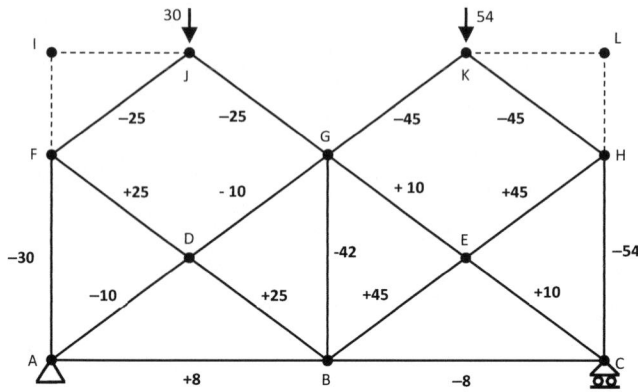

El segundo estado se forma eliminando las fuerzas activas verticales en los nudos J y K e incorporando en los mismos dos fuerzas unitarias horizontales. Ahora las reacciones en los apoyos son nulas y los esfuerzos se obtienen también mediante el equilibrio de los nudos y en la misma secuencia. El esfuerzo resultante en la barra BG es $N_{BG2} = +0.75$.

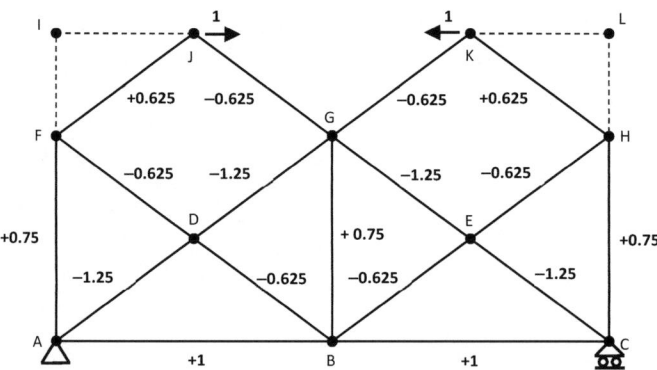

Las fuerzas ejercidas por la barra JK no son realmente unitarias sino las correspondientes a su esfuerzo real N_{JK}. Multiplicando por este factor el segundo estado y sumándolo al primero se obtiene el esfuerzo total en todas las barras.

El esfuerzo N_{JK} tiene que ser el que proporcione un valor nulo para el esfuerzo total de la barra BG (que realmente no existe). A partir de los esfuerzos en BG correspondientes a ambos estados (N_{BG1} y N_{BG2}), se determina el esfuerzo real en la barra JK.

$$N_{BG1} + N_{JK} \times N_{BG2} = 0 \quad \rightarrow \quad N_{JK} = -N_{BG1}/N_{BG2} = -(-42)/(+0.75) = +56$$

Sumando los esfuerzos del estado 1 a los del estado 2 multiplicados por (+ 56) se obtienen los esfuerzos finales en todas las barras. La barra BG se elimina (esfuerzo nulo) y la barra JK se dispone nuevamente con su esfuerzo calculado (tracción de 56 kN).

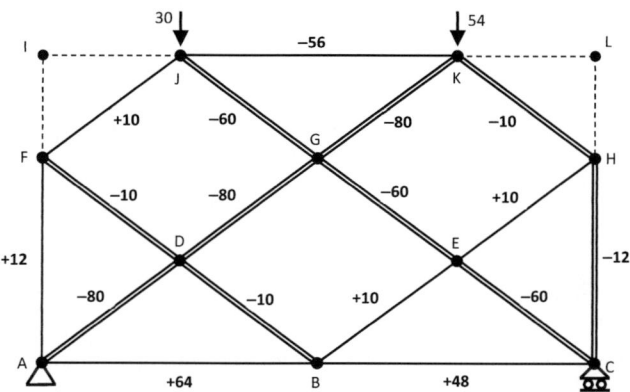

Ejercicio 4.1.3.03

Determinar, aplicando el método de Henneberg, los valores de los esfuerzos en las barras de la estructura indicada.

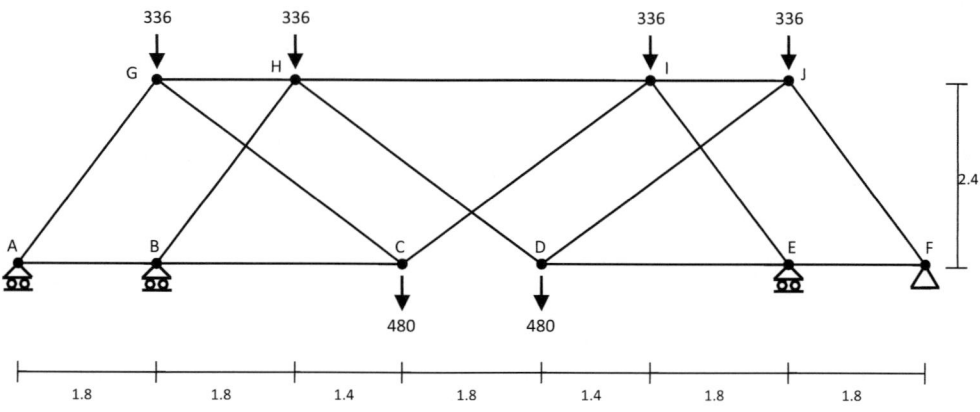

SOLUCIÓN

La resolución del sistema se simplifica sustituyendo la barra horizontal AB por una nueva barra central inferior CD.

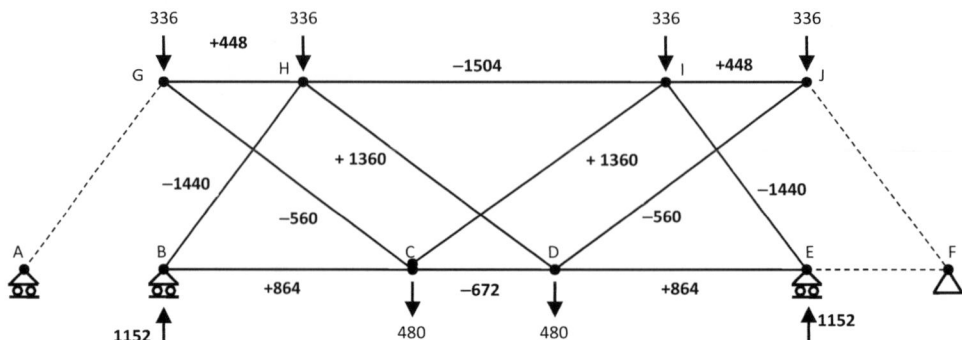

Tras la sustitución, tanto la reacción del apoyo A como el esfuerzo en la barra AG son nulos (también la reacción en F y los esfuerzos en las barras EF y FJ por simetría).

El equilibrio del sistema conjunto proporciona las reacciones en los otros dos apoyos (B y E) y los esfuerzos en las demás barras se obtienen fácilmente imponiendo el equilibrio de los nudos en la secuencia G, B, H, C y completando la parte simétrica de la derecha. El esfuerzo en la barra añadida CD correspondiente a este primer estado vale $N_{CD1} = -672$.

El segundo estado se forma eliminando todas las fuerzas activas e incorporando dos fuerzas unitarias horizontales en los extremos de la barra suprimida AB.

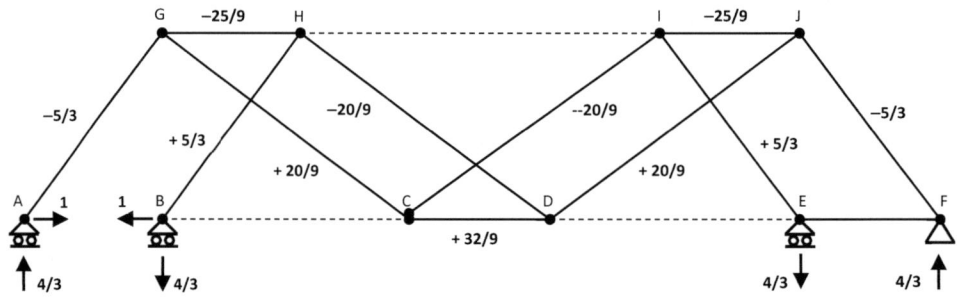

Las reacciones y los esfuerzos se obtienen también mediante las ecuaciones de equilibrio, comenzando por el nudo A. El esfuerzo resultante en la barra CD es $N_{CD2} = + 32/9$.

Las fuerzas ejercidas por la barra AB no son unitarias sino las correspondientes a su esfuerzo N_{AB}. Multiplicando por este factor el segundo estado y sumándolo al primero se obtiene el esfuerzo total en todas las barras.

El esfuerzo N_{AB} es el que proporciona un valor nulo para el esfuerzo total de la barra CD. A partir de los esfuerzos en dicha barra correspondientes a ambos estados (N_{CD1} y N_{CD2}) se determina el esfuerzo real en la barra AB.

$$N_{CD1} + N_{AB} \times N_{CD2} = 0 \quad \rightarrow \quad N_{AB} = -N_{CD1}/N_{CD2} = -(-672)/(+32/9) = +189$$

Sumando los esfuerzos del estado 1 a los del estado 2 multiplicados por (+ 189) se obtienen los esfuerzos finales en todas las barras. La barra CD se elimina (esfuerzo nulo) y la barra AB se sitúa nuevamente con su esfuerzo calculado (tracción de 189 kN).

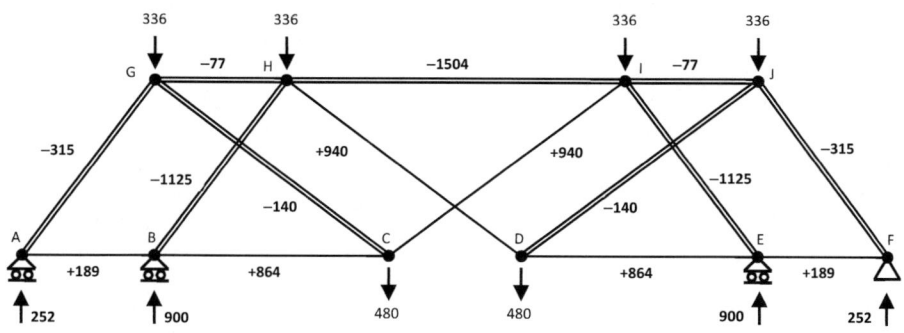

Ejercicio 4.1.3.04

El sistema articulado isostático de la figura es simétrico geométricamente pero no lo son las fuerzas activas. Determinar, aplicando el método de Henneberg, los valores de los esfuerzos en todas las barras.

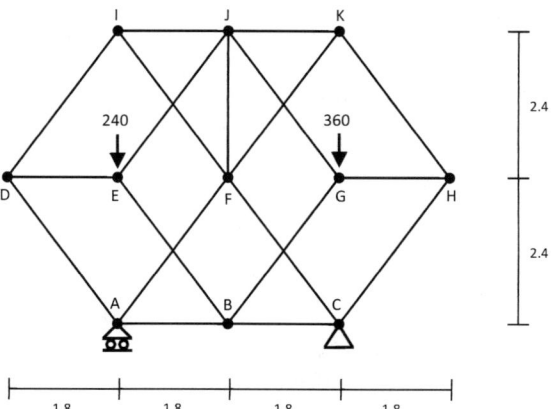

SOLUCIÓN

Las reacciones son inmediatas por encontrarse los apoyos en las rectas de acción de las cargas aplicadas. La determinación de los esfuerzos en las barras se acomete eliminando la barra inclinada BE e incorporando una barra nueva horizontal EF. Al nudo B acceden entonces solamente tres barras y al ser AB y BC colineales, la barra BG posee esfuerzo nulo.

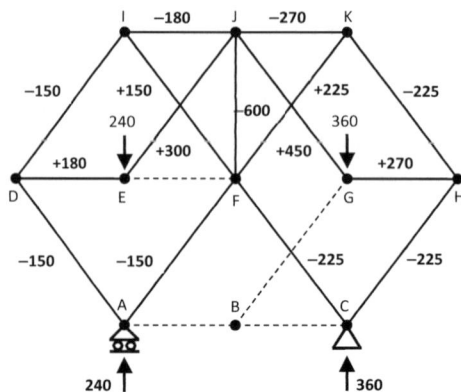

Con ello se obtiene un punto de comienzo (G) en la aplicación del método de los nudos. Imponiendo secuencialmente las ecuaciones de equilibrio en G, H, K, C, A, D, I, E y F se determinan los esfuerzos en todas las barras. En este caso, el esfuerzo en la barra añadida EF correspondiente al primer estado resulta nulo ($N_{EF1} = 0$).

Esta circunstancia especial simplifica mucho el proceso.

El segundo estado se formaría eliminando las fuerzas activas y disponiendo dos fuerzas unitarias inclinadas en los extremos de la barra suprimida BE, pero sus resultados son irrelevantes.

El objetivo de esfuerzo total nulo en la barra añadida, sumando ambos estados, ya está conseguido en el primero.

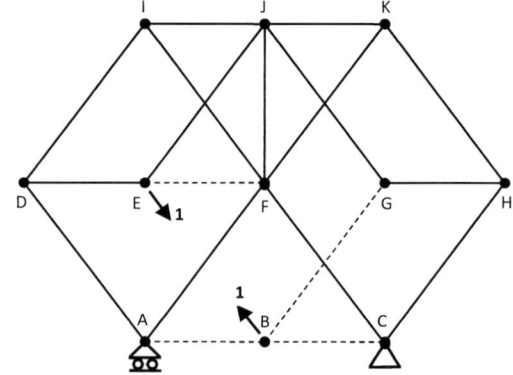

Con independencia del valor del esfuerzo N_{EF2} del segundo estado, no se precisa ninguna fuerza en E y B para anular el valor del esfuerzo en EF y por ello el esfuerzo real en la barra suprimida BE es también nulo.

$$N_{EF1} + N_{BE} \times N_{EF2} = 0 \quad \rightarrow \quad N_{BE} = - N_{EF1}/N_{EF2} = -0/N_{EF2} = 0$$

Los esfuerzos finales en todas las barras son, en este caso, los correspondientes al primer estado. La barra EF se elimina y la barra BE se dispone nuevamente (ambas con esfuerzo nulo).

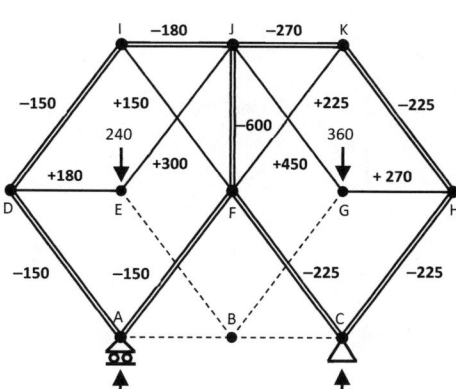

En este ejercicio se aprecia con claridad una propiedad general: en todo sistema articulado isostático, cualquier barra con esfuerzo nulo puede disponerse en otra posición que garantice el isostatismo y su esfuerzo allí seguirá siendo nulo.

Ejercicio 4.1.3.05

Determinar los valores de los esfuerzos en las barras de la estructura indicada mediante el método de Henneberg.

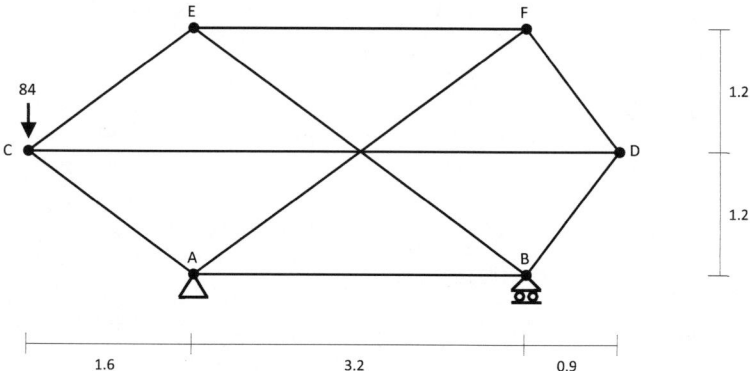

SOLUCIÓN

Se trata de un sistema articulado complejo que se transforma en simple sustituyendo la barra horizontal superior EF por una nueva barra vertical AE.

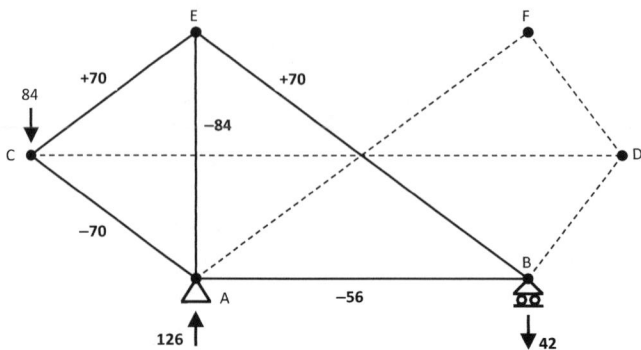

Tras la eliminación de la barra EF, el equilibrio de los nudos F y D indica que son nulos los esfuerzos en las barras AF, FD, CD y BD. Por su parte, las ecuaciones de equilibrio de los nudos C y E y la de componentes horizontales de B proporcionan los valores de los esfuerzos en las demás barras. Las reacciones en los apoyos se obtienen de las tres ecuaciones restantes (nudo A y componentes verticales de B) y se comprueban con el equilibrio global del conjunto. El esfuerzo en la barra añadida AE correspondiente a este primer estado vale $N_{AE1} = -84$.

El segundo estado se forma eliminando la fuerza activa e incorporando dos fuerzas unitarias horizontales en los extremos de la barra suprimida EF.

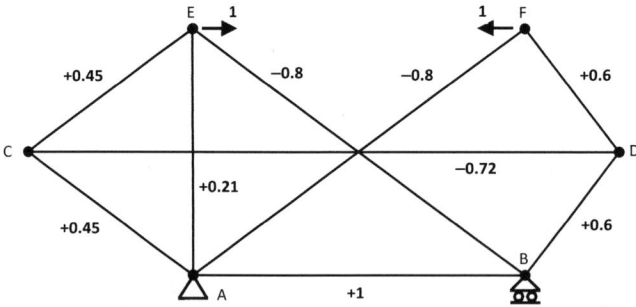

Las reacciones ahora son nulas y los esfuerzos se obtienen imponiendo las ecuaciones de equilibrio de los nudos F, D, C, E y B en el orden indicado. El esfuerzo resultante en la barra AE es $N_{AE2} = +0.21$.

Las fuerzas realmente ejercidas sobre los nudos E y F por la barra suprimida son las correspondientes a su esfuerzo N_{EF}. El esfuerzo total en todas las barras se obtiene mediante la suma de los dos estados tras multiplicar el segundo por N_{EF}.

El esfuerzo N_{EF} es el que proporciona un valor nulo para el esfuerzo total de la barra añadida AE. A partir de los esfuerzos en dicha barra correspondientes a ambos estados (N_{AE1} y N_{AE2}), se determina el esfuerzo real en la barra EF.

$$N_{AE1} + N_{EF} \times N_{AE2} = 0 \quad \rightarrow \quad N_{EF} = -N_{AE1}/N_{AE2} = -(-84)/(+0.21) = +400$$

Sumando los esfuerzos del estado 1 a los del estado 2 multiplicados por (+400) se obtienen los esfuerzos finales en todas las barras. La barra AE se elimina (esfuerzo nulo) y la barra EF se dispone nuevamente con su esfuerzo calculado (tracción de 400 kN).

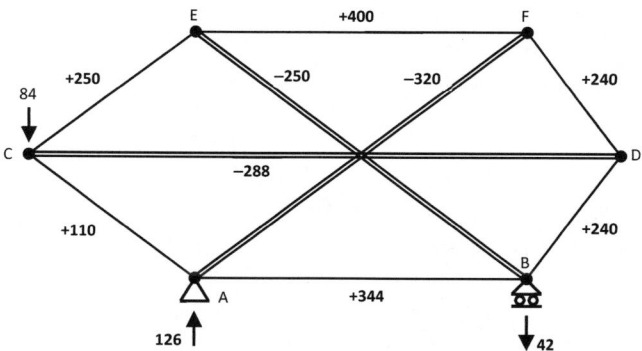

Con la carga aplicada, todas las barras exteriores se encuentran traccionadas y las tres diagonales interiores comprimidas.

Ejercicio 4.1.3.06

La estructura del ejercicio anterior se transforma en simétrica desplazando 70 cm el nudo D hacia la derecha. Razonar la correspondiente variación de los esfuerzos en las barras.

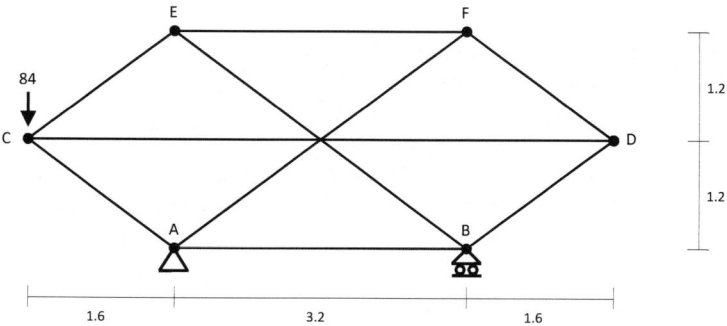

SOLUCIÓN

Nuevamente se sustituye la barra horizontal superior EF por una barra vertical entre los nudos A y E.

Este primer estado proporciona los mismos resultados que el ejercicio anterior (N_{AE1} = −84) El desplazamiento del nudo D no provoca variaciones por ser nulos los esfuerzos en las barras BD, CD y FD.

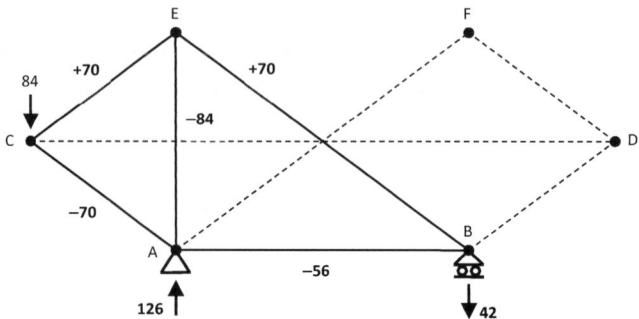

El segundo estado se forma eliminando la fuerza activa e incorporando dos fuerzas unitarias horizontales en los extremos de la barra suprimida EF.

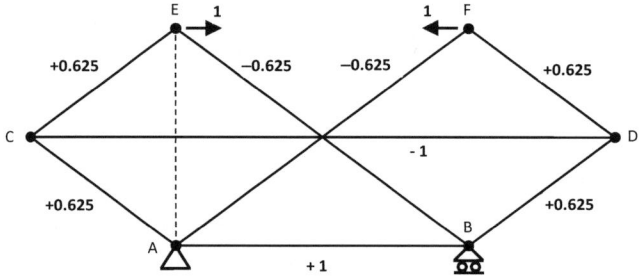

Las ecuaciones de equilibrio proporcionan ahora esfuerzos simétricos y resulta nulo el correspondiente a la barra AE ($N_{AE2} = 0$).

Esta circunstancia impide el cumplimiento del objetivo de esfuerzo total nulo en la barra añadida. Con independencia del valor N_{EF} el segundo estado no puede contrarrestar el esfuerzo obtenido en el primero.

$$N_{AE1} + N_{EF} \times N_{AE2} = 0 \quad \rightarrow \quad N_{EF} = - N_{AE1}/N_{AE2} = -(-84)/0$$

No existe un valor finito para el esfuerzo en la barra EF que garantice el equilibrio del entramado. Este sistema articulado complejo no es isostático. La simetría geométrica transforma la estructura en crítica y el método de Henneberg así lo ha constata.

[4.1.4]. Método de unicidad

En las estructuras isostáticas la vinculación es suficiente pero estricta para garantizar el equilibrio y existe un único mecanismo de respuesta estructural para las cargas aplicadas. En estos casos, el sistema algebraico de ecuaciones (grados de libertad) e incógnitas (vínculos externos e internos) es compatible y determinado, es decir, existe solución de equilibrio y esta solución es única.

Por otra parte, es sabido que en determinadas ocasiones y para ciertos conjuntos de acciones exteriores, un número relevante de barras tienen esfuerzo nulo y no participan en el mecanismo resistente ante esas acciones.

Combinando ambos hechos, el método de unicidad establece que si, por cualquier razonamiento o intuición, se obtiene una solución de equilibrio considerando solamente un subconjunto de barras de la estructura, esta es la única solución posible (sin necesidad de demostración) y el resto de barras tienen axil nulo.

La búsqueda directa de posibles soluciones de equilibrio se realiza en estos casos mediante el análisis de los recorridos de transmisión de las cargas hasta los apoyos. Los ejercicios expuestos a continuación aclaran la aplicación del método.

Es importante resaltar que este razonamiento no es aplicable a los sistemas hiperestáticos. En este caso, debido al exceso de vinculación, existen varios mecanismos resistentes y no se conoce a priori la participación de cada uno. Algebraicamente el sistema de ecuaciones es compatible pero indeterminado. Existen múltiples soluciones y el encontrar una no garantiza que sea la correcta.

Ejercicio 4.1.4.01

Determinar los valores de los esfuerzos en todas las barras de la estructura articulada compleja de la figura, en las dos hipótesis de cargas indicadas.

El sistema es isostático. Se recomienda la búsqueda de una solución simple y la aplicación del método de unicidad.

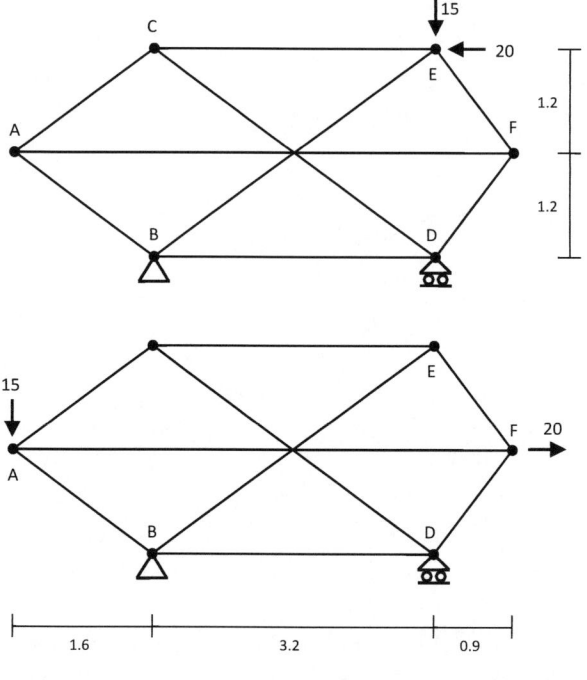

SOLUCIÓN

En el primer caso, la resultante de las fuerzas aplicadas está dirigida directamente hacia el apoyo fijo mediante la barra EB (las demás barras y el apoyo deslizante no son necesarios para el equilibrio).

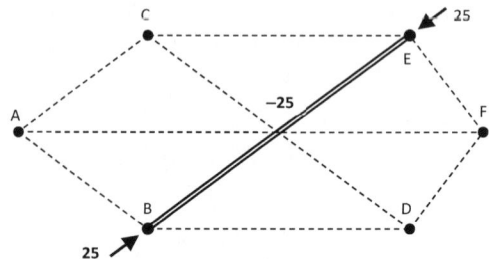

En el segundo caso, la resultante de las fuerzas aplicadas tiene la dirección de la barra AB y solamente esta y la horizontal AF son precisas para el equilibrio.

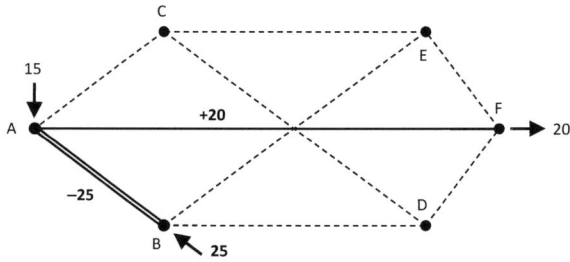

Ejercicio 4.1.4.02

Determinar los valores de los esfuerzos en todas las barras de la estructura articulada isostática de la figura.

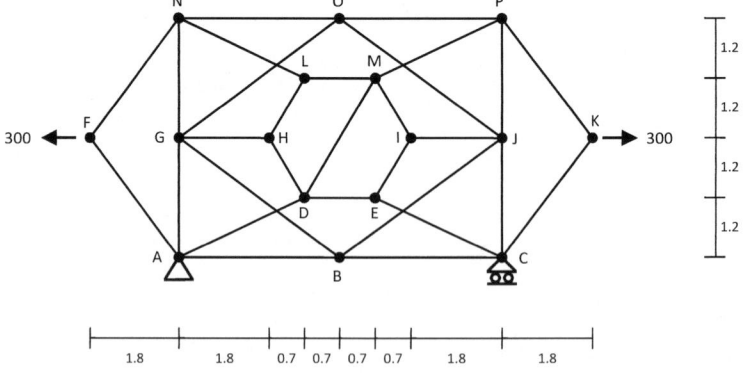

SOLUCIÓN

Las reacciones en los apoyos son nulas. Las dos fuerzas externas se contrarrestan mediante el hexágono exterior en tracción y los dos montantes verticales comprimidos.

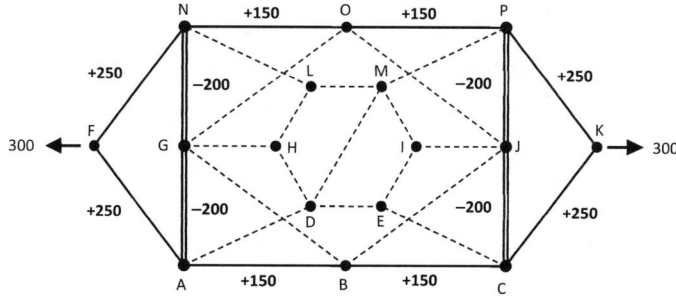

Las 17 barras interiores horizontales e inclinadas no son necesarias en esta solución de equilibrio y, de acuerdo con el principio de unicidad, tienen esfuerzo nulo.

El balance de componentes horizontales en el nudo F proporciona los valores de los esfuerzos en las barras FA y FN. El equilibrio de las fuerzas aplicadas sobre el nudo N establece los esfuerzos axiles en las barras NO y NG y las condiciones de doble simetría determinan los esfuerzos del resto de las barras solicitadas.

Ejercicio 4.1.4.03

Determinar los valores de los esfuerzos en todas las barras del sistema articulado isostático representado.

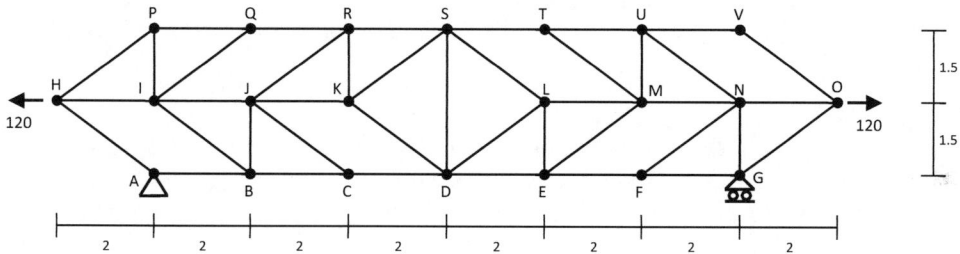

SOLUCIÓN

Las acciones exteriores se contrarrestan entre sí y las reacciones en los apoyos son nulas. En este caso las dos fuerzas externas se transmiten por los tramos horizontales HK y OL hasta el rombo central KDLS, traccionando en el mismo las barras diagonales y comprimiendo su montante vertical central.

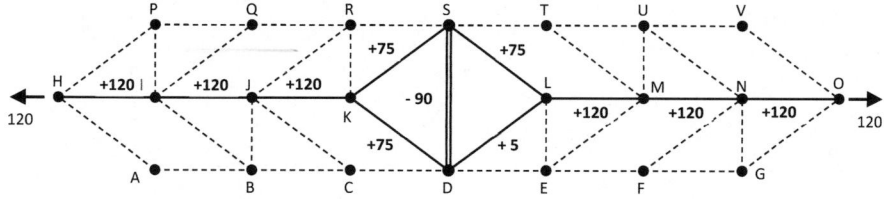

Las 30 barras exteriores no intervienen en este mecanismo resistente (el equilibrio se produce sin su colaboración en esta solución particular). Por tratarse de un sistema isostático esta solución es la única y dichas barras poseen esfuerzo nulo.

El equilibrio de componentes horizontales en el nudo K proporciona los valores de los esfuerzos en las diagonales del rombo y el de componentes verticales del nudo D, el esfuerzo axil en la barra vertical.

Ejercicio 4.1.4.04

Determinar los valores de los esfuerzos en todas las barras del sistema articulado isostático representado.

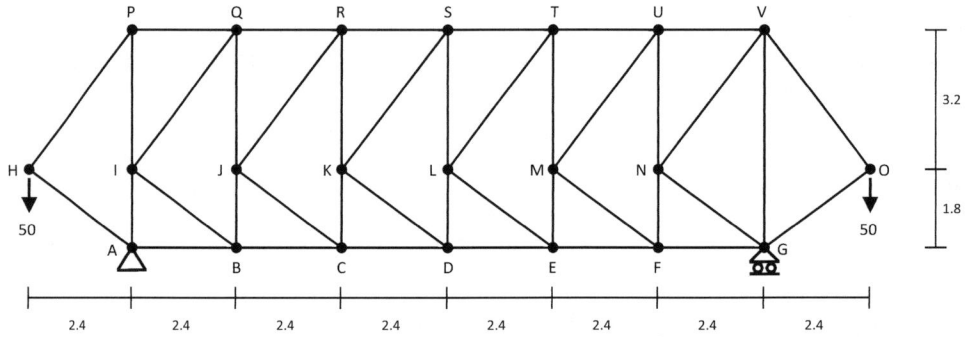

SOLUCIÓN

La estructura no es internamente simétrica, pero las cargas aplicadas y la disposición de los apoyos sí. Las reacciones en estos son, por tanto, verticales e iguales y forman con las fuerzas activas sendos pares de fuerzas de 50 kN.

Estos pares tienden a producir rotaciones puras y opuestas en los triángulos extremos AHP y GOV, que se resisten mediante la tracción del cordón superior y la compresión del inferior en la zona central.

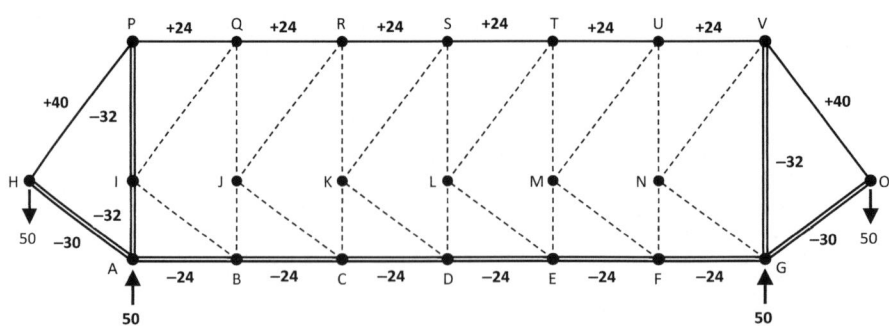

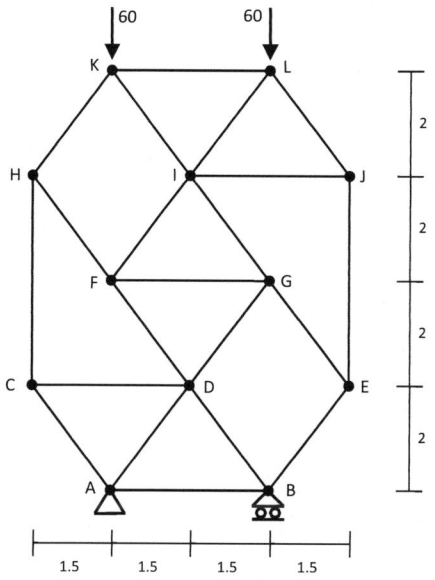

Las veintidós barras interiores (sean simétricas o no) no participan en el mecanismo resistente indicado. Como la estructura es isostática, la solución de equilibrio obtenida es la única posible y dichas barras poseen axil nulo.

Realizando un corte vertical central y planteando el equilibrio de una zonal mediante el método de Ritter, el par actuante producido por las dos fuerzas de 50 kN tiene que compensarse con el par resistente producido por las barras de los cordones superior e inferior. Esta condición proporciona los valores de los esfuerzos en dichos cordones y el equilibrio de los nudos H y V resuelve las incógnitas restantes.

Ejercicio 4.1.4.05

Determinar los valores de los esfuerzos en todas las barras de la estructura articulada isostática representada en la figura de la derecha.

SOLUCIÓN

Las cargas aplicadas son simétricas y dirigidas verticalmente sobre los apoyos. Las reacciones en estos son, por tanto, iguales y del mismo valor que las cargas.

La transmisión de las fuerzas desde los nudos superiores K y L hasta los apoyos A y B se realiza mediante un mecanismo de tijera a través de las barras interiores.

Las diagonales se encuentran todas igualmente comprimidas y las 3 barras horizontales centrales trabajan a tracción impidiendo la separación entre los nudos K-L, F-G y AB.

Las barras laterales no colaboran en la solución de equilibrio indicada y como esta es la única posible (el sistema es isostático) tienen esfuerzo nulo y se pueden eliminar del modelo de cálculo.

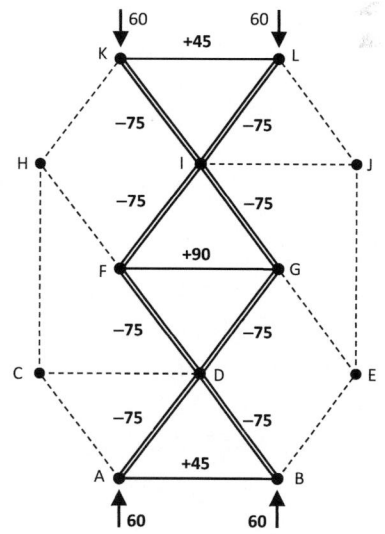

Las ecuaciones de equilibrio de componentes horizontales y verticales de los nudos K y F y la condición de doble simetría del sistema resultante proporcionan los valores de todos esfuerzos en las barras solicitadas.

Ejercicio 4.1.4.06

Determinar los valores de los esfuerzos en las barras del tramo horizontal AE del sistema articulado isostático de la figura para la carga aplicada en el nudo J.

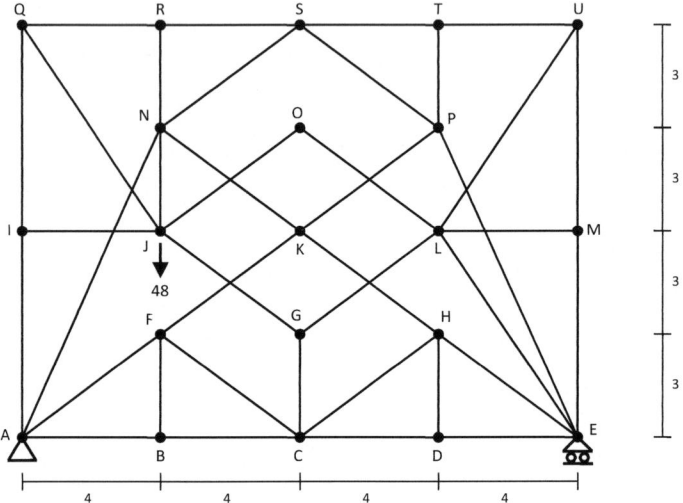

SOLUCIÓN

La reacción en los apoyos se obtiene con facilidad a partir de las ecuaciones de equilibrio de la estructura en su conjunto.

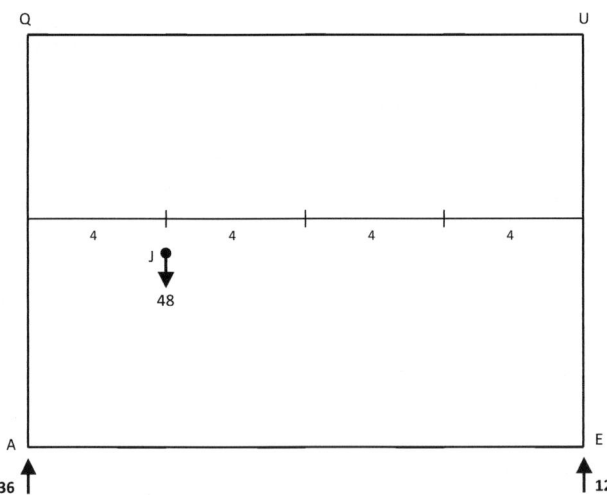

Dentro del sistema, la fuerza aplicada en el nudo J se transmite por la barra traccionada JN hasta el nudo superior N y desde allí directamente a los apoyos por las barras NA y NK, KH y HE (comprimidas).

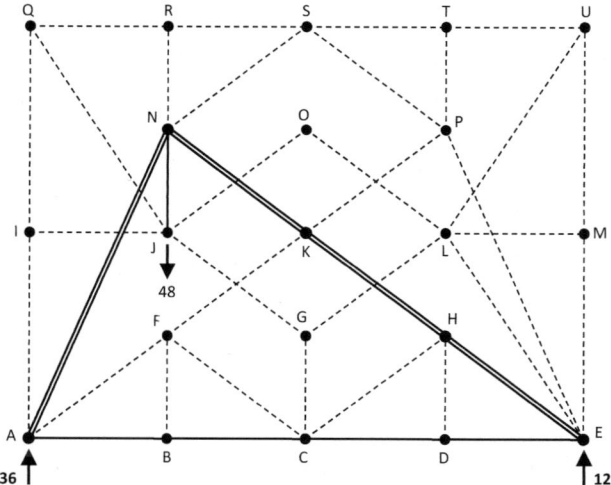

El triángulo ANE se cierra con el tramo horizontal inferior formado por las barras AB, BC, CD y DE (traccionadas).

Este mecanismo resistente garantiza el equilibrio y es el único posible (el sistema es isostático). Las otras 30 barras presentan esfuerzo nulo para esta carga en el nudo J.

Finalmente, el equilibrio de las fuerzas actuantes sobre el nudo E proporciona un valor del esfuerzo en el tramo inferior de 16 kN.

Ejercicio 4.1.4.07

Analizar los mecanismos de comportamiento estructural de los sistemas representados en las figuras siguientes.

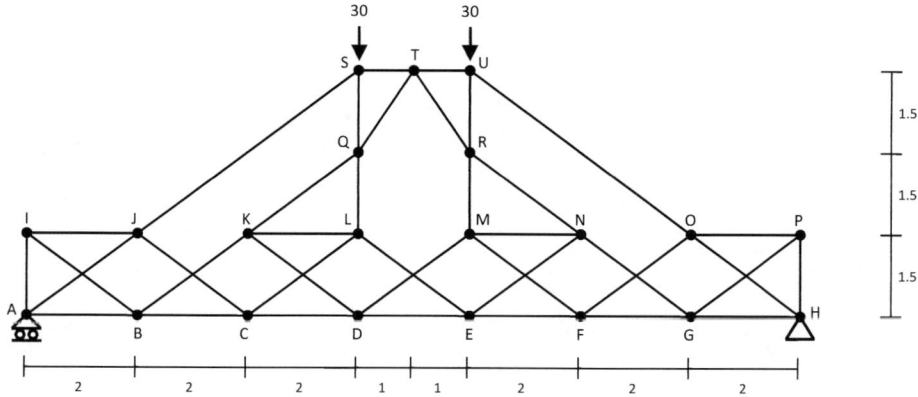

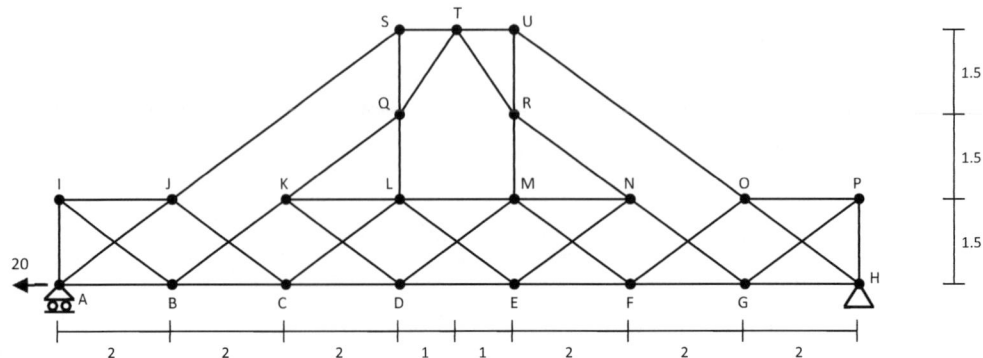

Identificar, en cada uno de los casos, todas las barras con esfuerzo nulo para las cargas indicadas.

SOLUCIÓN

En el primero de los casos, considerando la simetría geométrica y de cargas, los valores de las reacciones en los apoyos son inmediatos (30 kN).

Las dos fuerzas verticales actuantes sobre los nudos S y U se transmiten a los apoyos mediante las barras SJ, JA, UO y OH y las componentes horizontales de ambos lados se compensan comprimiendo las barras ST y UT en la zona superior y traccionando el tramo inferior AH.

El equilibrio de los nudos S y A y la condición de simetría, determinan los valores de los esfuerzos en los tramos horizontales e inclinados.

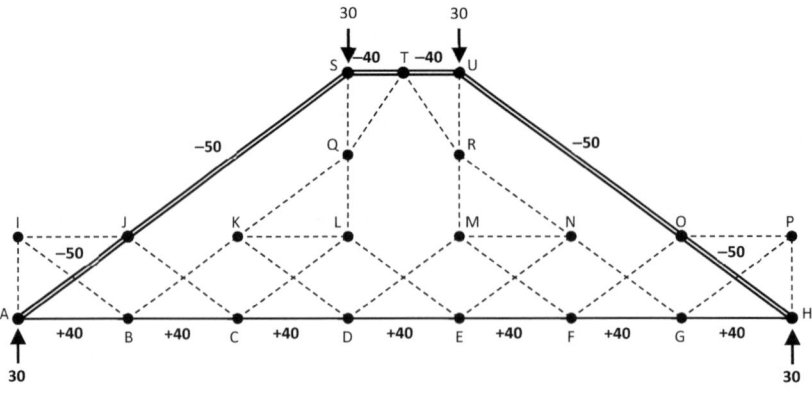

Este mecanismo resistente garantiza el equilibrio y es el único posible (el sistema es isostático). Las otras veintiséis barras representadas a trazos tienen esfuerzo nulo para estas cargas.

En el segundo caso, las reacciones en los apoyos son también muy simples. La fuerza horizontal de 20 kN en A se contrarresta con una reacción opuesta y de igual valor en el apoyo fijo H.

Un mecanismo resistente obvio que garantiza el equilibrio es el que moviliza en tracción todas las barras del tramo inferior entre A y H sin la colaboración de las treinta y tres barras de la zona superior.

Sin embargo, la adición en este caso de una nueva barra entre los nudos L y M convierte la estructura en hiperestática (b + R > 2n) y por ello el mecanismo resistente indicado no es el único existente. Las barras de la zona superior también coartan el desplazamiento horizontal entre los apoyos y en la respuesta real de la estructura participarán distintas modalidades de resistencia (como corresponde a todo sistema hiperestático).

La determinación de los esfuerzos en estructuras articuladas hiperestáticas se aborda en el Capítulo 6. Para la obtención de las barras con axil nulo no se puede aplicar el principio de unicidad, pero sí los criterios conocidos de simplificación del modelo de cálculo de la estructura (Apartado 2.4.1).

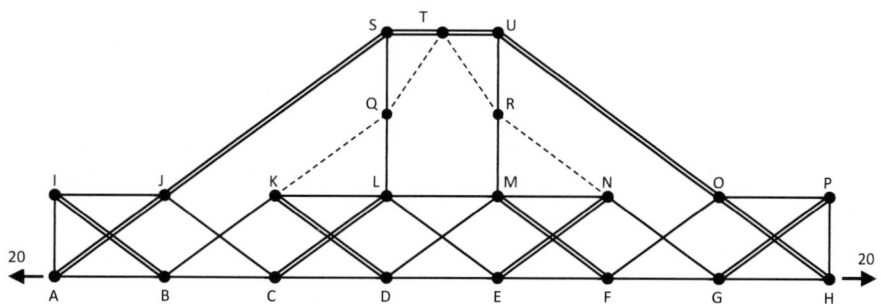

La simetría y el equilibrio de componentes verticales en el nudo T provocan un axil nulo en las barras TQ y TR. Tras eliminarlas, a los nudos Q y R solamente acceden tres barras y dos de ellas son colineales. Esto determina que son también nulos los esfuerzos en las barras QK y RN, pero todas las demás barras colaboran en la resistencia a la fuerza horizontal aplicada en A.

Ejercicio 4.1.4.08

Determinar los valores de los esfuerzos en todas las barras del sistema articulado isostático representado en la figura.

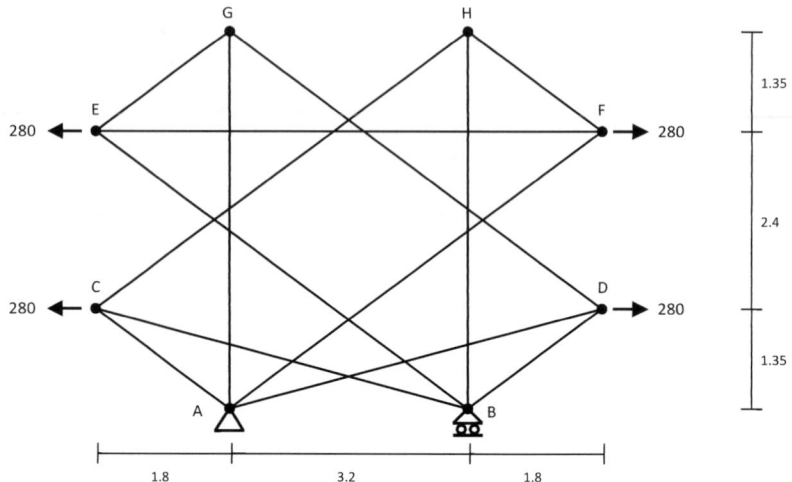

SOLUCIÓN

La resultante y el momento resultante de las acciones son nulos. No se precisan los apoyos para el equilibrio global y, de acuerdo con el principio de unicidad, son nulas las reacciones.

Las cargas aplicadas tienen doble simetría (horizontal y vertical) y por ello se plantea una estructura resistente doblemente simétrica. Para conseguirla se eliminan las barras AD, BC y EF que no respetan la simetría respecto al eje central horizontal.

El sistema resultante se comporta estructuralmente como una doble tijera. Las fuerzas exteriores tienden a separar los nudos C-D y E-F provocando tracciones en todas las barras inclinadas y compresiones en los dos montantes verticales AG y BH.

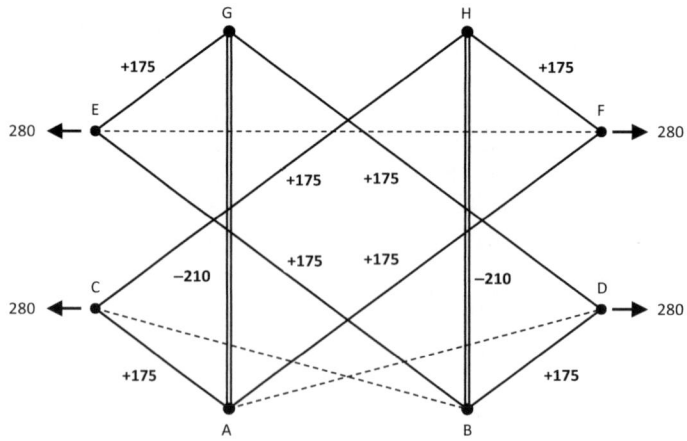

Este mecanismo resistente garantiza el equilibrio de todos los nudos y, tratándose de una estructura isostática, tiene que ser la solución única. Las barras de trazos efectivamente tienen esfuerzo nulo.

[4.1.5]. MÉTODO DE SUPERPOSICIÓN

El método de superposición de efectos establece que, si un sistema articulado se encuentra solicitado por varias fuerzas activas, las fuerzas pasivas correspondientes (reacciones en los apoyos y esfuerzos en las barras) son la suma de las producidas individualmente por cada una de las fuerzas aplicadas.

Esta posibilidad de considerar el efecto global de las cargas como suma de los efectos parciales de cada una se justifica por el carácter lineal del sistema de ecuaciones de equilibrio.

Este carácter lineal también establece que, al multiplicar una fuerza o estado de fuerzas por un factor, sus efectos sobre la estructura (reacciones en apoyos y esfuerzos en barras) resultan también multiplicados por el mismo factor (siempre se puede considerar el producto de una carga por un factor k como la suma k veces de la misma carga).

Tal como se ha verificado en varios de los ejercicios precedentes, para determinadas cargas muchas de las barras del sistema presentan esfuerzo nulo y la solución de equilibrio global se puede obtener más fácilmente.

El método de superposición permite la determinación de una respuesta estructural más compleja como la suma de varias respuestas más simples y en ocasiones se combina eficazmente con el método de unicidad.

Unos sistemas en los que puede resultar especialmente adecuada la aplicación de este método son los simétricos en geometría, pero no en cargas aplicadas. En estos casos siempre se pueden descomponer las cargas iniciales en la suma de un conjunto de fuerzas simétricas y otro conjunto de fuerzas antisimétricas (las opuestas a las simétricas), tal como se refleja en el siguiente ejemplo.

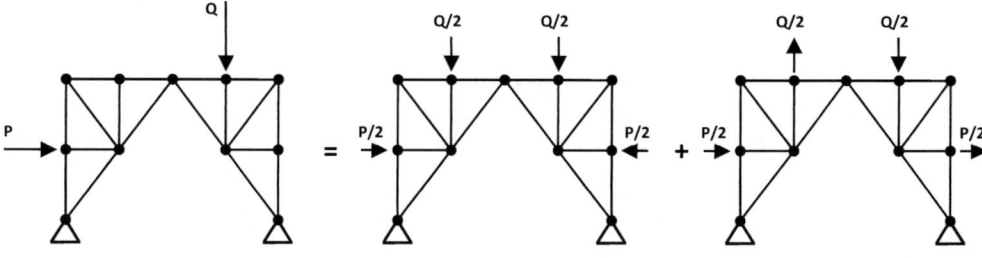

En el primero de los estados el sistema es ahora simétrico en geometría y cargas, el nudo central en el eje de simetría no se desplaza en dirección horizontal y el modelo de cálculo se puede reducir a la mitad de la estructura con un apoyo con deslizamiento vertical en dicho nudo.

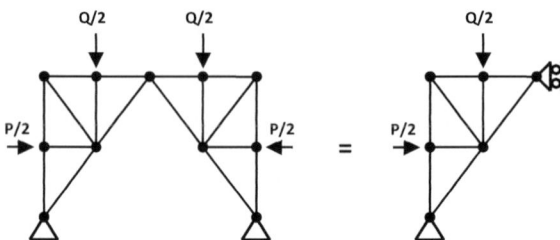

El segundo estado posee simetría geométrica y antisimetría de cargas. El nudo central en este caso sí puede desplazarse horizontalmente pero no en la dirección vertical. Ahora el modelo de cálculo se puede reducir a la mitad de la estructura con un apoyo deslizante horizontal en el nudo situado en el eje de simetría.

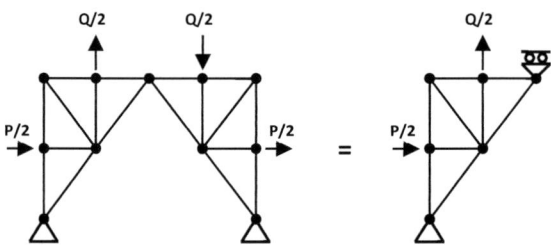

Las reacciones y esfuerzos en la zona derecha de la estructura son las simétricas de las obtenidas en el primer estado reducido (zona izquierda) y las opuestas a las simétricas de las obtenidas en el segundo estado.

Finalmente, las reacciones en los apoyos y los esfuerzos en las barras se obtienen sumando las correspondientes a los dos estados (simétrico y antisimétrico) en las correspondientes zonas (izquierda y derecha).

Ejercicio 4.1.5.01

Resolver el último ejercicio del epígrafe anterior (Ejercicio 4.1.4.08) mediante el método de superposición, sumando los efectos de las fuerzas superiores e inferiores.

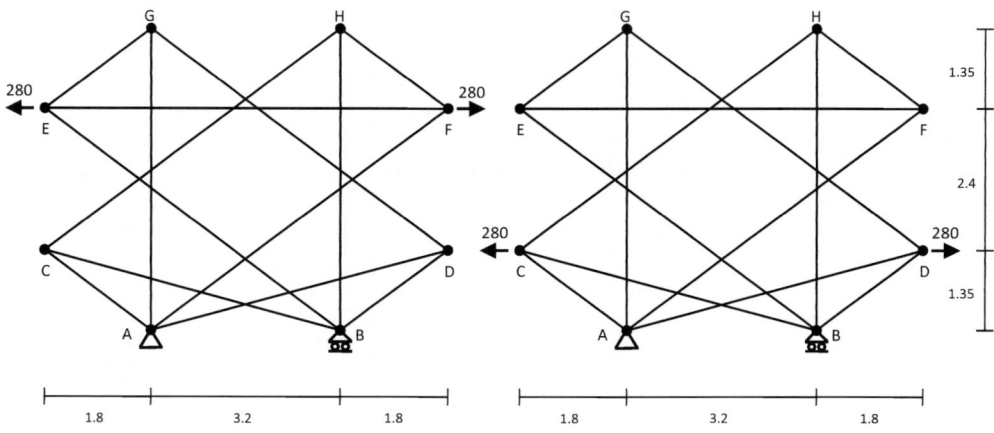

SOLUCIÓN

El primer estado se resuelve directamente aplicando el principio de unicidad. La única barra necesaria para resistir las fuerzas actuantes es la horizontal superior EF.

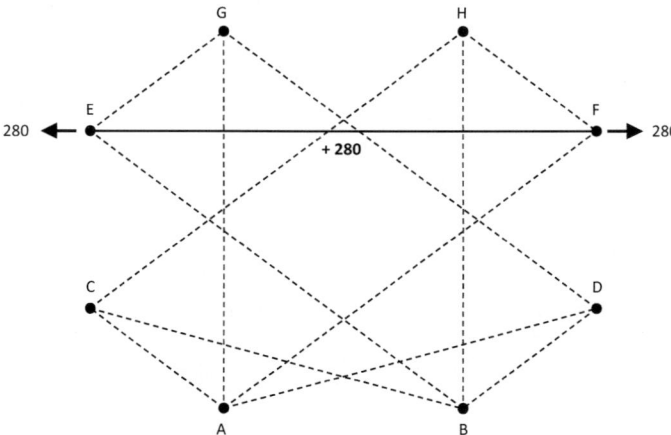

Teniendo en cuenta el carácter complejo del sistema, el segundo estado se acomete mediante el método de Henneberg. Para ello se sustituye la barra CB por una nueva entre los apoyos A y B.

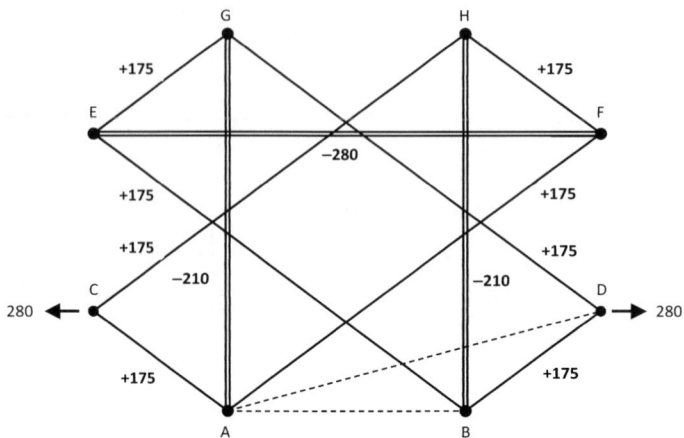

El equilibrio secuencial de los nudos en el orden C, H, F, E, G, D y B proporciona los valores indicados en la figura. Al resultar nulo el esfuerzo en la barra añadida AB, estos son los valores finales y la barra original CB también posee axil nulo.

Aplicando el método de superposición, la suma de ambos estados confirma los esfuerzos obtenidos en el ejercicio anterior.

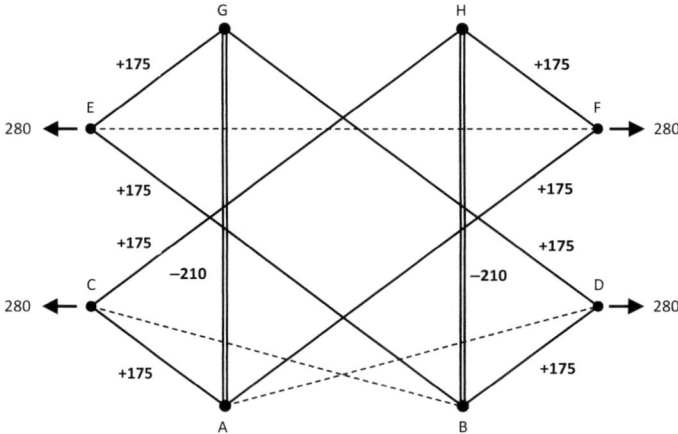

El esfuerzo de tracción (+ 280 kN) en la barra EF producido por las cargas superiores se compensa exactamente con el de compresión (−280 kN) producido por las inferiores. Por tanto, al actuar las cuatro fuerzas externas, la barra EF tiene axil nulo.

Ejercicio 4.1.5.02

Determinar los esfuerzos en las barras del sistema articulado de la figura, considerando por separado las cargas aplicadas en los nudos B y E, C y D, G e I y H.

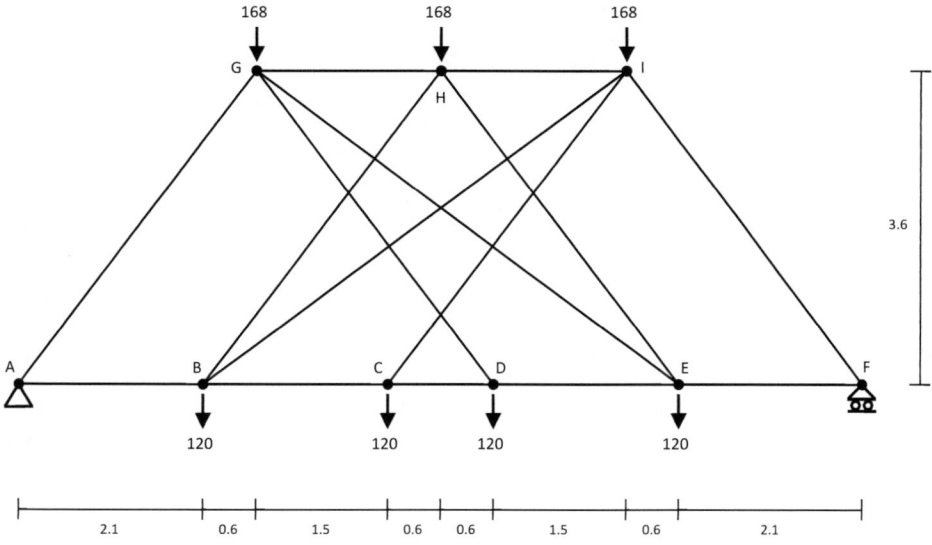

SOLUCIÓN

Con las cargas en los nudos B y E, las barras CI y DG no trabajan. Por simetría, también tienen esfuerzo nulo HB y HE. El equilibrio de los nudos A, B y G proporciona para este primer estado los valores indicados.

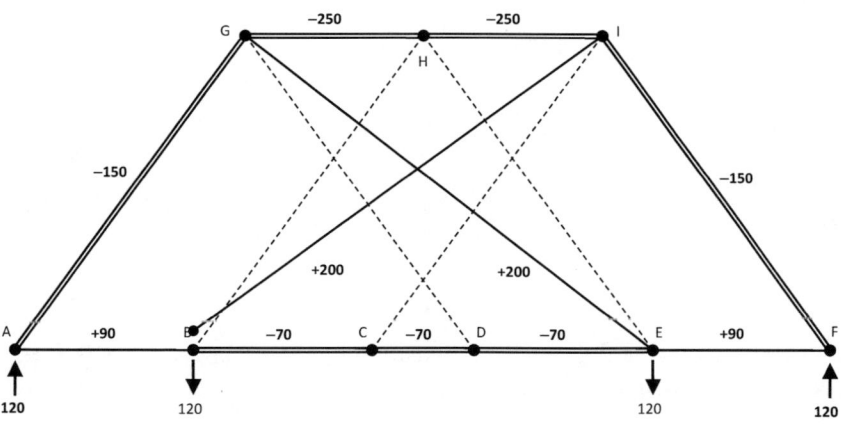

Al considerar ahora las cargas en C y D, son las barras HB, BI, HE y EG las que tienen esfuerzo nulo. El equilibrio de los nudos A, C y G determina los nuevos valores de esfuerzos para el segundo estado.

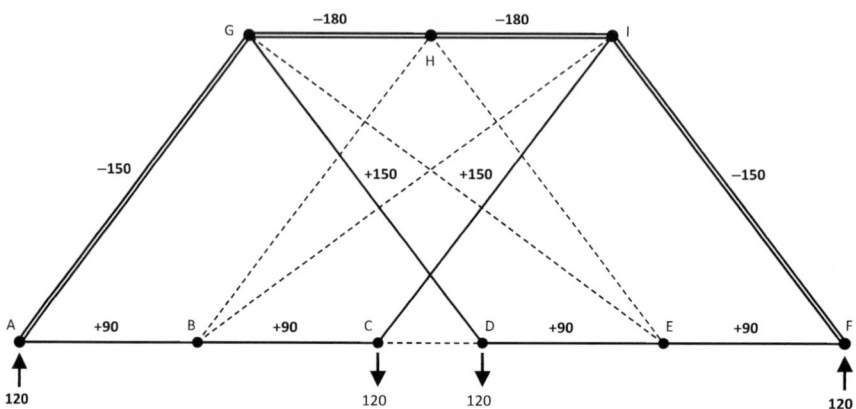

Con las cargas aplicadas en los nudos G e I, la simetría del sistema permite que no trabaje ninguna de las barras interiores. El equilibrio de los nudos A y G proporciona los esfuerzos en las barras exteriores.

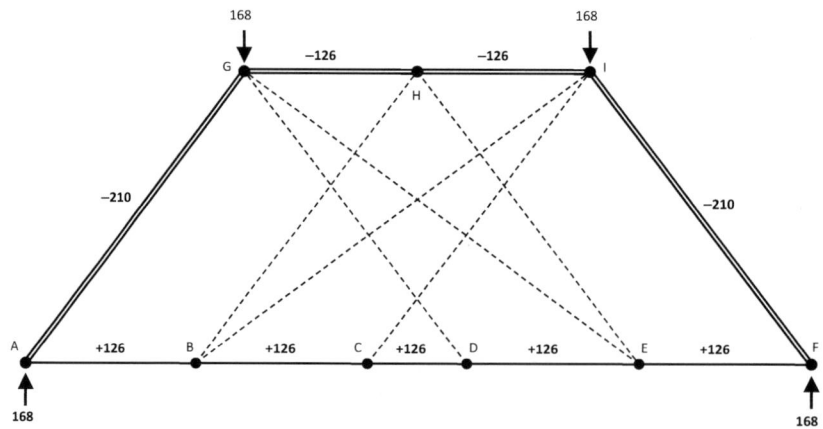

Finalmente, la carga central en H se transmite mediante las barras HB y HE a los nudos B y C y de allí mediante los tirantes BI y EG a las esquinas superiores. Las barras

CI y DG tienen esfuerzo nulo y el equilibrio secuencial de los nudos A, G, H y B determina los esfuerzos del último estado.

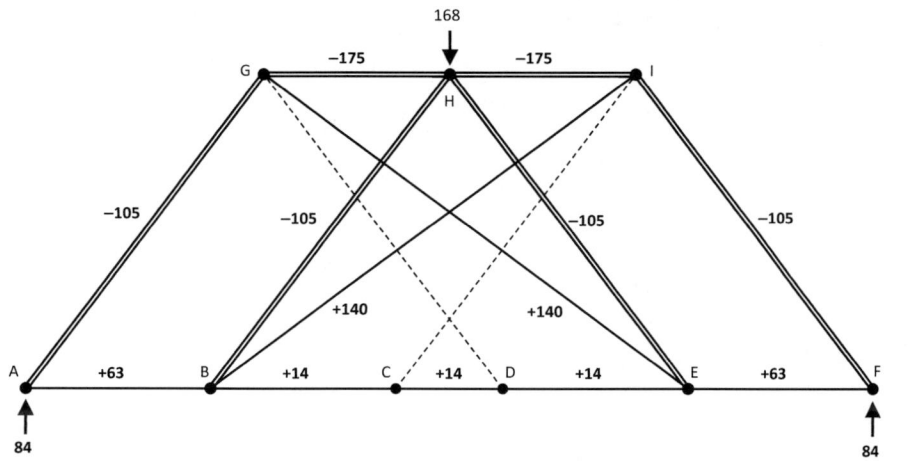

Considerando la totalidad de las fuerzas exteriores, al aplicar el principio de superposición de efectos, los esfuerzos finales en todas las barras se obtienen mediante la suma de los correspondientes a los cuatro estados considerados.

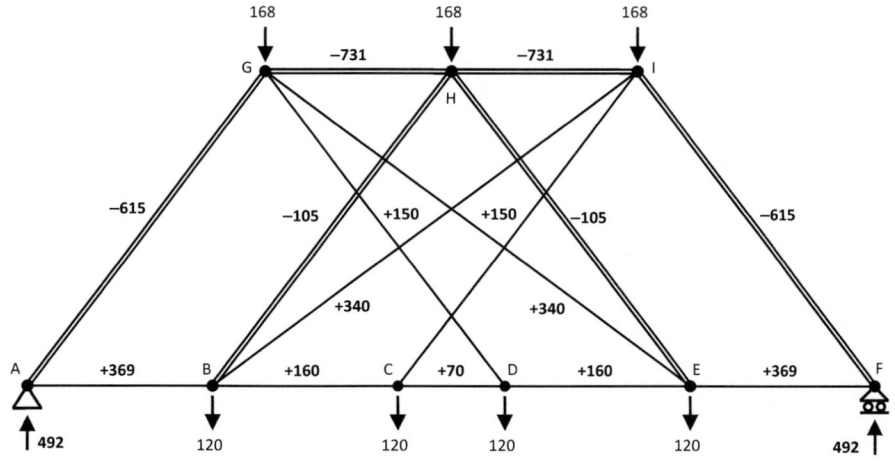

Ejercicio 4.1.5.03

Analizar los efectos producidos por las cargas aplicadas en el nudo G, en los nudos F y H, en los nudos E e I y en los nudos C y D del sistema articulado de la figura

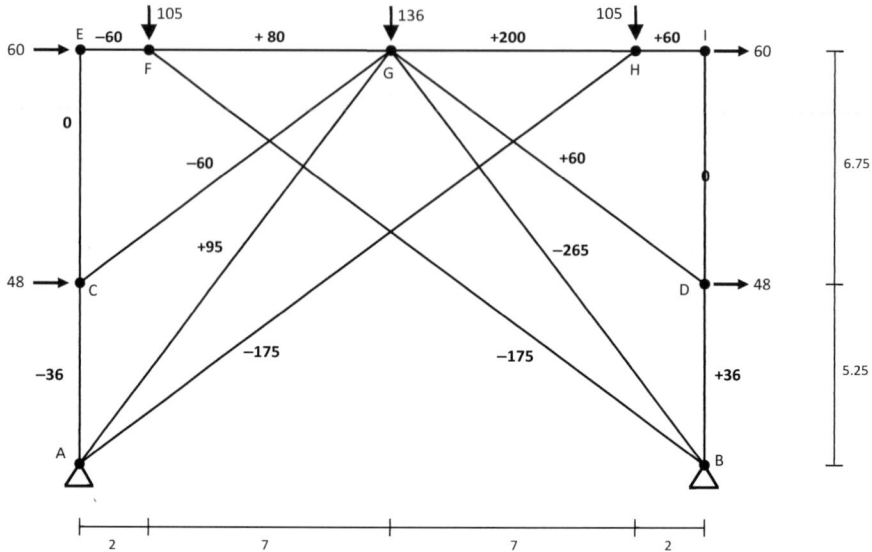

SOLUCIÓN

Para resistir la carga aplicada en el nudo G solamente son precisas las barras GA y GB que la conducen a los apoyos (principio de unicidad).

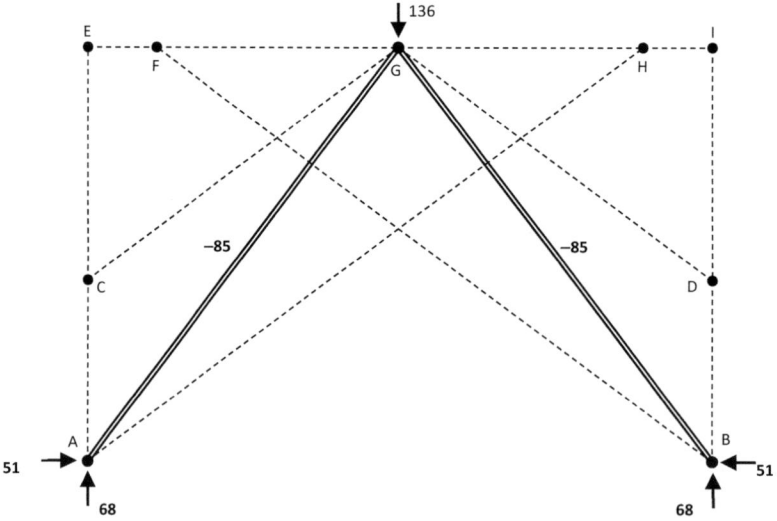

Cuando se consideran solamente las cargas aplicadas en los nudos F y H, las barras que se movilizan para resistirlas son ahora FG, FB HG y HA. El equilibrio del nudo F es suficiente para determinar los valores de los esfuerzos. El resto de las barras no colaboran en este segundo estado.

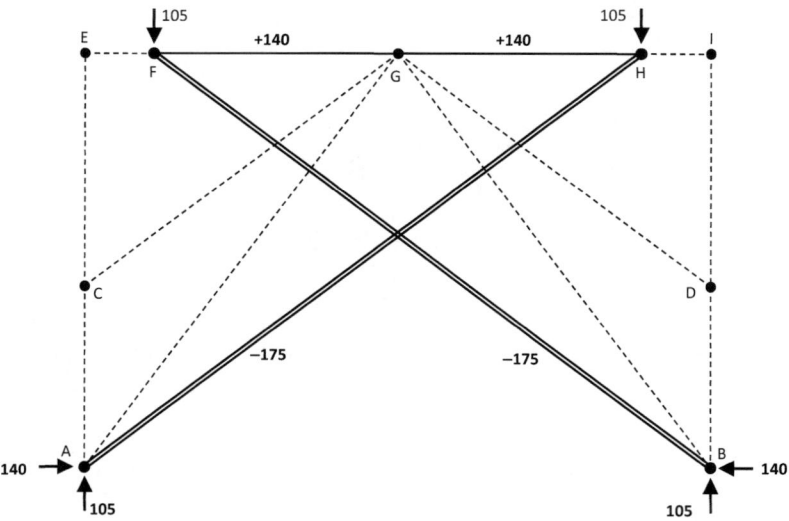

Las cargas horizontales aplicadas en los nudos E e I se transmiten a los apoyos mediante las barras del tramo superior EFGHI y las diagonales centrales GA y GB. El equilibrio del nudo G proporciona los correspondientes esfuerzos.

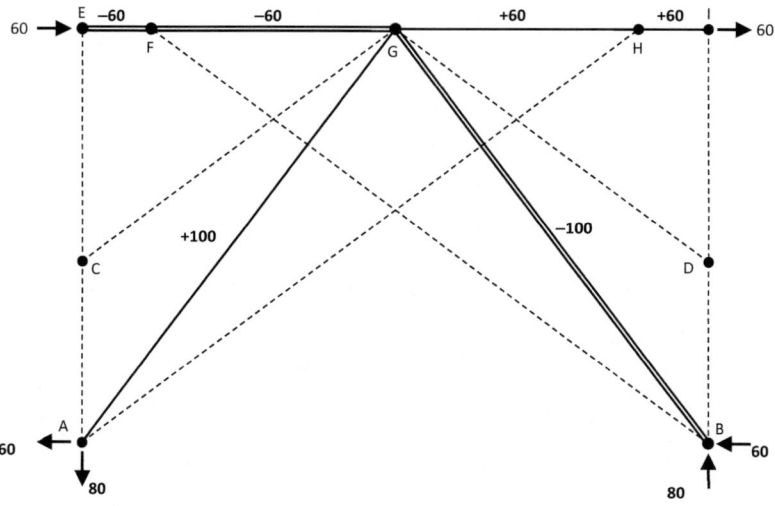

Por su parte, las cargas horizontales aplicadas en los nudos C y D movilizan las barras correspondientes a los triángulos indicados CGA y DGB. Las demás barras no colaboran en la transmisión de estas cargas a los apoyos y poseen esfuerzos nulos en este caso.

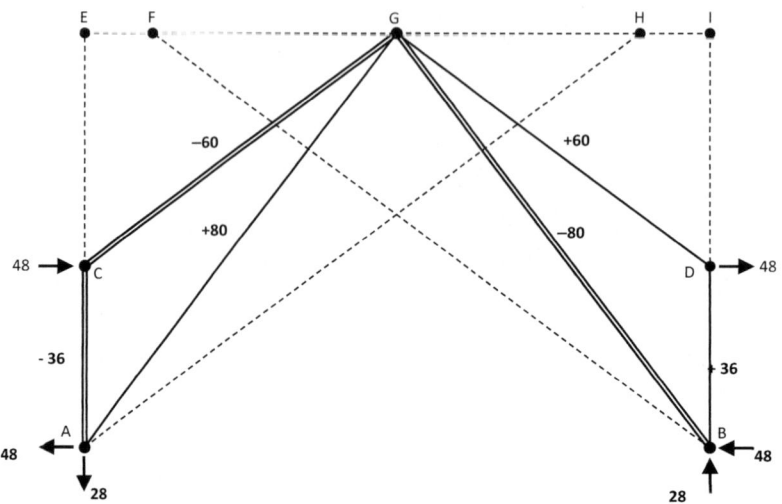

Considerando finalmente la totalidad de las fuerzas exteriores aplicadas, los esfuerzos en todas las barras se obtienen sumando los correspondientes a los cuatro estados anteriores (principio de superposición).

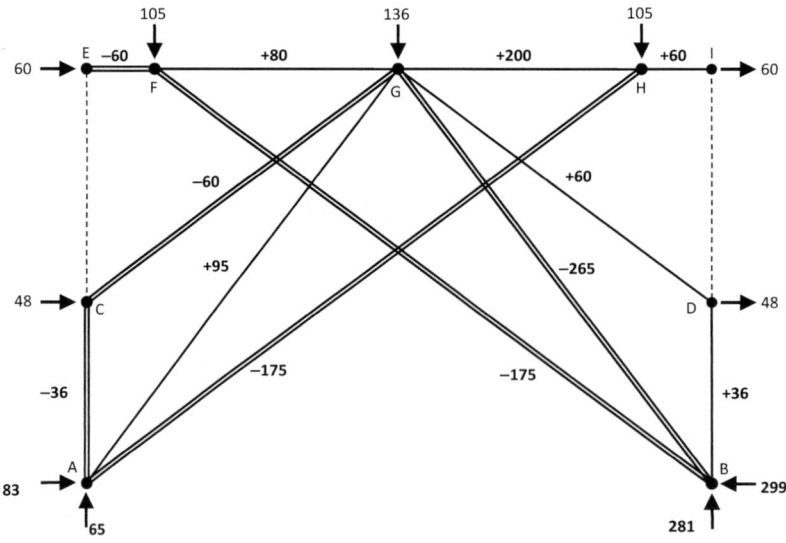

Ejercicio 4.1.5.04

Analizar los efectos producidos por las cargas aplicadas en el nudo P, en los nudos K y O y en los nudos H e I del sistema articulado de la figura. Determinar finalmente los esfuerzos en todas las barras bajo el conjunto total de fuerzas aplicadas.

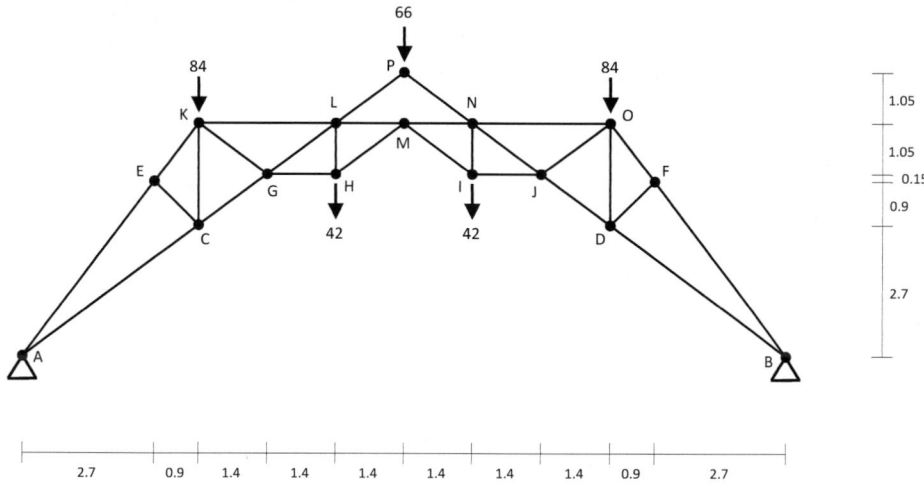

SOLUCIÓN

Para resistir la carga aplicada en el nudo G solamente son precisas las barras inclinadas de los tramos PLGCA y PNJDB. El resto de las barras presentan esfuerzos nulos en este primer estado.

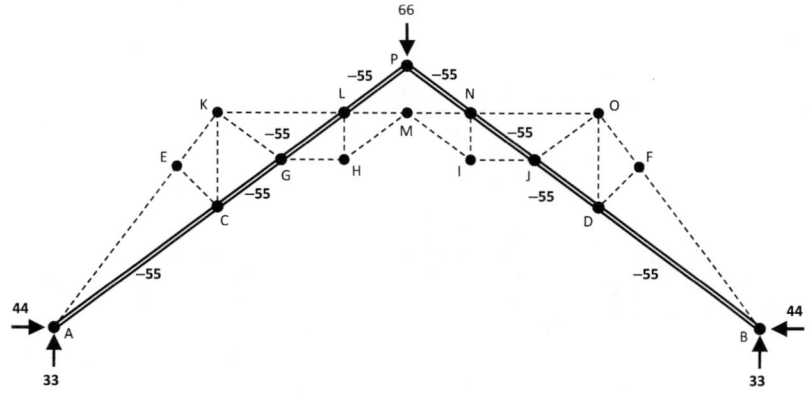

El equilibrio de componentes verticales actuando sobre el nudo P determina los valores de los esfuerzos y, con ellos, se obtienen las correspondientes reacciones en los apoyos.

Las cargas aplicadas en los nudos K y O se resisten por simetría mediante los tramos AEK, KLMNO y OFB. El resto de las barras no colaboran en este segundo estado.

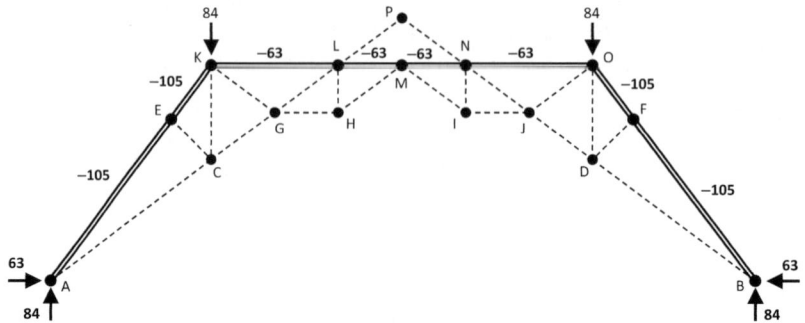

Las cargas aplicadas en los nudos H e I movilizan los tramos ACGL, LMN y NJDB a través de los tirantes HL e IN.

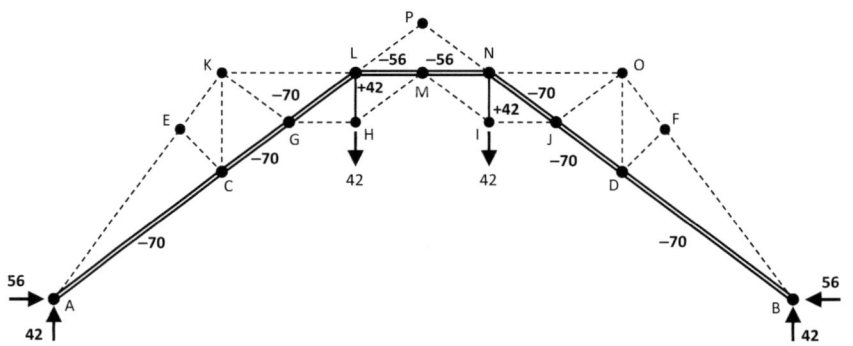

Considerando la totalidad de las fuerzas exteriores aplicadas, los esfuerzos en todas las barras se obtienen sumando los tres estados anteriores.

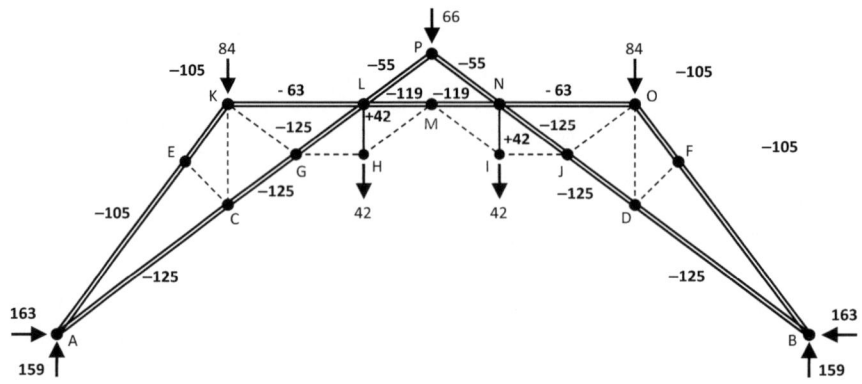

Ejercicio 4.1.5.05

Determinar los esfuerzos en todas las barras de la estructura indicada, descomponiendo las fuerzas actuantes sobre los nudos I y K en la suma de dos estados (simétrico y anti-simétrico).

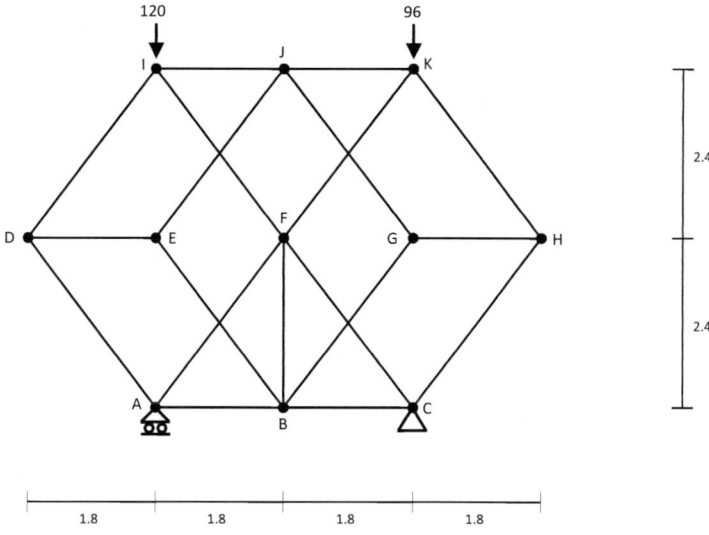

SOLUCIÓN

El estado simétrico se encuentra solicitado por la semisuma de las cargas inicialmente aplicadas (120+96)/2 = 108 y el antisimétrico por la semidiferencia (120–96)/2 = 12.

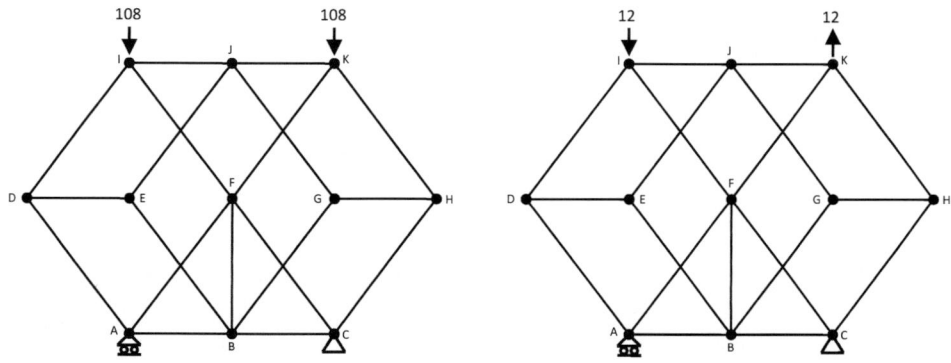

Las reacciones en los apoyos A y C son en ambos casos las fuerzas opuestas a las aplicadas sobre los nudos I y K.

El sistema simétrico se analiza considerando nulos los desplazamientos horizontales (perpendiculares al eje de simetría) en los nudos B, F y J contenidos en dicho eje. En el sistema antisimétrico, los que son nulos son los desplazamientos verticales (paralelos al eje de simetría) en los correspondientes nudos.

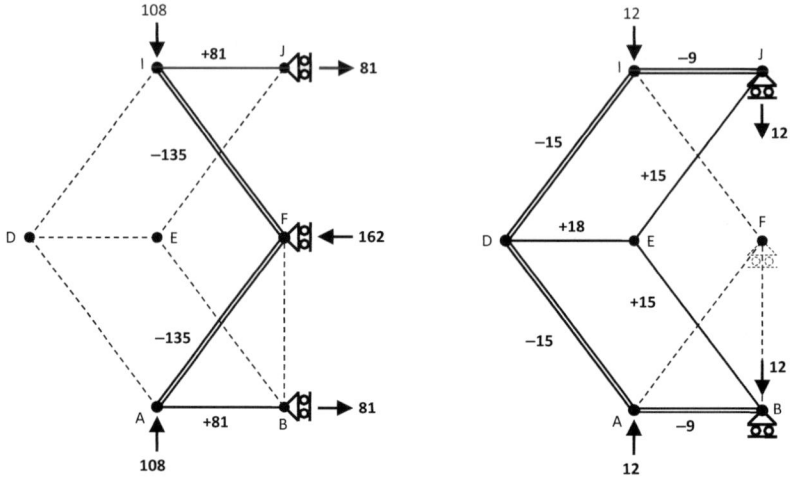

En el primer caso el equilibrio secuencial de los nudos J, E, B y D determina la nulidad de los esfuerzos en las barras representadas a trazos y el equilibrio del nudo I (y su simétrico A) proporciona los esfuerzos indicados. En el segundo estado resultan nulos los esfuerzos en las barras que confluyen en el nudo F y el equilibrio en los nudos I, D y E determina los valores de los esfuerzos en las demás barras.

Una vez resueltos los modelos simplificados de cálculo, los esfuerzos en la zona derecha se obtienen sumando los simétricos del primer estado y los opuestos a los simétricos en el estado antisimétrico.

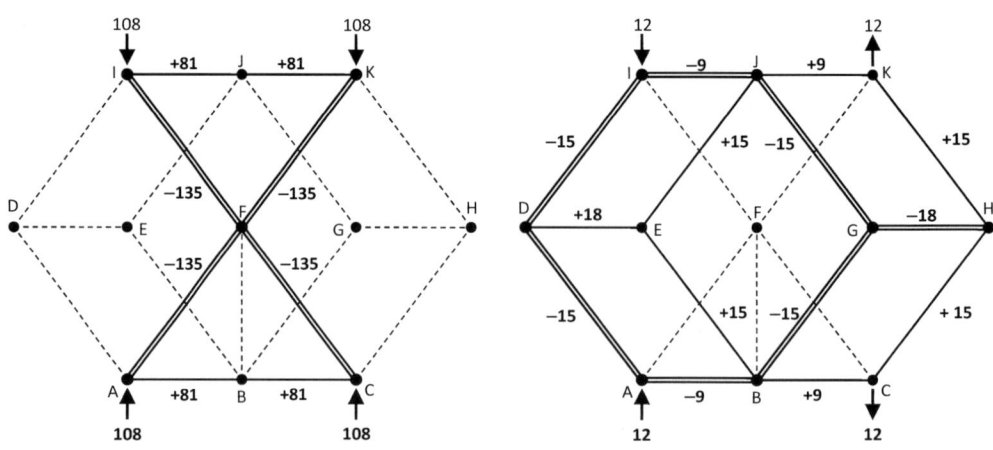

Considerando las fuerzas inicialmente aplicadas, los esfuerzos las barras se obtienen sumando los dos estados anteriores.

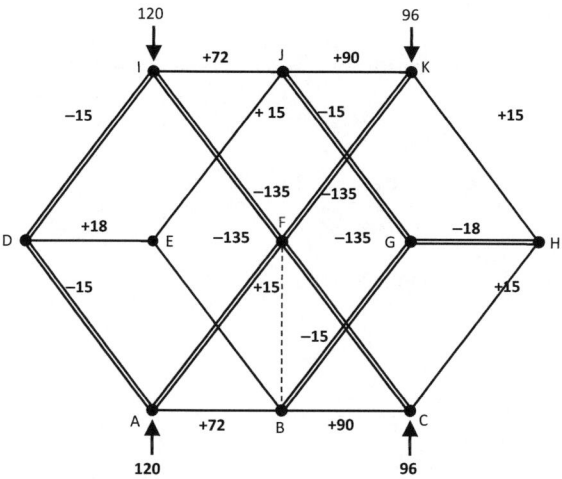

Ejercicio 4.1.5.06

Determinar los esfuerzos en todas las barras de la celosía de la figura, descomponiendo las fuerzas actuantes en sus sistemas equivalentes simétrico y antisimétrico.

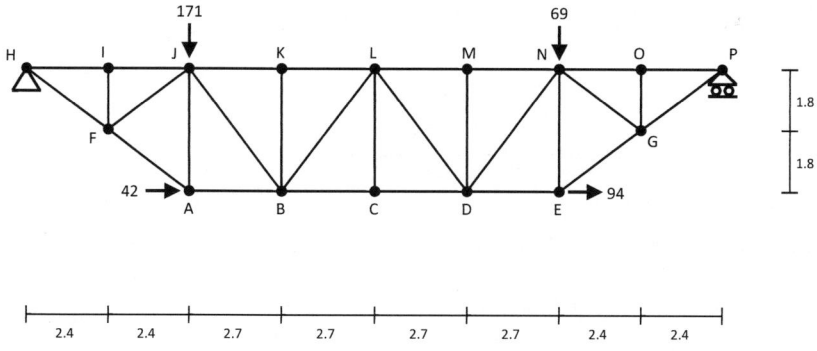

SOLUCIÓN

Las fuerzas verticales aplicadas en los nudos J y N (171, 69) son equivalentes a su semisuma (120, 120) más su semidiferencia (51, −51). Por su parte, las horizontales en A y E (42, 94) son equivalentes a su semidiferencia (−26, 26) más su semisuma (68, 68).

A continuación se obtienen los esfuerzos en los cuatro estados de carga, aprovechando las condiciones de simetría de la estructura.

Estado 1. Cargas verticales. Sistema simétrico

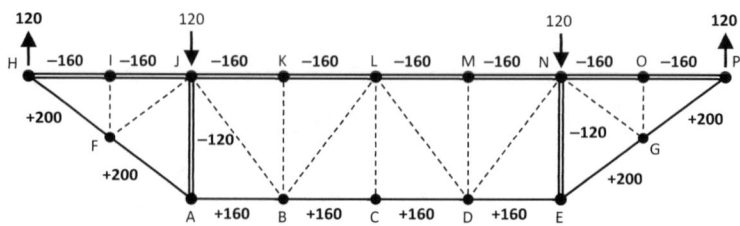

Estado 2. Cargas verticales. Sistema antisimétrico

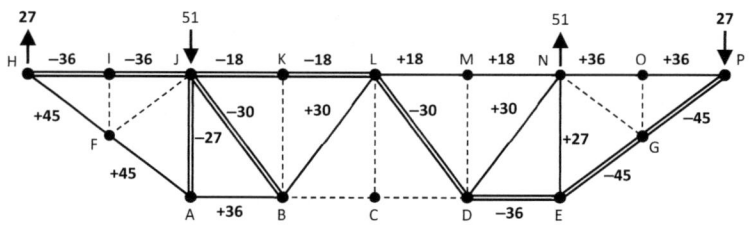

Estado 3. Cargas horizontales. Sistema simétrico

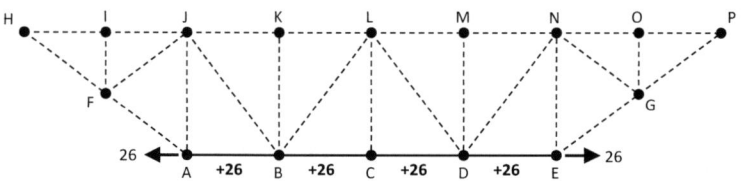

Estado 4. Cargas horizontales. Sistema antisimétrico

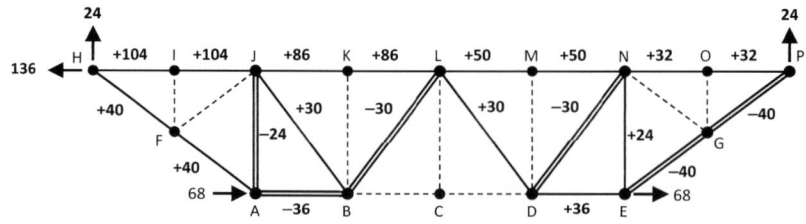

De acuerdo con el principio de superposición de efectos, los esfuerzos totales en todas las barras se obtienen finalmente sumando los cuatro estados anteriores.

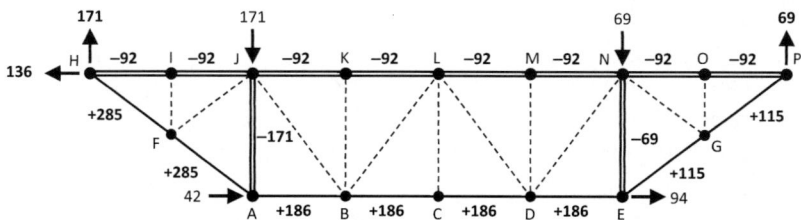

Las diagonales centrales poseen esfuerzos nulos al compensarse los estados antisimétricos producidos respectivamente por las cargas verticales y horizontales.

[4.1.6]. MÉTODO DE SUSTITUCIÓN

Cuando un sistema articulado contiene subsistemas rígidos enlazados mediante dos rótulas al conjunto general y sin carga aplicada en ninguno de sus otros nudos, estos subsistemas se comportan estructuralmente como barras elementales dispuestas entre sus nudos de enlace.

En una primera etapa de cálculo este método plantea la sustitución de los subsistemas por las barras ficticias equivalentes y, tras la resolución del conjunto, en una segunda fase se determinan los esfuerzos de las barras reales de cada subsistema bajo la acción de las fuerzas extremas iguales y opuestas correspondientes al esfuerzo calculado en la primera fase.

Ejercicio 4.1.6.01

Determinar los esfuerzos axiles en todas las barras del sistema articulado de la figura.

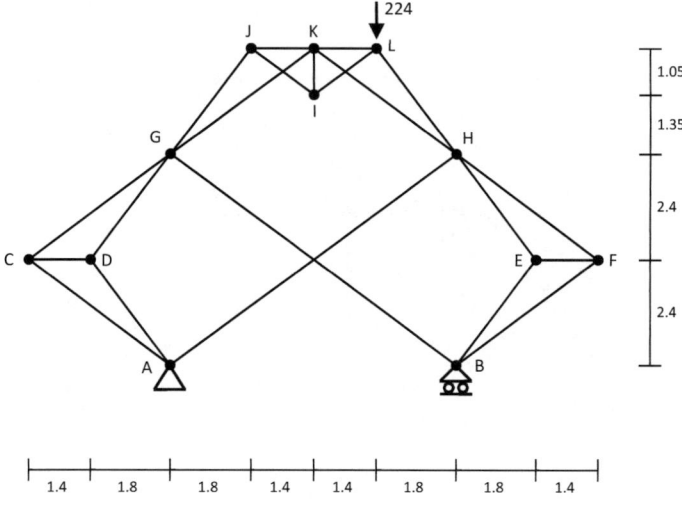

SOLUCIÓN

Mediante las ecuaciones de equilibrio de momentos del sistema conjunto se determinan los valores de reacciones en los apoyos.

$R_A = 224 \times 4{,}6/6{,}4 = 161$ kN
$R_B = 224 \times 1{,}8/6{,}4 = 63$ kN

Para la obtención de los esfuerzos en las barras no es aplicable en este caso el método de los nudos.

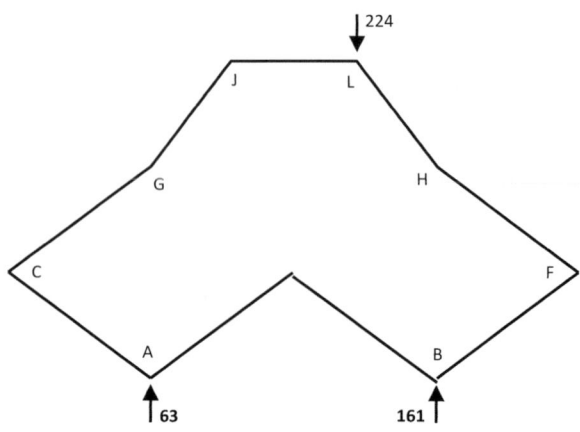

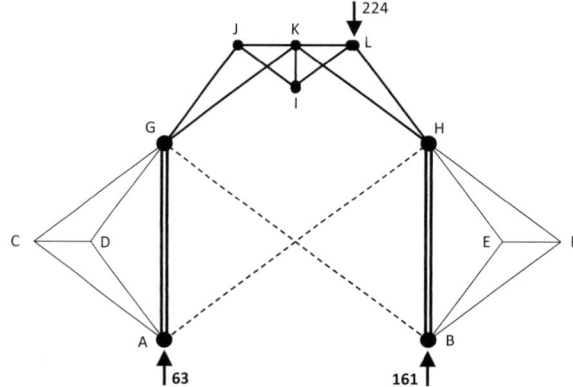

Se procede en cambio a la sustitución de los dos subsistemas ACDG y BEFH (representados con trazo fino) por las dos barras equivalentes AG y BH (indicadas con doble trazo).

Tras esta sustitución, en el nudo A confluyen solamente dos barras (AG y AH) y una de ellas lleva la dirección de la fuerza aplicada sobre el nudo. En consecuencia, la barra AH tiene esfuerzo nulo.

Del mismo modo el equilibrio del nudo B implica ahora la nulidad del esfuerzo en la diagonal BG.

Las barras AG y BH transmiten directamente las reacciones de los apoyos al subsistema superior y este sí se puede resolver ahora mediante el método de los nudos (en el orden secuencial GJIKLH).

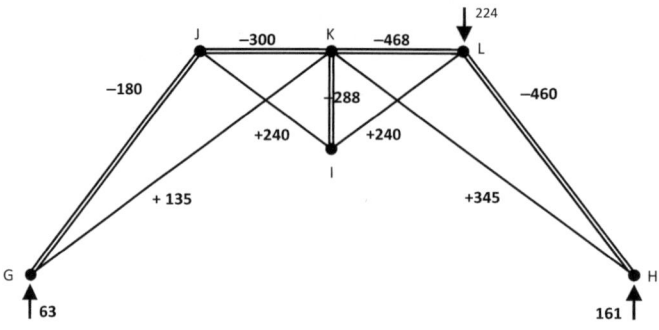

En una segunda etapa, se determinan los esfuerzos en las barras de los subsistemas sustituidos (ACDG y BEFH) con las solicitaciones correspondientes a las barras equivalentes (AG y BH) ya conocidas.

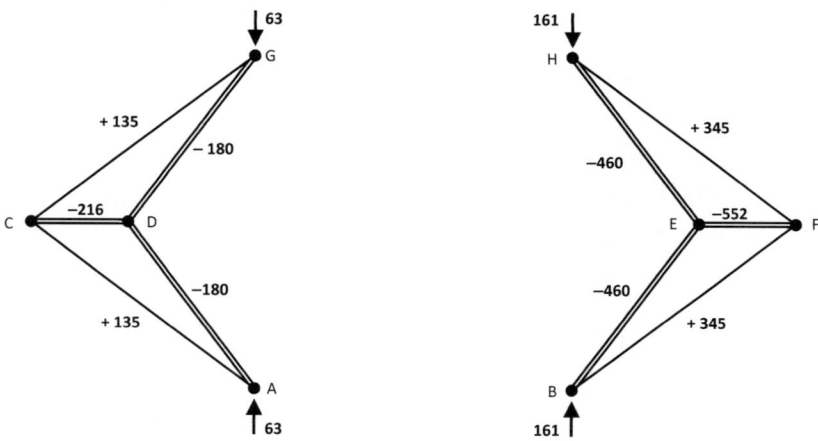

Finalmente se restituyen ambos subsistemas en su posición original completando los esfuerzos en todas las barras.

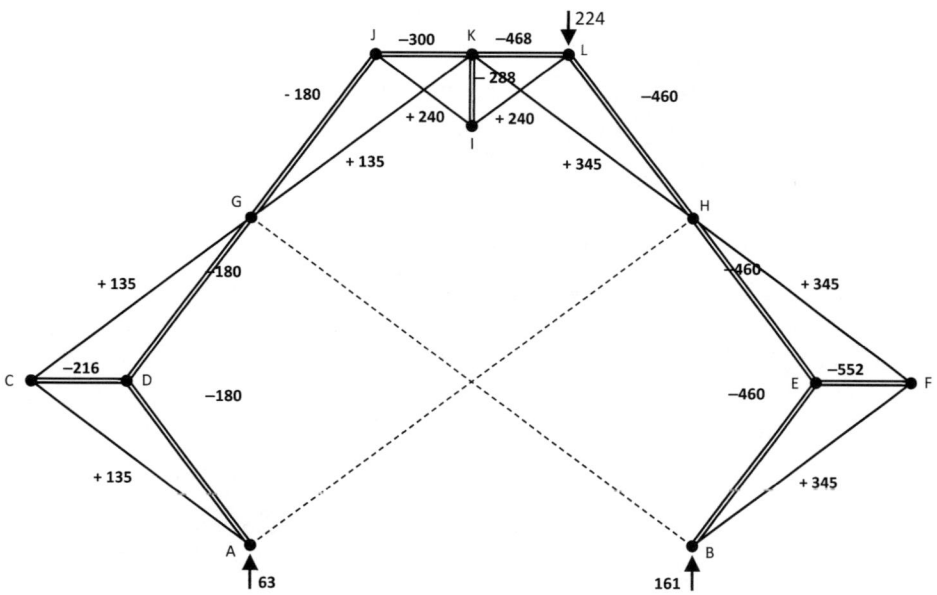

Ejercicio 4.1.6.02

Obtener, mediante el método de sustitución, los valores de los esfuerzos axiles en todas las barras del sistema articulado de la figura.

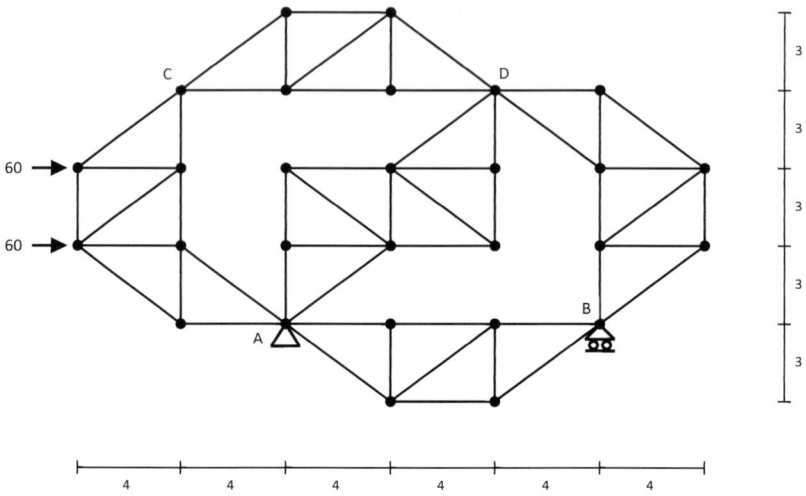

SOLUCIÓN

Las condiciones de equilibrio global proporcionan las reacciones en los apoyos pero no existen nudos con menos de tres barras para determinar con facilidad los esfuerzos axiles.

El método de sustitución permite reemplazar los subsistemas rígidos biarticulados en sus extremos [AB], [AD], [BD] y [CD] por las correspondientes barras ficticias. No es sustituible el subsistema [AC] por las cargas de 60 kN aplicadas en sus nudos interiores.

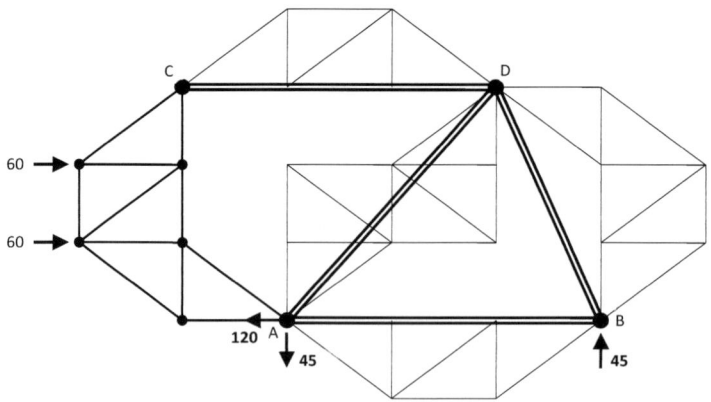

Tras la sustitución, al nudo B acceden solamente dos barras y existe una secuencia (B, D, C, etc.) para aplicar con comodidad el método de los nudos y determinar los esfuerzos en esta primera etapa.

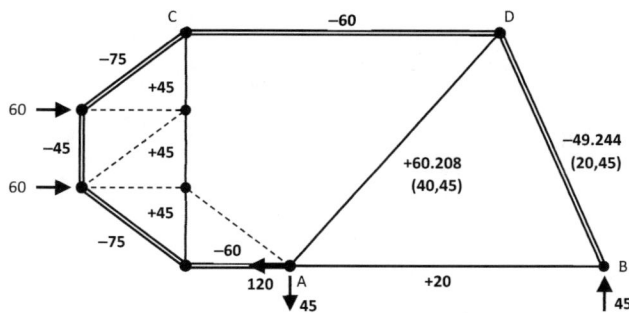

A continuación y en una segunda etapa se obtienen los esfuerzos en los subsistemas reemplazados a partir de las fuerzas actuantes sobre los extremos de las barras ficticias.

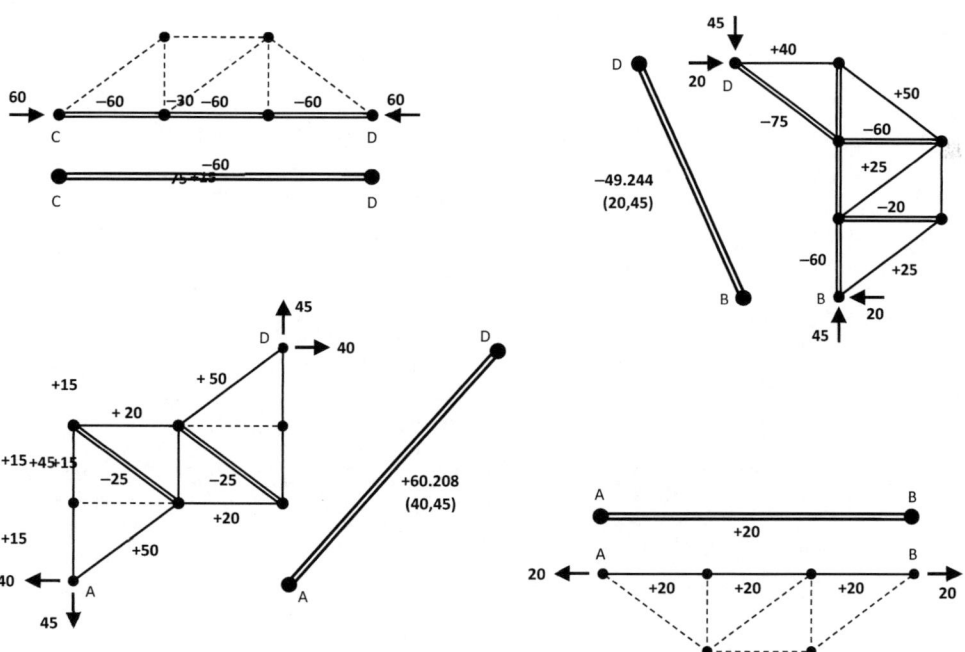

Finalmente, con los esfuerzos obtenidos en la primera etapa para el subsistema [AC] y los correspondientes a la segunda etapa en los subsistemas [AB], [AD], [BD] y [CD], se completa la estructura inicial.

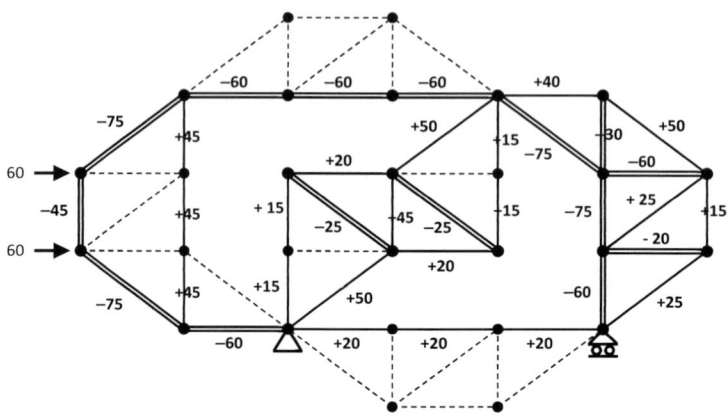

Ejercicio 4.1.6.03

Determinar los valores de los esfuerzos axiles en todas las barras del sistema articulado de la figura.

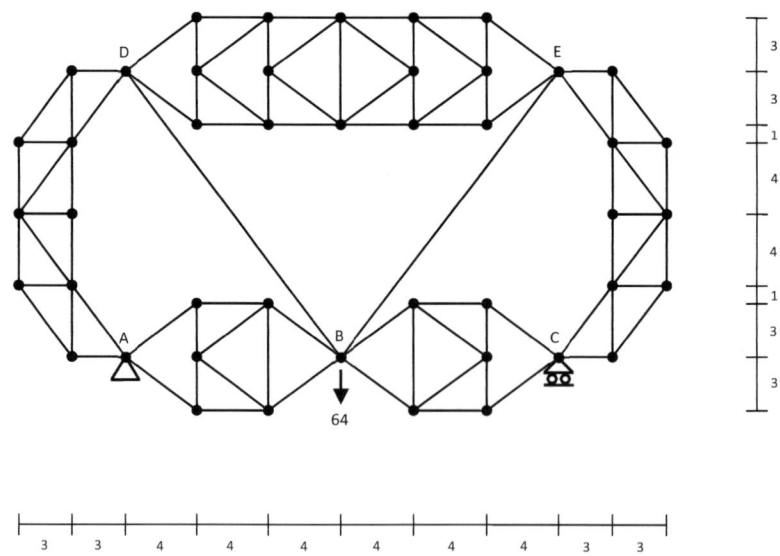

SOLUCIÓN

Las condiciones de simetría proporcionan directamente las reacciones en los apoyos pero no existen nudos con menos de tres barras para la determinación de los esfuerzos axiles mediante el método de los nudos. Tampoco son posibles los cortes, por el método de Ritter, que intercepten solamente tres barras no concurrentes.

Sin embargo, mediante el método de sustitución se reemplazan los subsistemas rígidos biarticulados en sus extremos [AB], [BC], [AD], [CE] y [DE] por las correspondientes barras ficticias, consiguiendo una importante simplificación del esquema estructural.

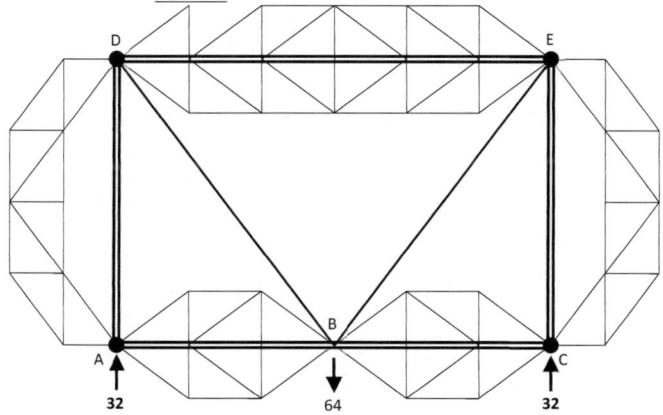

Tras estas sustituciones, se determinan con facilidad los esfuerzos en las barras ficticias mediante el equilibrio de los nudos A y D, completando la zona derecha por simetría. Las barras AB y BC tienen esfuerzos nulos para la carga aplicada.

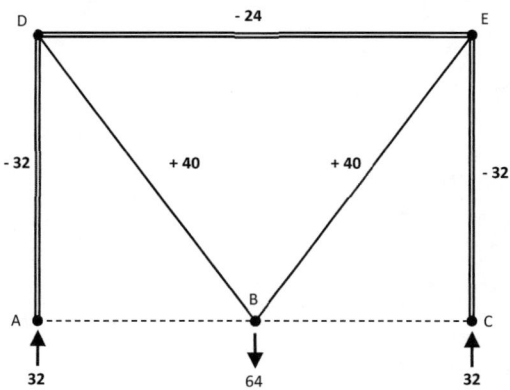

A continuación y en una segunda etapa, se obtienen los esfuerzos en los subsistemas reemplazados a partir de las fuerzas actuantes sobre los extremos de las barras ficticias.

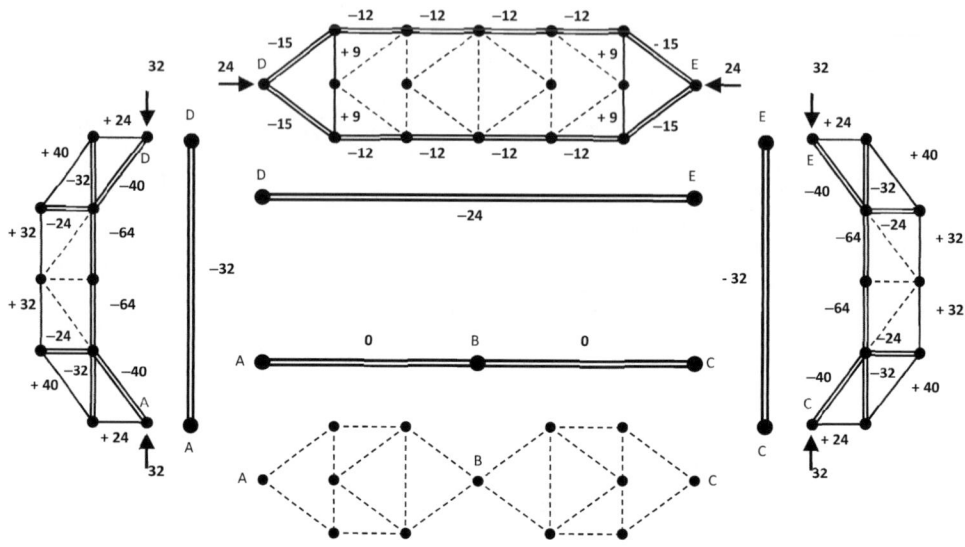

Finalmente, con los esfuerzos obtenidos en la primera etapa para las barras BD y BE y los correspondientes a la segunda etapa en los subsistemas [AB], [BC], [AD], [CE] y [DE] se completa la estructura inicial.

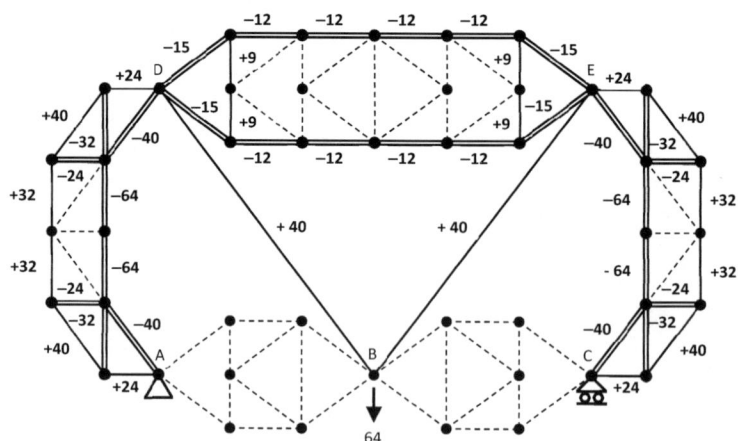

Ejercicio 4.1.6.04

Mediante el método de sustitución, determinar los valores de los esfuerzos en todas las barras del sistema articulado indicado.

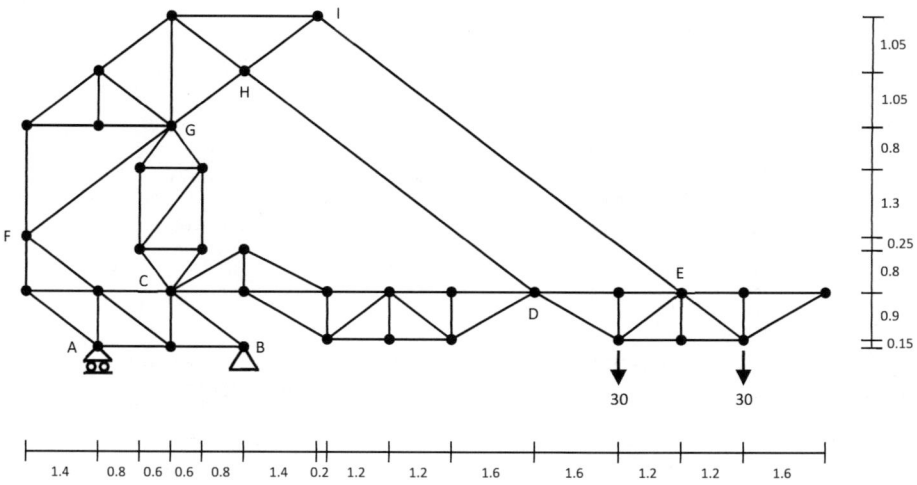

SOLUCIÓN

El método de sustitución permite reemplazar los subsistemas rígidos biarticulados en sus extremos [CD] y [CG] por las correspondientes barras ficticias.

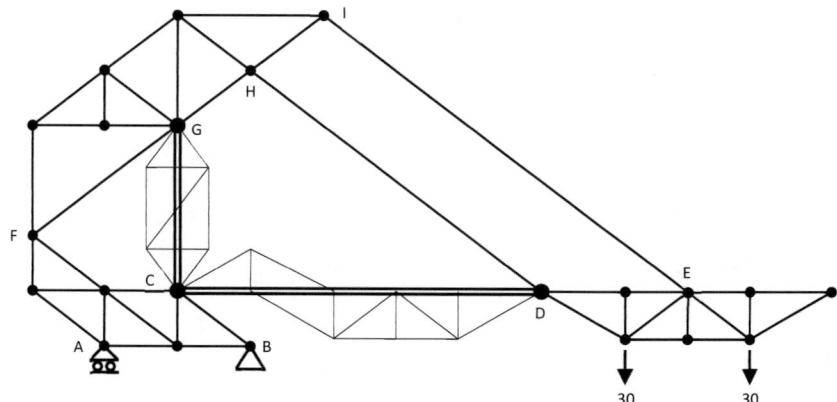

Las condiciones de equilibrio global proporcionan las reacciones en los apoyos y, en una primera etapa, se determinan mediante el método de los nudos los esfuerzos en todas las barras (incluidas las ficticias).

Se aprecia que, debido a la simetría de las acciones respecto al eje vertical por E, no existe tendencia al giro en el subsistema derecho y la barra HD tiene esfuerzo nulo.

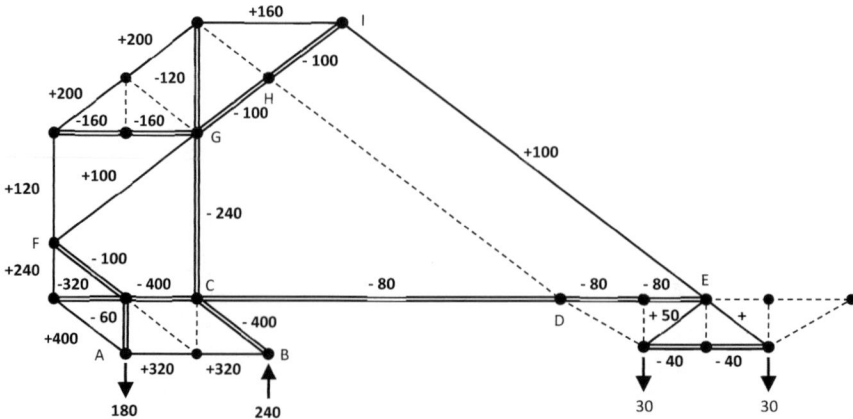

A continuación se obtienen los esfuerzos en los subsistemas reemplazados a partir de las fuerzas actuantes sobre los extremos de las barras ficticias.

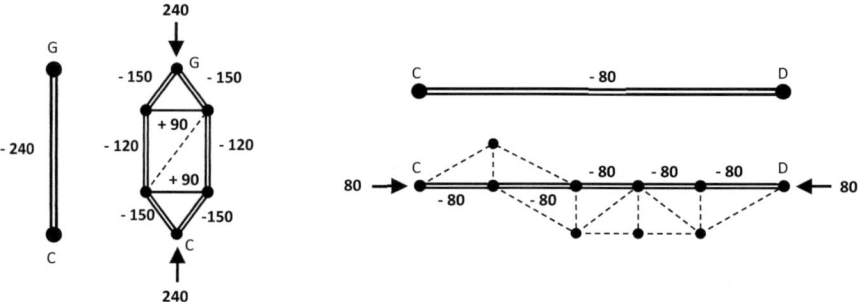

Combinando los esfuerzos correspondientes a la primera etapa con los obtenidos en esta segunda en los subsistemas [CG] y [CD], se representa finalmente la estructura completa con todos los esfuerzos en sus barras reales.

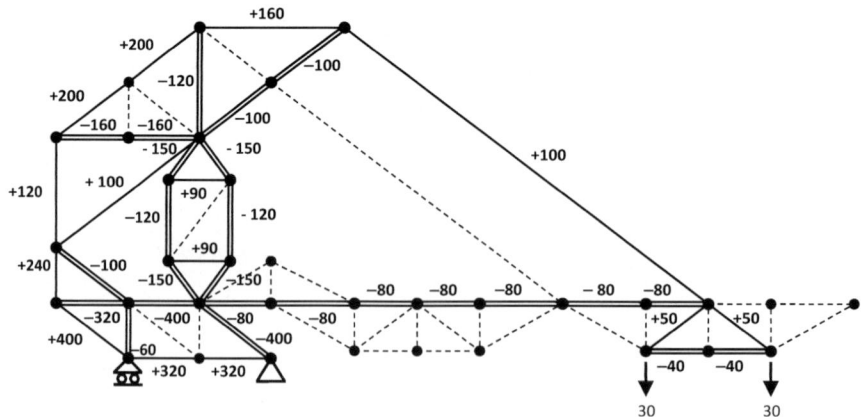

[4.1.7]. MÉTODO MIXTO

Los seis métodos anteriores pueden combinarse libremente para el análisis estructural de un sistema articulado isostático.

Desde un punto de vista espacial, las distintas zonas o subsistemas de la estructura pueden abordarse por métodos diferentes, según sus características y facilidad de uso.

Por otra parte, sobre un mismo subsistema pueden emplearse varios procedimientos en distintas etapas temporales, de manera que los resultados obtenidos o la simplificación efectuada por algún método sea el punto de partida para la aplicación de otro posterior.

Los siguientes ejercicios ilustran algunos casos de combinación de distintos métodos para la resolución más eficiente de las estructuras planteadas.

Ejercicio 4.1.7.01

Determinar los esfuerzos en todas las barras del sistema articulado de la figura. Se recomienda el uso combinado de los métodos de superposición, unicidad y de los nudos.

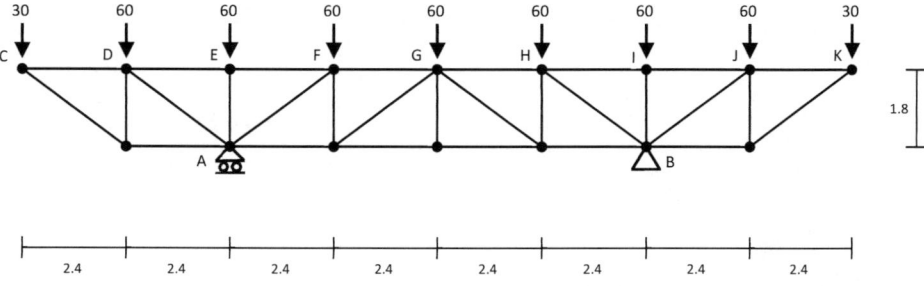

SOLUCIÓN

Mediante el método de superposición se descompone la carga total en tres estados, aprovechando la simetría del sistema. El primer estado incluye solamente las cargas aplicadas en los nudos E e I y se resuelve de manera inmediata por el método de unicidad (las acciones se transfieren directamente a los apoyos mediante las barras verticales AE y BI).

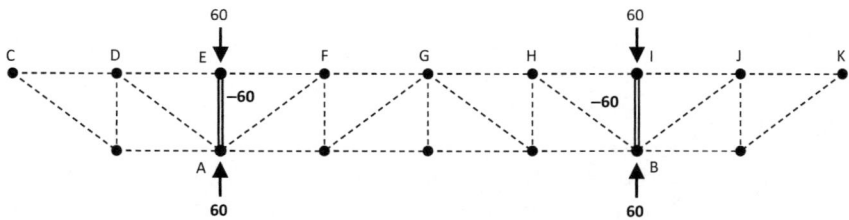

En el segundo estado se consideran las cargas aplicadas en los nudos D, F, H y J. La simetría respeto al eje vertical por cada uno de los apoyos permite que las cargas se transmitan a través de los triángulos DFA y HJB y también el principio de unicidad facilita la determinación de los correspondientes esfuerzos.

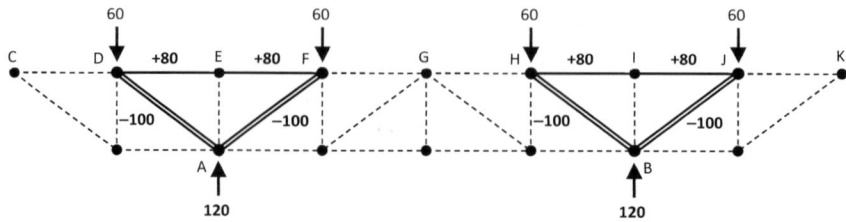

El tercer estado incorpora las restantes cargas (nudos C, G y K). Considerando la mitad de la carga en G aplicada a cada lado de la estructura, se mantiene la simetría de ambos lados respeto a sus respectivos apoyos y basta la aplicación del método de los nudos a los tres nudos de un extremo para obtener los esfuerzos en todas las barras.

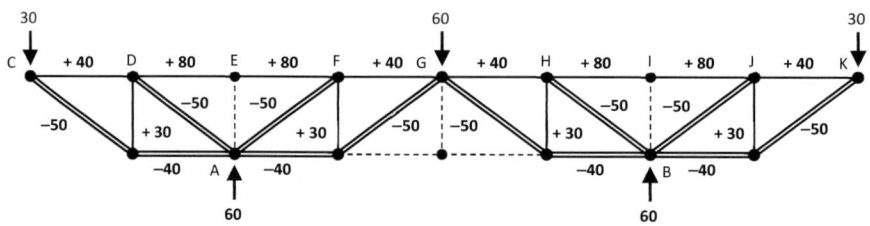

Considerando la totalidad de las fuerzas exteriores aplicadas, el principio de super-posición de efectos proporciona los esfuerzos en todas las barras mediante la suma de los tres estados anteriores.

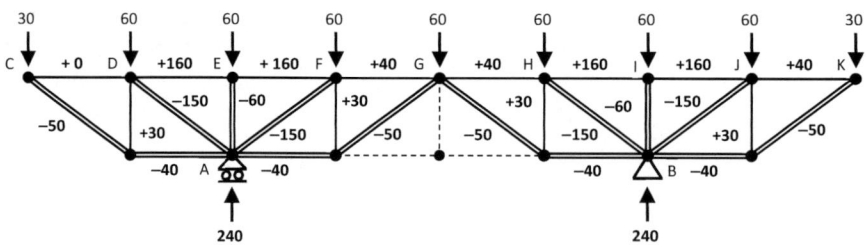

Ejercicio 4.1.7.02

Obtener los esfuerzos axiles en todas las barras de la estructura articulada de la figura. Se recomienda la utilización combinada de los métodos de superposición, Ritter y de los nudos.

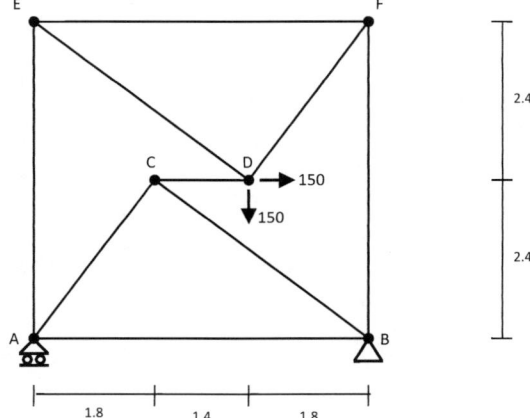

SOLUCIÓN

Se descomponen las cargas aplicadas en dos estados. En el primero se tiene en cuenta solamente la acción vertical sobre el nudo D y en el segundo se consideran los efectos de la acción horizontal.

Ambos estados se analizan inicialmente mediante el método de Ritter para determinar el esfuerzo en cada caso de la barra central CD.

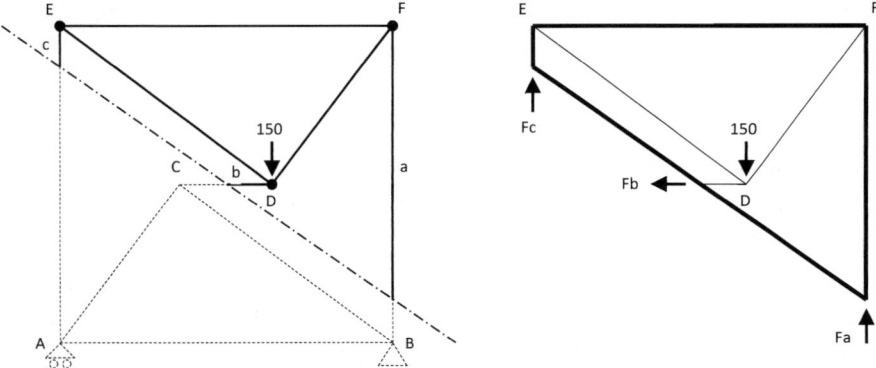

En el primer estado, el equilibrio de la zona superior tras el corte por las dos barras verticales y la central impone la nulidad de la fuerza Fb, al no existir ninguna otra acción horizontal aplicada.

Al ser nulo el esfuerzo en la barra CD, también lo es en las barras CA, CB y AB y el método de los nudos proporciona ahora los esfuerzos en las demás barras.

El equilibrio secuencial de los nudos D, E y F da lugar a los axiles indicados y las reacciones se obtienen finalmente a partir de los esfuerzos en las barras AE y BF.

En el segundo estado, con la carga horizontal, se realiza un corte similar por el método de Ritter y se plantea también el equilibrio de la zona superior.

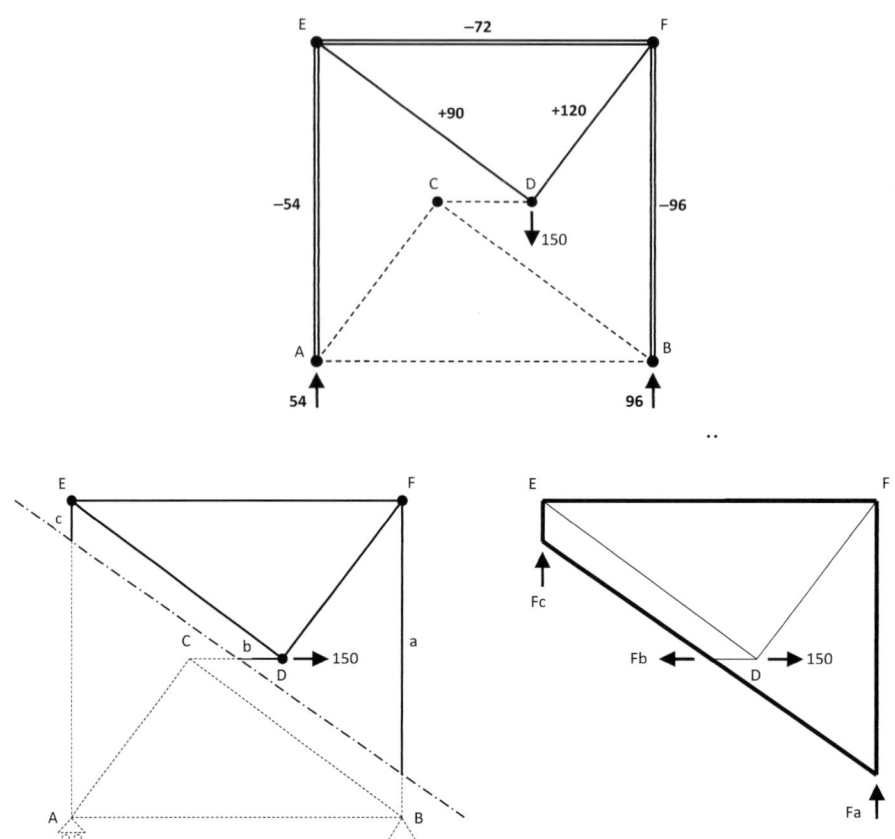

Ahora, el equilibrio de fuerzas horizontales determina directamente el valor del esfuerzo de tracción en la barra CD (150 kN) y el equilibrio de momentos y fuerzas verticales anulan los valores de Fa y Fc.

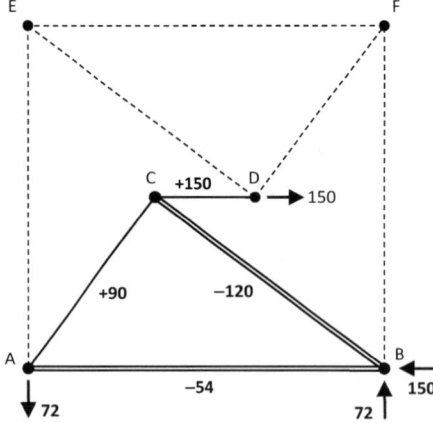

Al ser nulos los esfuerzos en las barras verticales también lo son en las diagonales superiores DE y DF.

La fuerza horizontal aplicada se transmite íntegramente al nudo C y el equilibrio de este (método de los nudos) proporciona los valores de los esfuerzos en las diagonales inferiores CA y CB.

Las condiciones de equilibrio de los nudos A y B determinan el esfuerzo en la barra horizontal que los une y los valores de las reacciones en ambos apoyos.

A continuación se suman los esfuerzos y reacciones correspondientes a ambos estados (aplicando método de superposición) y se obtienen los esfuerzos finales en todas las barras de la estructura y las fuerzas ejercidas por los apoyos.

La fuerza vertical aplicada en D se transmite exclusivamente al triángulo superior y llega a los apoyos mediante las barras verticales. La fuerza horizontal, sin embargo, se transmite íntegramente por la barra DC al triángulo inferior y directamente a los apoyos.

El comportamiento de la barra CD y la respuesta de estructura en ambos estados también podrían haberse intuido inicial-

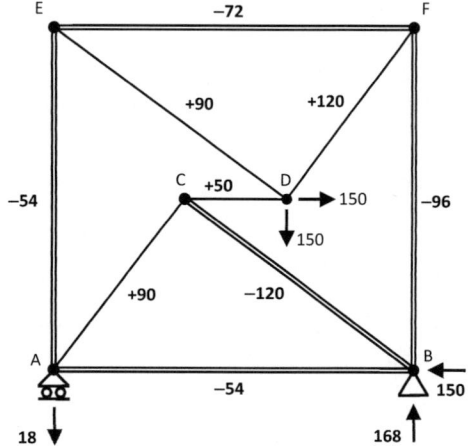

mente. En este caso se podría haber aplicado como alternativa el método de unicidad.

Ejercicio 4.1.7.03

Determinar los esfuerzos en todas las barras del sistema articulado de la figura. Se recomienda para ello el empleo combinado de los procedimientos de Henneberg, unicidad y de los nudos

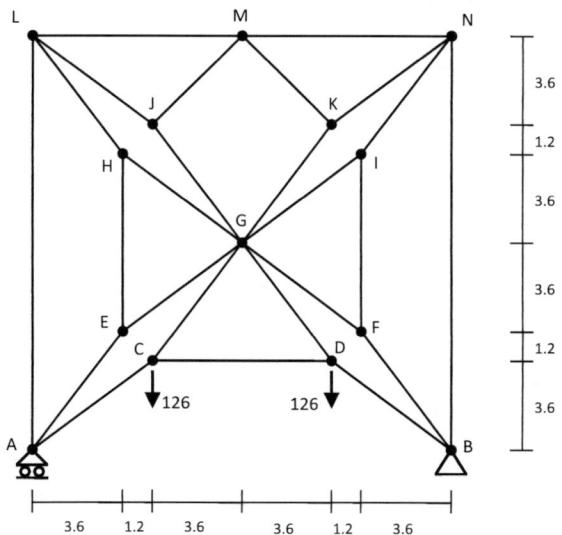

SOLUCIÓN

Las reacciones en los apoyos se obtienen directamente gracias a la simetría geométrica y de cargas del sistema. Sin embargo, para determinar los esfuerzos no existen nudos con menos de tres barras con extremo en el mismo ni secciones que dividan la estructura interceptando tres barras o menos.

Las condiciones de simetría también imponen la nulidad de los esfuerzos en las barras MJ y MK y, a partir de estas, son además nulos los axiles en las barras JL, JG, KN y KG.

En cualquier caso y tras la supresión de las barras anteriores, siguen sin resultar de aplicación directa los métodos de los Nudos ni de Ritter.

Se acomete, por tanto, el análisis del sistema mediante el método de Henneberg.

Para ello se elimina la barra superior LM y se reemplaza por una nueva barra inferior AB, entre los apoyos.

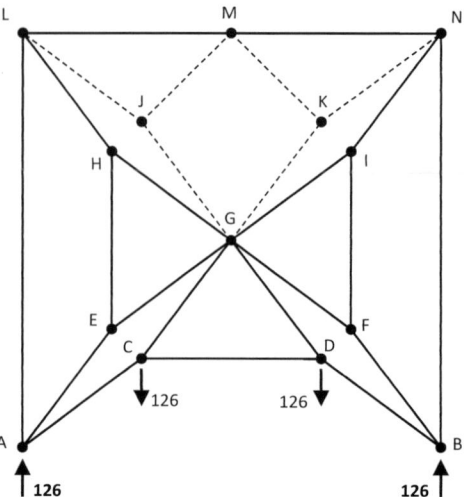

La figura inferior izquierda muestra el primer estado, correspondiente a la nueva estructura con las cargas iniciales. La figura de la derecha representa el segundo estado, con dos fuerzas unitarias iguales y opuestas en los extremos de la barra eliminada.

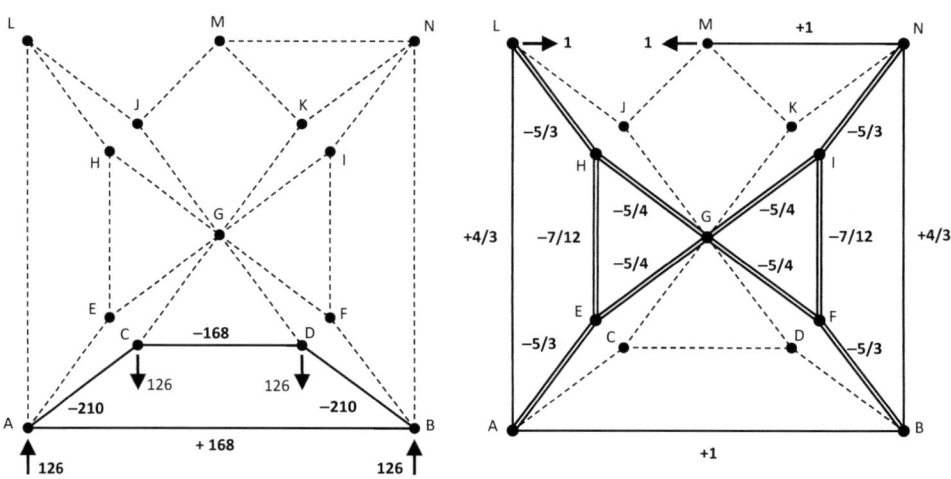

La determinación de los esfuerzos en las barras resulta más sencilla aplicando el principio de unicidad. En el primer caso, por simetría, las fuerzas aplicadas en C y D solamente precisan del trapecio ABDC para trasladarse directamente a los apoyos. El resto de las barras no interviene en la solución de equilibrio encontrada y al ser el sistema isostático esta solución es la única y correcta. Tras la imposición del equilibrio de los nudos C y A, el esfuerzo en la barra añadida AB correspondiente al primer estado vale $N_{AB1} = +168$.

En el segundo estado las fuerzas unitarias superiores traccionan todo el perímetro y el equilibrio lo garantiza la compresión de las dos «diagonales» quebradas. El esfuerzo correspondiente a la barra añadida adopta ahora el valor $N_{AB2} = +1$.

Los valores de los esfuerzos en la barra AB (N_{AB1} y N_{AB2}) proporcionan el esfuerzo real en la barra LM.

$$N_{AB1} + N_{LM} \times N_{AB2} = 0 \rightarrow$$
$$N_{LM} = -N_{AB1}/N_{AB2} = -(-168)/(+1) =$$
$$= -168$$

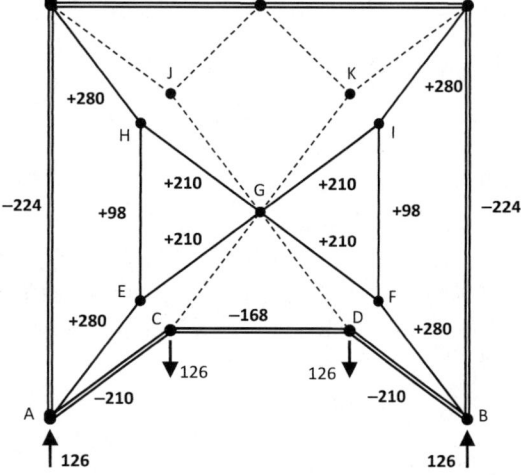

Sumando los esfuerzos del estado 1 a los del estado 2 multiplicados por (−168) se obtienen los esfuerzos finales en todas las barras. La barra AB se elimina y la barra LM se dispone nuevamente con su esfuerzo calculado.

Ejercicio 4.1.7.04

Determinar el valor del esfuerzo axil en la barra HE y en el tirante DE de la grúa articulada hiperestática de la figura.

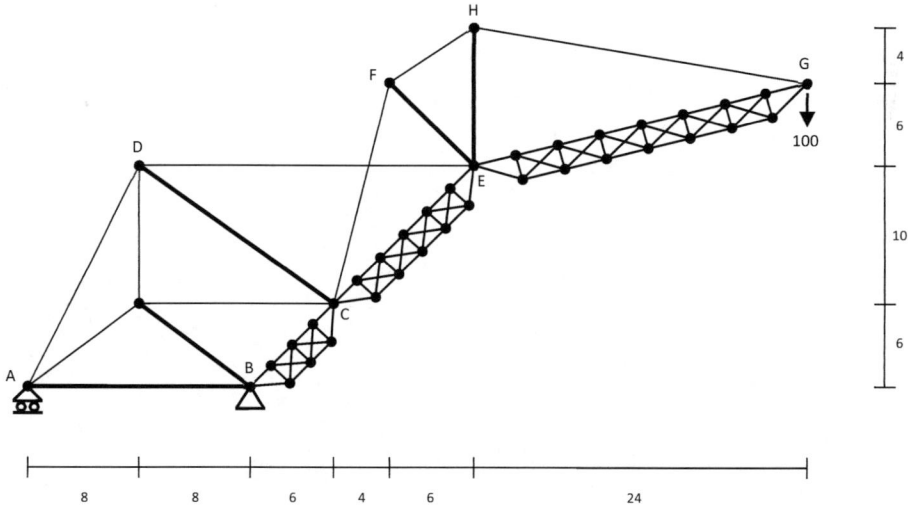

SOLUCIÓN

Aunque las reacciones en los apoyos se determinan con facilidad con las condiciones de equilibrio global del sistema (Av = −250, Bv = +350), no existen nudos con menos de tres barras para aplicar directamente el método de los nudos ni secciones de dividan la estructura cortando tres o menos barras para aplicar el método de Ritter.

El hiperestatismo del bloque [ABCDA] y sobre todo el de los subsistemas [BC], [CE] y [EG] (no son nulos los esfuerzos en la mayoría de sus barras) complica además el acceso a las barras HE y DE.

En este caso, el procedimiento de resolución más adecuado es el de la combinación de los métodos de sustitución y Ritter.

Aunque los subsistemas [BC], [CE] y [EG] sean hiperestáticos, son biarticulados en sus extremos y no cargados en sus nudos centrales. Siguen por ello comportándose dentro de la estructura general como barras únicas entre los nudos B-C, C-E y E-G respectivamente.

Para obtener ahora el esfuerzo en la barra HE se emplea el método de Ritter mediante el corte por FH, HE y EG (considerada como barra única) y se plantea el equilibrio de momentos en el punto P de intersección de las direcciones FH y EG. Las figuras siguientes reproducen el proceso y proporcionan finalmente la posición acotada de P.

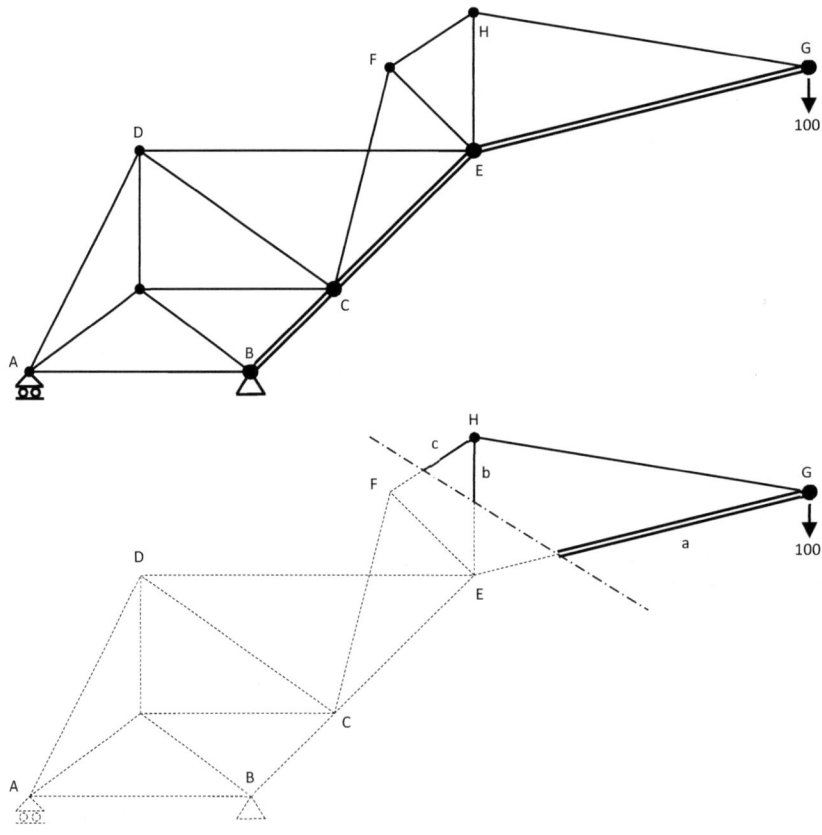

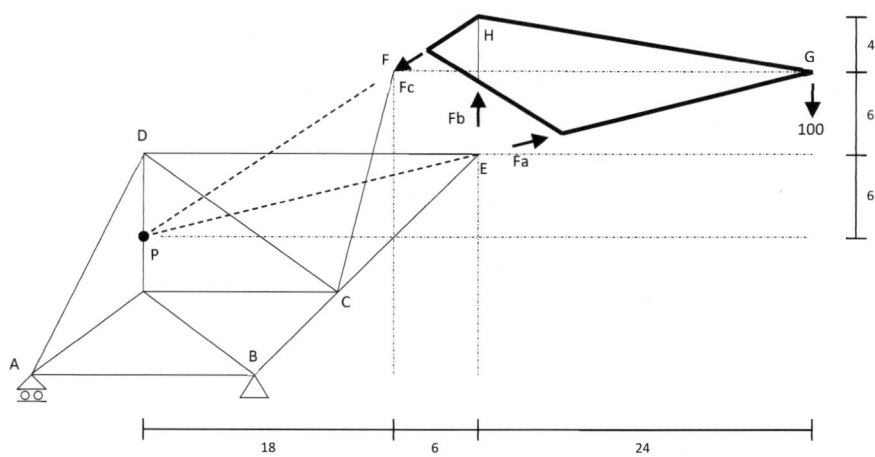

La ecuación de equilibrio de momentos de las fuerzas actuantes sobre la zona derecha respecto al punto P indica el valor de la fuerza Fb.

$$Fb \times (18 + 6) - 100 \times (18 + 6 + 24) = 0 \quad \rightarrow \quad Fb = 200$$

Esta fuerza empuja el nudo H (el correspondiente a la zona analizada) y por ello el esfuerzo en la barra HE es de compresión (−200 kN).

Para determinar la tracción del tirante DE se utiliza también el método de Ritter, planteando un nuevo corte por DE, CF y CE (considerada ahora como barra única).

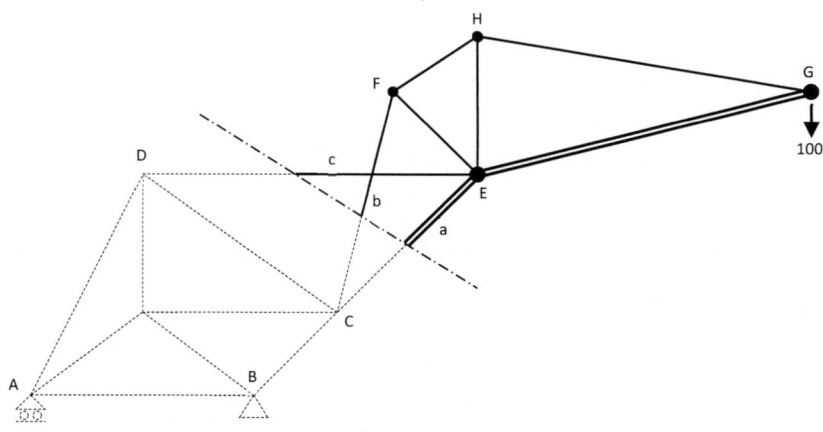

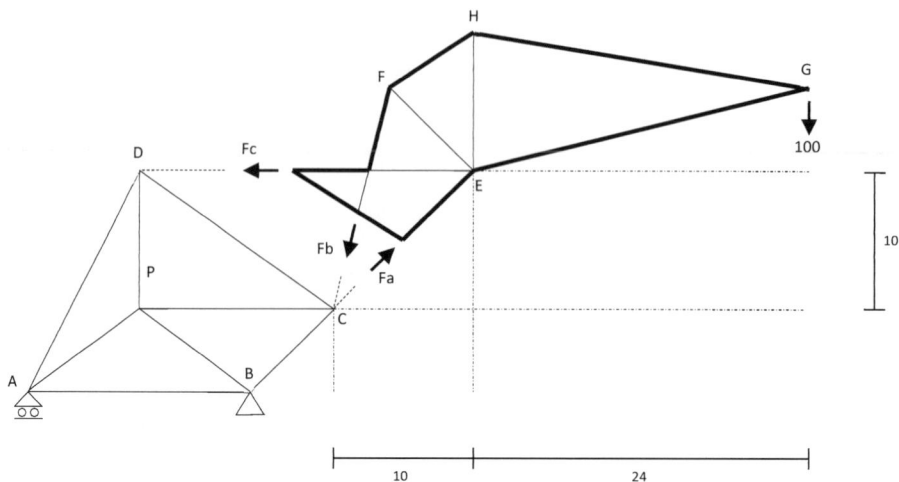

En este segundo caso, para determinar la fuerza Fc, el equilibrio de momentos se debe plantear respecto al punto C (intersección de CF y CE). Con los valores acotados en la última figura, la ecuación resultante es

$$Fc \times 10 - 100 \times (10 + 24) = 0 \quad \rightarrow \quad Fc = 340$$

Esta fuerza tira del nudo E (el correspondiente a la zona en equilibrio) y por ello el esfuerzo en la barra DE es de tracción (+340 kN). Finalmente, la figura siguiente muestra la estructura inicial con los valores obtenidos.

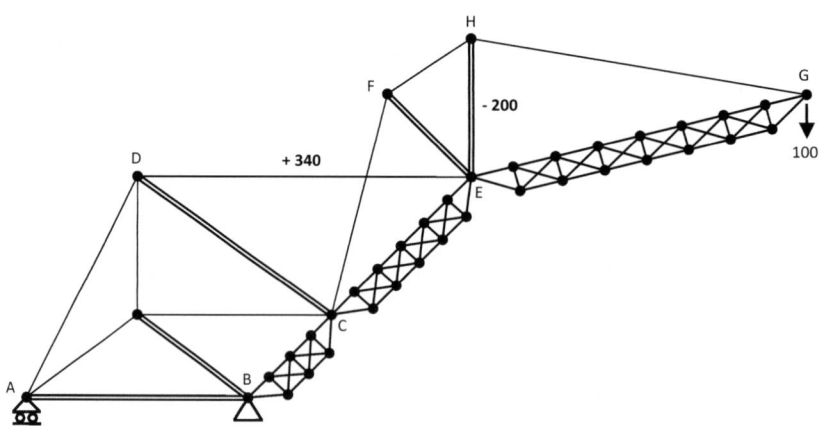

[4.2]. PROCEDIMIENTOS GRÁFICOS DE ANÁLISIS DE ESFUERZOS

Los métodos gráficos de determinación de esfuerzos en sistemas articulados isostáticos han sido muy utilizados hasta la incorporación de los ordenadores como herramienta habitual de cálculo. Sus posibilidades para abordar estructuras con geometría compleja mediante el trazado de paralelas y la obtención de intersecciones los colocaban en una posición ventajosa frente a la determinación analítica de senos y cosenos en barras de múltiples inclinaciones y la resolución analítica manual de las ecuaciones de equilibrio.

Estas ventajas se diluyeron con la capacidad de los primeros sistemas informatizados para resolver los parámetros trigonométricos y los sistemas de ecuaciones a partir de las coordenadas de los nudos, la conectividad de las barras y la posición de vínculos y cargas. Los métodos gráficos han pasado, por ello, por una etapa de desuso.

Sin embargo, la creciente utilización de programas de diseño gráfico en los sistemas informáticos actuales vuelve a plantear la posibilidad del empleo de los procedimientos métodos gráficos, desarrollándolos ahora con ordenador.

Una característica interesante de estos métodos es la visión global que proporcionan de los esfuerzos en todas las barras. Esta panorámica de valores, en modo gráfico, facilita su análisis comparativo y la detección de las diferentes intensidades de colaboración en la resistencia de las acciones aplicadas. Favorecen con ello el proceso de diseño y optimización de la estructura, aportando justificaciones más intuitivas de los esfuerzos producidos en las distintas barras.

[4.2.1]. MÉTODO DE LOS NUDOS

El método gráfico de los nudos presenta un planteamiento similar a su equivalente método analítico. Al igual que en el método de nudos (Apartado 4.1.1), se basa en la imposición secuencial del equilibrio de cada nudo, en un orden en el que no se supere nunca el máximo de dos barras con esfuerzo desconocido en cada momento.

La diferencia fundamental estriba en el modo del establecimiento de las condiciones de equilibrio. En el método analítico se planteaba un sistema de dos ecuaciones algebraicas con las proyecciones de fuerzas actuantes sobre el nudo en dos direcciones. Ahora, sin embargo, se aplica directamente la condición de equilibrio gráfico: para que la resultante de las fuerzas actuantes sea nula, el polígono formado por todas ellas tiene que ser cerrado (suma vectorial cero).

El procedimiento operativo es simple. Se parte del polígono formado por todas las fuerzas conocidas sobre el nudo y para conseguir que sea cerrado se trazan por sus extremos las rectas paralelas a las barras de esfuerzo desconocido. La intersección de dichas rectas determina entonces los valores de las fuerzas aplicadas por estas barras. De hecho, la obtención gráfica del punto de intersección equivale a la resolución de un sistema de dos ecuaciones lineales (las correspondientes a las rectas indicadas).

Los dos segmentos de cierre del polígono se orientan con el mismo sentido de recorrido empleado en el polígono inicial de fuerzas conocidas. Los sentidos de las fuerzas obtenidas para cerrar el polígono indican el tipo de esfuerzo de las correspondientes barras.

Si esta construcción gráfica se realiza a escala, los valores de las fuerzas desconocidas se pueden obtener midiendo directamente los segmentos. Cuando los ángulos entre las barras son conocidos, también se puede desarrollar el polígono gráfico a mano alzada y razonar los valores de las distancias mediante consideraciones trigonométricas.

El método, como su análogo analítico, dispone de ecuaciones de comprobación (tantas como fuerzas de reacción externa obtenidas previamente). Los últimos nudos presentan polígonos con una única fuerza de cierre de dirección paralela a la correspondiente barra (una ecuación de comprobación gráfica) o polígonos directamente cerrados (dos ecuaciones de comprobación).

Los siguientes ejercicios ilustran la aplicación de este método y el primero (equivalente al Ejercicio 4.1.1.01) se desarrolla con especial detalle. En todos ellos las cotas se expresan en metros y las fuerzas en kN.

Ejercicio 4.2.1.01

Determinar las reacciones en los apoyos y los esfuerzos axiles en todas las barras del sistema isostático de la figura mediante el método gráfico de los nudos.

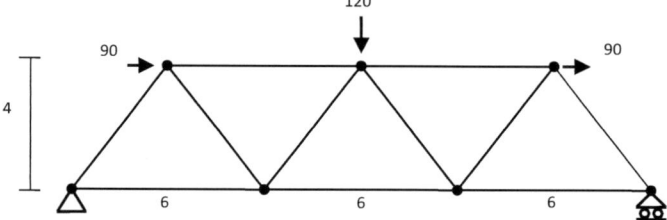

SOLUCIÓN

Para la obtención de las reacciones en los apoyos se imponen las condiciones de equilibrio global de todo el sistema:

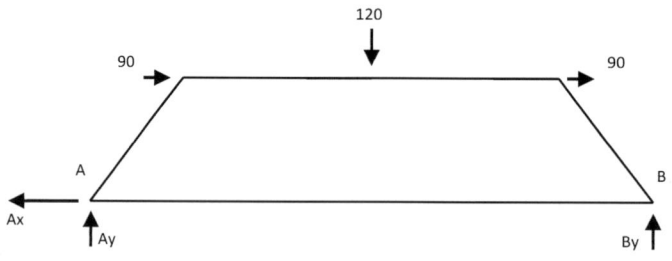

$$\Sigma M_A = 0 \quad \rightarrow \quad + By \times 18 - 90 \times 4 - 120 \times 9 - 90 \times 4 = 0 \quad \rightarrow \quad By = 100$$
$$\Sigma Fx = 0 \quad \rightarrow \quad - Ax + 90 + 90 = 0 \quad \rightarrow \quad Ax = 180$$
$$\Sigma Fy = 0 \quad \rightarrow \quad + Ay - 120 + By = 0 \quad \rightarrow \quad Ay = 20$$

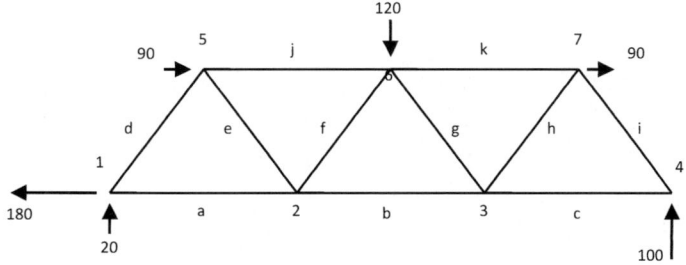

Tras la identificación numérica de los nudos y alfabética de las barras se plantea el equilibrio gráfico de los nudos en el orden 1, 5, 2,6, 3, 7, 4. En las figuras se muestran con trazos discontinuos las barras y fuerzas desconocidas en cada momento.

EQUILIBRIO DEL NUDO 1

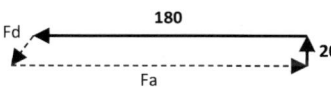

Las reacciones vertical y horizontal de 20 y 180 kN respectivamente proporcionan el tramo conocido del polígono de fuerzas actuantes sobre el nudo. A partir de sus extremos se trazan paralelas a las barras «d» y «a» cerrando el polígono.

Teniendo en cuenta que la fuerza Fd tiene proyección vertical 0.8 Fd y horizontal 0.6 Fd geométricamente se determinan con facilidad los valores de las fuerzas desconocidas.

$$Fd = 20/0.8 = 25$$
$$Fa = 180 + 25 \times 0.6 = 195$$

El sentido de recorrido determinado por las fuerzas conocidas es antihorario. La barra «d», por tanto, ejerce una acción descendente sobre el nudo en estudio (el 1), lo empuja (de acuerdo con su posición relativa en la estructura) y se encuentra comprimida (−25). La barra «a» ejerce una acción hacia la derecha sobre el nudo 1, de acuerdo con su disposición en la estructura respecto al nudo tira de él y está por ello traccionada (+ 195).

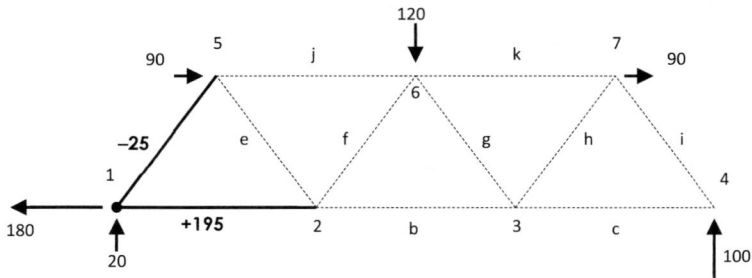

Es importante resaltar que en este método el nudo no se sitúa en ninguno de los vértices del polígono de fuerzas. Éste representa el conjunto de fuerzas actuantes sobre el nudo en la estructura y los razonamientos de los signos de los esfuerzos se deben referir siempre a la disposición del nudo respecto a las barras en la estructura original.

EQUILIBRIO DEL NUDO 5

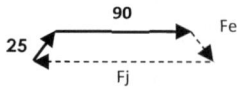

En este caso el tramo conocido del polígono lo forman la fuerza ejercida por la barra «d» sobre el nudo 5 (al ser una barra comprimida lo empuja en sentido ascendente) y la fuerza activa horizontal de 90 kN.

Por sus extremos se trazan paralelas a las barras desconocidas y se determinan con facilidad los valores de las fuerzas Fe = 25 y Fj = 25 × 0.6 + 90 + 25 × 0.6 = 120.

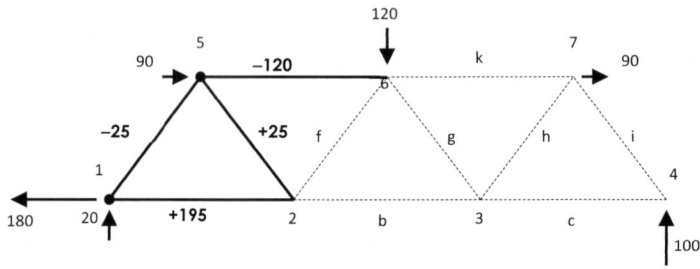

El sentido de recorrido es ahora horario. La barra «e», con su acción descendente sobre el nudo 5, tira de él y está por ello traccionada (+ 25). La barra «j» empuja el nudo 5 y se encuentra comprimida (−120).

EQUILIBRIO DEL NUDO 2

Las barras «a» y «e» (ambas traccionadas) tiran hacia la izquierda del nudo 2 y forman el tramo conocido del polígono. Por sus extremos se trazan paralelas a las barras «b» y «f» cerrando el mismo en sentido horario. La geometría determina Ff y Fb.

Ff = 25

Ff = 25 × 0.6 + 195 + 25 × 0.6 = 225

La barra «f», con su acción descendente sobre el nudo 2, lo empuja y está, por ello, comprimida (−25). La barra «b» tira el nudo 2 y se encuentra traccionada (+225).

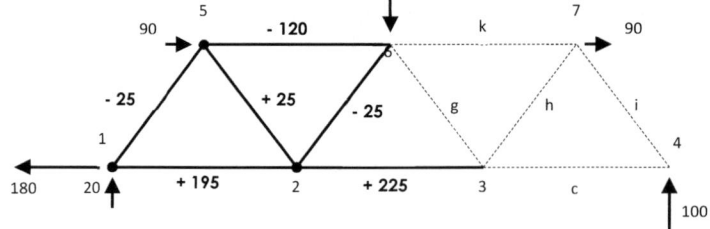

EQUILIBRIO DEL NUDO 6

El tramo conocido del polígono lo forman la fuerza activa de 120 kN y las ejercidas por las barras «j» (−120) y «f» (−25) sobre el nudo 6 (acciones hacia la derecha y ascendente).

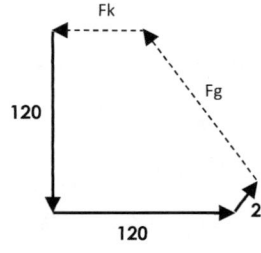

El polígono se cierra con las fuerzas Fg y Fk en sentido antihorario y geométricamente se obtienen sus respectivos valores.

$$Fg = (120 - 25 \times 0.8)/0.8 = 125$$

$$Fk = 120 + 25 \times 0.6 - 125 \times 0.6 = 60$$

Las barras «g» y «k», con sus acciones hacia la izquierda, empujan el nudo 6 y, por tanto, se encuentran ambas comprimidas (−125 y −60).

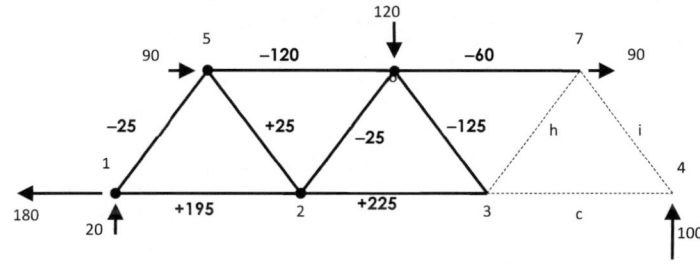

EQUILIBRIO DEL NUDO 3

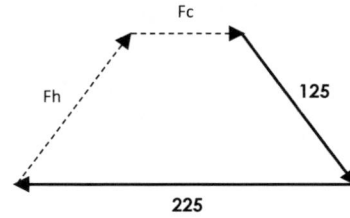

El polígono de fuerzas actuantes sobre el nudo 3 lo forman inicialmente la acción inclinada descendente de la barra «g» (empujándolo) y la horizontal hacia la izquierda de la barra «b» (tirando de él) y lo completan las paralelas a las barras «h» y «c».

El sentido de recorrido es horario y los valores de Fh y Fc se determinan en el gráfico.

$$Fh = 125, Fc = 225 - 125 \times 0.6 - 125 \times 0.6 = 75$$

Las barras «h» y «c», con sus acciones hacia la derecha tiran del nudo 3 y se encuentran, por tanto, ambas traccionadas (+125 y +75).

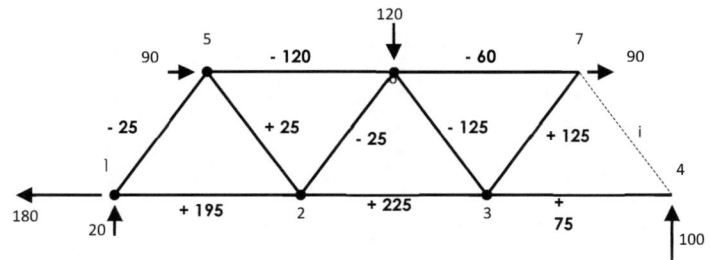

Equilibrio del nudo 7

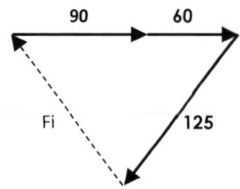

El tramo conocido del polígono lo componen esta vez tres fuerzas: la activa de 90 kN y las ejercidas por la barra «k» (comprimida y empujando el nudo 7 hacia la derecha) y la barra «h» (traccionada, con una acción descendente sobre el nudo 7). La única fuerza incógnita Fi cierra ella sola el polígono al poseer precisamente la dirección que une sus extremos. Este hecho confirma el cumplimiento de la primera condición de comprobación.

El valor de Fj obtenido del gráfico es 125 kN y al cerrarse el polígono en sentido horario, su sentido es ascendente, empuja el nudo en estudio y la barra «i» se encuentra comprimida (−125).

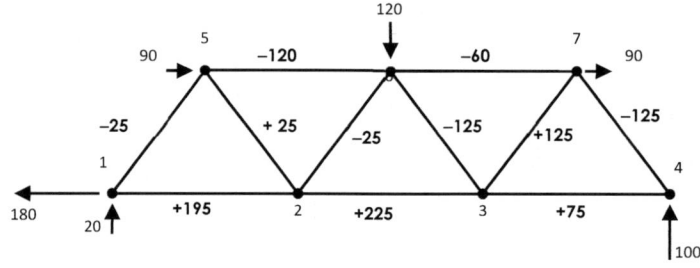

Equilibrio del nudo 4

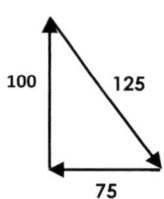

Todas las fuerzas ejercidas sobre el nudo 4 son ya conocidas y forman directamente un polígono cerrado. Fi empuja al nudo con acción descendente de 125 kN, Fc tira de él 75 kN hacia la izquierda y la reacción del apoyo lo empuja 100 kN en sentido ascendente.

El equilibrio directo de este último nudo sin incógnitas satisface el cumplimiento de las otras dos condiciones de comprobación. Unidas a la del nudo anterior, son las tres correspondientes a las reacciones en los apoyos determinadas previamente.

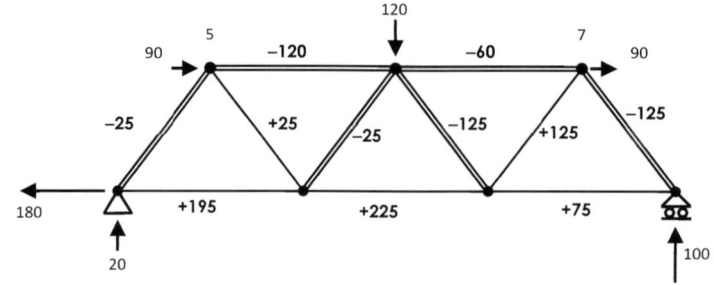

Ejercicio 4.2.1.02

Determinar los esfuerzos axiles en todas las barras de la estructura de la figura, mediante el método gráfico de los nudos.

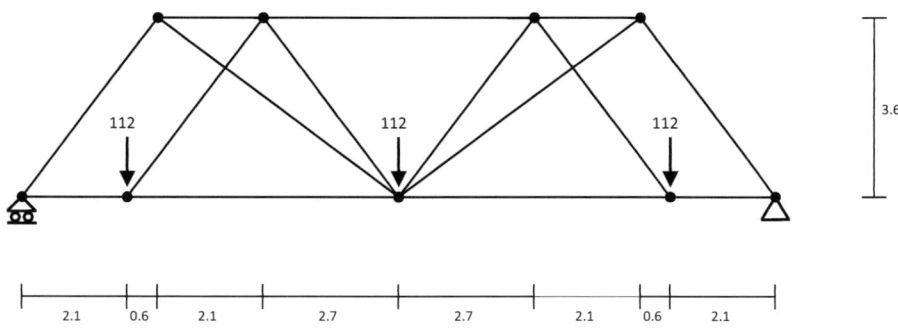

SOLUCIÓN

Por simetría, las reacciones en los apoyos son verticales e iguales de 168 kN y solamente es necesario el análisis del equilibrio de los cuatro nudos indicados en la figura.

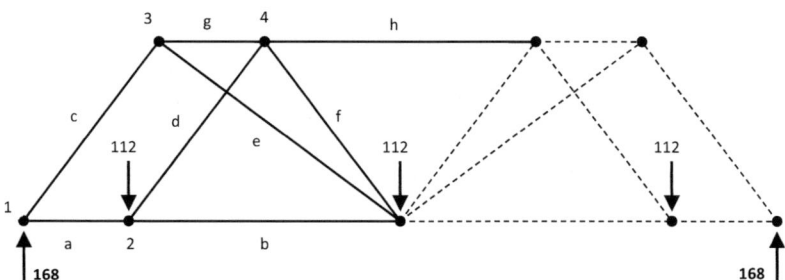

A partir de la reacción en el apoyo izquierdo, el equilibrio gráfico del nudo 1 proporciona los esfuerzos en las barras «a» y «c», con este último esfuerzo, del nudo 3 se obtienen los esfuerzos en «e» y «g», partiendo de la fuerza activa sobre el nudo 2 y la acción ya conocida de la barra «a» se determinan los esfuerzos en «b» y «d» y, finalmente, el equilibrio del nudo 4 proporciona los esfuerzos en «f» y «h» (considerando los valores previamente obtenidos en las barras «d» y «g»).

A continuación se representan a escala los polígonos cerrados de fuerzas actuantes sobre dichos nudos identificando con trazo continuo las conocidas y con trazo discontinuo las fuerzas determinadas en cada etapa. Los valores de estas últimas se obtienen mediante sencillas operaciones geométricas.

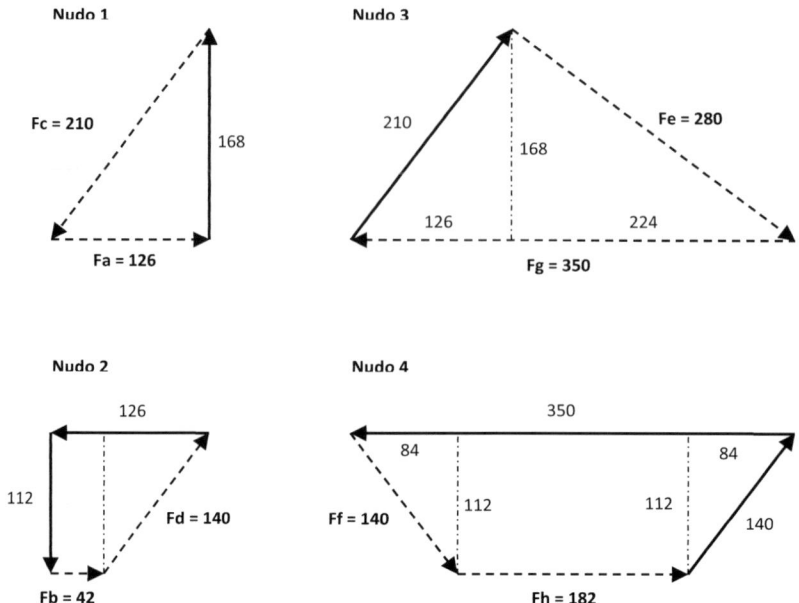

Los sentidos de recorrido de los polígonos se establecen a partir del sentido de una fuerza previamente conocida. Con los sentidos resultantes de las demás fuerzas se obtienen los signos de los correspondientes esfuerzos.

Finalmente se representan los valores y signos de todos esfuerzos en la estructura, indicando con doble trazo las barras comprimidas.

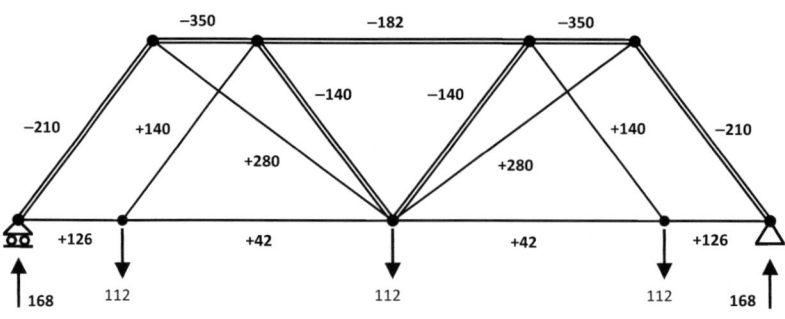

Ejercicio 4.2.1.03

Determinar las reacciones en los apoyos y los esfuerzos axiles en todas las barras del sistema isostático de la figura, mediante el método gráfico de los nudos.

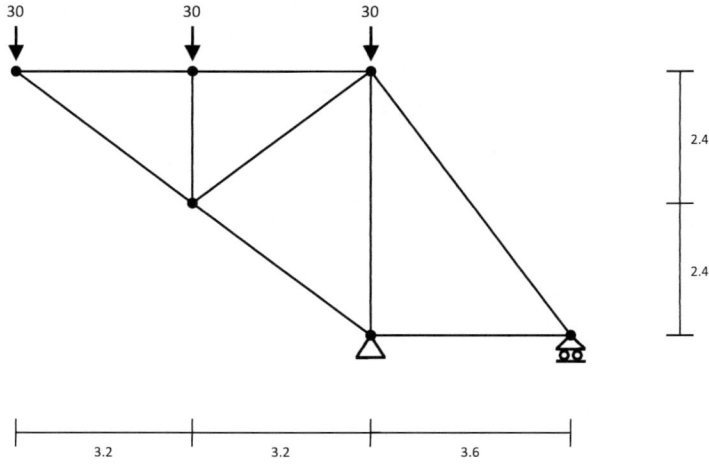

SOLUCIÓN

La reacción en el apoyo deslizante se obtiene imponiendo el equilibrio de momentos respecto al apoyo fijo y el balance de fuerzas verticales proporciona el valor de la reacción en este.

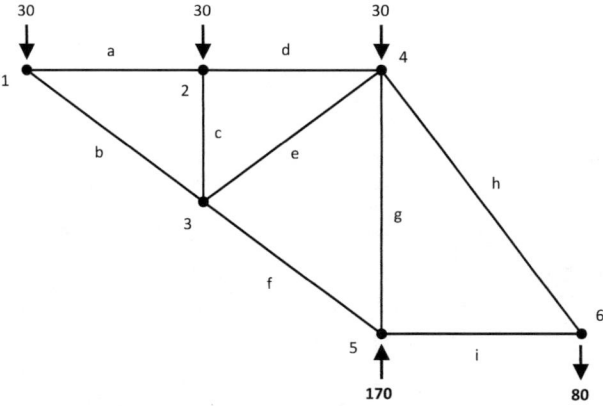

A continuación se representan secuencialmente y a escala los polígonos cerrados de fuerzas actuantes sobre los nudos y se determinan geométricamente los valores de los esfuerzos en las correspondientes barras.

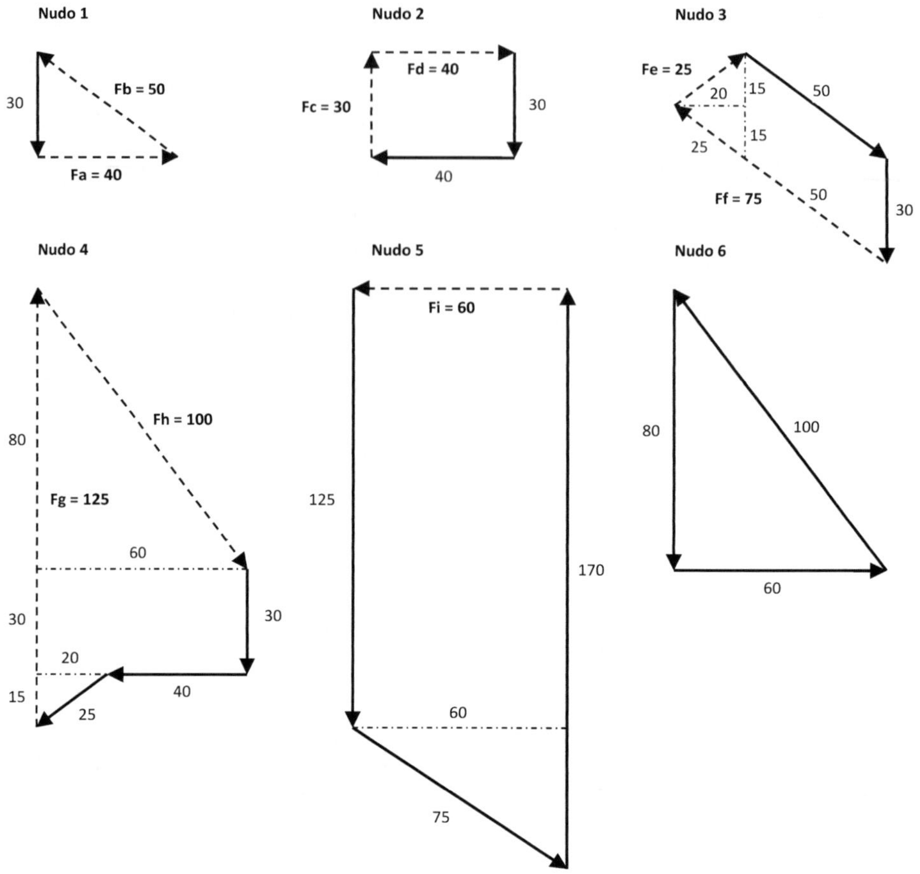

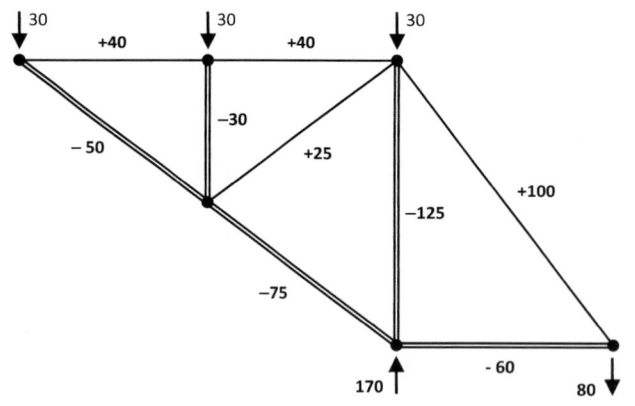

Nudo 1
30
Fb = 50
Fa = 40
Nudo 2
Fd = 40
Fc = 30
30
40
Nudo 3
Fe = 25
20
15
50
25
15
Ff = 75
50
30
Nudo 4
Fh = 100
80
Fg = 125
60
30
30
20
15
40
25
Nudo 5
Fi = 60
125
170
60
75
Nudo 6
80
100
60

30
30
30
+40
+40
–30
– 50
+25
+100
–125
–75
- 60
170
80

Se verifican las ecuaciones de comprobación. El equilibrio del nudo 5 solamente resuelve una fuerza incógnita y el polígono de las fuerzas actuantes sobre el nudo 6 se cierra directamente.

Los signos de los esfuerzos se obtienen a partir del sentido de recorrido de los polígonos.

Ejercicio 4.2.1.04

Determinar las reacciones en los apoyos y los esfuerzos en todas las barras de la estructura de la figura, mediante el método gráfico de los nudos.

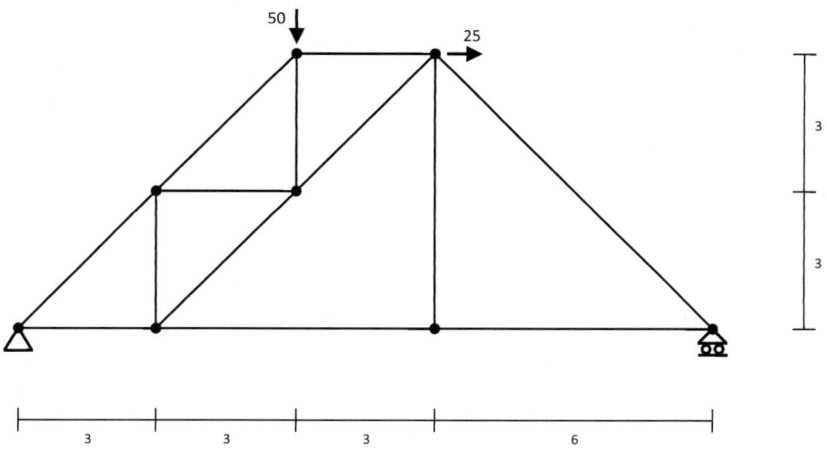

SOLUCIÓN

La reacción en el apoyo deslizante se obtiene imponiendo el equilibrio de momentos respecto al apoyo fijo y los equilibrios de fuerzas horizontales y verticales proporcionan los valores de las reacciones en este.

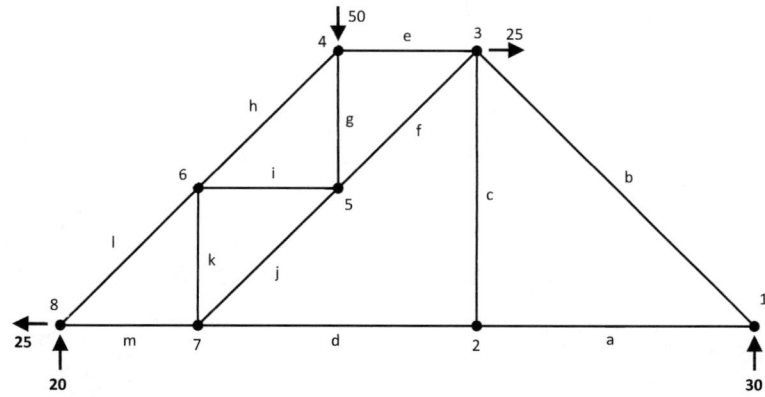

Una vez establecido el orden secuencial de nudos y la denominación de las barras, se representan gráficamente a escala los polígonos cerrados de las fuerzas actuantes y se determinan geométricamente los valores de los esfuerzos en las barras.

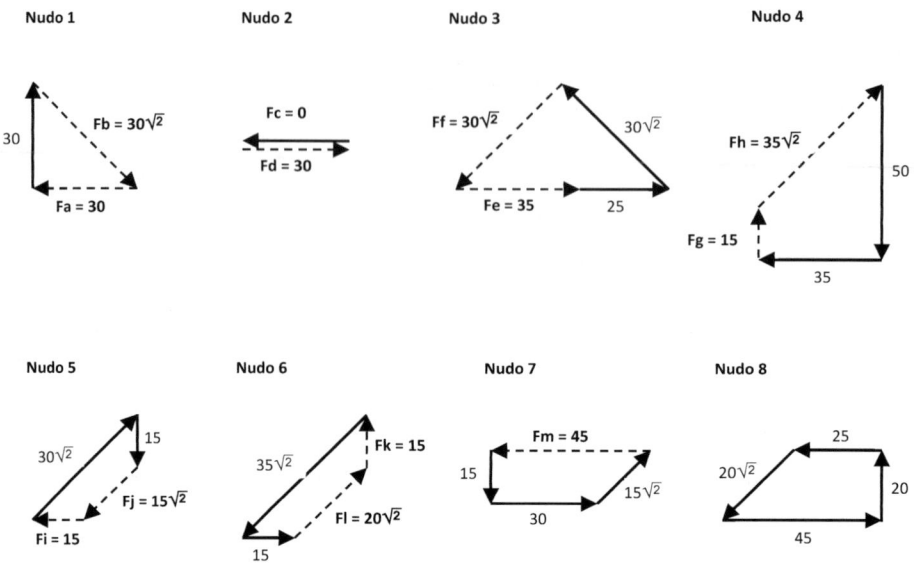

El equilibrio del nudo 7 satisface una ecuación de comprobación y solamente resuelve una fuerza incógnita. Las otras dos ecuaciones de comprobación se verifican en el nudo 8, en el que las reacciones en el apoyo fijo y las fuerzas transmitidas por las barras «l» y «m» forman un polígono cerrado.

A partir del sentido de fuerzas ya conocidas se establecen los sentidos de recorrido de los polígonos y con estos los signos de los restantes esfuerzos. En la figura se representan los resultados finales.

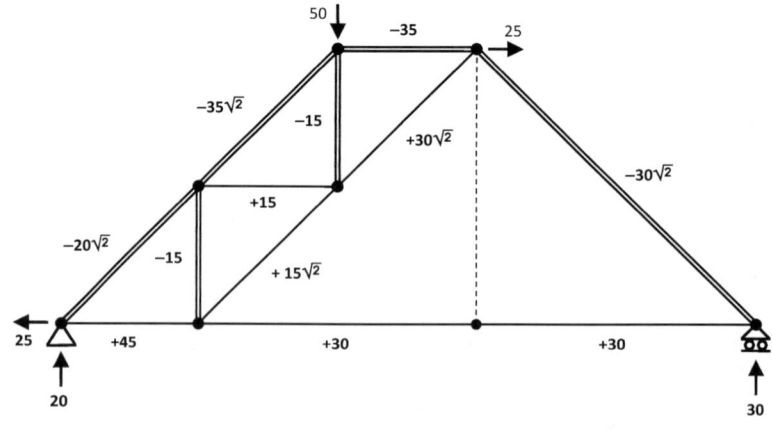

[4.2.2.] MÉTODO DE MAXWELL-CREMONA

En el método anterior, cada barra interviene en dos polígonos (los correspondientes a sus nudos extremos) ejerciendo fuerzas iguales y opuestas en ambos. Existen tantos polígonos como nudos y el número total de fuerzas entre todos es la suma del número de fuerzas activas y pasivas externas más el doble del número de barras.

Otro procedimiento gráfico de determinación de esfuerzos es el método de Maxwell-Cremona (James Clerk Maxwell, físico escocés, 1831-1879 y Luigi Cremona, matemático italiano, 1830-1903). El él se plantea la realización de una única figura en la que cada barra interviene con un solo segmento, reduciéndose, por tanto, sensiblemente el número total de elementos gráficos y de paralelas a trazar.

La aplicación de este método requiere la división de la estructura en regiones (zonas del plano delimitadas por barras, fuerzas o reacciones) y la formación de una figura recíproca en la que a cada región del sistema se le hace corresponder un punto, de manera que la distancia entre dos puntos cualesquiera de la figura recíproca coincida con la fuerza, reacción o esfuerzo de barra que separa las correspondientes regiones en la estructura.

Esta figura recíproca contiene, en un solo gráfico y de un modo compacto, todos los polígonos cerrados de fuerzas actuantes sobre cada uno de los nudos.

Su representación se realiza a una determinada escala de fuerzas (que nada tiene que ver con la escala geométrica de la representación de la estructura) y con diferentes procedimientos para la determinación de los puntos correspondientes a las regiones exteriores (separadas por fuerzas o reacciones) e interiores (delimitadas por barras).

Los puntos de la figura recíproca correspondientes a las regiones exteriores se obtienen a partir de un punto inicial arbitrario (asociado a la primera región) representando secuencialmente los de las regiones colindantes hasta completar todo el exterior de la estructura en un determinado sentido. A partir de un punto correspondiente a cada región se traslada (a escala) a la figura recíproca la fuerza o reacción que la separa de la siguiente y su extremo determina la posición del punto correspondiente a esta última.

Debido al equilibrio global de fuerzas sobre la estructura, el polígono formado en la figura recíproca es cerrado y esto constituye una primera condición gráfica de comprobación.

Apoyándose en este polígono inicial, los puntos correspondientes a las regiones interiores se determinan mediante la intersección de rectas paralelas a las correspondientes barras en la estructura. El punto de una nueva región se puede obtener cuando se conocen los puntos de dos regiones adyacentes, trazando a partir de los mismos las paralelas a las barras que separan las correspondientes regiones.

Al llegar a la última región, están ya determinados los puntos de más de dos regiones colindantes. La coincidencia de la intersección de todas las correspondientes paralelas constituye una nueva condición gráfica de comprobación.

Una vez completada la figura recíproca, los esfuerzos en todas las barras se obtienen midiendo los segmentos que unen los puntos correspondientes a las regiones que separan cada barra y aplicando la misma escala para su transformación en valores de fuerzas.

Identificando en la figura recíproca el polígono correspondiente a un nudo (del que se conozca el sentido de una de sus fuerzas) se establece su sentido de recorrido y esto determina el signo de los esfuerzos del resto de barras que confluyen en nudo.

Para una mejor comprensión del método, se incluyen a continuación seis ejercicios y se desarrolla el primero con especial detalle. En este ejercicio se resuelve precisamente la estructura del último ejercicio del método gráfico de los nudos, para facilitar un análisis comparativo entre ambos procedimientos (en general, el método de Maxwell-Cremona es más rentable cuanto mayor sea el número de nudos y barras de la estructura).

Ejercicio 4.2.2.01

Determinar los esfuerzos en todas las barras de la estructura de la figura mediante el método de Maxwell-Cremona.

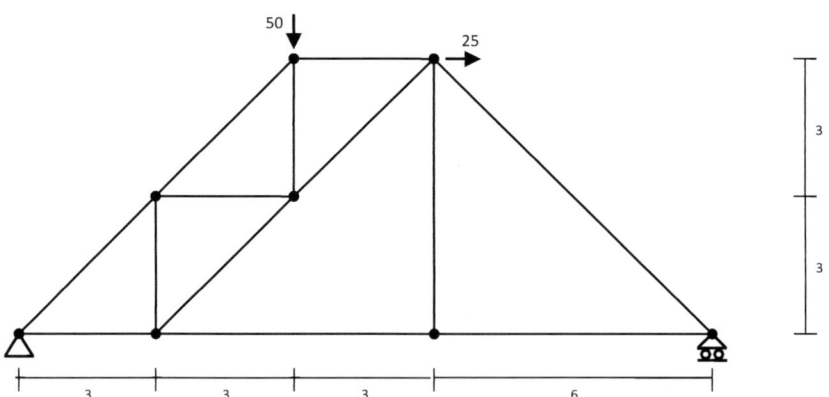

SOLUCIÓN

Una vez determinadas las reacciones, se identifican todas las regiones. Se comienza recorriendo el exterior de la estructura en un sentido (en este caso horario) y cambiando de región con cada fuerza. El orden de las regiones interiores no sigue un criterio fijo.

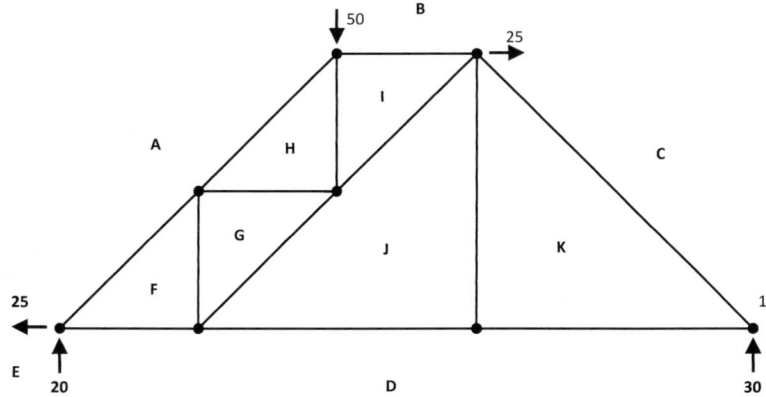

La representación de la figura recíproca se inicia en el punto arbitrario A. Teniendo en cuenta que de la región A se pasa a la B mediante una fuerza vertical descendente de 50 kN, a partir del punto A se traza a escala esta misma fuerza y en su extremo se encuentra el punto correspondiente a la región B.

Desde este último punto, C se encuentra en el extremo de una fuerza horizontal de 25 kN hacia la derecha (la que separa las regiones B y C). Con el mismo procedimiento se obtiene la posición de los puntos D y E y se comprueba que el polígono se cierra de nuevo sobre el punto A (al considerar la fuerza que separa las regiones E y A).

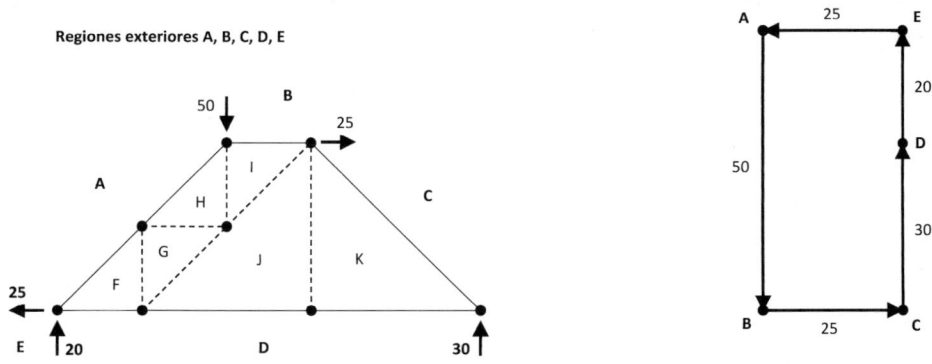

Se determina ahora el punto correspondiente a la región interior K a partir de los puntos conocidos de dos regiones adyacentes a K, las regiones D y C.

Aunque en este momento se desconozca el esfuerzo en la barra que separa las regiones K y D, sí se sabe que lleva la dirección de la barra, o sea, que es horizontal. Por ello, el punto K estará en una recta horizontal a partir del punto D. Del mismo modo, K tendrá que encontrarse en una recta inclinada, paralela a la barra KC, a partir de C. El punto K se obtiene por ello mediante la intersección de ambas rectas.

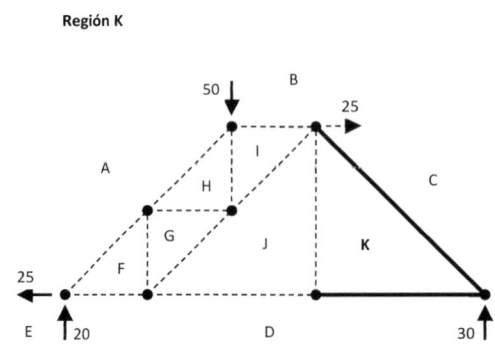

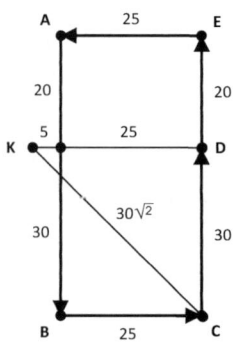

La figura muestra la situación de K en la figura recíproca y las distancias calculadas con facilidad a los puntos D y C.

Una vez obtenido el punto K, se conocen ya los puntos correspondientes a dos regiones adyacentes a la región J (las regiones D y K) y se puede determinar la posición del punto J empleando el mismo razonamiento.

A partir del punto D, J estará en una recta horizontal (paralela a la barra DJ) y también tiene que encontrarse en una recta vertical desde K (paralela a la barra KJ). La intersección de ambas rectas indica la posición de J, que coincide en este caso con K.

Esta coincidencia de dos regiones adyacentes en un mismo punto permite afirmar que la barra que las separa (KJ) posee esfuerzo axil nulo. Es, por tanto, una barra que no trabaja en esta disposición de cargas y ambas regiones (J y K) son realmente la misma.

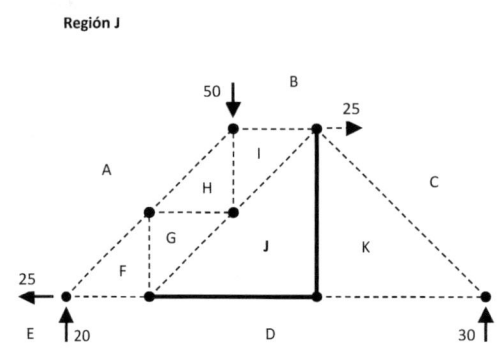

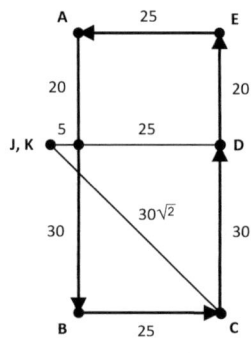

Conocida la posición del punto J en la figura recíproca, se puede determinar ya el punto correspondiente a la región I.

Estará en la intersección de una recta horizontal (paralela a BI) trazada desde el punto B con una recta inclinada (paralela a JI) trazada desde el punto J.

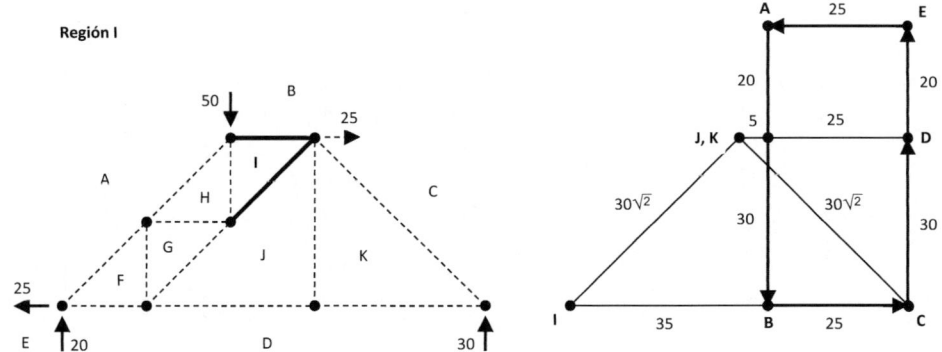

La figura muestra la situación del nuevo punto I en la zona inferior izquierda y las distancias relativas a los puntos B y J.

El punto H se obtiene mediante la intersección de una recta vertical por I y una inclinada desde A, el G está en el punto de corte de una recta horizontal por H y una inclinada desde J y el F en la intersección de una recta horizontal desde D y una vertical desde G.

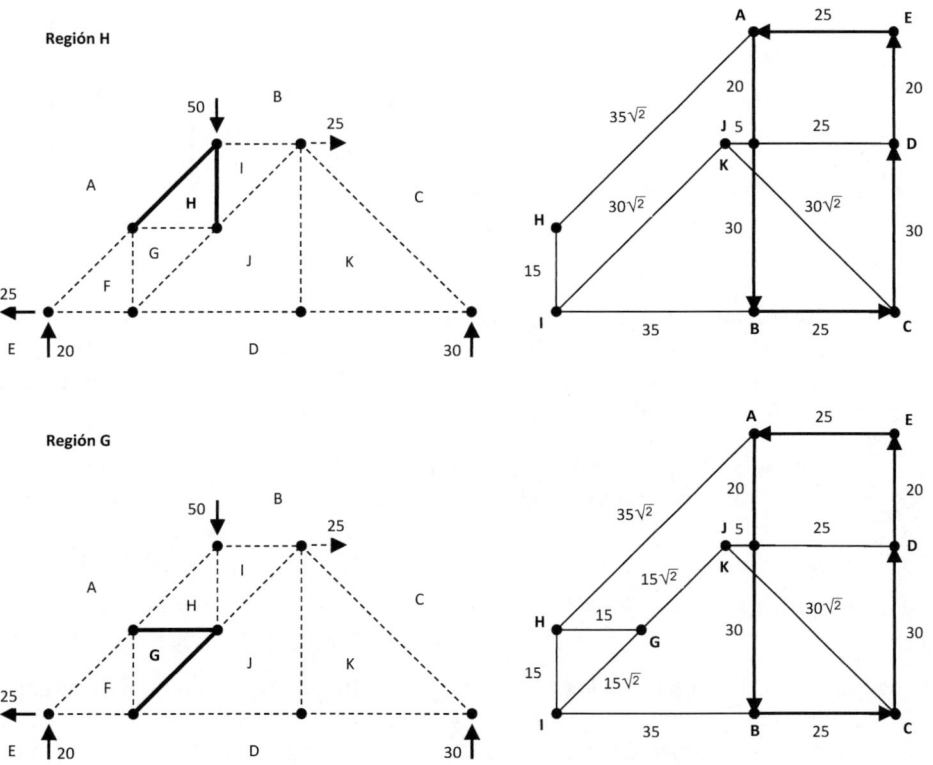

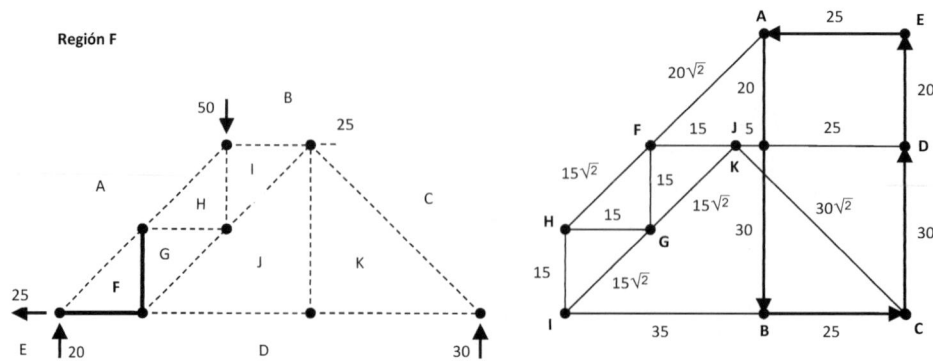

Finalmente se puede comprobar que los puntos F y A están alineados en la figura recíproca según la dirección de la barra que separa las correspondientes regiones.

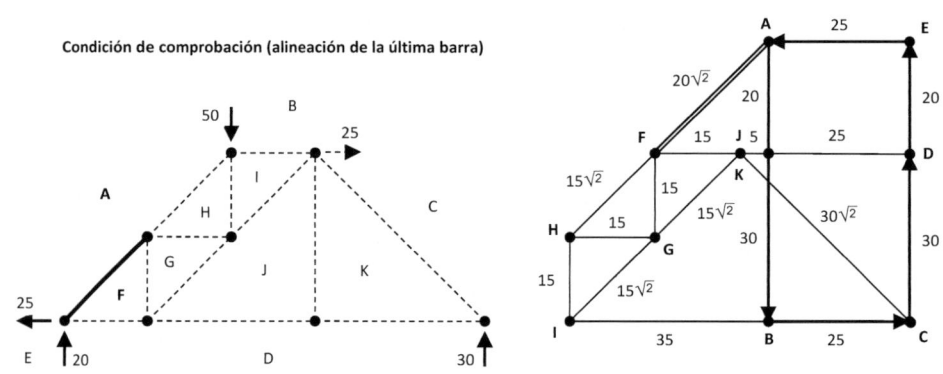

Una vez completada la figura recíproca, los valores absolutos de los esfuerzos en cada barra se obtienen midiendo la distancia entre los puntos correspondientes a las regiones que separa dicha barra. Esta medición se puede realizar directamente a escala sobre la figura o calcular mediante consideraciones geométricas.

La siguiente tabla identifica cada barra por las regiones que la separan y muestra las distancias entre los puntos correspondientes en la figura recíproca.

Barra	DF	DJ	DK	AF	FG	GJ	JK	KC	AH	HI	IJ	IB
Distancia	45	30	30	$20\sqrt{2}$	15	$15\sqrt{2}$	0	$30\sqrt{2}$	$35\sqrt{2}$	15	$30\sqrt{2}$	35

Para determinar los signos de los esfuerzos, se identifican previamente los polígonos de fuerzas actuantes sobre algunos nudos. Comenzando por ejemplo con el nudo superior rodeado por las regiones A, B, I y H se recorren estos puntos en la figura recíproca.

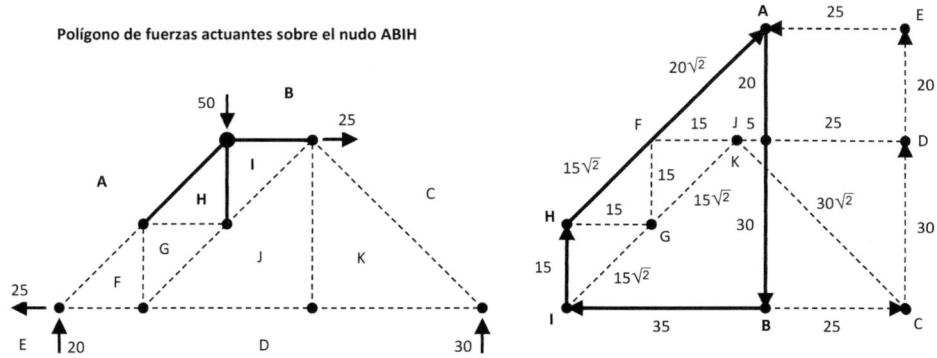

La fuerza que separa las regiones A y B y que une los correspondientes puntos en la figura recíproca es descendente. Esto determina el sentido de recorrido del polígono cerrado como horario y establece los sentidos de los otros tres segmentos: BI hacia la izquierda, IH hacia arriba y HA también creciente.

Como estas son las fuerzas que las correspondientes barras ejercen sobre el nudo en estudio, la barra BI empuja el nudo hacia la izquierda y las barras IH y HA también lo empujan con su acción ascendente. En este caso, las tres barras están comprimidas.

Se considera ahora el nudo de su derecha, rodeado por las regiones B, C, K, J, e I y se recorren estos puntos en la figura recíproca.

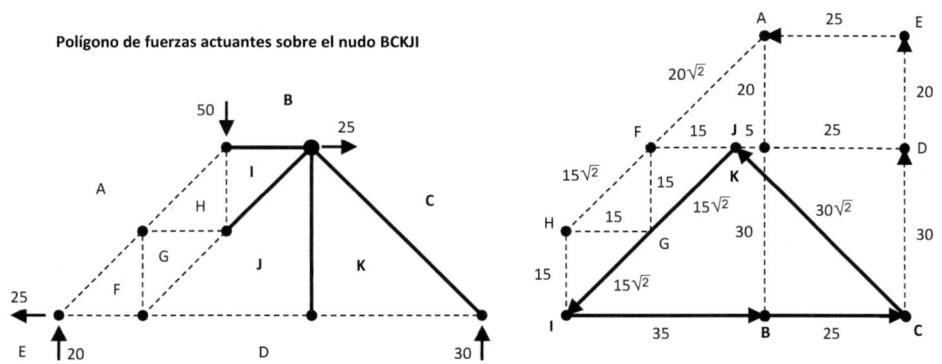

En este caso la fuerza de sentido conocido es la horizontal que separa las regiones B y C. Al estar dirigida hacia la derecha, el sentido de recorrido del polígono es antihorario y el segmento CK es ascendente, el KJ nulo, el JI descendente y el IB hacia la derecha.

Situándose ahora en la estructura y considerando que estas fuerzas son las ejercidas sobre el nudo por las correspondientes barras, la barra CK está comprimida, la barra KJ presenta esfuerzo nulo, la barra JI se encuentra traccionada y la barra IB comprimida. El signo de esta última barra ya se había determinado en el primer nudo y obviamente coincide.

El siguiente nudo que se analiza es el rodeado por las regiones A, H, G y F

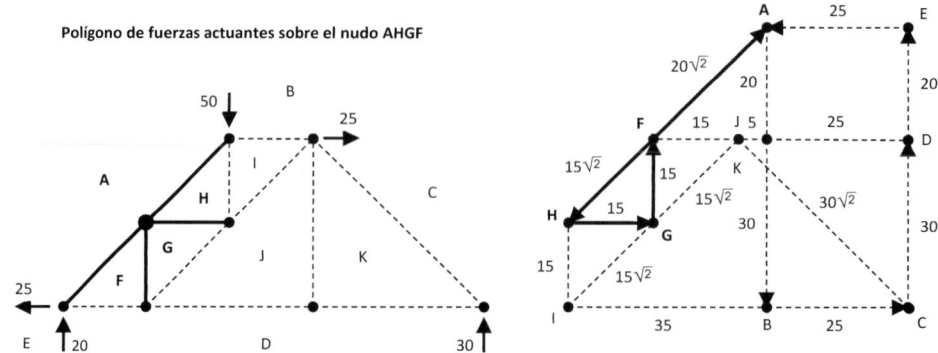

Polígono de fuerzas actuantes sobre el nudo AHGF

Sobre este nudo no se ejerce ninguna fuerza exterior pero ya se conoce el signo del esfuerzo de una de sus barras: la barra AH está comprimida y, por tanto, empuja el nudo en estudio con acción descendente. Trasladando esta fuerza a la figura recíproca el sentido de recorrido del polígono es antihorario, la barra HG ejerce una acción hacia la derecha, tirando del nudo (traccionada) y las fuerzas ejercidas por las barras GF y FA son ascendentes y empujan el nudo analizado (barras comprimidas).

El último nudo que sería preciso analizar es el rodeado por las regiones F, G, J y D.

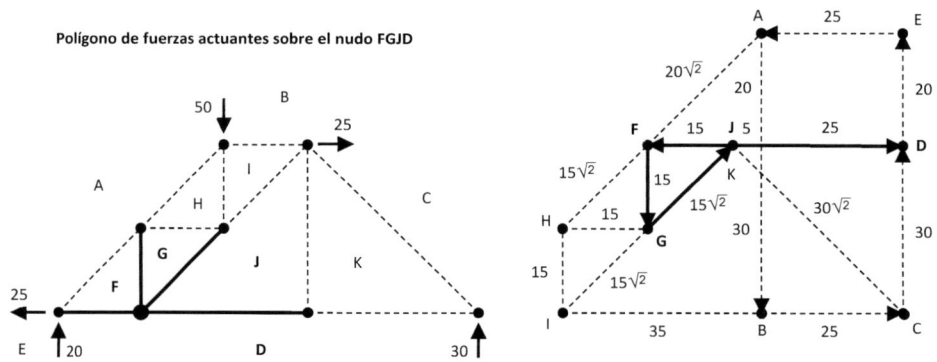

Polígono de fuerzas actuantes sobre el nudo FGJD

A partir del esfuerzo conocido de compresión de la barra FG y de su acción descendente sobre este nudo, se establece un sentido de recorrido antihorario para el polígono y se obtienen los efectos de las fuerzas ejercidas por las restantes barras (las tres tiran del nudo y se encuentran traccionadas).

No es necesario el análisis de los 4 nudos restantes al estar ya determinados los signos de todas las barras (la barra KD tiene obviamente el mismo valor y signo que JD). Se minimiza el número de polígonos precisos si se seleccionan nudos con un mayor número de barras.

Se aprecia que las barras comunes a dos polígonos tienen lógicamente en cada uno sentidos opuestos. Finalmente se representan los resultados finales sobre la estructura.

Ejercicio 4.2.2.02

Determinar los esfuerzos en todas las barras de la estructura articulada de la figura, mediante el método de Maxwell-Cremona.

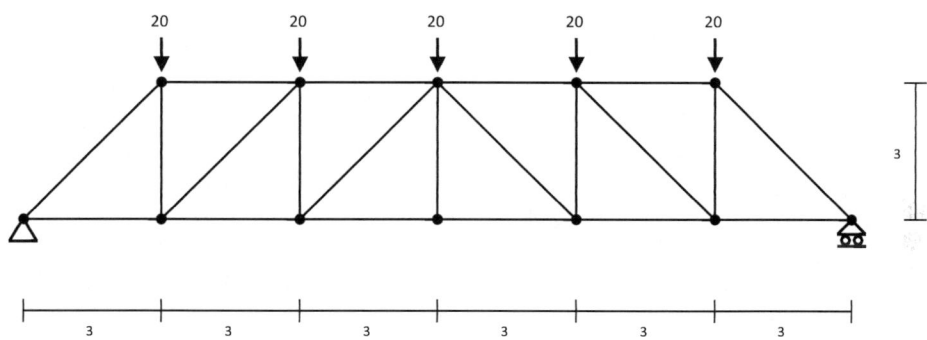

SOLUCIÓN

Al tratarse de una estructura simétrica en geometría y cargas, las reacciones en ambos apoyos son iguales, verticales y del valor de la mitad de la carga total aplicada.

A continuación se identifican todas las regiones comenzando por las exteriores. A partir de una región inicial (A) se recorre el exterior de la estructura en un sentido (por ejemplo, horario) cambiando de región con cada fuerza o reacción. Finalmente se determinan las regiones interiores (ordenadas en este caso de izquierda a derecha).

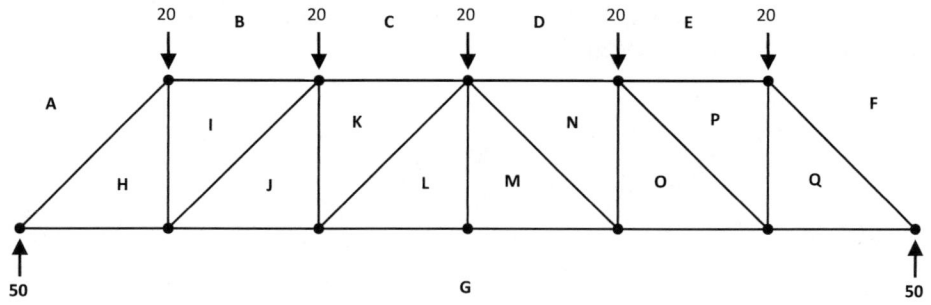

La figura recíproca se forma inicialmente con el polígono cerrado de los puntos correspondientes a las regiones exteriores y, a partir de ahí, se obtienen las posiciones de los puntos de las regiones interiores mediante la intersección de las paralelas a las correspondientes barras.

Al igual que la estructura y las cargas, la figura recíproca es también simétrica y se podría haber omitido la zona inferior.

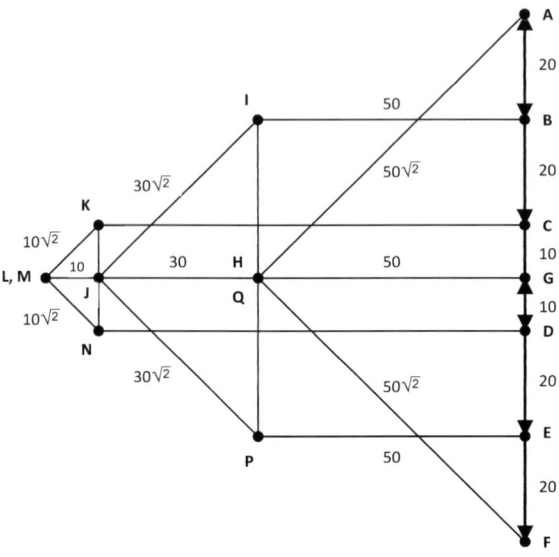

Barra	GH,GQ	GJ,GO	GL,GM	AH,FQ	HI,QP	IJ,PO	JK,ON	KL,MN	BI,EP	CK,DN
Distancia	50	80	90	$50\sqrt{2}$	30	$30\sqrt{2}$	10	$10\sqrt{2}$	50	80

La determinación de los signos no requiere en este caso el análisis de los polígonos a partir de la figura recíproca. El comportamiento de la estructura articulada como una viga global biapoyada permite identificar como barras traccionadas el cordón inferior y los montantes verticales y como barras comprimidas el cordón superior y las diagonales. El montante central tiene esfuerzo nulo.

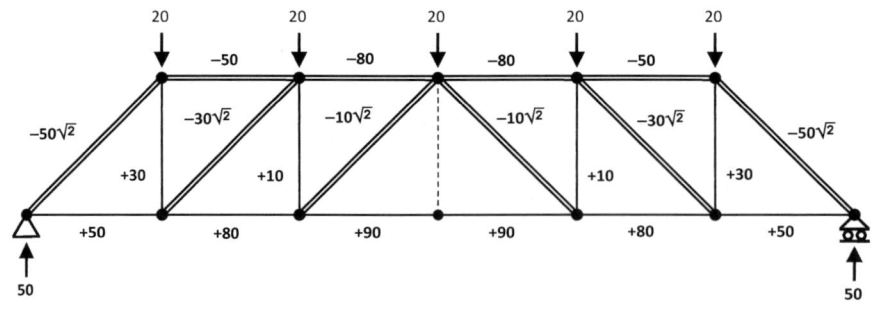

Ejercicio 4.2.2.03

Aplicar el método de Maxwell-Cremona para la determinación de los esfuerzos en todas las barras de la estructura de la figura.

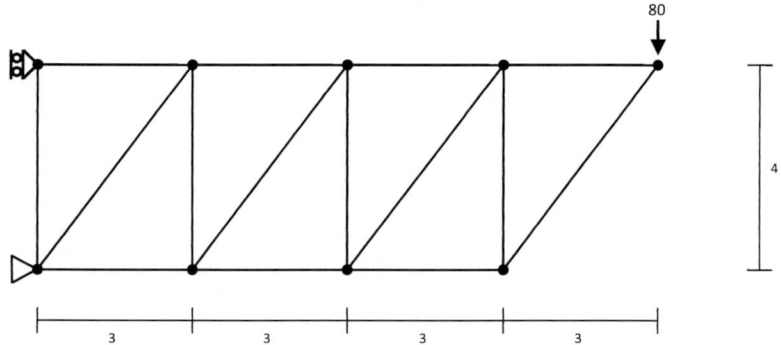

SOLUCIÓN

Las reacciones en los apoyos se obtienen imponiendo las condiciones de equilibrio de la estructura en su conjunto. Las regiones exteriores se establecen a partir de la superior (A) recorriendo el exterior de la estructura en un sentido horario y cambiando de región con cada fuerza o reacción encontrada. Posteriormente se determinan las regiones interiores secuencialmente de derecha a izquierda.

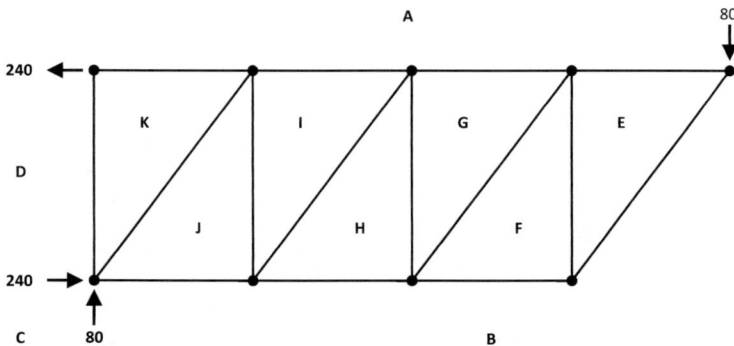

La figura recíproca se forma inicialmente con el polígono cerrado de los puntos correspondientes a las regiones exteriores (A, B, C, D) y, a partir de ahí, se obtienen las posiciones de los puntos de las regiones interiores mediante la intersección de las paralelas a las correspondientes barras.

En este caso la figura recíproca obtenida resulta ser exactamente homotética de la estructura original.

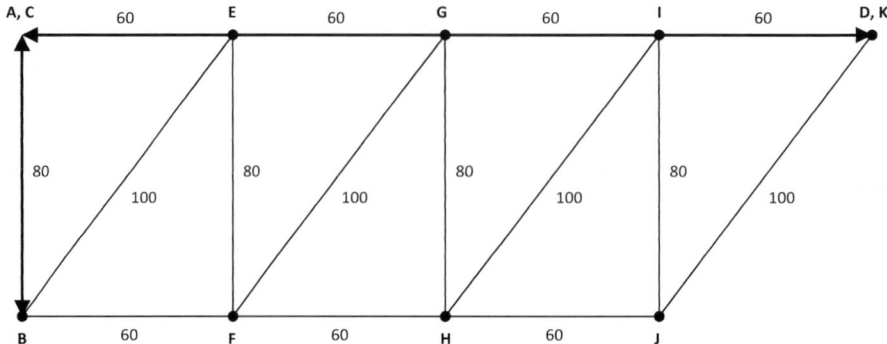

La coincidencia de los puntos D y K indica que no existe fuerza que separe ambas regiones contiguas (región única y barra DK con esfuerzo nulo). No ocurre lo mismo con la coincidencia de los puntos A y C, al no ser contiguas las correspondientes regiones.

Los montantes tienen el mismo esfuerzo, al igual que ocurre con las diagonales. Ello es debido al comportamiento de la estructura articulada como una viga empotrada y a la constancia del esfuerzo cortante en las ménsulas con carga en su extremo.

Barra	BJ	BH	BF	DK	KJ,IH,GF,EB	JI,HG,FE	AK	AI	AG	AE
Distancia	180	120	60	0	100	80	240	180	120	60

El comportamiento descrito de la estructura articulada como viga en ménsula permite identificar como barras traccionadas el cordón superior y los montantes verticales y como barras comprimidas el cordón inferior y las diagonales.

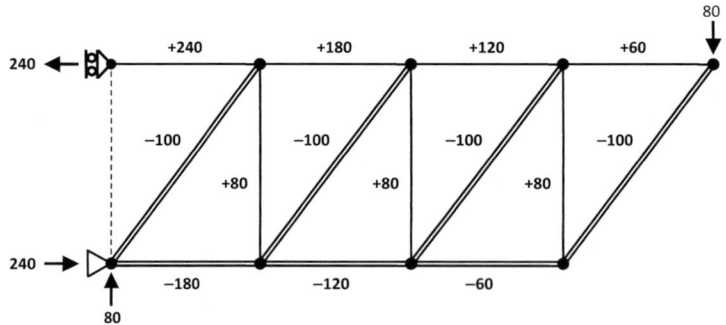

Ejercicio 4.2.2.04

Determinar las reacciones en los apoyos y los esfuerzos en todas las barras del sistema articulado de la figura, mediante el método de Maxwell-Cremona.

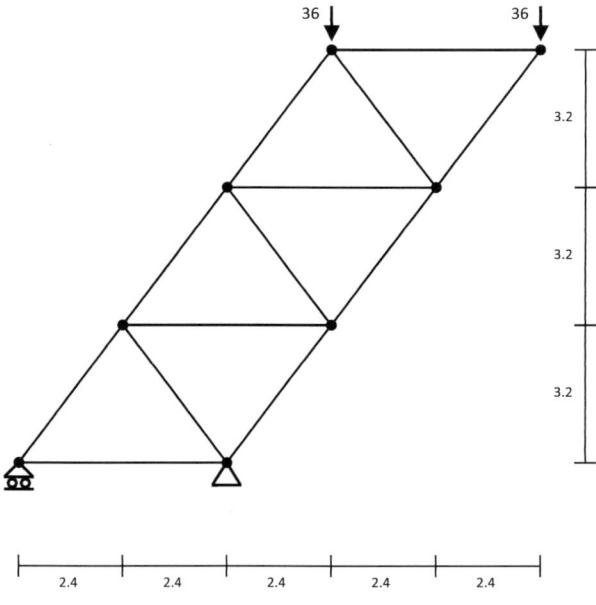

SOLUCIÓN

El equilibrio de momentos de las fuerzas actuantes respecto al apoyo fijo proporciona el valor de la reacción en el apoyo deslizante. La reacción en el apoyo fijo se obtiene imponiendo posteriormente el equilibrio de fuerzas totales sobre la estructura.

A continuación se identifican todas las regiones, comenzando por las exteriores.

A partir de una región izquierda (A) se recorre el exterior de la estructura en un sentido horario cambiando de región con cada fuerza o reacción encontrada.

Finalmente se determinan las regiones interiores (ordenadas en sentido ascendente).

La figura recíproca se forma partiendo del polígono de los puntos correspondientes a las regiones exteriores (A, B, C y D) y, a partir de ahí, se obtienen las posiciones de los puntos de las regiones interiores mediante la intersección de las paralelas a las correspondientes barras.

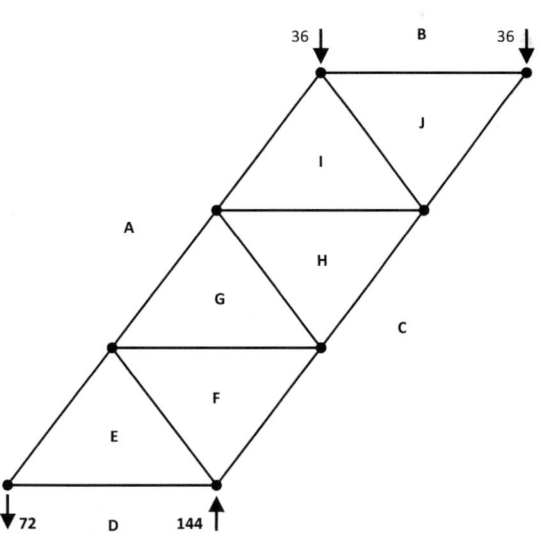

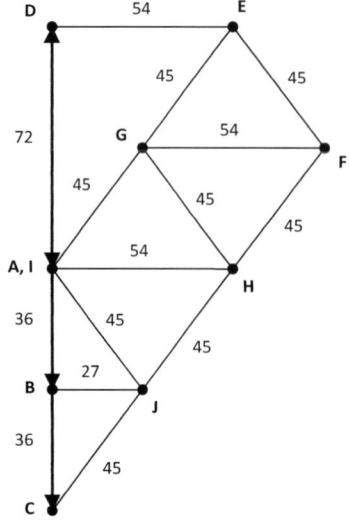

Barra	Distancia
AE	90
AG	45
AI	0
DE	54
EF	45
FG	54
GH	45
HI	54
IJ	45
JB	54
CF	135
CH	90
CJ	45

La determinación de los signos no requiere en este caso el análisis de los polígonos a partir de la figura recíproca.

El comportamiento de la estructura articulada como una viga empotrada en el terreno permite asignar esfuerzos de compresión a las barras del lateral derecho, las diagonales interiores y la horizontal inferior y esfuerzos de tracción al resto de las barras del sistema.

La barra superior del cordón lateral izquierdo presenta esfuerzo nulo.

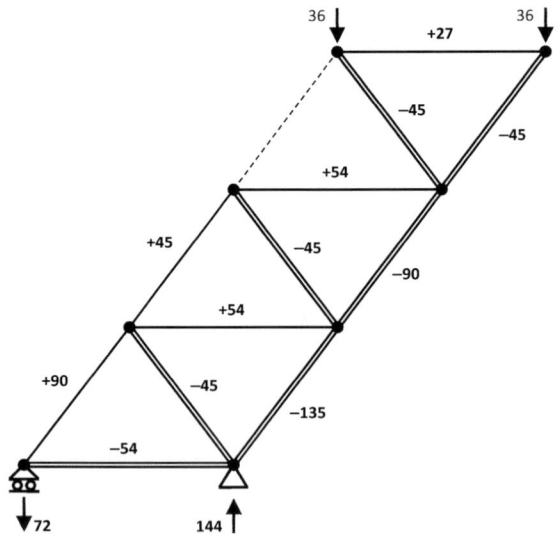

Ejercicio 4.2.2.05

Aplicar el método de Maxwell-Cremona para la determinación de los esfuerzos en todas las barras de la estructura de la figura.

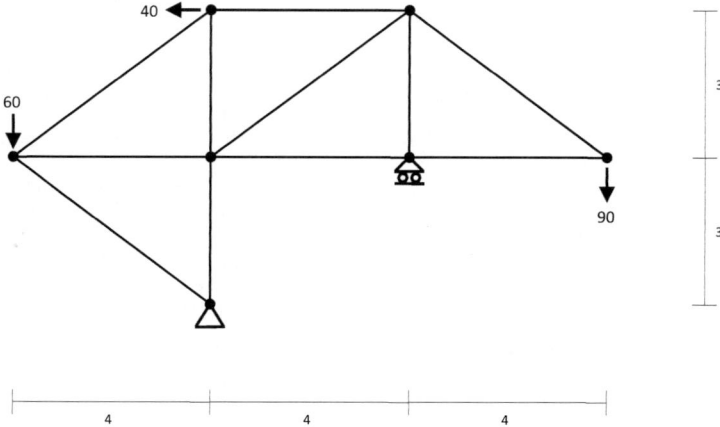

SOLUCIÓN

Las reacciones en los apoyos se obtienen imponiendo las condiciones de equilibrio de la estructura en su conjunto. Las regiones exteriores se establecen a partir de la inicial (A) recorriendo el exterior de la estructura en un sentido horario y cambiando de región con cada fuerza o reacción encontrada. Las regiones interiores se asignan secuencialmente.

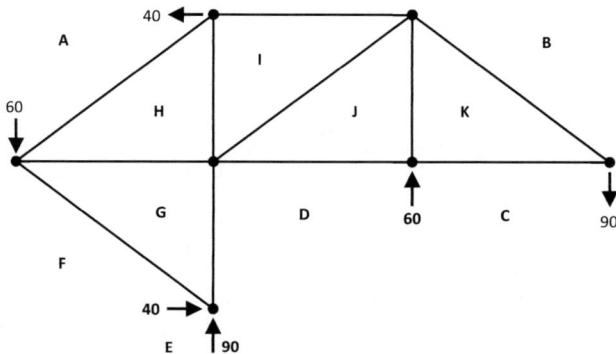

La figura recíproca se forma inicialmente con el polígono cerrado de los puntos correspondientes a las regiones exteriores (A, B, C, D, E y F) y, a partir de ahí, se obtienen las posiciones de los puntos de las regiones interiores mediante intersección de las paralelas a las correspondientes barras.

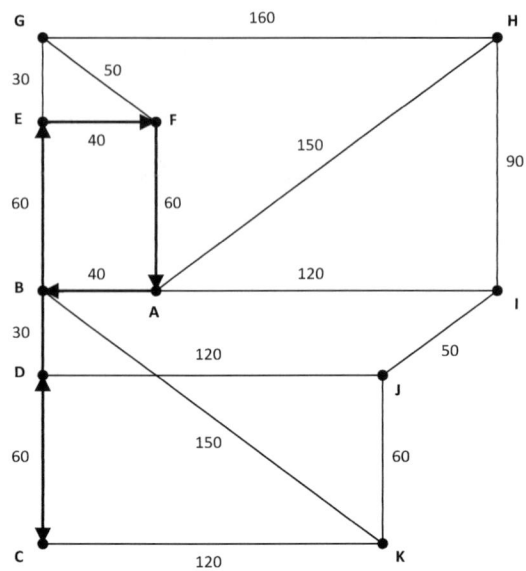

Barra	FG	GD	GH	DJ	CK	HI	IJ	JK	KB	IB
Distancia	50	120	160	120	120	90	50	60	150	160

En este caso las cargas y reacciones actuantes sobre la estructura provocan esfuerzos de compresión en todas las barras interiores y esfuerzos de tracción en las barras del perímetro exterior.

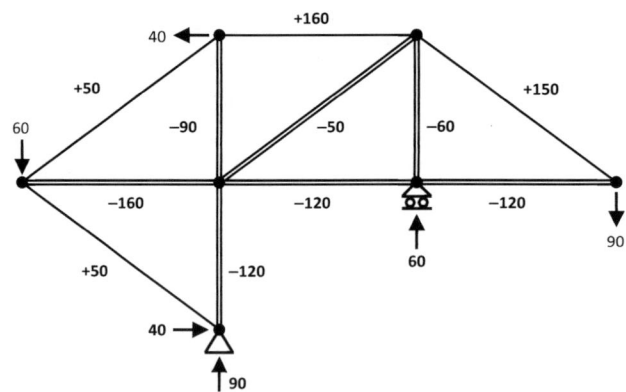

Ejercicio 4.2.2.06

Determinar los esfuerzos en todas las barras de la estructura articulada de la figura, mediante el método de Maxwell-Cremona.

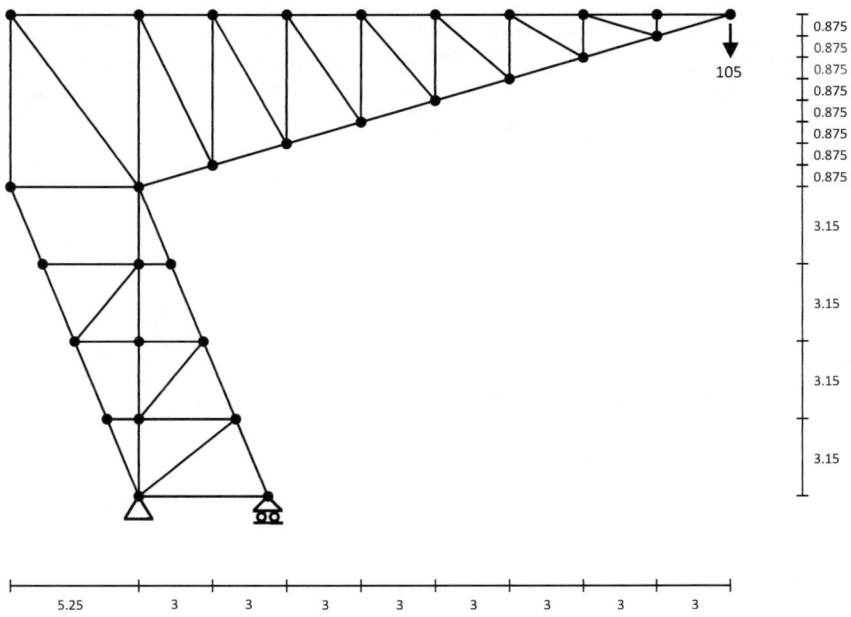

SOLUCIÓN

Bajo la carga indicada la estructura contiene un numeroso grupo de barras con esfuerzo axil nulo. En la figura de la izquierda se identifican con líneas de trazos y en la de la derecha se eliminan, como paso previo al establecimiento de las regiones.

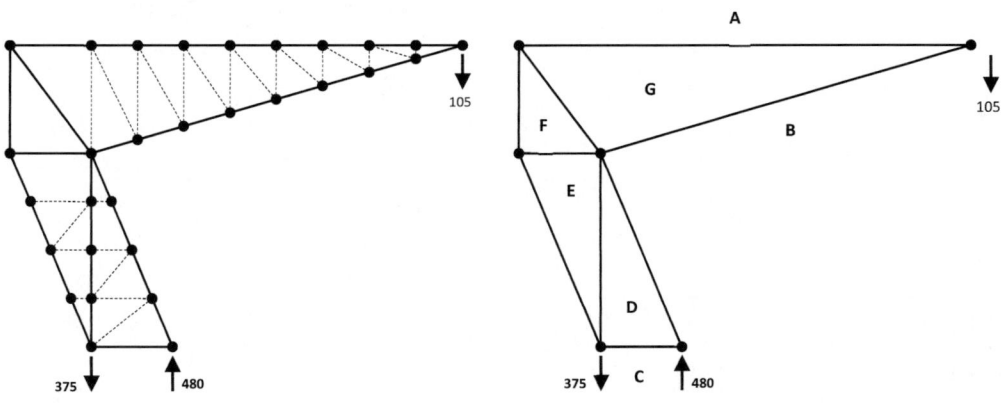

Las reacciones se han obtenido mediante las condiciones de equilibrio global de la estructura.

La figura recíproca se forma inicialmente con el polígono cerrado de los puntos correspondientes a las regiones exteriores (A, B y C).

Los puntos asociados a las regiones interiores se obtienen mediante intersección de las paralelas a las correspondientes barras. Para su disposición geométrica se tiene en cuenta que las regiones D y E tienen lados de proporciones 5-12-13, la región F es un triángulo de proporciones 3-4-5 y el ángulo derecho de la región G es el más agudo del triángulo 7-24-25.

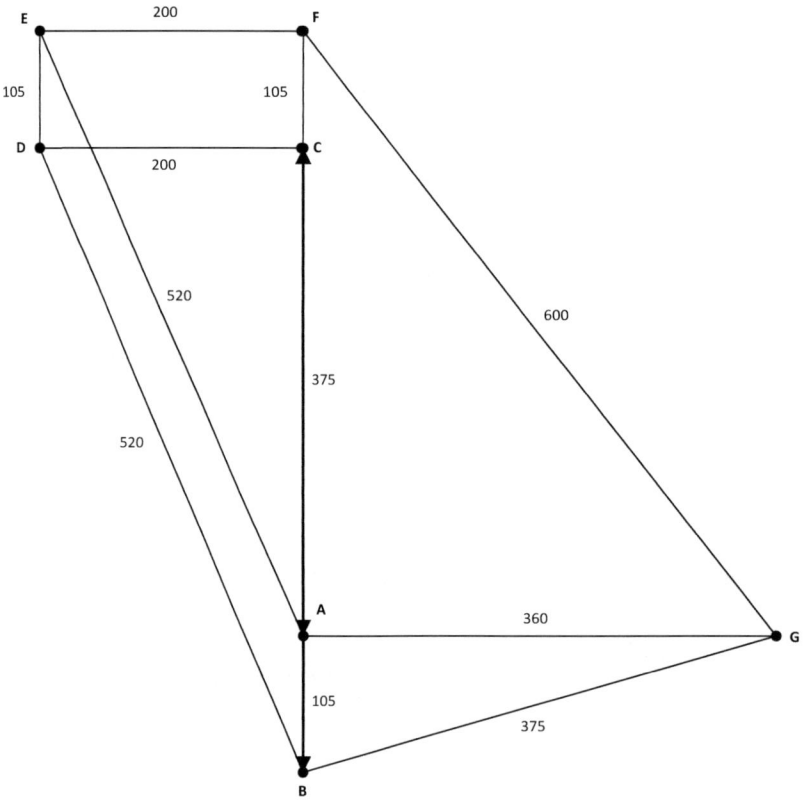

Barra	CD	AE	ED	DB	EF	AF	FG	GB	GA
Distancia	200	510	105	520	200	480	600	375	360

La determinación de los signos de los esfuerzos no presenta mayor complejidad. La barra horizontal superior, las del lateral izquierdo y la horizontal inferior forman un cordón de tracción y el resto de las barras (todas las que confluyen en el nudo central) se encuentran comprimidas.

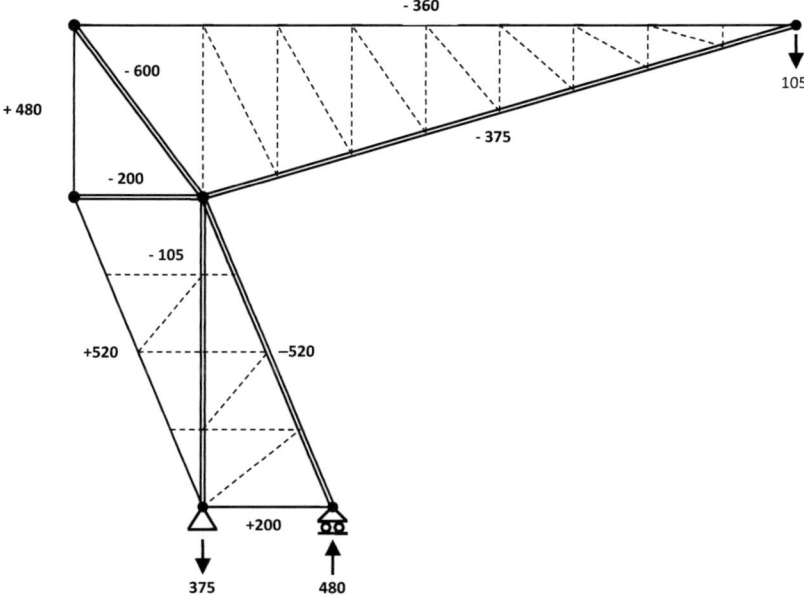

En la figura se representa el resultado final, incluyendo en líneas de trazos las barras con esfuerzo nulo.

Kenneth Snelson Needle Tower (Washington)
commons.wikipedia.org-Onderwijsgek

CAPÍTULO 5

DEFORMACIONES Y DESPLAZAMIENTOS ELÁSTICOS

[5.1]. Introducción

La hipótesis de rigidez de las barras de las estructuras articuladas permite la determinación de reacciones y esfuerzos axiles en sistemas isostáticos.

Sin embargo, para avanzar en el estudio del comportamiento de los sistemas articulados y acometer posteriormente el análisis de las estructuras hiperestáticas, se deben considerar las deformaciones que, aunque pequeñas, se producen efectivamente en las estructuras reales.

Para ello se considera un modelo de comportamiento elástico lineal del material y, partiendo de la distribución de tensiones producida por el esfuerzo axil, se determina la deformación en una barra genérica.

La variación longitudinal de las barras del sistema articulado provoca el desplazamiento de sus nudos. El análisis de estos desplazamientos se efectúa inicialmente mediante consideraciones geométricas (diagrama de Williot) y a continuación se aborda su determinación con procedimientos basados en balances energéticos.

Sin entrar en un análisis teórico de la energía de deformación, del principio de los trabajos virtuales y de los teoremas de Castigliano, Clapeyron, Maxwell y Betti, se expone y justifica el método de la fuerza virtual y se desarrolla su aplicación práctica en un numeroso conjunto de casos.

[5.2]. Distribución de tensiones en una sección

Se considera una barra de un sistema articulado bajo la acción de las dos fuerzas iguales y opuestas F que la mantienen en equilibrio.

Cualquier sección transversal de la misma está solicitada por un esfuerzo axil N, de valor equivalente a la fuerza aplicada (N = F).

La resistencia a esta solicitación no corresponde exclusivamente al punto central de la sección. La totalidad de sus puntos colabora para resistir conjuntamente el esfuerzo.

Se considera como tensión en un punto (σ) el conjunto de dos fuerzas iguales y opuestas que solicita la unidad de área asociada a dicho punto. La tensión tiene, por tanto, unidades de presión (fuerza por unidad de superficie).

En cada unidad de área de la sección el esfuerzo provoca una tensión concreta (en principio diferente) de manera que la suma de las tensiones a lo largo de la sección es igual al valor del esfuerzo aplicado. Se puede establecer, por tanto, que el esfuerzo en la sección da lugar a una distribución de tensiones en todos sus puntos.

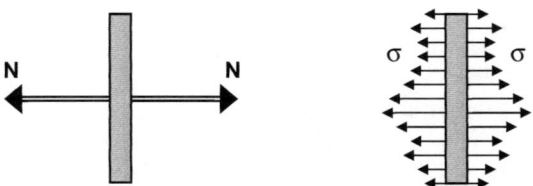

Para determinar la forma de esta distribución de tensiones se considera aplicable la hipótesis de Navier (ingeniero y físico francés, 1785-1836) que establece que las secciones transversales permanecen planas y perpendiculares a las fibras deformadas.

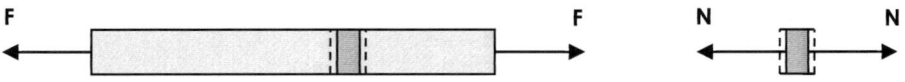

En este caso las secciones transversales se trasladan paralelamente a sí mismas y todos sus puntos tienen el mismo desplazamiento.

Por otra parte, se adopta una hipótesis de comportamiento del material en el que las deformaciones dependen directamente de las tensiones. Si las primeras son idénticas en todos los puntos de la sección, las últimas tienen que serlo también. La distribución de tensiones producida por el esfuerzo axil es, en realidad, homogénea.

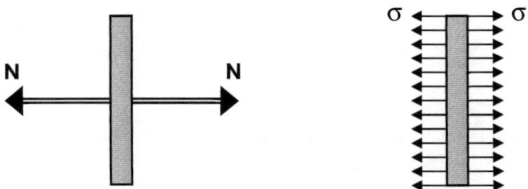

Las tensiones son iguales en toda la sección. La resultante de todas ellas es, por tanto, el producto del valor de la tensión (fuerza entre superficie) por el área total de la sección. Y como esa resultante tiene que coincidir con el esfuerzo, la tensión producida por este en cualquier punto de la sección (σ) es el cociente entre el valor de dicho esfuerzo (N) y la superficie de la sección (A):

$$\sigma A = N \quad \rightarrow \quad \sigma = N/A$$

El signo de la tensión coincide con el del esfuerzo axil (positivo en tracción y negativo en compresión).

Ejercicio 5.2.01

Una columna de piedra de sección cuadrada de 40 cm de lado soporta una carga vertical centrada de 240 toneladas. Frente a dicha fuerza el peso de la columna se considera despreciable. ¿Qué valor alcanza la tensión en cualquier punto de una sección horizontal?

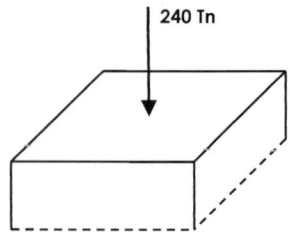

¿Cuál debería ser el lado del cuadrado para que esta carga produzca tensiones de compresión de −0.96 kN/cm^2?

SOLUCIÓN

El esfuerzo axil en cualquier sección tiene un valor de −240 Tn. La tensión alcanzada es el cociente entre este esfuerzo y el área de la sección:

$$\sigma = N/A = -240 \text{ Tn}/(40 \text{ cm} \times 40 \text{ cm}) = -0.15 \text{ Tn/cm}^2 = -1.5 \text{ kN/cm}^2$$

El signo negativo del resultado indica que la tensión resultante es también de compresión. El área necesaria para que este esfuerzo provoque una determinada tensión es el cociente entre estos dos valores:

$$\sigma = N/A \rightarrow A = N/\sigma = -2400 \text{ kN}/-0.96 \text{ kN/cm}^2 = 2500 \text{ cm}^2$$

que corresponde a un cuadrado de 50 cm de lado.

Ejercicio 5.2.02

¿Cuál es el valor máximo de la tracción que puede soportar un cable de acero con una sección transversal de 3.5 cm^2 para que no se supere la tensión máxima admisible (σ_{adm}) de 40 kN/cm^2?

¿Qué longitud máxima puede tener este cable para resistir la carga anterior si el material tiene ahora una σ_{adm} de 28 kN/cm^2?

SOLUCIÓN

El esfuerzo axil máximo soportado en una sección transversal del cable es el producto de la tensión máxima admisible por el área total de la sección:

$$\sigma = N/A \rightarrow N_{máx} = \sigma_{adm} A = -40 \text{ kN/cm}^2 \times 3.5 \text{ cm}^2 = 140 \text{ kN}$$

La longitud del tirante no influye en las tensiones producidas por el esfuerzo axil. Para resistir una tracción de 140 kN sin sobrepasar la tensión de 28 kN/cm^2 se precisaría una sección mínima del cable igual al cociente entre ambos valores.

$$\sigma \leq \sigma_{adm} \rightarrow N/A \leq \sigma_{adm} \rightarrow A \geq N/\sigma_{adm} = 140 \text{ kN}/28 \text{ kN/cm}^2 = 5 \text{ cm}^2$$

[5.3]. DEFORMACIONES EN BARRAS

La aplicación de dos fuerzas F iguales y opuestas en los extremos de una barra de longitud inicial L provoca el estado tensional descrito en el apartado anterior, el correspondiente desplazamiento de las secciones transversales interiores y, en definitiva, una variación longitudinal de la distancia entre sus extremos de valor Δ.

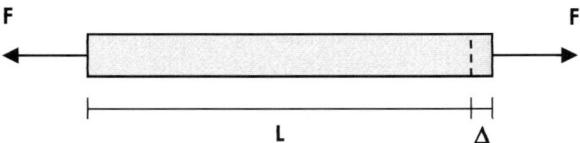

Se define la deformación ε de la barra como el cociente entre su variación longitudinal Δ y la longitud inicial L.

$$\varepsilon = \Delta/L$$

La deformación ε tiene el mismo signo que Δ (positivo si la fuerza es de tracción y negativo en compresión) y representa el alargamiento o acortamiento correspondiente a cada unidad de longitud de barra. Como cociente entre dos longitudes, la deformación es adimensional.

Por otra parte, en el material se consideran aplicables las hipótesis de comportamiento de la elasticidad lineal. Por ser elástico su deformación se recupera al cesar la causa que la produce y su linealidad se refiere a la existencia de proporcionalidad entre las tensiones aplicadas y las deformaciones producidas.

Esta proporcionalidad entre tensiones y deformaciones se pone de manifiesto en el cumplimiento de la ley de Hooke (científico inglés, 1635-1703):

$$\varepsilon = \sigma/E$$

E es el módulo de elasticidad o de Young (científico inglés, 1773-1829) y caracteriza la resistencia a la deformación ejercida por cada material concreto.

Los materiales de uso estructural poseen Módulos de Elasticidad muy elevados (del orden de 20 000 kN/cm² para los aceros y cercano a 3000 kN/cm² en el hormigón). Esto significa que las deformaciones adoptan valores muy reducidos y es perfectamente aplicable la consideración en los cálculos de la geometría inicial de la estructura.

Al ser ε adimensional, las dimensiones de E coinciden con las de σ (fuerza entre superficie). Las unidades más empleadas para el módulo de Young son los megapascales, kN/cm², N/mm² y kp/cm², con las siguientes equivalencias:

$$1 \text{ MPa} = 10^6 \text{ Pa} = 10^6 \text{ N/m}^2 = 1 \text{ N/mm}^2 = 0.1 \text{ kN/cm}^2 = 10 \text{ kp/cm}^2$$

La siguiente tabla muestra valores aproximados del módulo de elasticidad para distintos materiales. Son simplemente valores de referencia sujetos a variaciones sensibles según los casos.

Materiales metálicos	E (kN/cm²)	Materiales no metálicos	E (kN/cm²)
Plomo	1600	Madera laminada	700
Aluminio	7000	Ladrillo	1000
Zinc	9000	Arenisca	1200
Titanio	10 700	Madera (según fibra)	1400
Bronce	11 000	Basalto	2000
Cobre	12 000	Hormigón	2700
Hierro forjado	19 000	Piedra caliza	3300
Níquel	20 500	Granito	5000
Acero	21 000	Vidrio	7000
Tungsteno	40 700	Mármol	9000

Considerando además que la tensión σ producida por un esfuerzo axil N es la indicada en el apartado anterior ($\sigma = N/A$), estas tres últimas expresiones permiten la determinación final del incremento longitudinal Δ:

$$\varepsilon = /L \rightarrow \Delta = L\, \varepsilon = L\,(\sigma/E) = L\,(N/A)/E = N\,L/E\,A$$

Al tener el esfuerzo axil N el mismo valor que las fuerzas aplicadas F, la relación entre éstas y el desplazamiento producido entre sus extremos viene dado por la expresión:

$$\Delta = F\,L/E\,A$$

La variación longitudinal de la barra Δ resulta directamente proporcional a la fuerza F y a la longitud inicial L, e inversamente proporcional al módulo de elasticidad del material E y al área de la sección transversal A.

Las relaciones entre fuerzas, esfuerzos, tensiones, deformaciones y desplazamientos, así como las distintas magnitudes que intervienen en dichas relaciones, se pueden resumir finalmente en la tabla siguiente:

Relación	Fuerzas esfuerzos	Esfuerzos tensiones	Tensiones deformaciones	Deformaciones desplazamientos
Expresión	$N = F$	$\sigma = N/A$	$\varepsilon = \sigma/E$	$\Delta = L\,\varepsilon$
Dependencia	Condiciones de equilibrio	Geometría de la sección (A)	Características del material (E)	Geometría del elemento (L)

La hipótesis de comportamiento elástico lineal deja de ser aplicable cuando el valor de la tensión supera un determinado límite, el límite elástico (σ_y) del material. Por su parte, la ley de Hooke deja de cumplirse si la tensión supera el límite de proporcionalidad (σ_p). Al aumentar la tensión un poco más se llega al límite de fluencia (σ_f) en el que se produce un importante aumento de la deformación con tensión constante.

Los tres límites se encuentran muy próximos entre sí, especialmente en los materiales metálicos. En el acero laminado estructural presentan habitualmente valores comprendidos entre los 420 y los 550 kN/cm^2 y su diagrama simplificado de cálculo (considerando $\sigma_y = \sigma_y = \sigma_f$) se representa en la figura.

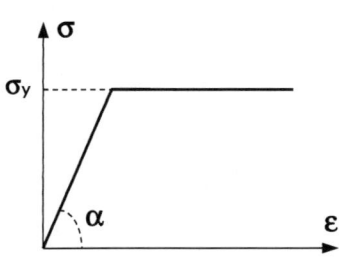

La primera recta inclinada de pendiente constante corresponde a la fase elástica con proporcionalidad entre tensiones y deformaciones. La tangente del ángulo α es el módulo de elasticidad E.

La validez de las anteriores expresiones está condicionada al mantenimiento de la tensión bajo este límite ($\sigma < \sigma_y$). Una vez alcanzado $\sigma = \sigma_y$, la recta horizontal reproduce el comportamiento de la fase plástica y se considera en otros modelos de cálculo.

Ejercicio 5.3.01

Calcular la variación de longitud de una columna de granito (E = 50 000 MPa) de 3 metros de altura y sección cuadrada de 30 centímetros de lado, bajo la acción de una carga vertical descendente de 45 toneladas, centrada sobre su cara superior. No se considera adicionalmente el peso de la columna.

SOLUCIÓN

Se trata de un sencillo ejemplo de aplicación directa de la fórmula $\Delta = F\,L/E\,A$. Como paso previo se expresan todos los datos en un sistema homogéneo de unidades (por ejemplo: fuerzas en kN, longitudes en cm).

$$F = -45 \text{ Tn} = -450 \text{ kN}$$
$$L = 3 \text{ m} = 300 \text{ cm}$$
$$E = 50\,000 \text{ MPa} = 5000 \text{ kN/cm}^2$$
$$A = 30 \text{ cm} \times 30 \text{ cm} = 900 \text{ cm}^2$$

$$\Delta = F\,L/E\,A = (-450 \text{ kN} \times 300 \text{ cm})/(5000 \text{ kN/cm}^2 \times 900 \text{ cm}^2) = -0.05 \text{ cm}$$

El pilar de granito experimenta un acortamiento de medio milímetro tras la aplicación de la fuerza de 45 toneladas.

Ejercicio 5.3.02

A partir del resultado del ejercicio anterior, determinar el acortamiento de la columna si se emplea una arenisca de E = 12 500 MPa. ¿Cómo varía la tensión?

SOLUCIÓN

La variación longitudinal es inversamente proporcional al módulo de elasticidad. Al disponer una piedra con E inferior al granito (menos rígida) el acortamiento será mayor y lo será en la proporción de ambos módulos elásticos:

$$\Delta_1 \; E_2 = \Delta_2 \; E_1 \quad \rightarrow \quad \Delta_2 = \Delta_1 \; E_1/E_2 = -0.5 \text{ mm} \times 50000 \text{ MPa}/12500 \text{ MPa} = -2 \text{ mm}$$

La tensión depende del esfuerzo axil y del área de la sección, pero no del módulo de Young del material. Es, por tanto, la misma que en el ejercicio anterior.

Ejercicio 5.3.03

Determinar el esfuerzo axil de tracción que produce un alargamiento de 0.8 mm en una barra de aluminio (E = 70000 MPa) de 4 m de longitud y 25 cm^2 de sección.

SOLUCIÓN

En fórmula $\Delta = N \; L/E \; A$ se despeja ahora el esfuerzo axil $N = \Delta \; E \; A/L$. Expresando todas las fuerzas en kN y longitudes en cm:

$$\Delta = 0.8 \text{ mm} = 0.08 \text{ cm}$$
$$E = 70000 \text{ MPa} = 7000 \text{ kN/cm}^2$$
$$A = 25 \text{ cm}^2$$
$$L = 4 \text{ m} = 400 \text{ cm}$$
$$N = \Delta \; E \; A/L = 0.08 \text{ cm} \times 7000 \text{ kN/cm}^2 \times 25 \text{ cm}^2/400 \text{ cm} = 35 \text{ kN}$$

Ejercicio 5.3.04

Calcular el área mínima que debe tener la sección transversal de una barra de tungsteno de 400 000 MPa de módulo de elasticidad y 2 m de longitud para que, al someterla a un esfuerzo axil de 600 kN, se verifiquen dos condiciones:

1. El alargamiento producido no exceda del 0.5 % de su longitud.
2. La tensión alcanzada no supere el valor de 150 kN/cm^2.

SOLUCIÓN

En la primera condición se impone que la deformación $\varepsilon = \Delta/L$ sea igual o inferior a 0.01 Para ello, la tensión no debe superar el valor

$$\sigma = E \; \varepsilon = 40\,000 \text{ kN/cm}^2 \times 0.005 = 200 \text{ kN/cm}^2$$

La segunda condición es más restrictiva. Para garantizar que no se excede el límite de tensión de 150 kN/cm^2

$$\sigma = N/A \leq 150 \text{ kN/cm}^2 \quad \rightarrow \quad A \geq 600 \text{ kN}/150 \text{ kN/cm}^2 = 4 \text{ cm}^2$$

[5.4]. DESPLAZAMIENTOS DE NUDOS

Una vez finalizado el estudio del comportamiento de una barra, se plantea el análisis de la deformación de la estructura articulada en su conjunto.

Con los esfuerzos y características geométricas y mecánicas de las barras se puede obtener la variación longitudinal de cada una. El problema ahora es la determinación de los desplazamientos que experimentan los nudos cuando las barras adoptan sus nuevas longitudes.

La solución se aborda con dos enfoques diferentes. Inicialmente se realiza un análisis clásico basado en consideraciones geométricas (diagrama de Williot) y después se plantea la deformación desde un punto de vista energético, dando lugar al método de la fuerza virtual.

[5.4.1]. DETERMINACIÓN GEOMÉTRICA

El diagrama de Williot (Christian Otto Mohr, ingeniero civil alemán, 1835-1918) se basa en la aplicación recurrente de un procedimiento geométrico para la determinación del desplazamiento de un nudo a partir de los movimientos de las dos barras que lo unen con otros dos nudos de posiciones ya conocidas.

En la figura se muestra este procedimiento. Las posiciones inferiores de los nudos 1, 2 y 3 son las originales. La barra A une los puntos 1 y 3 con una longitud inicial L_A mientras la barra B une los puntos 2 y 3 con longitud inicial L_B.

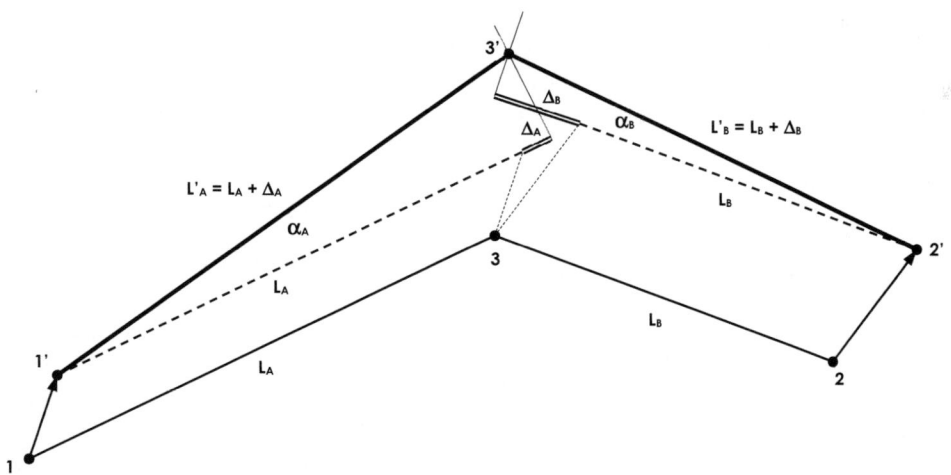

Se supone el conocimiento previo de los desplazamientos de los nudos 1 y 2. Están representados con flechas en la figura, indicando sus posiciones finales 1' y 2'. Se suponen conocidas también de las variaciones longitudinales de las barras Δ_A y Δ_B.

Desde sus posiciones originales, ambas barras experimentan inicialmente una traslación debida al desplazamiento de los puntos 1 y 2 y adoptan la posición representada con línea gruesa de trazos.

A continuación se aplican en esta situación las variaciones dimensionales Δ_A y Δ_B. En la figura se representan con líneas de doble trazo.

Finalmente, las barras, con su nueva longitud $(L + \Delta)$, giran respectivamente los ángulos α_A y α_B alrededor de los puntos 1' y 2', hasta que sus extremos se encuentran en el punto 3'.

Asumiendo la hipótesis de pequeñas deformaciones, se sustituyen los arcos de giro por sus tangentes y la posición final del nudo 3 se obtiene mediante la intersección de las perpendiculares a las barras (desplazadas y con su nueva longitud), trazadas por sus extremos. Estas perpendiculares están representadas en la figura con línea fina continua.

Una vez determinado el desplazamiento del nudo 3, este se puede utilizar con otro nudo para aplicar recursivamente el mismo procedimiento. Se reproducen secuencialmente las etapas de traslación, variación longitudinal y giro de nuevas barras y se obtienen las posiciones finales de nuevos nudos.

En los incrementos o decrementos de longitud de las barras pueden intervenir, además de las deformaciones elásticas producidas por los esfuerzos, otras deformaciones adicionales como las motivadas por la dilatación térmica o los errores de ejecución.

Los ejercicios desarrollados a continuación reflejan la operativa y características de este método.

Ejercicio 5.4.1.01

En función de los valores del módulo de elasticidad E, la longitud L, la sección A de las barras y el peso P aplicado, calcular el descenso del nudo central del sistema articulado de la figura.

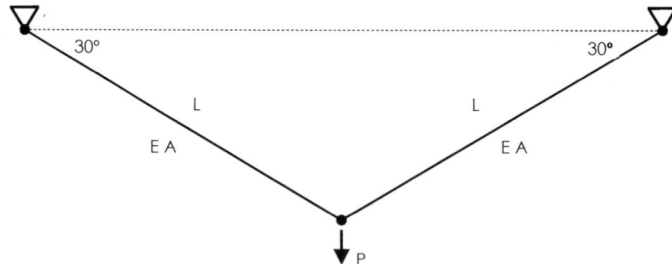

SOLUCIÓN

En este caso los nudos extremos están fijos en los apoyos articulados y las barras no tienen movimiento de traslación.

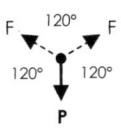

Para el cálculo de los alargamientos en ambas barras se determinan primero sus esfuerzos axiles. En el equilibrio del nudo se aprecia con claridad la simetría central de las tres fuerzas y por ello sus valores tienen que ser iguales. Tanto las fuerzas ejercidas por las barras sobre el nudo como los correspondientes esfuerzos coinciden con el peso ($N = F = P$).

En función de los datos, los incrementos de longitud de ambas barras son iguales y vienen dados por la expresión:

$$\Delta = N\,L/E\,A = P\,L/E\,A$$

Estos alargamientos se trasladan a la figura y se procede a continuación al giro de barras. El nudo central se situará en la intersección de las rectas perpendiculares por sus nuevos extremos.

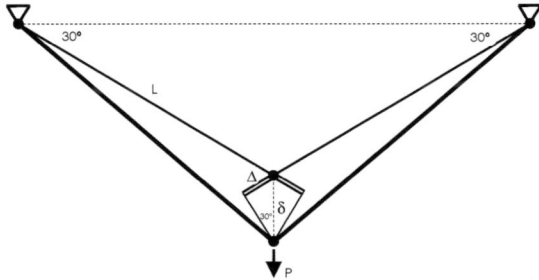

El descenso δ del nudo central se obtiene como hipotenusa de un triángulo rectángulo con un cateto Δ y el ángulo opuesto de 30°.

$$\delta = \Delta/\text{sen } 30^\circ = 2\,\Delta = 2\,P\,L/E\,A$$

Ejercicio 5.4.1.02

Determinar el desplazamiento horizontal y vertical del punto de aplicación de la carga de 4.5 Tn en el sistema de la figura. La barra horizontal de aluminio ($E = 75\,000$ MPa) tiene 2 m de longitud y una sección de 8 cm² y el tirante de acero inoxidable ($E = 200\,000$ MPa) una longitud de 2.5 m y una sección de 3.75 cm².

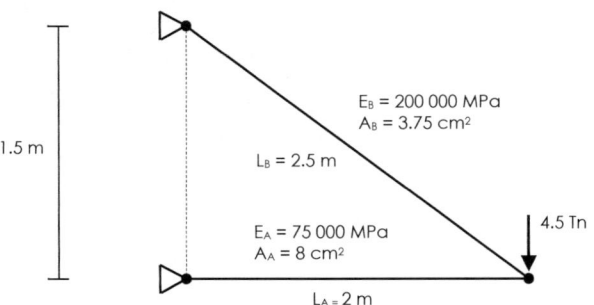

SOLUCIÓN

También en esta ocasión los apoyos son fijos y ambas barras carecen de movimiento de traslación.

En el polígono cerrado de fuerzas actuantes sobre el nudo extremo se determinan con facilidad los esfuerzos en las dos barras.

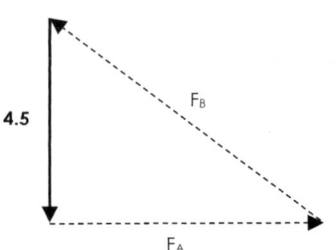

El triángulo tiene lados de relación 3-4-5, a la barra A le corresponde una compresión de $F_A = -6$ Tn y la barra se encuentra traccionada con $F_B = 7.5$ Tn.

Con estos esfuerzos se calculan las variaciones de las respectivas longitudes:

$$\Delta_A = N_A L_A/E_A A_A = (-60 \text{ kN} \times 200 \text{ cm})/(7500 \text{ kN/cm}^2 \times 8 \text{ cm}^2) = -0.2 \text{ cm}$$

$$\Delta_B = N_B L_B/E_B A_B = (75 \text{ kN} \times 250 \text{ cm})/(20000 \text{ kN/cm}^2 \times 3.75 \text{ cm}^2) = 0.25 \text{ cm}$$

La barra horizontal se acorta 2 mm y el tirante se alarga 2.5 mm. El nudo extremo se dispone en la figura en la intersección de las rectas perpendiculares a ambas barras por sus nuevos extremos.

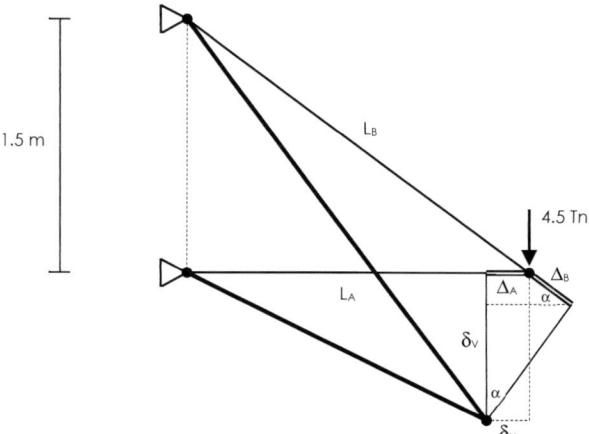

El desplazamiento horizontal δ_H (positivo hacia la derecha, negativo hacia la izquierda) coincide con el acortamiento de la barra A. El desplazamiento vertical δ_V (positivo hacia arriba, negativo hacia abajo) se obtiene de las relaciones trigonométricas en la figura.

$$\delta_H = \Delta_A = -2 \text{ mm}$$
$$\delta_V = -(\Delta_B \operatorname{sen} \alpha + (-\Delta_A + \Delta_B \cos \alpha)/\tan \alpha)$$

y sustituyendo los valores: $\operatorname{sen} \alpha = 3/5 = 0.6$; $\cos \alpha = 4/5 = 0.8$; $\tan \alpha = 3/4 = 0.75$

$$\delta_V = -(2.5 \text{ mm} \times 0.6 + (2 \text{ mm} + 2.5 \text{ mm} \times 0.8)/0.75) = -6.83 \text{ mm}$$

Ejercicio 5.4.1.03

La estructura articulada de la figura está formada por barras de acero de $200\,000$ kN/cm² de módulo de elasticidad. Las barras comprimidas tienen una sección transversal de 4 cm² y las traccionadas una sección de 2.4 cm². Determinar los desplazamientos horizontales y verticales de los nudos.

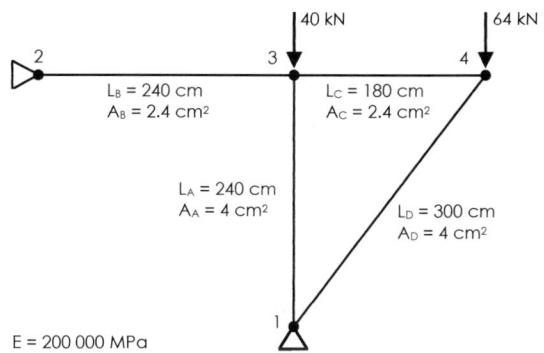

SOLUCIÓN

El equilibrio del nudo 4 proporciona los esfuerzos en las barras C y D. A la barra C le corresponde una tracción $N_C = 48$ kN y a la barra D la compresión $N_D = -80$ kN.

Del equilibrio del nudo 3 se desprenden los otros dos esfuerzos. La barra A se encuentra comprimida con $N_A = -40$ kN y la barra B traccionada con $N_B = 48$ kN.

Con estos esfuerzos se calculan los alargamientos o acortamientos de las cuatro barras del sistema:

$$\Delta_A = N_A\, L_A/E\, A_A = (-40 \text{ kN} \times 240 \text{ cm})/(20000 \text{ kN/cm}^2 \times 4 \text{ cm}^2) = -0.12 \text{ cm}$$

$$\Delta_B = N_B\, L_B/E\, A_B = (48 \text{ kN} \times 240 \text{ cm})/(20000 \text{ kN/cm}^2 \times 2.4 \text{ cm}^2) = 0.24 \text{ cm}$$

$$\Delta_C = N_C\, L_C/E\, A_C = (48 \text{ kN} \times 180 \text{ cm})/(20000 \text{ kN/cm}^2 \times 2.4 \text{ cm}^2) = 0.18 \text{ cm}$$

$$\Delta_D = N_D\, L_D/E\, A_D = (-80 \text{ kN} \times 300 \text{ cm})/(20000 \text{ kN/cm}^2 \times 4 \text{ cm}^2) = -0.30 \text{ cm}$$

Los nudos 1 y 2 son fijos ($\delta_{H1} = \delta_{V1} = \delta_{H2} = \delta_{V2} = 0$). El desplazamiento horizontal del nudo 3 corresponde directamente al alargamiento de la barra B ($\delta_{H3} = \Delta_B = 2.4$ mm) por ser esta horizontal y encontrarse su extremo izquierdo fijo. El desplazamiento vertical de este nudo es precisamente el acortamiento de la barra A ($\delta_{V3} = \Delta_A = -1.4$ mm) por ser vertical y apoyada en su extremo inferior.

Los desplazamientos del nudo 4 se obtienen a partir de la traslación de la barra C con el nudo 3, su incremento de longitud, el acortamiento de la barra D y la intersección de las rectas perpendiculares a ambas barras por sus nuevos extremos.

La figura siguiente muestra la correspondiente construcción geométrica y la disposición final de todos los nudos y barras.

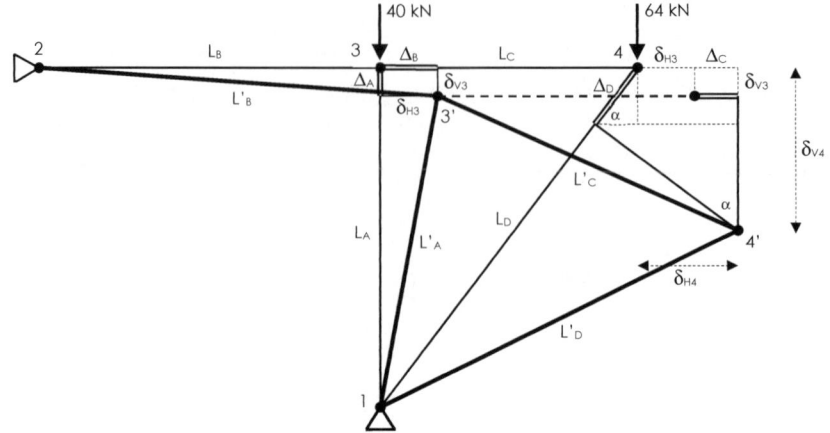

Los desplazamientos del nudo 4 (δ_{H4} y δ_{V4}) se obtienen de las relaciones trigonométricas en la figura.

$$\delta_{H4} = \delta_{H3} + \Delta_C = 2.4 \text{ mm} + 1.8 \text{ mm} = 4.2 \text{ mm}$$

$$\delta_{V4} = \Delta_D \text{ sen } \alpha - (\delta_{H3} + \Delta_C - \Delta_D \cos \alpha)/\tan \alpha)$$

y sustituyendo los valores: sen $\alpha = 4/5 = 0.8$;   cos $\alpha = 3/5 = 0.6$;   tan $\alpha = 4/3$

$$\delta_{V4} = -3 \text{ mm} \times 0.8 - (2.4 \text{ mm} + 1.8 \text{ mm} + 3 \text{ mm} \times 0.6) \times 3/4) = -6.9 \text{ mm}$$

Ejercicio 5.4.1.04

La celosía de la figura está formada por las barras de la misma sección ($A = 12{,}5 \text{ cm}^2$) y módulo de elasticidad ($E = 80\,000 \text{ kN/cm}^2$). Calcular los desplazamientos de los nudos producidos por la carga aplicada de 50 kN.

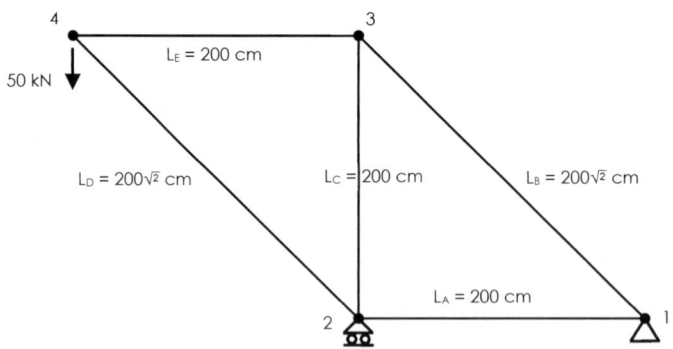

SOLUCIÓN

Mediante las condiciones de equilibrio de los nudos se obtienen los esfuerzos en las barras y con ellos se calculan los correspondientes alargamientos o acortamientos:

$$N_A = -50 \text{ kN} \quad N_B = 50\sqrt{2} \text{ kN} \quad N_C = -50 \text{ kN} \quad N_D = -50\sqrt{2} \text{ kN} \quad N_E = 50 \text{ kN}$$

$\Delta_A = N_A L_A/E A = (-50 \text{ kN} \times 200 \text{ cm})/(8000 \text{ kN/cm}^2 \times 12.5 \text{ cm}^2) = -0.1 \text{ cm}$

$\Delta_B = N_B L_B/E A = (50\sqrt{2} \text{ kN} \times 200\sqrt{2} \text{ cm})/(8000 \text{ kN/cm}^2 \times 12.5 \text{ cm}^2) = 0.2 \text{ cm}$

$\Delta_C = N_C L_C/E A = (-50 \text{ kN} \times 200 \text{ cm})/(8000 \text{ kN/cm}^2 \times 12.5 \text{ cm}^2) = 0.1 \text{ cm}$

$\Delta_D = N_D L_D/E A = (-50\sqrt{2} \text{ kN} \times 200\sqrt{2} \text{ cm})/(8000 \text{ kN/cm}^2 \times 12.5 \text{ cm}^2) = -0.2 \text{ cm}$

$\Delta_E = N_D L_D/E A = (50 \text{ kN} \times 200 \text{ cm})/(8000 \text{ kN/cm}^2 \times 12.5 \text{ cm}^2) = -0.10 \text{ cm}$

La figura siguiente muestra la correspondiente construcción geométrica y la disposición final de todos los nudos y barras.

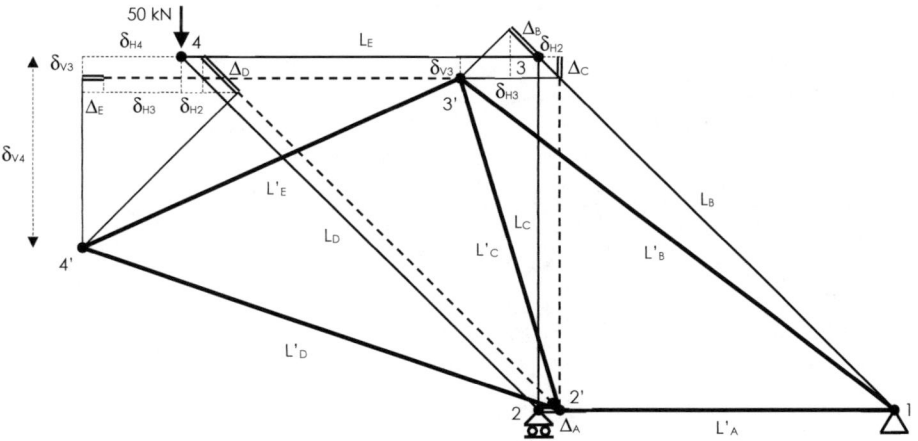

Los desplazamientos del nudo 1 y el vertical de nudo 2 son nulos ($\delta_{H1} = \delta_{V1} = \delta_{V2} = 0$). Su desplazamiento horizontal en el apoyo deslizante es el provocado por el acortamiento de la barra A ($\delta_{H2} = -\Delta_A = 1$ mm). Los desplazamientos de los nudos 3 y 4 se determinan geométricamente a partir de las traslaciones de las barras C, D y E y las variaciones de longitud y giros de B, C, D y E.

$\delta_{H3} = -2(\Delta_C + \Delta_B/\sqrt{2}) + \delta_{H2} = [-2(1 + 2/\sqrt{2}) + 1] \text{ mm} = -3.83 \text{ mm}$

$\delta_{V3} = \Delta_C = -1 \text{ mm}$

$\delta_{H4} = \delta_{H3} - \Delta_E = -3.83 \text{ mm} - 1 \text{ mm} = -4.83 \text{ mm}$

$\delta_{V4} = \Delta_D/\sqrt{2} - \Delta_E + \delta_{H3} + \delta_{H2} + \Delta_D/\sqrt{2} = (-2/\sqrt{2} - 1 - 3.83 - 1 - 2/\sqrt{2}) \text{ mm} = -8.66 \text{ mm}$

[5.4.2]. Método de la fuerza virtual

Los procedimientos geométricos para la determinación de desplazamientos en los nudos son más eficaces en sistemas articulados sencillos. Cuando el número de nudos es elevado, el diagrama de Williot requiere construcciones geométricas más complejas y su operativa puede resultar laboriosa.

La ventaja de la utilización de métodos basados en balances energéticos es que los trabajos y energías de deformación son magnitudes escalares. En la aplicación de estos procedimientos se reducen las consideraciones geométricas y trigonométricas y son, por ello, métodos especialmente adecuados cuando el tamaño y complejidad de la estructura aumenta.

Aunque existen distintos planteamientos energéticos (basados en el principio de los Trabajos Virtuales y en los teoremas de Castigliano, Clapeyron, Maxwell y Betti) el procedimiento más empleado es método de la fuerza virtual.

Se considera inicialmente una única barra con dos hipótesis de carga (A y B), solicitada en cada caso por esfuerzos axiles diferentes:

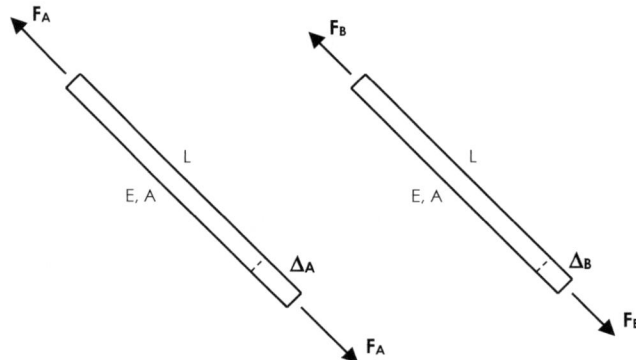

Las fuerzas F_A provocan en la barra un incremento de longitud Δ_A y las fuerzas F_B el correspondiente Δ_B. El trabajo producido por las fuerzas del estado A con las deformaciones del estado B vale $F_A\,\Delta_B$ y el producido por las fuerzas del estado B con las deformaciones del A es el producto $F_B\,\Delta_A$. Desarrollando ambas expresiones se observa que son idénticas:

$$F_A\,\Delta_B = F_A\,(F_B\,L/E\,A) = F_B\,(F_A\,L/E\,A) = F_B\,\Delta_A$$

Este resultado no solamente es aplicable en el caso de una única barra. En toda estructura que respete los principios de la elasticidad lineal se verifica el teorema de reciprocidad: el trabajo efectuado por las fuerzas correspondientes a un estado de carga A con los desplazamientos originados por un segundo estado de carga B, es igual al efectuado por las fuerzas del estado B con los desplazamientos correspondientes al estado A.

A una determinada escala, la figura reproduce la deformación real de una estructura articulada producida por la aplicación de dos sistemas de fuerzas sobre la misma:

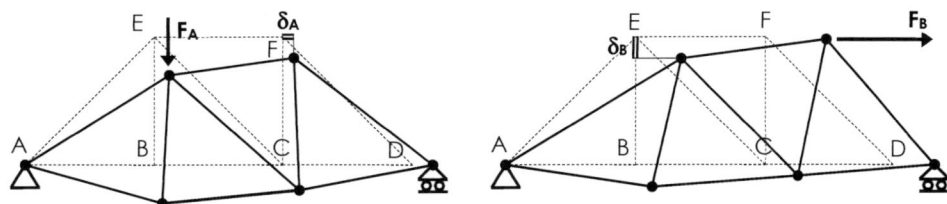

En el estado A se considera el desplazamiento horizontal δ_A del nudo F producido por la fuerza vertical F_A aplicada en el nudo E. En el estado B se representa el desplazamiento vertical δ_B del nudo E provocado por la fuerza horizontal F_B aplicada en F.

El teorema de reciprocidad indica que el trabajo de la fuerza F_A con el desplazamiento δ_B es igual al trabajo de la fuerza F_B con el desplazamiento δ_A.

$$F_A\,\delta_B = F_B\,\delta_A$$

Esta reciprocidad entre estados de carga y desplazamientos se aplica a continuación para la determinación de deformaciones por el método de la fuerza virtual.

Se considera una estructura reticulada formada por n barras con módulos de elasticidad E_i, secciones transversales A_i y longitudes L_i.

Se supone que el primer estado es el correspondiente al conjunto real de fuerzas ejercidas sobre la estructura. Este conjunto de fuerzas provoca en cada barra un esfuerzo axil N_i y la correspondiente variación de longitud Δ_i.

Como segundo estado se considera uno ficticio, formado por una única fuerza unitaria (adimensional) aplicada en el nudo y con la dirección del desplazamiento δ que se desea conocer. Esta fuerza produce en cada barra un esfuerzo axil N'_i y la correspondiente variación de longitud Δ'_i.

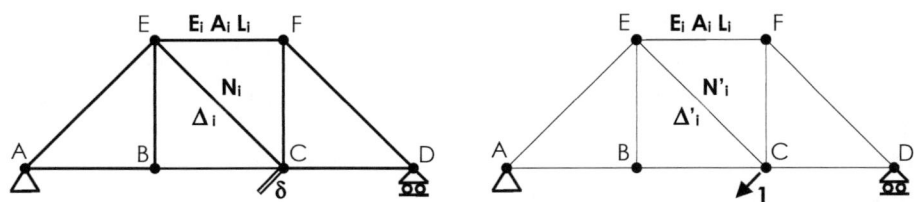

La figura reproduce con trazo grueso el estado real y en trazo fino el ficticio. Para calcular la componente del desplazamiento del nudo C en la dirección indicada, se dispone en el estado ficticio una fuerza unitaria en C con la misma dirección.

La reciprocidad entre ambos estados establece que el trabajo total de los esfuerzos N_i del sistema real con las deformaciones Δ'_i de las correspondientes barras del sistema ficticio es igual al trabajo de la fuerza unitaria del sistema ficticio por el desplazamiento δ correspondiente en el sistema real.

$$\Sigma\, N_i\, \Delta'_i = 1 \times \delta = \delta$$

Desarrollando la fórmula en función de las características de las barras y reordenando los esfuerzos N_i y N'_i se obtiene:

$$\delta = \Sigma\, N_i\, \Delta'_i = \Sigma\, N_i\, (N'_i\, L_i/E_i\, A_i) = \Sigma\, N'_i\, (N_i\, L_i/E_i\, A_i) = \Sigma\, N'_i\, \Delta_i$$

Esta formulación permite una interpretación más intuitiva del proceso de deformación general de la estructura y su influencia en el desplazamiento de los nudos.

Bajo el sistema real de fuerzas, cada una de las barras se deforma y presenta una variación de longitud Δ_i. Si todos los N'_i tuviesen el valor 1, la expresión $\delta = \Sigma\, N'_i\, \Delta_i$ quedaría en este caso como $\delta = \Sigma\, \Delta_i$ y el desplazamiento del nudo sería igual a la suma directa de los alargamientos (o acortamientos) de todas las barras.

Pero en la realidad la deformación de cada barra contribuye de manera diferente al desplazamiento del nudo y su factor de contribución es precisamente N'_i.

El desplazamiento δ es la suma ponderada de los efectos de las deformaciones en cada una de las barras. Las variaciones longitudinales de las barras se calculan con facilidad en el sistema real y los coeficientes de ponderación se obtienen como esfuerzos en el sistema ficticio.

La reciprocidad entre ambos sistemas realmente establece que la influencia que la deformación de cada barra tiene en el desplazamiento del nudo es el esfuerzo que en esa barra produce una fuerza unitaria aplicada en el nudo.

Como la fuerza aplicada en el sistema ficticio es adimensional, los esfuerzos también lo son y los N'_i se comportan efectivamente como factores de colaboración. Si su valor es elevado, la deformación de esa barra participa mucho en el desplazamiento total del nudo. Si N'_i es nulo, el que la barra se deforme no afecta en absoluto al desplazamiento del nudo (debido a que la fuerza ficticia en el nudo no provoca tampoco esfuerzo en la barra).

Si N'_i es positivo, el alargamiento de la barra aumenta el desplazamiento δ en el sentido en el que se ha dispuesto la fuerza ficticia. Si es negativo, un alargamiento en la barra provoca un desplazamiento del nudo opuesto al sentido de la fuerza unitaria. El sentido de la contribución de cada barra depende del producto de los signos de su variación longitudinal y de su factor de influencia.

Si el valor final de δ resulta negativo, el desplazamiento final del nudo se produce en sentido contrario al dispuesto inicialmente en la fuerza ficticia.

Como muestra de la aplicación práctica del método de la fuerza virtual se desarrollan a continuación dos ejercicios. En el primero se aprecian cualitativamente los distintos efectos de las barras para diferentes desplazamientos de nudos en una estructura concreta y en el siguiente se determinan los correspondientes valores numéricos.

Ejercicio 5.4.2.01

Analizar la contribución de las diferentes barras de la celosía representada en la figura en el desplazamiento vertical del nudo E y en el horizontal del nudo C. Las fuerzas se expresan en kN y las cotas en metros.

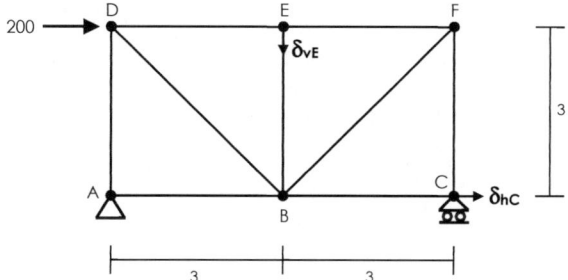

SOLUCIÓN

Se acomete inicialmente el análisis del desplazamiento vertical del nudo central superior (δ_{vE}). Mediante las condiciones de equilibrio de los nudos se obtienen los esfuerzos en todas las barras de la estructura real (N_i) bajo la carga horizontal aplicada de 200 kN en el nudo D.

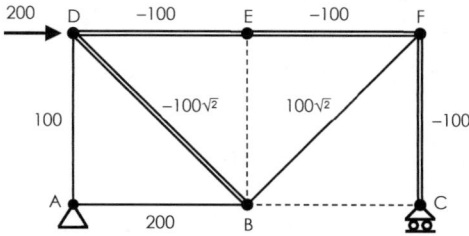

A continuación se define un primer estado virtual, eliminando la carga de 200 kN y disponiendo una fuerza unitaria vertical en el nudo E (donde se desea determinar el desplazamiento). El sistema es simétrico y se obtienen fácilmente los esfuerzos (N'_i).

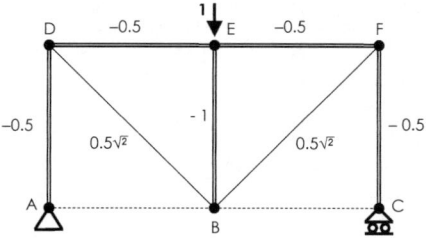

A la vista de los resultados anteriores, el desplazamiento vertical del nudo E no depende de la barra BC. Esta no se deforma al no estar sometida a ningún esfuerzo en el estado real y además, aunque estuviese solicitada, su deformación tampoco influiría en el desplazamiento vertical del nudo E (por tener esfuerzo nulo en el estado virtual).

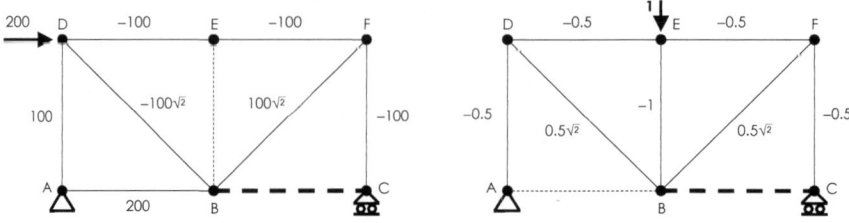

La barra AB sí se deforma en el estado real (sufre un alargamiento por el esfuerzo de tracción de 200 kN) pero esta deformación no influye en el desplazamiento vertical del nudo E al ser nulo su esfuerzo en el estado virtual.

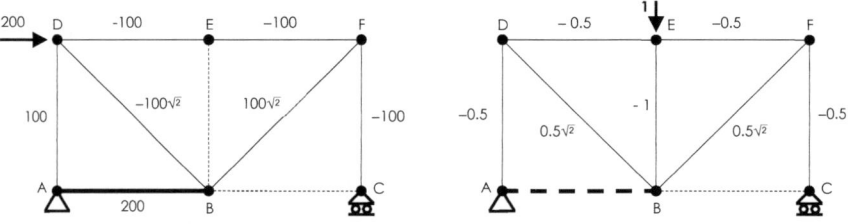

Por otra parte, una variación longitudinal de la barra BE sí influiría en el desplazamiento vertical de E (N'_i no es nulo), pero realmente esta barra no se deforma ($N_i = 0$).

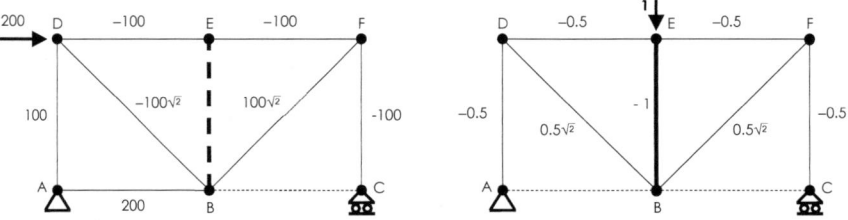

En el desplazamiento vertical de E influyen, por tanto, los montantes laterales, el cordón superior comprimido y las diagonales (esfuerzos N_i y N'_i no nulos).

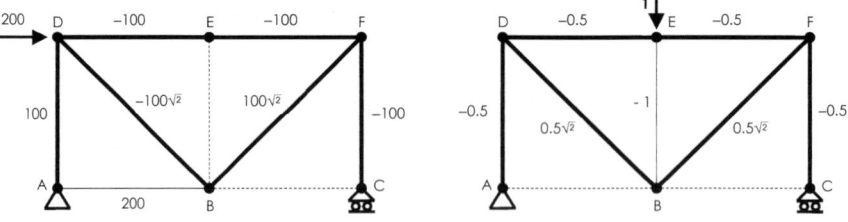

Para el análisis de la influencia de las barras en el desplazamiento horizontal del nudo C, se considera un segundo estado virtual solicitado por una fuerza unitaria horizontal en este nudo y se determinan nuevamente los esfuerzos N'$_i$.

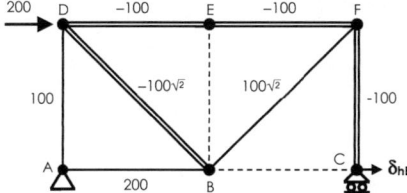 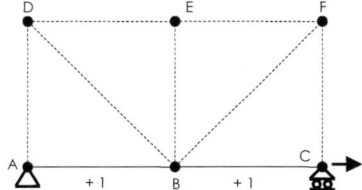

Estos esfuerzos ficticios indican que el desplazamiento horizontal del nudo C solamente depende de la variación longitudinal de las barras AB y BC y como la barra BC no se deforma (Ni = 0), en el desplazamiento solicitado interviene exclusivamente la barra AB.

Ejercicio 5.4.2.02

Considerando el sistema articulado del ejercicio anterior compuesto por barras de módulo de elasticidad E = 20 000 kN/cm² y sección trasversal de 12 cm², determinar los valores del desplazamiento vertical del nudo E.

SOLUCIÓN

En función de los valores de las longitudes de las barras L$_i$, sus esfuerzos N$_i$, los coeficientes de contribución N'$_i$ y las rigideces al esfuerzo axil E$_i$A$_i$, el desplazamiento requerido viene dado por la expresión:

$$\delta = \Sigma \, \Delta_i \, N'_i = \Sigma \, L_i \, N_i \, N'_i / E_i \, A_i$$

En esta suma intervienen solamente las barras con N$_i$ y N'$_i$ no nulos. Los correspondientes valores se reflejan en la tabla siguiente:

Barra	E (kN/cm²)	A (cm²)	L (cm)	N (kN)	N' (adim)	LNN'/EA (cm)
AD	20 000	12.0	300	100	−0.5	−0.0625
CF	20 000	12.0	300	−100	−0.5	0.0625
DE	20 000	12.0	300	−100	−0.5	0.0625
EF	20 000	12.0	300	−100	−0.5	0.0625
BD	20 000	12.0	300√2	−100√2	−0.5√2	0.1768
BF	20 000	12.0	300√2	100√2	−0.5√2	−0.1768
					Σ	0.1250

El signo positivo indica que el desplazamiento tiene el sentido de la fuerza unitaria aplicada. Es descendente y, por tanto, negativo en los ejes habituales ($\delta = -0.125$ cm).

[5.4.3]. Desplazamiento en la dirección de la fuerza

Si la estructura está solicitada por una única fuerza y lo que se desea es la determinación del desplazamiento en su punto de aplicación, los estados real y virtual son homotéticos y los esfuerzos Ni y N'i directamente proporcionales para todas las barras

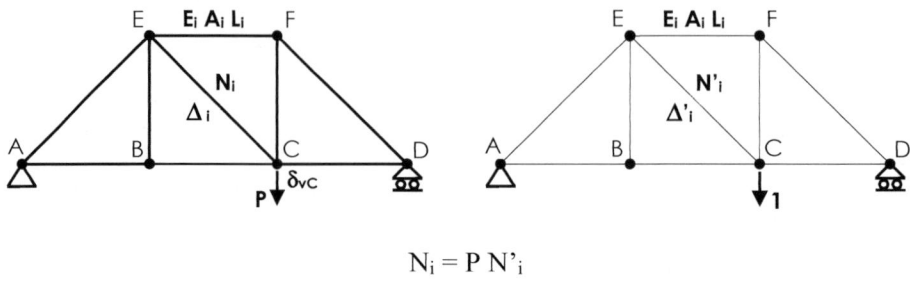

$$N_i = P \, N'_i$$

En este caso solamente es necesaria la determinación de los esfuerzos en el estado virtual y el desplazamiento requerido (siempre en el sentido de la fuerza) viene dado por la expresión:

$$\delta = \Sigma \, \Delta_i \, N'_i = \Sigma \, L_i \, N_i \, N'_i / E_i \, A_i = \Sigma \, L_i \, (P \, N'_i) \, N'_i / E_i \, A_i \, N'_i = P \, \Sigma \, L_i \, N'^2_i / E_i \, A_i$$

Ejercicio 5.4.3.01

Determinar el desplazamiento vertical del nudo de aplicación de la carga en el sistema articulado de la figura. Las fuerzas se expresan en kN y las cotas en metros.

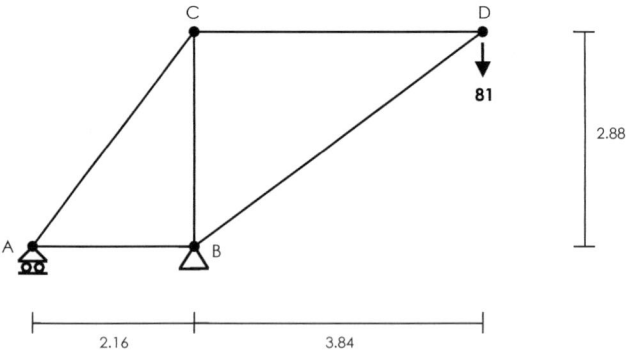

El montante vertical es de hormigón (E = 3000 kN/cm^2) y sección cuadrada de 18 cm de lado. Las demás barras son de acero (E = 21000 kN/cm^2). Las dos inferiores comprimidas tienen sección cuadrada hueca de 12 cm de lado y 5 mm de espesor y los dos tirantes superiores traccionados son de sección circular de 3 cm de diámetro.

SOLUCIÓN

Se plantea únicamente el estado virtual y se determinan las correspondientes reacciones y esfuerzos en todas las barras (N'$_i$):

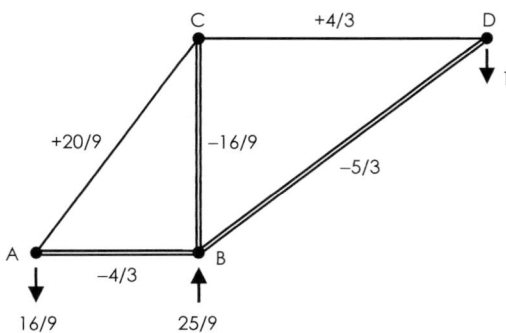

Con las secciones transversales indicadas el área correspondiente al montante BC es de $18^2 = 324$ cm^2, el área de las barras AB y BD vale $12^2 - 11^2 = 23$ cm^2 y el área de los tirantes AC y CD vale $\pi \cdot 1.5^2 = 7.1$ cm^2.

Considerando las características geométricas y mecánicas de cada barra y los esfuerzos ficticios obtenidos se compone el siguiente cuadro:

Barra	E (kN/cm²)	A (cm²)	L (cm)	N' (adim.)	LN'²/EA (cm/kN)
AB	21 000	23.0	216	−4/3	0.0007950
AC	21 000	7.1	360	20/9	0.0119234
BC	3000	324.0	288	−16/9	0.0009364
BD	21 000	23.0	480	−5/3	0.0027605
CD	21 000	7.1	384	4/3	0.0045786
				Σ	0.0209939

La suma $\Sigma\ L_i\ N'^2_i/E_i\ A_i$ adopta el valor 0.0209939 cm/kN y, multiplicada por la carga inicial de 81 kN, proporciona el descenso del punto de aplicación buscado:

$$\delta = P\ \Sigma\ L_i\ N'^2_i/E_i\ A_i = 81\ kN \times 0.0209939\ cm/kN = 1.7\ cm$$

Ejercicio 5.4.3.02

El sistema de la figura está formado por barras de material compuesto de madera con 1200 kN/cm^2 de módulo elástico y 250 cm^2 de sección transversal. Con la carga en kN y las cotas en metros, determinar el máximo desplazamiento vertical de la estructura.

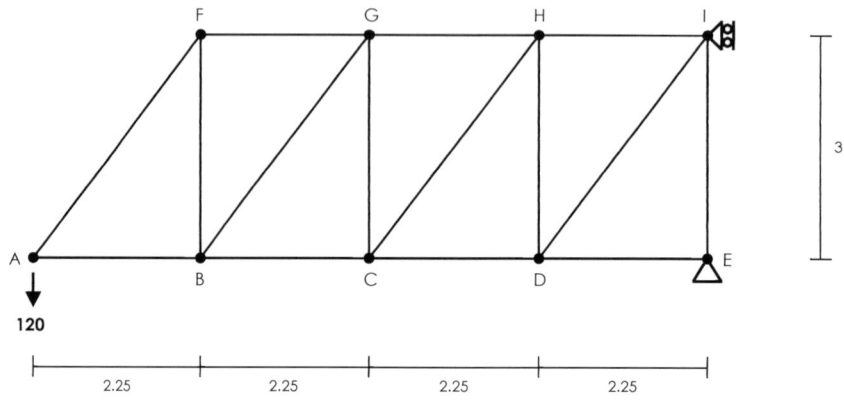

SOLUCIÓN

El máximo desplazamiento vertical se produce en el punto de aplicación de la carga. Se plantea por ello el estado virtual y se determinan las correspondientes reacciones y esfuerzos en todas las barras (N'$_i$):

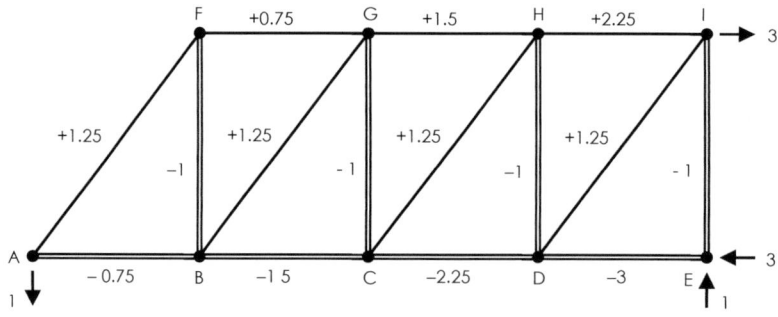

Con las características geométricas y mecánicas de las barras y los esfuerzos ficticios obtenidos se compone el correspondiente cuadro.

Teniendo en cuenta que todos los montantes verticales tienen idénticos valores de Ei, Ai y N'i, se pueden agrupar en una línea con la longitud total de los cuatro. Del mismo modo las cuatro barras diagonales se agrupan también en otra línea de la tabla.

Barra	E (kN/cm²)	A (cm²)	L (cm)	N' (adim)	LN'²/EA (cm/kN)
AB	1200	250.0	225	−0.75	0.000421875
BC	1200	250.0	225	−1.50	0.001687500
CD	1200	250.0	225	−2.25	0.003791250
DE	1200	250.0	225	−3.00	0.006750000
FG	1200	250.0	225	0.75	0.000421875
GH	1200	250.0	225	1.50	0.003791250
HI	1200	250.0	225	2.25	0.001685000
AF ×	1200	250.0	375 × 4	1.25	0.007812500
BF ×	1200	250.0	300 × 4	−1.00	0.004000000
				Σ	0.030363750

Para determinar finalmente el descenso requerido, se multiplica la suma anterior por la carga inicial aplicada (120 kN):

$$\delta = P \, \Sigma \, L_i \, N'^{2}_i / E_i \, A_i = 120 \text{ kN} \times 0.03036375 \text{ cm/kN} = 3.64 \text{ cm}$$

Ejercicio 5.4.3.03

El sistema de la figura está formado por barras de acero ($E = 21\,000$ kN/cm²), de 64 cm² de sección las comprimidas y 18 cm² las solicitadas a tracción. Determinar el desplazamiento vertical del nudo central. La fuerza se expresa en kN y las cotas en m.

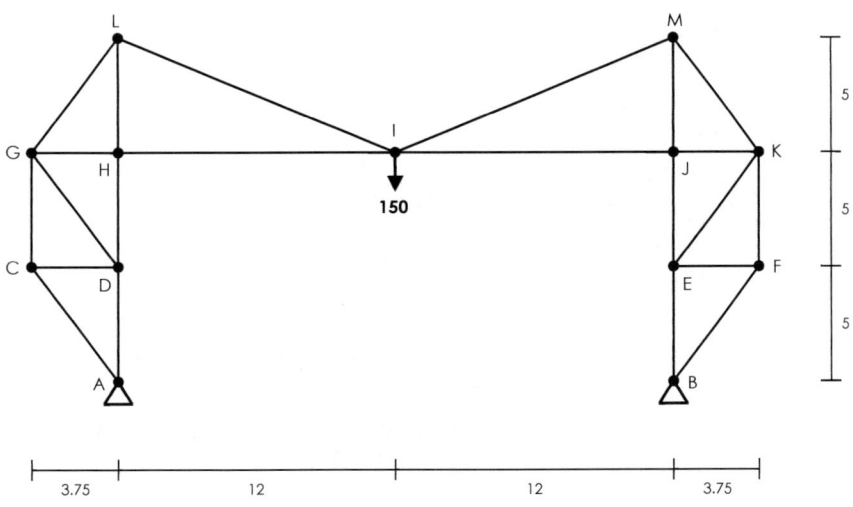

SOLUCIÓN

Se plantea únicamente el estado virtual y se determinan las correspondientes reacciones y esfuerzos en todas las barras (N'$_i$):

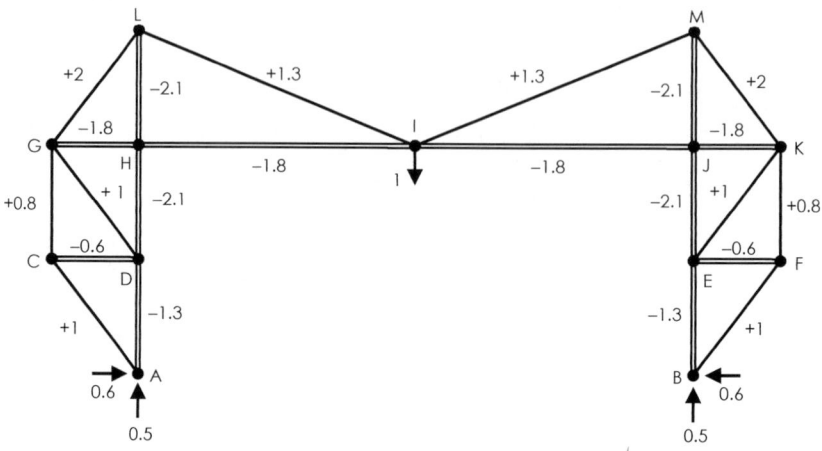

Con las características geométricas y mecánicas y los esfuerzos ficticios obtenidos en las barras se compone el correspondiente cuadro. Aprovechando la simetría de la estructura y fuerzas aplicadas, se agrupan las barras por parejas y además, por igualdad de valores, se consideran los tramos AC-DG, BF-EK, DL, EM y GK como barras únicas.

Barras	E (kN/cm²)	A (cm²)	L (cm)	N' (adim)	LN'²/EA (cm/kN)
AD,BE	21000	64	500 × 2	−1.3	0.001257440
CD,EF	21000	64	375 × 2	−0.6	0.000200893
CG,FK	21000	18	500 × 2	0.8	0.001693122
AC,DG,BF,EK	21000	18	625 × 4	1.0	0.006613757
DL,EM	21000	64	500 × 2	−2.1	0.006562500
GK	21000	64	(1200 + 375) × 2	−1.8	0.007593750
GL,KM	21000	18	625 × 2	2.0	0.013227513
IL,IM	21000	18	1300 × 2	1.3	0.011624339
				Σ	0.048773313

$$\delta = P \Sigma L_i N'^2_i / E_i A_i = 150 \text{ kN} \times 0.048773313 \text{ cm/kN} = 7.316 \text{ cm}$$

[5.4.4]. DESPLAZAMIENTO EN OTROS PUNTOS Y DIRECCIONES

Cuando la carga no es única o el nudo en el que se determina el desplazamiento no coincide con el de aplicación de la carga, los esfuerzos reales y ficticios no resultan proporcionales y se precisa del cálculo independiente de ambos estados.

En este caso, los cuadros incorporan columnas separadas para N y N' y la suma de la columna LNN'/EA proporciona directamente el valor del desplazamiento.

Barras	E (kN/cm²)	A (cm²)	L (cm)	N (kN)	N' (adim)	LNN'/EA (cm)

$$\delta = \Sigma\ L_i\ N_i\ N'_i\ /E_i\ A_i$$

Como solamente intervienen las barras con N_i y N'_i no nulos y el estado virtual puede resultar más simple (por contener un mayor número de barras con esfuerzo nulo), en ocasiones es más conveniente la determinación inicial de los esfuerzos en el estado virtual y el cálculo posterior de los esfuerzos en el estado real, pero solamente en las barras con N'_i no nulo.

Ejercicio 5.4.4.01

El sistema articulado de la figura está formado por barras de un material con 4000 kN/cm² de módulo de elasticidad y 50 cm² de sección transversal. Con las seis cargas indicadas en kN y las cotas en metros, determinar el valor del desplazamiento horizontal del nudo B.

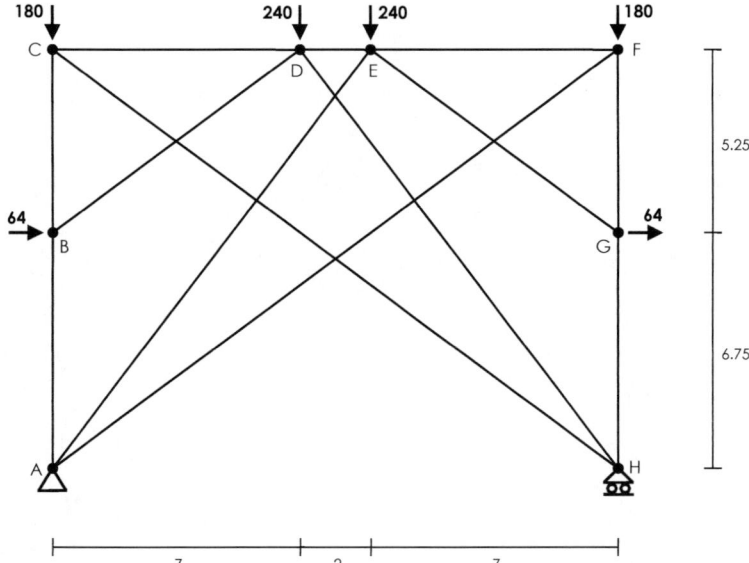

SOLUCIÓN

Se determinan inicialmente las reacciones y los esfuerzos en las barras en el estado real (se recomienda para ello la secuencia de condiciones de equilibrio de componentes horizontales en B y G, verticales en D y E y posteriormente los nudos H, A, C y F). A continuación se resuelve el estado virtual (con una fuerza unitaria horizontal en B).

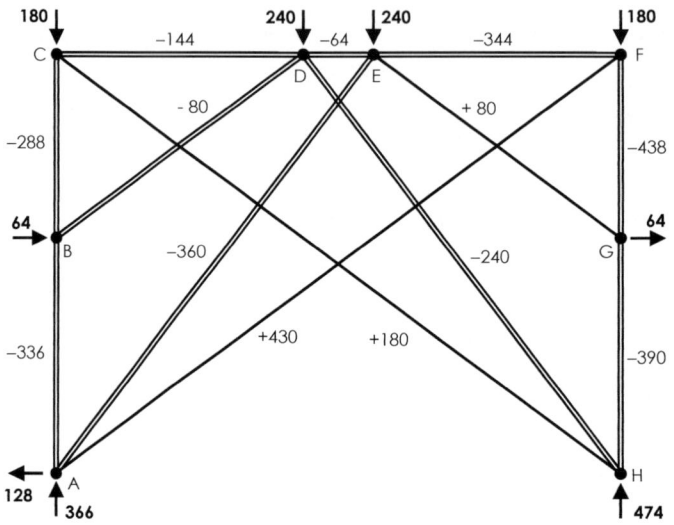

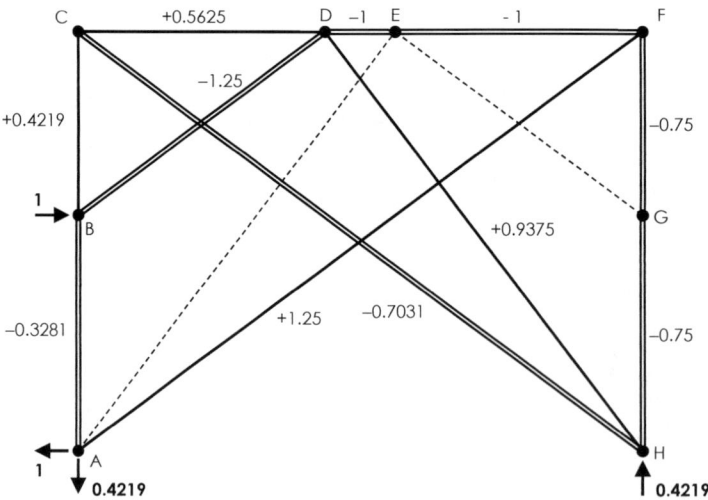

Aunque la geometría de barras es simétrica, no lo son las fuerzas actuantes en ninguno de los estados y, por ello, debe plantearse el equilibrio de todos los nudos.

Con las características geométricas y mecánicas y los esfuerzos reales y ficticios obtenidos en las barras se compone el correspondiente cuadro. En él se excluyen las barras AE y GE por tener esfuerzos N' nulos.

Barras	E (kN/cm²)	A (cm²)	L (cm)	N (kN)	N' (adim)	LNN'/EA (cm)
AB	4000	50	675	−336	−0.3281	0.3720654
AF	4000	50	2000	430	1.2500	5.3750000
HC	4000	50	2000	180	−0.7031	−1.2655800
HD	4000	50	1500	−240	0.9375	−1.6875000
HF	4000	50	675	−390	−0.7500	0.9871875
BC	4000	50	525	−288	0.4219	−0.3189564
BD	4000	50	875	−80	−1.2500	0.4375000
GF	4000	50	525	−438	−0.7500	0.8623125
CD	4000	50	700	−144	0.5625	−0.2835000
DE	4000	50	200	−64	−1.0000	0.0640000
EF	4000	50	700	−344	−1.0000	1.2040000
					Σ	5.746529

El valor del desplazamiento solicitado corresponde directamente a la suma obtenida en la última columna:

$$\delta_{hB} = \Sigma \, L_i \, N_i \, N'_i \, / E_i \, A_i = 5.75 \text{ cm}$$

El análisis de la tabla (y en especial de la última columna) proporciona la influencia de la deformación de las distintas barras en el desplazamiento horizontal del nudo B.

Se aprecia que dicho desplazamiento se debe fundamentalmente al alargamiento de la diagonal AF y que la contribución de las restantes barras es mucho menos relevante.

También se puede observar que las barras HC, HD, BC y CD tienen esfuerzos reales y ficticios de signos opuestos. Por ello su producto $N_i \, N'_i$ es negativo y esto significa que la deformación de estas barras produce desplazamientos en el nudo B de sentido contrario al de la fuerza unitaria dispuesta en el estado virtual.

Las deformaciones de las barras AB, AF, HF, BD, GF, DE y EF provoca movimientos en el nudo B hacia la derecha mientras la deformación de HC, HD, BC y CD tiende a desplazarlo hacia la izquierda. La deformación de las barras AG y GE no influye en el desplazamiento.

Ejercicio 5.4.4.02

Todas las barras de la estructura articulada de la figura son perfiles normalizados HEB-100 (26 cm^2 de sección transversal) de acero laminado ($21\,000 \text{ kN/cm}^2$ de módulo elástico). Con las tres cargas indicadas en kN y las cotas en metros, determinar el valor del descenso del nudo extremo D.

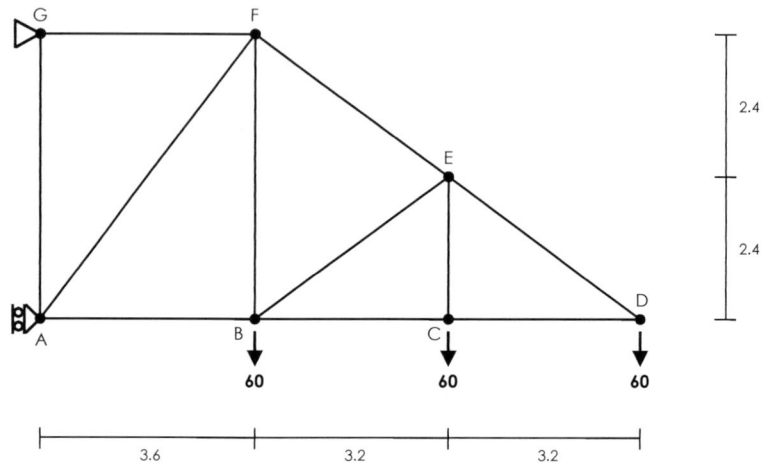

SOLUCIÓN

En este caso resulta más ventajosa la determinación inicial de los esfuerzos en el sistema ficticio. Al estar solamente solicitado por una fuerza vertical en el extremo, las barras interiores CE, BE y BF presentan esfuerzo nulo y el resto de esfuerzos se calculan con facilidad mediante las ecuaciones de equilibrio de los nudos D y F.

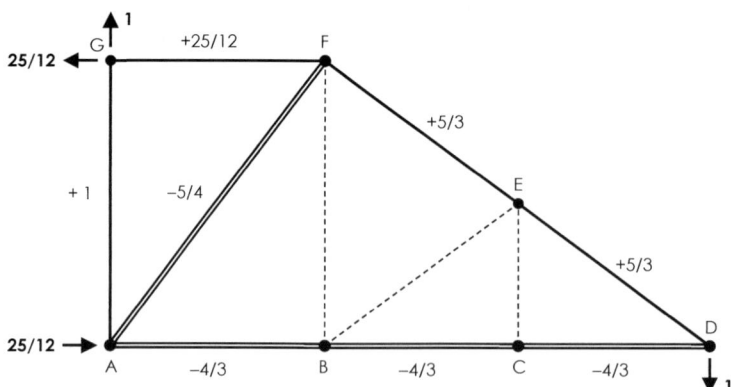

Una vez completado el sistema virtual, se procede a la determinación de los esfuerzos en el sistema real, pero solamente en las barras con N'$_i$ no nulo.

No es preciso el cálculo de las barras interiores y el sistema se puede resolver mediante el corte indicado por el método de Ritter (momentos en A y F y equilibrio de componentes verticales), el equilibrio del nudo D y el de componentes horizontales del nudo F.

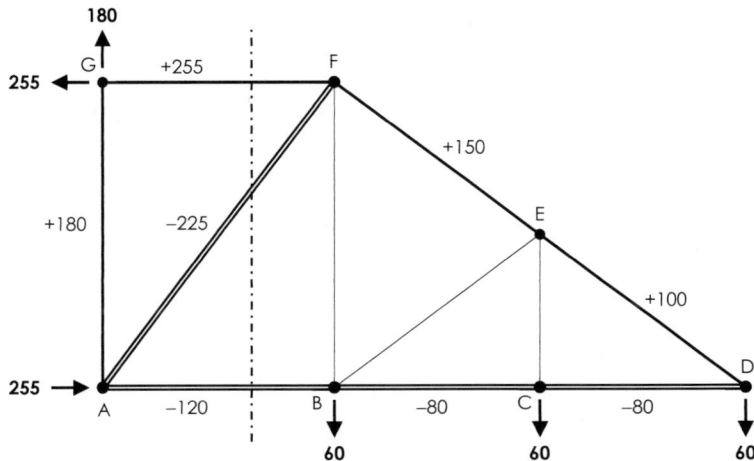

Con las características geométricas y mecánicas y los esfuerzos reales y ficticios obtenidos en las barras se rellena el correspondiente cuadro. En él se encuentran excluidas las barras no calculadas CE, BE y BF (N'$_i$ = 0).

Barras	E (kN/cm²)	A (cm²)	L (cm)	N (kN)	N' (adim)	LNN'/EA (cm)
AB	21000	26	360	−120	−4/3	0.105492
BC,CD	21000	26	320 × 2	−80	−4/3	0.125027
AG	21000	26	480	180	1	0.158242
AF	21000	26	600	−225	−5/4	0.309066
DE	21000	26	400	100	5/3	0.122103
EF	21000	26	400	150	5/3	0.183154
GF	21000	26	360	255	25/12	0.350269
					Σ	1.353353

El valor obtenido es positivo y el nudo D desciende 1.35 cm (desplazamiento en la dirección de la fuerza unitaria considerada en el estado virtual).

Ejercicio 5.4.4.03

En el sistema de la figura los tramos verticales AL y EN son de hormigón (E = 3000 kN/cm²) y 600 cm² de sección y el resto de las barras de acero (E = 21000 kN/cm²) y 32 cm² de sección transversal. Con las cargas indicadas en kN y las cotas en metros, determinar el valor del desplazamiento horizontal del nudo C.

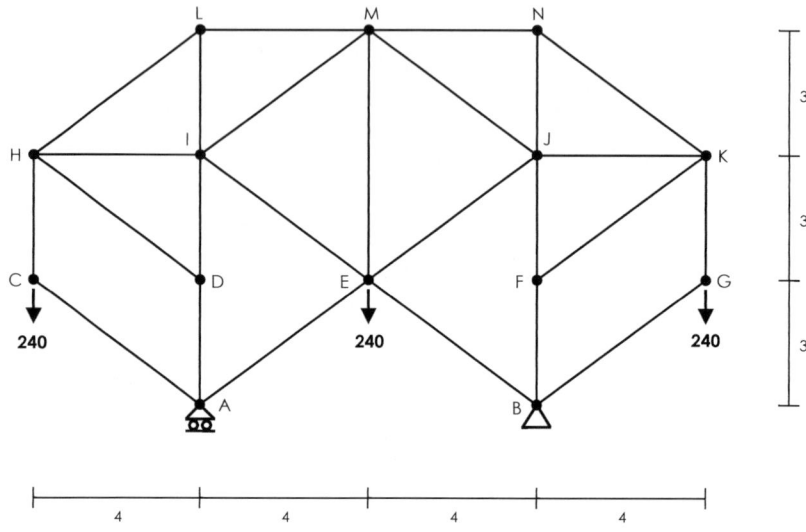

SOLUCIÓN

Se determinan inicialmente las reacciones y los esfuerzos en las barras en el estado real. El sistema es simétrico en geometría y cargas y el equilibrio de los nudos C, G, D, F, A y B proporciona esfuerzos nulos en las seis diagonales inferiores.

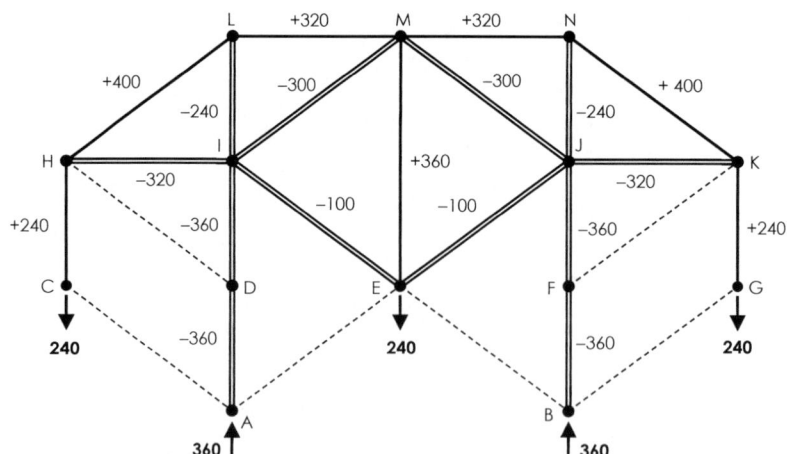

En el caso del sistema virtual, la carga unitaria horizontal en C rompe las condiciones de simetría de esfuerzos y por ello debe plantearse el equilibrio de todos los nudos.

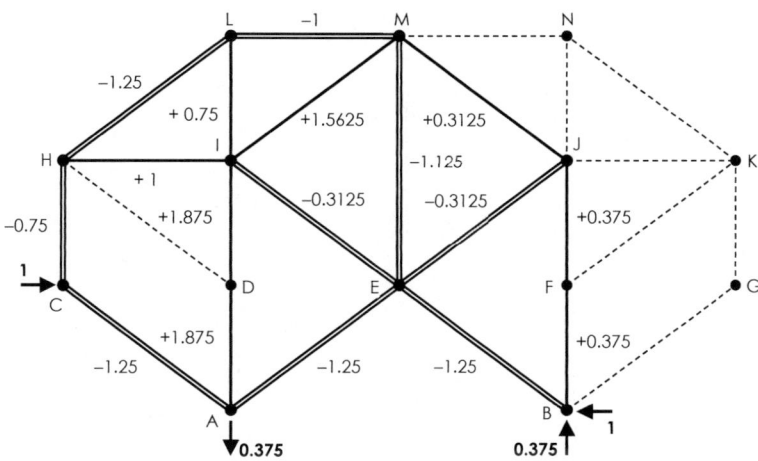

En el correspondiente cuadro, además de las barras AC, BG, AE, BE, DH y FK con $N_i = 0$, se excluyen adicionalmente las barras GK, JK, KN, JN y MN, por tener esfuerzos N'_i nulos.

Barras	E (kN/cm²)	A (cm²)	L (cm)	N (kN)	N' (adim)	LNN'/EA (cm)
AD,DI	3000	600	300 × 2	−360	1.8750	−0.225000
BF,FJ	3000	600	300 × 2	−360	0.3750	−0.045000
CH	21 000	32	300	240	−0.7500	−0.080357
EI,EJ	21 000	32	500 × 2	−100	−0.3125	0.046503
EM	21 000	32	600	360	−1.1250	−0.361607
HI	21 000	32	400	−320	1.0000	−0.190476
HL	21 000	32	500	400	−1.2500	−0.372024
IL	3000	600	300	−240	0.7500	−0.030000
IM	21 000	32	500	−300	1.5625	−0.348772
JM	21 000	32	500	−300	0.3125	−0.069754
LM	21 000	32	400	320	−1.0000	−0.190476
					Σ	−1.866969

El valor obtenido es negativo y el nudo C se desplaza, por tanto, hacia la izquierda (en el sentido contrario a la fuerza unitaria aplicada).

Ejercicio 5.4.4.04

En la estructura del ejercicio anterior y con las características de barras y cargas allí definidas, determinar ahora el valor del desplazamiento horizontal del nudo H.

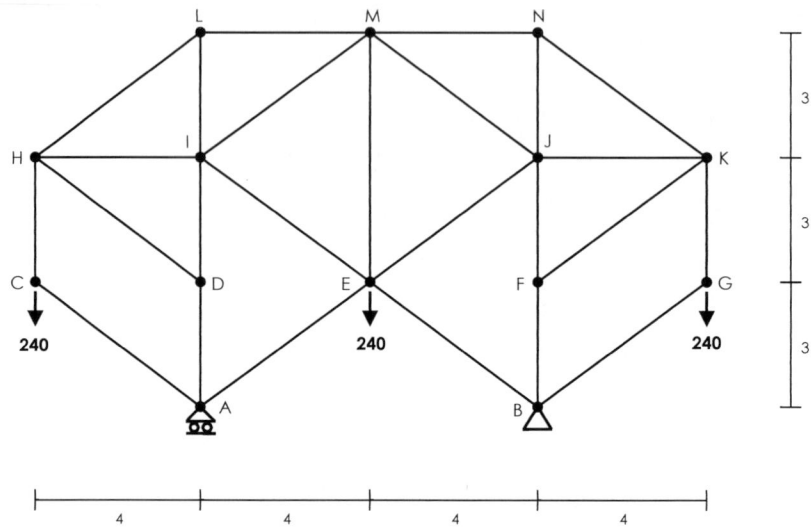

SOLUCIÓN

En este caso el sistema virtual resulta particularmente sencillo y se puede resolver por el método de unicidad. La carga horizontal aplicada en H se traslada íntegramente al punto I y se distribuye directamente hacia los apoyos por los tramos IA e IB.

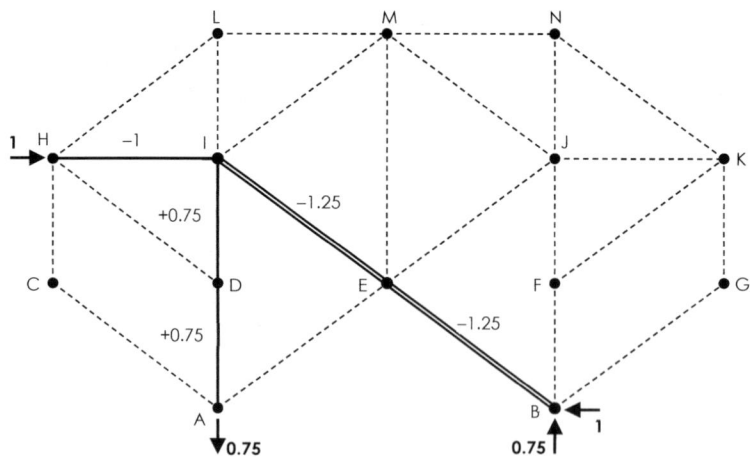

Si no se hubiesen obtenido todos los esfuerzos en el sistema real en el ejercicio anterior, para la determinación del desplazamiento horizontal en H bastaría el análisis secuencial del equilibrio en los nudos H, L e I, ya que en dicho desplazamiento solamente participan las deformaciones de las barras HI, AD-DI y EI.

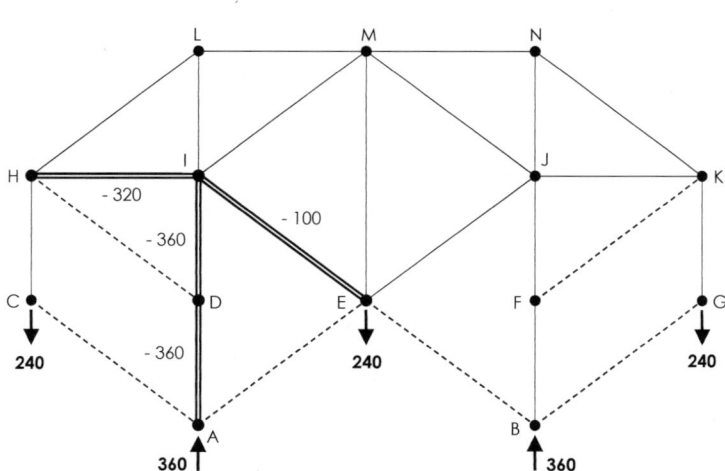

El correspondiente cuadro en este caso solamente incluye las barras mencionadas. En las demás se verifica $N'_i = 0$ o bien $N_i = 0$ (barra BE).

Barras	E (kN/cm²)	A (cm²)	L (cm)	N (kN)	N' (adim)	LNN'/EA (cm)
AD,DI	3000	600	300 × 2	−360	0.75	−0.090000
EI	21000	32	500	−100	−1.25	0.093006
HI	21000	32	400	−320	−1.00	0.190476
					Σ	0.193482

El valor obtenido ahora es positivo. El nudo H se desplaza horizontalmente hacia la derecha (en el sentido de la fuerza unitaria aplicada).

Ejercicio 5.4.4.05

También en la estructura del Ejercicio 5.4.4.03, determinar en este caso el desplazamiento horizontal del punto central inferior (E).

Analícese previamente la influencia en dicho desplazamiento de las condiciones de simetría en geometría de barras y cargas de la estructura.

SOLUCIÓN

A pesar de tratarse de un sistema simétrico en barras y fuerzas aplicadas y de encontrarse el nudo en estudio (E) en el eje de simetría, la distribución de apoyos externos no es simétrica y por ello dicho punto tendrá un desplazamiento horizontal no nulo.

Se calculan, por tanto, los esfuerzos del correspondiente estado virtual disponiendo una fuerza horizontal unitaria en el nudo E.

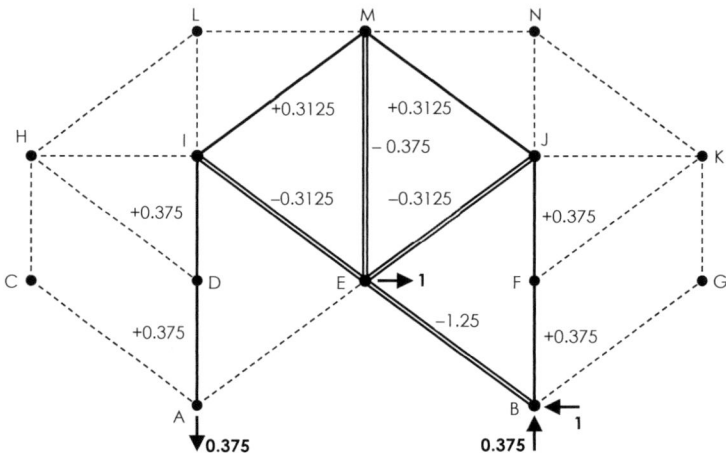

Considerando los esfuerzos en el estado real determinados en el Ejercicio 5.4.4.03 se compone el cuadro correspondiente.

En él se incluyen las barras de esfuerzos no nulos (N_i y N'_i), agrupando por igualdad de valores los tramos AD, DI, BF, FJ y las barras EI, EJ e IM, JM.

Barras	E (kN/cm²)	A (cm²)	L (cm)	N (kN)	N' (adim)	LNN'/EA (cm)
AD,DI,BF,FJ	3000	600	300 × 4	−360	0.3750	−0.090000
EI,EJ	21 000	32	500 × 2	−100	−0.3125	0.046503
EM	21 000	32	600	360	−0.3750	−0.120536
IM,JM	21 000	32	500 × 2	−300	0.3125	−0.139509
					Σ	−0.303542

El valor obtenido es negativo y el nudo central E se desplaza realmente hacia la izquierda (en el sentido contrario a la fuerza unitaria aplicada), aproximadamente 3 mm.

Ejercicio 5.4.4.06

Finalmente, sobre la misma estructura de los ejercicios anteriores, determinar el valor del desplazamiento horizontal en el apoyo deslizante (nudo A).

SOLUCIÓN

El sistema es simétrico en geometría y fuerzas aplicadas (no así en apoyos). Por ello, las deformaciones de las barras y los desplazamientos relativos de los nudos serán idénticos respecto al eje de simetría.

Considerando que el punto B es fijo, el desplazamiento horizontal del punto A será el doble que el desplazamiento horizontal del punto E (ya que los desplazamientos relativos EA y EB tienen que ser iguales por encontrarse simétricamente a ambos lados del eje).

$$\delta_{hEA} = \delta_{hEB} \quad => \quad \delta_{hA} = 2\,\delta_{hE} = 2\,(-0.303542\ \text{cm}) = -0.607084\ \text{cm}$$

Este resultado se puede comprobar determinando los esfuerzos ficticios correspondientes al nuevo estado virtual (con fuerza unitaria horizontal en A). Aplicando secuencialmente las ecuaciones de equilibrio de los nudos A, I y M y la condición de simetría se obtienen los valores de N'_i.

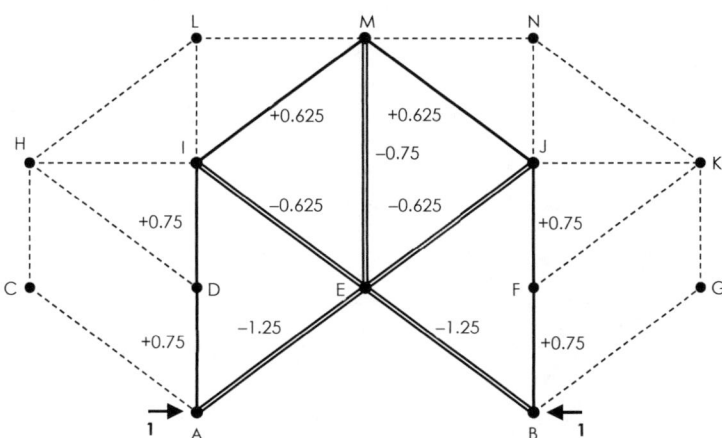

Si se compara este estado con el del ejercicio anterior, se observa que los valores de los esfuerzos en este caso son precisamente el doble que los de aquel.

Además ahora no es nulo el esfuerzo N'_i en la barra AE, pero como sí lo es el esfuerzo real en dicha barra ($N_i = 0$), esta variación no influye en el cuadro, que queda finalmente:

Barras	E (kN/cm²)	A (cm²)	L (cm)	N (kN)	N' (adim)	LNN'/EA (cm)
AD,DI,BF,FJ	3000	600	300 × 4	−360	0.750	−0.180000
EI,EJ	21 000	32	500 × 2	−100	−0.625	0.093006
EM	21 000	32	600	360	−0.750	−0.241072
IM,JM	21 000	32	500 × 2	−300	0.625	−0.279018
					Σ	−0.607084

La suma obtenida es negativa. El apoyo deslizante A se desplaza realmente hacia la izquierda (en el sentido contrario a la fuerza unitaria aplicada), aproximadamente 6 mm.

Los Ejercicios 5.4.4.03 a 5.4.4.06 se completan con una figura a escala de la deformación de toda la estructura, a partir de los desplazamientos horizontales y verticales de sus nudos.

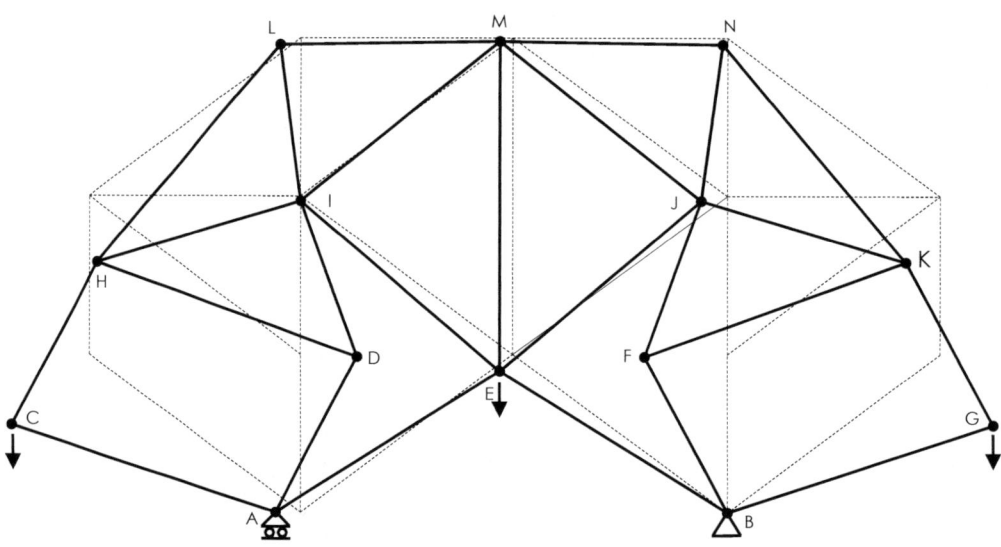

En la figura se puede apreciar que, efectivamente, los desplazamientos horizontales de C, A y E se producen hacia la izquierda, mientras H se mueve horizontalmente hacia la derecha. Asimismo se observa que el mayor movimiento corresponde al nudo C y que el desplazamiento horizontal del apoyo deslizante A es el doble que el del punto medio E. El eje de simetría EM se mantiene vertical y los desplazamientos relativos a ambos lados son iguales.

[5.4.5]. DESPLAZAMIENTOS MÚLTIPLES

Cuando son varios los desplazamientos requeridos sobre una misma estructura, resulta laboriosa la realización de un cuadro por cada movimiento de nudo. En este caso suele compensar la elaboración de un cuadro inicial con los alargamientos o acortamientos de cada barra en la realidad (Δ_i):

Barra	E (kN/cm²)	A (cm²)	L (cm)	N (kN)	Δ = LN/EA (cm)

y posteriormente un segundo cuadro conjunto con los valores de los esfuerzos ficticios N'_i y sus productos por Δ_i en parejas de columnas:

Barra	Δ (cm)	N'₁	Δ N'₁ (cm)	N'₂	Δ N'₂ (cm)	N'₃	Δ N'₃ (cm)

La suma de las segundas columnas proporciona los correspondientes desplazamientos de nudos ($\delta = \Sigma \, \Delta_i \, N'_i$).

Ejercicio 5.4.5.01

En el sistema de la figura todas las barras tienen una sección transversal de 25 cm² y un módulo de elasticidad de 20 000 kN/cm²). Con la geometría definida en metros y bajo la acción de la fuerza aplicada en el extremo de 75 kN, determinar los desplazamientos horizontales de los nudos A y C y los desplazamientos verticales de los nudos A, E, F y J.

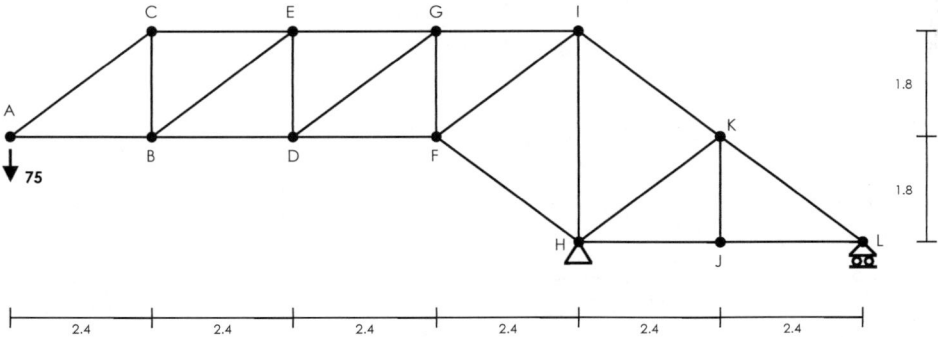

SOLUCIÓN

Se determinan inicialmente las reacciones y los esfuerzos en las barras en el estado real. A partir de ellos y de las características geométricas y del módulo de elasticidad, se forma el primer cuadro obteniendo para cada barra su variación longitudinal

$$\Delta_i = L_i \, N_i / E_i \, A_i$$

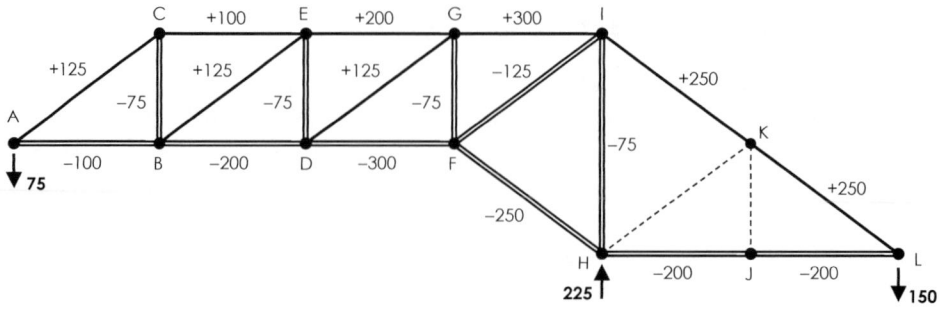

Barra	E (kN/cm²)	A (cm²)	L (cm)	N (kN)	Δ = LN/EA (cm)
AB	20000	25	240	−100	−0.048
BD	20000	25	240	−200	−0.096
DF	20000	25	240	−300	−0.144
AC	20000	25	300	125	0.075
BC	20000	25	180	−75	−0.027
BE	20000	25	300	125	0.075
DE	20000	25	180	−75	−0.027
DG	20000	25	300	125	0.075
FG	20000	25	180	−75	−0.027
FI	20000	25	300	−125	−0.075
CE	20000	25	240	100	0.048
EG	20000	25	240	200	0.096
GI	20000	25	240	300	0.144
FH	20000	25	300	−250	−0.150
HI	20000	25	360	−75	−0.054
HJ	20000	25	240	−200	−0.096
JL	20000	25	240	−200	−0.096
IK	20000	25	300	250	0.150
KL	20000	25	300	250	0.150

En el cuadro se han excluido las barras HK y JK (con esfuerzo N_i nulo) y no se realizan agrupaciones antes de conocer los distintos conjuntos de valores N'_i.

A continuación se determinan las reacciones y los esfuerzos ficticios N'_i de los estados virtuales correspondientes a cada desplazamiento requerido. Los dos primeros servirán para la determinación de los movimientos horizontales en los nudos A y C:

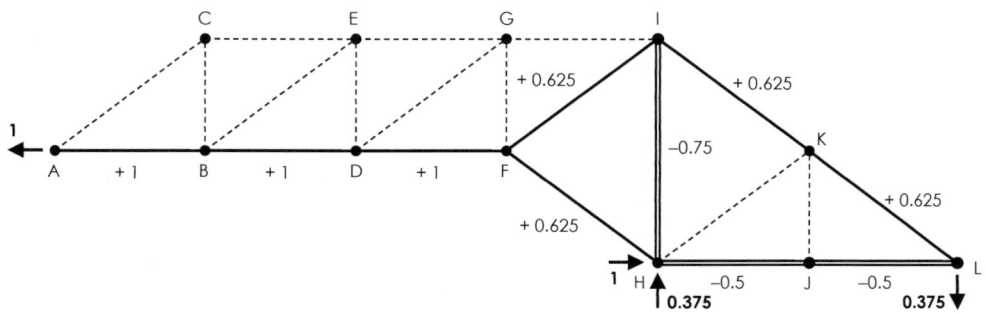

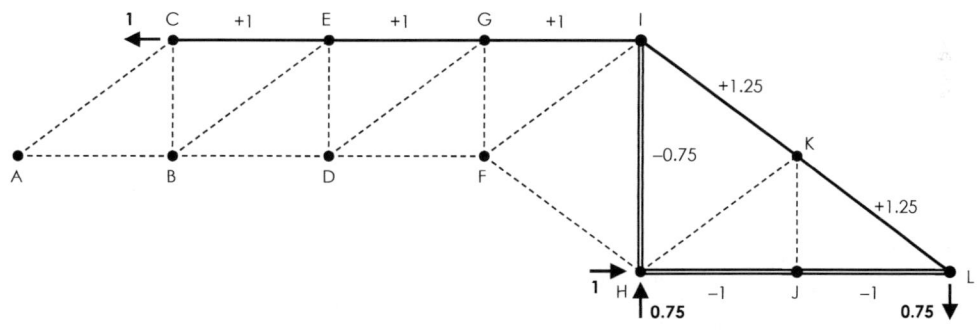

El siguiente estado virtual corresponde al descenso del nudo A y resulta proporcional al estado real inicialmente calculado. Los esfuerzos N'ᵢ se obtienen directamente dividiendo entre 75 kN los ya obtenidos.

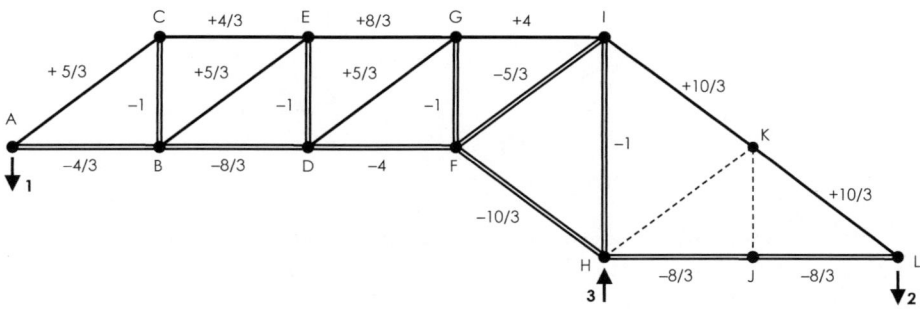

Seguidamente se determinan los esfuerzos de los estados virtuales asociados a los descensos en los nudos E, F y J, disponiendo en cada uno de ellos una fuerza vertical unitaria.

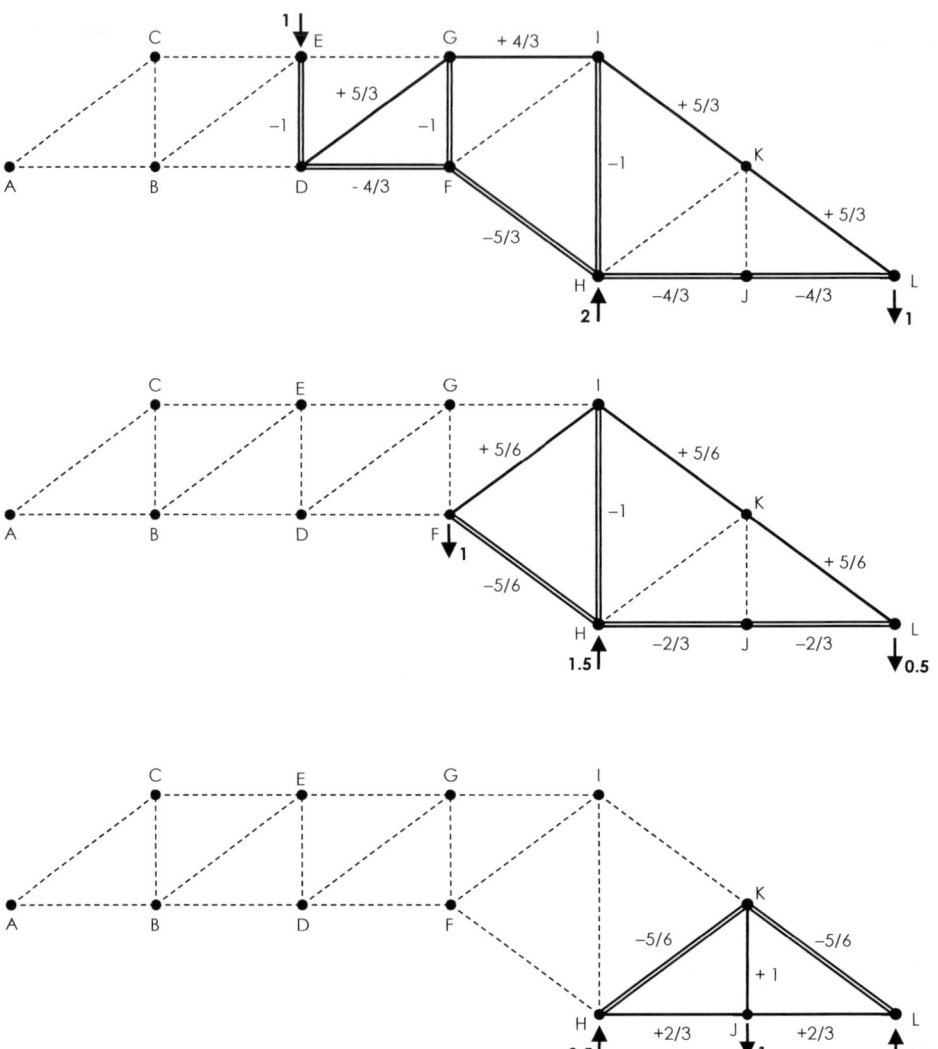

En estos casos son ya numerosas las barras con esfuerzo ficticio nulo y que, por tanto, no intervienen en el correspondiente desplazamiento.

Con los esfuerzos N'i obtenidos en cada caso y los alargamientos o acortamientos de las barras en el estado real, se compone el segundo cuadro. Este se representa en dos tablas con 3 desplazamientos en cada una.

Barra	Δ (cm)	N'₁	Δ N'₁ (cm)	N'₂	Δ N'₂ (cm)	N'₃	Δ N'₃ (cm)
AB	−0.048	1.000	−0.04800	0	0	−4/3	0.064
BD	−0.096	1.000	−0.09600	0	0	−8/3	0.256
DF	−0.144	1.000	−0.14400	0	0	−4	0.576
AC	0.075	0	0	0	0	5/3	0.125
BC	−0.027	0	0	0	0	−1	0.027
BE	0.075	0	0	0	0	5/3	0.125
DE	−0.027	0	0	0	0	−1	0.027
DG	0.075	0	0	0	0	5/3	0.125
FG	−0.027	0	0	0	0	−1	0.027
FI	−0.075	0.625	−0.046875	0	0	−5/3	0.125
CE	0.048	0	0	1.00	0.0480	4/3	0.064
EG	0.096	0	0	1.00	0.0960	8/3	0.256
GI	0.144	0	0	1.00	0.1440	4	0.576
FH	−0.150	0.625	−0.09375	0	0	−10/3	0.500
HI	−0.054	−0.750	0.04050	−0.75	0.0405	−1	0.054
HJ	−0.096	−0.500	0.04800	−1.00	0.0960	−8/3	0.256
JL	−0.096	−0.500	0.04800	−1.00	0.0960	−8/3	0.256
IK	0.150	0.625	0.09375	1.25	0.1875	10/3	0.500
KL	0.150	0.625	0.09375	1.25	0.1875	10/3	0.500
Desplazamientos		$\delta_{hA} =$	−0.104625	$\delta_{hC} =$	0.8955	$\delta_{vA} =$	4.439

Barra	Δ (cm)	N'₄	Δ N'₄ (cm)	N'₅	Δ N'₅ (cm)	N'₆	Δ N'₆ (cm)
AB	−0.048	0	0	0	0	0	0
BD	−0.096	0	0	0	0	0	0
DF	−0.144	−4/3	0.192	0	0	0	0
AC	0.075	0	0	0	0	0	0
BC	−0.027	0	0	0	0	0	0
BE	0.075	0	0	0	0	0	0
DE	−0.027	−1	0.027	0	0	0	0
DG	0.075	5/3	0.125	0	0	0	0
FG	−0.027	−1	0.027	0	0	0	0
FI	−0.075	0	0	5/6	−0.0625	0	0
CE	0.048	0	0	0	0	0	0
EG	0.096	0	0	0	0	0	0
GI	0.144	4/3	0.192	0	0	0	0
FH	−0.150	−5/3	0.250	−5/6	0.1250	0	0
HI	−0.054	−1	0.054	−1	0.0540	0	0
HJ	−0.096	−4/3	0.128	−2/3	0.0640	2/3	−0.064
JL	−0.096	−4/3	0.128	−2/3	0.0640	2/3	−0.064
IK	0.150	5/3	0.250	5/6	0.1250	0	0
KL	0.150	5/3	0.250	5/6	0.1250	−5/6	−0.125
Desplazamientos		$\delta_{vE} =$	1.623	$\delta_{vF} =$	0.4945	$\delta_{vJ} =$	−0.253

La figura siguiente muestra a escala la deformada completa de la estructura, que confirma los valores obtenidos.

Se observa cómo A se mueve levemente hacia la derecha mientras C se desplaza de manera sensible hacia la derecha.

Los puntos A, E y F tienen descensos decrecientes y, sin embargo, J sube ligeramente (este movimiento es provocado por las barras HK y JK, aunque tengan esfuerzo nulo y mantengan su longitud).

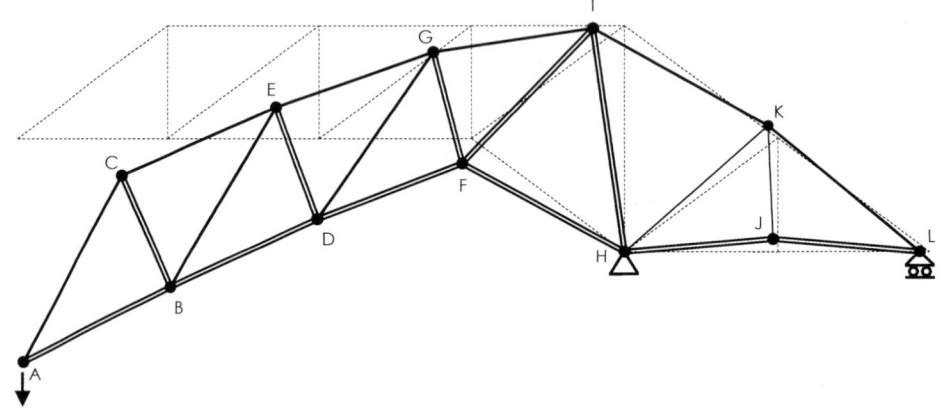

Ejercicio 5.4.5.02

La figura representa un sistema isostático formado por barras de un material compuesto con 2500 kN/cm^2 de módulo elástico. Todas las barras inclinadas tienen una sección transversal de 120 cm^2, las verticales de 480 cm^2 y la horizontal superior de 80 cm^2. Bajo la acción de las 4 fuerzas aplicadas de 240 kN, se pide determinar los desplazamientos horizontales de los nudos E, G, H y D y los desplazamientos verticales de los nudos G y F.

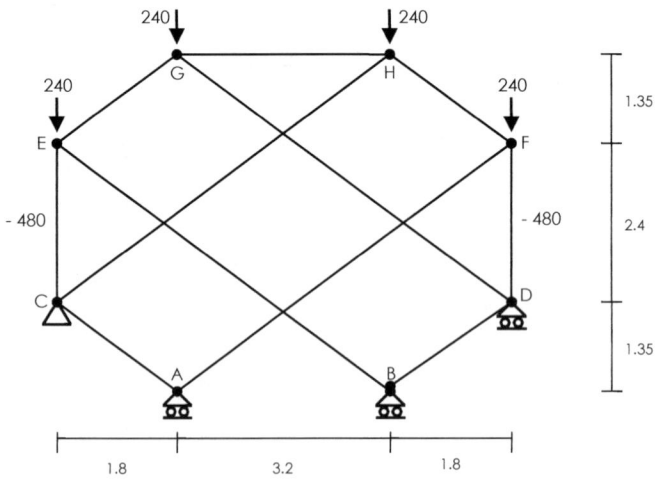

SOLUCIÓN

Para determinar las reacciones y esfuerzos en el estado real se puede emplear el método de Henneberg, sustituyendo la barra horizontal superior, que resulta tener esfuerzo nulo.

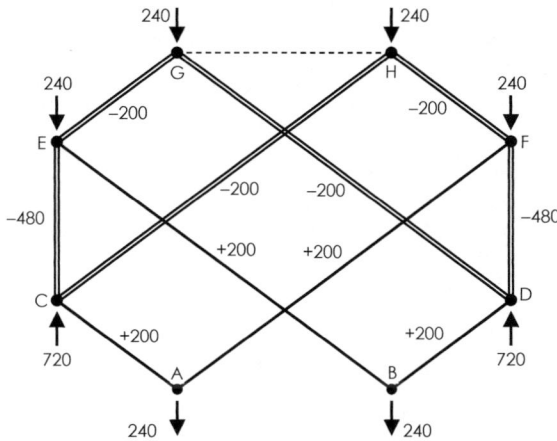

Se observa que se encuentran comprimidas las barras que reciben las cargas exteriores y traccionadas las diagonales inferiores. Los anclajes A y B reaccionan aplicando fuerzas descendentes sobre la estructura.

Excluyendo lógicamente la barra GH (con esfuerzo N_i nulo), se forma el cuadro de variaciones longitudinales a partir de los parámetros geométricos y mecánicos y de los esfuerzos reales obtenidos.

Barra	E (kN/cm²)	A (cm²)	L (cm)	N (kN)	δ = LN/EA (cm)
AC	2500	120	225	200	0.150000
BD	2500	120	225	200	0.150000
AF	2500	120	625	200	0.416667
BE	2500	120	625	200	0.416667
CE	2500	360	240	−480	−0.128000
DF	2500	360	240	−480	−0.128000
CH	2500	120	625	−200	−0.416667
DG	2500	120	625	−200	−0.416667
EG	2500	120	225	−200	−0.150000
FH	2500	120	225	−200	−0.150000

Para el cálculo de los desplazamientos horizontales de los nudos E y G se plantean los correspondientes estados virtuales con las fuerzas unitarias aplicadas en dichos nudos. Las siguientes figuras muestran las reacciones y esfuerzos ficticios N'_i en cada caso.

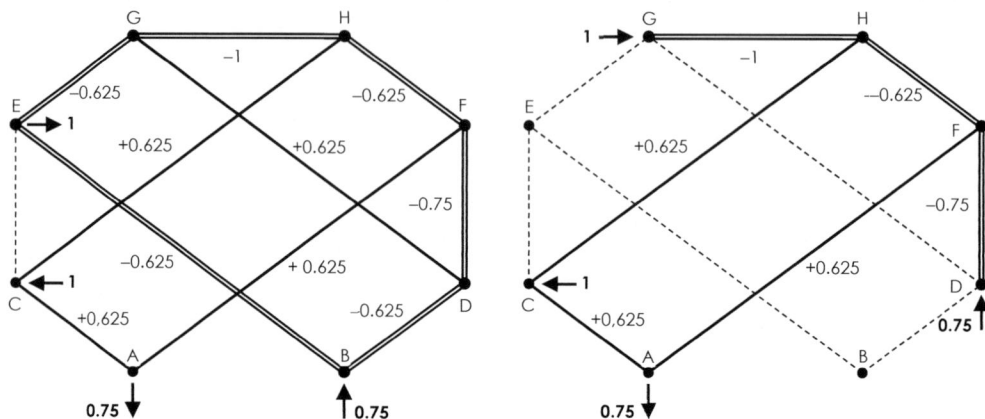

La determinación del movimiento horizontal de los nudos H y D no precisa de nuevos estados virtuales y columnas del cuadro.

Cuando se calculan múltiples desplazamientos es conveniente evaluar la posibilidad de que algunos de ellos puedan obtenerse directamente a partir de otros ya conocidos. Este es el caso de estos dos nudos.

El desplazamiento horizontal del nudo H se puede establecer directamente a partir del correspondiente al nudo G. La barra GH que los une es también horizontal y al tener axil nulo no sufre ninguna variación dimensional. Por ello ambos nudos (G y H) tienen lógicamente el mismo movimiento horizontal.

$$\delta_{hH} = \delta_{hG}$$

Por su parte, la simetría de geometría de barras y esfuerzos permite afirmar que la variación de la distancia horizontal entre los nudos C y G será igual a la variación de la distancia horizontal entre los nudos D y H. Al ser fijo el punto C la primera de estas variaciones es precisamente el movimiento horizontal de G y, considerando que no varía la distancia GH, la variación de D respecto de C será el doble de dicho movimiento horizontal de G.

$$\delta_{hD} = 2\,\delta_{hG}$$

Los siguientes estados virtuales corresponden a los desplazamientos verticales de los nudos G y F.

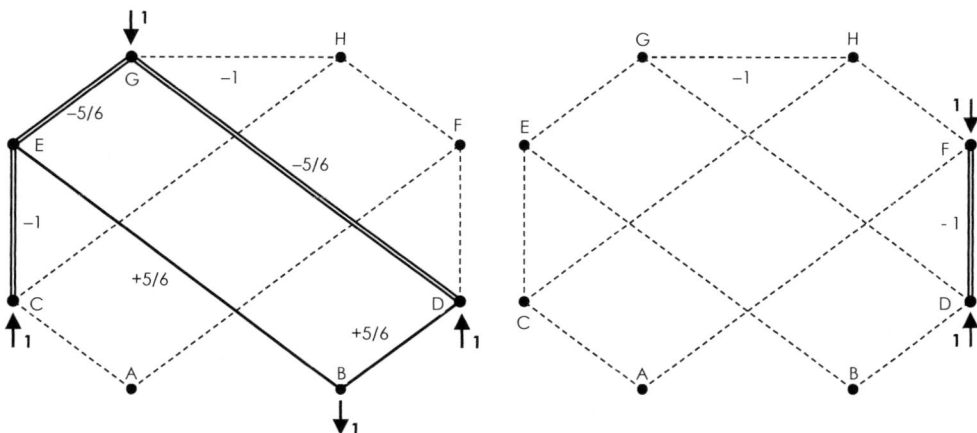

El segundo caso es muy simple y fácilmente razonable sin necesidad de cuadro. El nudo F está unido con el nudo D mediante la barra vertical DF. Al ser nulo el movimiento vertical del apoyo deslizante D, el descenso vertical de F coincidirá directamente con el acortamiento de la barra DF.

$$\delta_{vF} = \delta_{DF} = L_{DF} N_{DF} / E_{DF} A_{DF} = 240 \text{ cm } (-470 \text{ kN})/(2500 \text{ kN/cm}^2 \times 360 \text{ cm}^2) = -0.128 \text{ cm}$$

Para los tres desplazamientos en los que sí es preciso, se compone a continuación el segundo cuadro. El desplazamiento en E tiene sentido opuesto al de la fuerza unitaria. Finalmente se representa la deformada a escala, confirmando los valores obtenidos.

Barra	Δ (cm)	N'_1	$\Delta N'_1$ (cm)	N'_2	$\Delta N'_2$ (cm)	N'_3	$\Delta N'_3$ (cm)
AC	0.150000	0.625	0.093750	0.625	0.093750	0	0
BD	0.150000	−0.625	−0.093750	0	0	5/6	0.125000
AF	0.416667	0.625	0.260417	0.625	0.260417	0	0
BE	0.416667	−0.625	−0.260417	0	0	5/6	0.347222
CE	−0.128000	0	0	0	0	−1	0.128000
DF	−0.128000	−0.750	0.096000	−0.750	0.096000	0	0
CH	−0.416667	0.625	−0.260417	0.625	−0.260417	0	0
DG	−0.416667	0.625	−0.260417	0	0	−5/6	0.347222
EG	−0.150000	−0.625	0.093750	0	0	−5/6	0.125000
FH	−0.150000	−0.625	0.093750	−0.625	0.093750	0	0
Desplazamientos		$\delta_{hE} =$	−0.237334	$\delta_{hG} =$	0.2835	$\delta_{vG} =$	1.072444
			$\delta_{hH} = \delta_{hG} = 0.2835$			$\delta_{hD} = 2\,\delta_{hG} = 0.5670$	

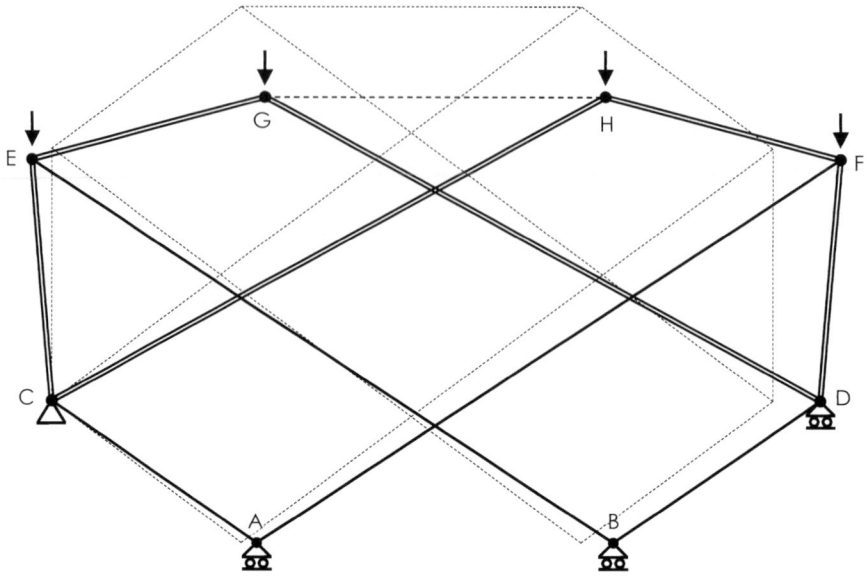

Ejercicio 5.4.5.03

Las barras inclinadas de la estructura indicada tienen una sección transversal de 40 cm². El área de la sección en las verticales y horizontales superiores es de 20 cm² y el de las horizontales intermedias e inferior de 5 cm². Estas últimas tienen un módulo de elasticidad de 5000 kN/cm² y las restantes de 20 000 kN/cm².

Con las fuerzas expresadas en kN y las cotas en metros, determinar los desplazamientos horizontales de los nudos E, K y H y los desplazamientos verticales de los nudos J, K y F.

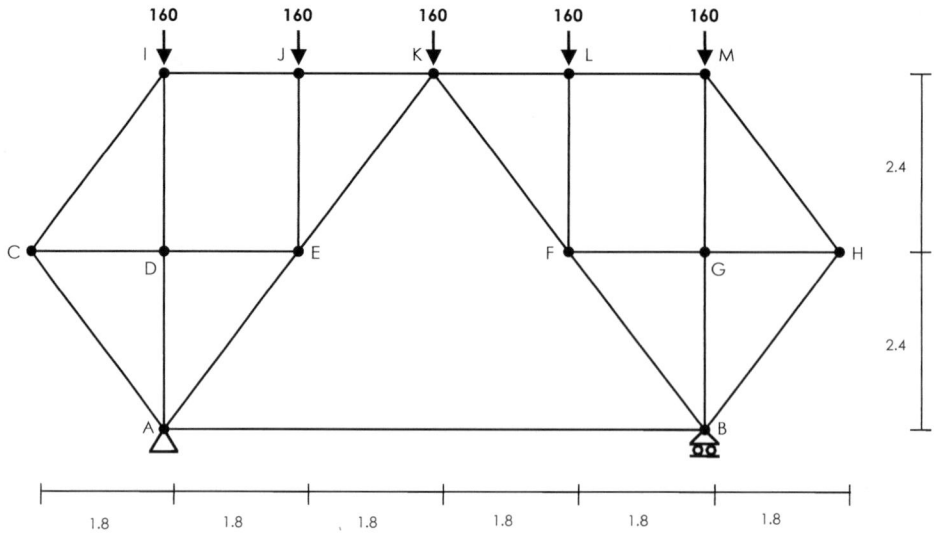

SOLUCIÓN

La estructura es simétrica en geometría de barras y cargas aplicadas.

La determinación de los esfuerzos se puede realizar con facilidad aplicando el método de Ritter, por ejemplo, con el corte indicado en la figura.

Se representan a continuación los esfuerzos obtenidos y el primer cuadro con las correspondientes variaciones longitudinales de las barras ($\Delta_i = L_i N_i / E_i A_i$).

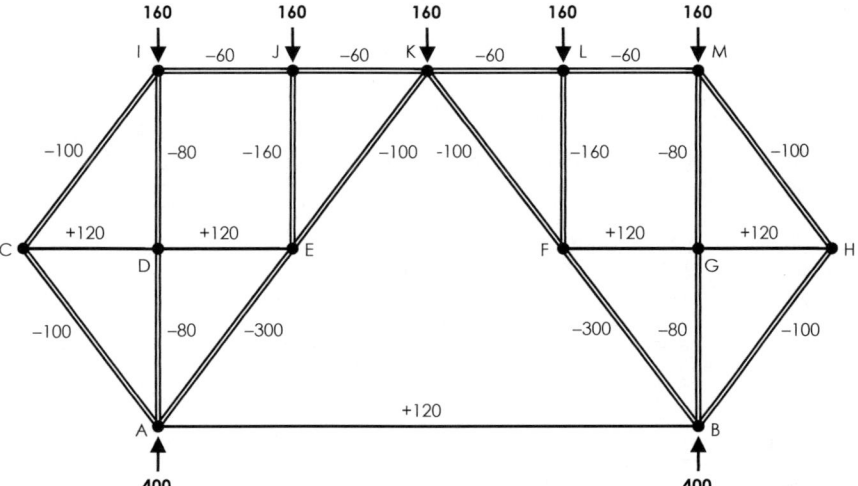

Barra	E (kN/cm²)	A (cm²)	L (cm)	N (kN)	Δ = LN/EA (cm)
AB	20000	5	720	120	0.864
AC	5000	40	300	−100	−0.150
AD	5000	20	240	−80	−0.192
AE	5000	40	300	−300	−0.450
BF	5000	40	300	−300	−0.450
BG	5000	20	240	−80	−0.192
BH	5000	40	300	−100	−0.150
CD	20 000	5	180	120	0.216
DE	20 000	5	180	120	0.216
FG	20 000	5	180	120	0.216
GH	20 000	5	180	120	0.216
CI	5000	40	300	−100	−0.150

Barra	E (kN/cm²)	A (cm²)	L (cm)	N (kN)	Δ = LN/EA (cm)
DI	5000	20	240	−80	−0.192
EJ	5000	20	240	−160	−0.384
15	5000	40	300	−100	−0.150
FL	5000	40	300	−100	−0.150
GM	5000	20	240	−160	−0.384
HM	5000	20	240	−80	−0.192
19	5000	40	300	−100	−0.150
IJ	5000	20	180	−60	−0.108
JK	5000	20	180	−60	−0.108
KL	5000	20	180	−60	−0.108
LM	5000	20	180	−60	−0.108

En la tabla no se han realizan agrupaciones por simetría porque los estados virtuales no serán simétricos.

Para la obtención del desplazamiento horizontal del nudo E se dispone allí una fuerza horizontal unitaria y se calculan los esfuerzos ficticios N'_i:

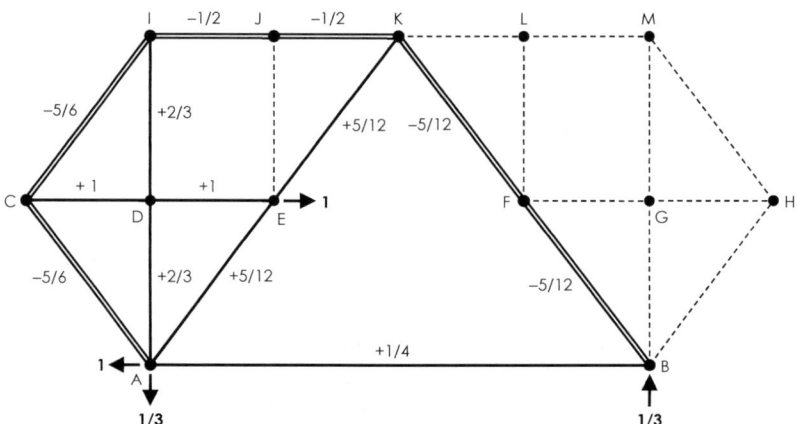

Para la determinación del desplazamiento horizontal en el nudo central K no es necesario el planteamiento de un nuevo estado virtual. Considerando las condiciones de simetría del sistema, la variación de la distancia horizontal entre A y K será idéntica a la correspondiente entre B y K. Como el punto A es fijo, el desplazamiento horizontal de K valdrá entonces la mitad del desplazamiento horizontal de B y este a su vez coincidirá con el alargamiento de la barra AB.

$$\delta_{hK} = \delta_{hK}/2 = \Delta_{AB}/2$$

$$\delta_{hK} = (L_{AB} N_{AB}/E_{AB} A_{AB})/2 = (720 \text{ cm} \times 120 \text{ kN}/(20000 \text{ kN/cm}^2 \times 5 \text{ cm}^2))/2 = 0.432 \text{ cm}$$

El desplazamiento horizontal del nudo H también se puede deducir geométricamente. La variación de las distancias horizontales entre A y E y entre B y F serán iguales por simetría. Como A es fijo, la primera de las variaciones es precisamente el desplazamiento de E y por otra parte la posición de B vendrá determinada por el alargamiento de la barra AB.

El desplazamiento horizontal de F se puede calcular entonces mediante la diferencia entre el alargamiento de AB y el desplazamiento de E y, sumándole el alargamiento de las barras FG y GH, se obtiene finalmente el desplazamiento horizontal de H.

$$\delta_{hH} = \delta_{hF} + \Delta_{FG} + \Delta_{GH} = \Delta_{AB} - \delta_{hE} + \Delta_{FG} + \Delta_{GH}$$

Para determinar el descenso de los nudos J y K se plantean los correspondientes estados virtuales.

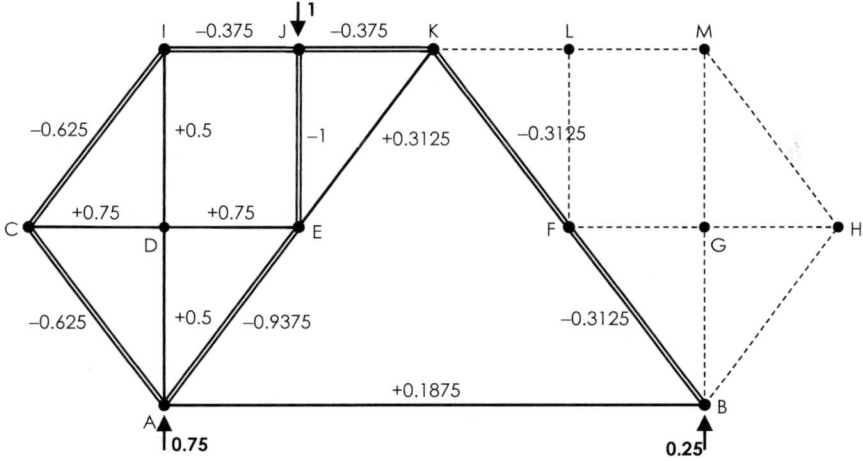

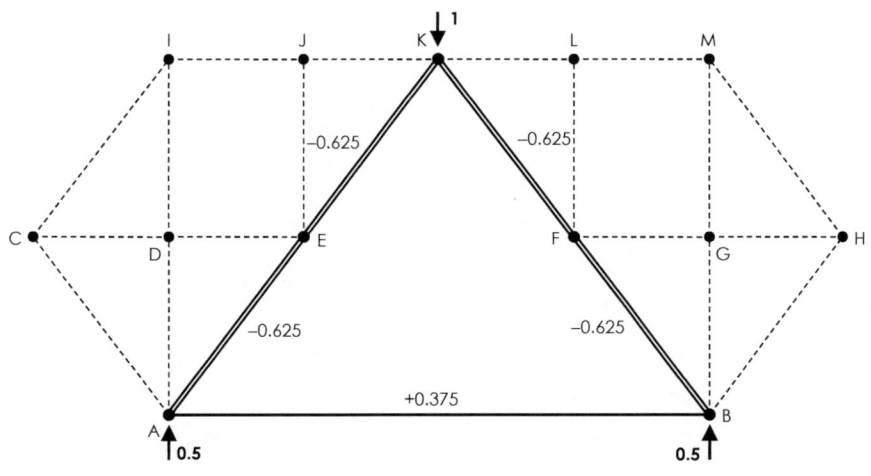

En el segundo caso se resuelve fácilmente por el método de unicidad y se comprueba que el descenso de K solamente depende de las deformaciones de las barras del triángulo interior.

Con los esfuerzos N'i obtenidos en cada caso y los alargamientos o acortamientos de las barras en el estado real, se compone la segunda tabla.

Barra	Δ (cm)	N'₁	Δ N'₁ (cm)	N'₂	Δ N'₂ (cm)	N'₃	Δ N'₃ (cm)
AB	0.864	1/4	0.216	0.1875	0.162	0.375	0.324
AC	−0.150	−5/6	0.125	−0.625	0.09375	0	0
AD	−0.192	2/3	−0.128	0.5	−0.096	0	0
AE	−0.450	5/12	−0.1875	−0.9375	0.421875	−0.625	0.28125
BF	−0.450	−5/12	0.1875	−0.3125	0.140625	−0.625	0.28125
BG	−0.192	0	0	0	0	0	0
BH	−0.150	0	0	0	0	0	0
CD	0.216	1	0.216	0.75	0.162	0	0
DE	0.216	1	0.216	0.75	0.162	0	0
FG	0.216	0	0	0	0	0	0
GH	0.216	0	0	0	0	0	0
CI	−0.150	−5/6	0.125	−0.625	0.09375	0	0
DI	−0.192	2/3	−0.128	0.5	−0.096	0	0
EJ	−0.384	0	0	−1	0.384	0	0
15	−0.150	5/12	−0.0625	0.3125	−0.046875	−0.625	0.09375
FL	−0.150	−5/12	0.0625	−0.3125	0.046875	−0.625	0.09375
GM	−0.384	0	0	0	0	0	0
HM	−0.192	0	0	0	0	0	0
19	−0.150	0	0	0	0	0	0
IJ	−0.108	−1/2	0.054	−0.375	0.0405	0	0
JK	−0.108	−1/2	0.054	−0.375	0.0405	0	0
KL	−0.108	0	0	0	0	0	0
LM	−0.108	0	0	0	0	0	0
Desplazamientos	$\delta_{hE}=$	0.75		$\delta_{vJ}=$	1.509	$\delta_{vK}=$	1.074

Una vez obtenido el desplazamiento horizontal del nudo E, se calcula el del nudo H mediante la expresión anteriormente deducida, resultando

$$\delta_{hH} = \Delta_{AB} - \delta_{hE} + \Delta_{FG} + \Delta_{GH} = (0.864 - 0.75 + 0.216 + 0.216) \text{ cm} = 0.546 \text{ cm}$$

El último desplazamiento solicitado, el vertical del nudo F, será igual al del simétrico nudo E y este último se obtiene geométricamente a partir del desplazamiento vertical del nudo J (ya calculado) y el acortamiento de la barra EJ que los une.

$$\delta_{vF} = \delta_{vE} = \delta_{vJ} + \Delta_{EJ} = (1.509 - 0.384) \text{ cm} = 1.125 \text{ cm}$$

(los desplazamientos verticales positivos tienen el sentido de la fuerza unitaria aplicada, es decir, son descendentes)

Finalmente se representa a escala la deformada completa de la estructura, pudiéndose verificar en ella los valores obtenidos.

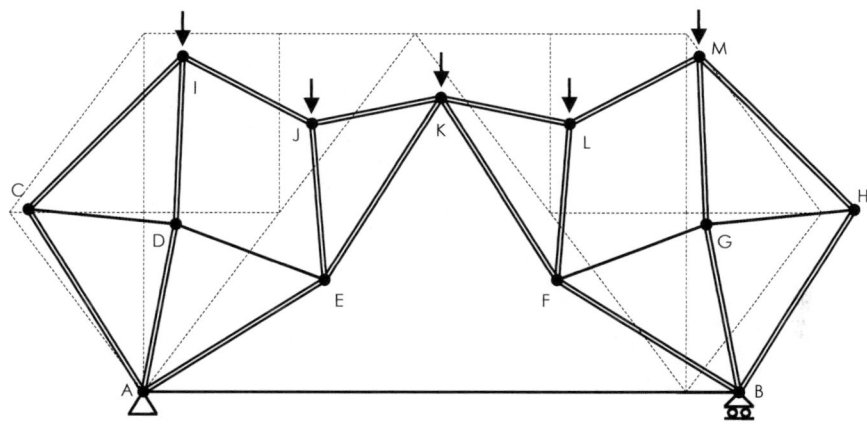

Se aprecia además el giro relativo de los dos subsistemas laterales alrededor de los apoyos, producido por el alargamiento del tirante AB y las fuerzas aplicadas en J y L (que distorsionan los cuadriláteros deformables I-J-E-D y M-L-F-G).

Esto motiva el ascenso de los puntos C y H (a pesar de estar comprimidas las barras AC y BH). Además, todos los movimientos horizontales se efectúan hacia la derecha, incluyendo el nudo C (pese a su aumento de distancia al nudo D).

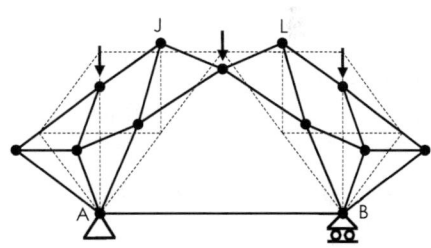

Si se incrementa la rigidez de AB y se eliminan las fuerzas en J y L, se provocan distorsiones y giros de sentido contrario, como muestra la figura.

Ejercicio 5.4.5.04

La grúa esquematizada en la figura está formada por perfiles normalizados de acero laminado ($E = 21\,000 \text{ kN/cm}^2$). Las barras exteriores representadas en trazo grueso son perfiles HEB-140 (con 43 cm^2 de sección transversal). El perfil de las barras interiores (en trazo fino) es el HEB-100 (26 cm^2) y el tirante de doble trazo es un tubo hueco de 15 cm^2 de sección.

Con las fuerzas expresadas en kN y las cotas en metros, determinar los desplazamientos horizontales y verticales de los nudos N y P.

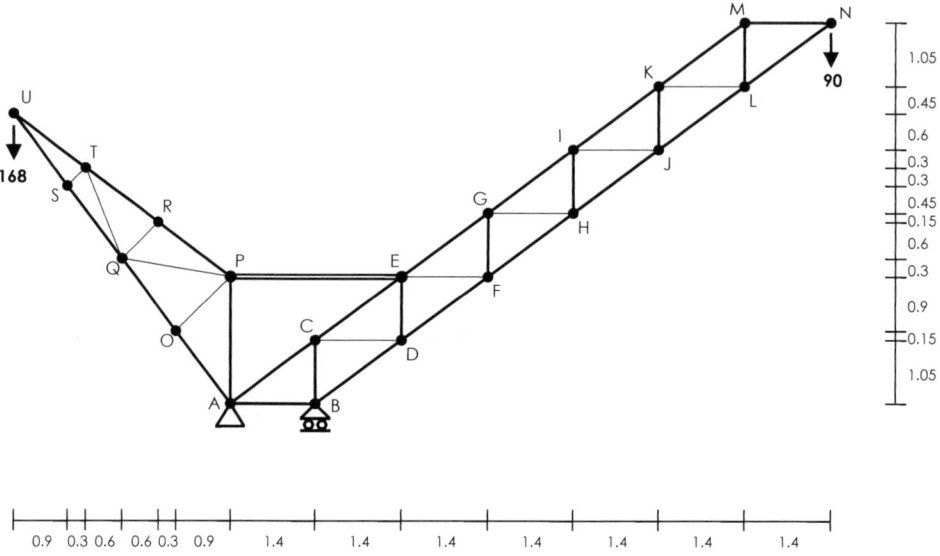

SOLUCIÓN

El cálculo de ambos desplazamientos en el extremo N y el del desplazamiento horizontal del nudo P se realizan mediante el análisis del correspondiente estado virtual con las fuerzas unitarias.

Sin embargo, el movimiento vertical del nudo P se puede obtener directamente. Al estar unido mediante una barra también vertical (AP) a un punto fijo (A), este desplazamiento en P coincidirá con la variación longitudinal de la barra AP.

$$\delta_{vP} = \Delta_{AP}$$

La determinación de los esfuerzos en el estado real se puede acometer mediante el método de Ritter para el cálculo del tirante PE y posteriormente con el método de los nudos en cada uno de los dos subsistemas (en el de la izquierda presentan axil nulo todas las barras interiores y en el de la derecha los esfuerzos siguen una pauta repetitiva). La figura siguiente representa los resultados y a continuación se forma el primer cuadro con las correspondientes variaciones longitudinales ($\Delta_i = L_i N_i / E_i A_i$).

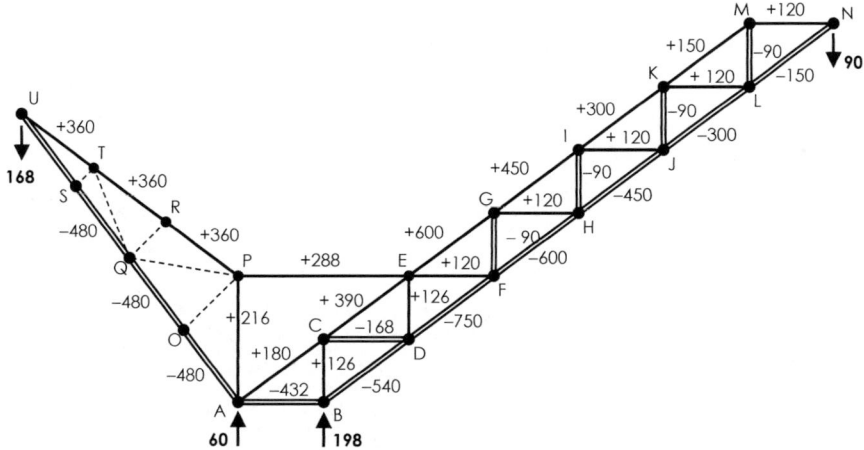

Barra	E (kN/cm²)	A (cm²)	L (cm)	N (kN)	Δ = LN/EA (cm)
AB	21 000	43	140	−432	−0.066977
AC	21 000	43	175	180	0.034884
BC	21 000	26	105	126	0.024231
BD	21 000	43	175	−540	−0.104651
CD	21 000	26	140	−168	−0.043077
CE	21 000	43	175	390	0.075581
DE	21 000	26	105	126	0.024231
DF	21 000	43	175	−750	−0.145349
EF	21 000	26	140	120	0.030769
EG	21 000	43	175	600	0.116279
FG	21 000	26	105	−90	−0.017308
FH	21 000	43	175	−600	−0.116279
GH	21 000	26	140	120	0.030769
GI	21 000	43	175	450	0.087209
HI	21 000	26	105	−90	−0.017308
HJ	21 000	43	175	−450	−0.087209
IJ	21 000	26	140	120	0.030769
IK	21 000	43	175	300	0.058140
JK	21 000	26	105	−90	−0.017308
J	21 000	43	175	−300	−0.058140
KL	21 000	26	140	120	0.030769
KM	21 000	43	175	150	0.029070
LM	21 000	26	105	−	−0.017308
LN	21 000	43	175	−150	−0.029070
MN	21 000	43	140	120	0.018605
PE	21 000	15	280	288	0.256000
A0	21 000	43	150	−480	−0.079734
AP	21 000	43	210	216	0.050233
OQ	21 000	43	150	−480	−0.079734
PR	21 000	43	150	360	0.059801
QS	21 000	43	150	−480	−0.079734
RT	21 000	43	150	360	0.059801
SU	21 000	43	150	−480	−0.079734
TU	21 000	43	150	360	0.059801

Para la obtención del desplazamiento horizontal del nudo N se dispone allí una fuerza horizontal unitaria y se calculan los esfuerzos ficticios N'ᵢ:

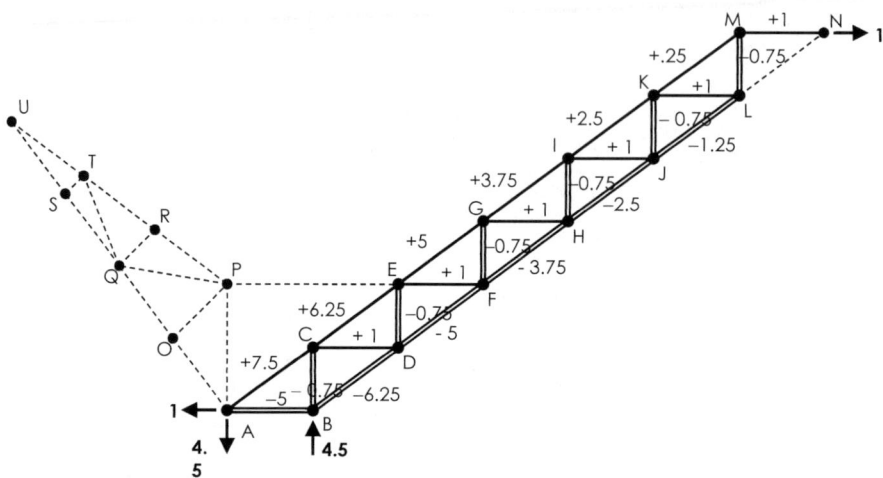

Los esfuerzos en el estado virtual correspondiente al desplazamiento vertical del nudo N son proporcionales a los del estado real en todas las barras a la derecha de los nudos D y E (se obtienen dividiendo aquellos entre 90). El resto de las barras del subsistema derecho continúan con la misma pauta (por ser nulo el esfuerzo en el tirante PE) y los esfuerzos en el subsistema izquierdo son todos nulos.

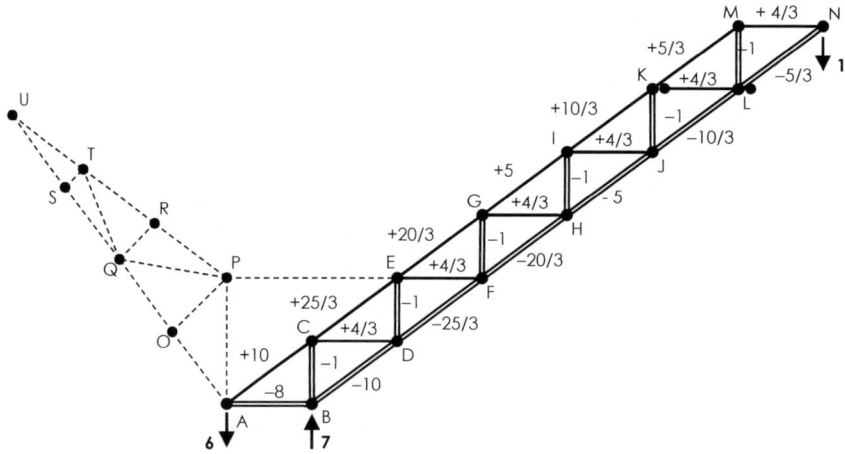

En el caso del desplazamiento horizontal del nudo P, los esfuerzos en el estado virtual son todos nulos a excepción del tirante PE y las barras inferiores al mismo del subsistema derecho.

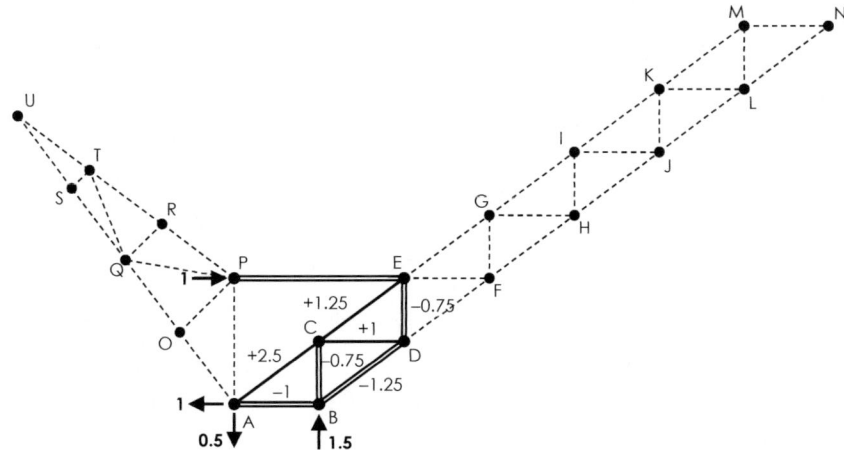

Con los esfuerzos N'i obtenidos en cada caso y los alargamientos o acortamientos de las barras en el estado real, se compone el segundo cuadro.

Barra	Δ (cm)	N'₁	Δ N'₁ (cm)	N'₂	Δ N'₂ (cm)	N'₃	Δ N'₃ (cm)
AB	−0.066977	−5	0.334885	−8	0.535816	−1	0.066977
AC	0.034884	7.5	0.26163	10	0.348840	2.5	0.087210
BC	0.024231	−0.75	−0.018173	−1	−0.024231	−0.75	−0.018173
BD	−0.104651	−6.25	0.654069	−10	1.046510	−1.25	0.130814
CD	−0.043077	1	−0.043077	4/3	−0.057435	1	−0.043077
CE	0.075581	6.25	0.472381	25/3	0.629839	1.25	0.094476
DE	0.024231	−0.75	−0.018173	−1	−0.024231	−0.75	−0.018173
DF	−0.145349	−5	0.726745	−25/3	1.211237	0	0
EF	0.030769	1	0.030769	4/3	0.041024	0	0
EG	0.116279	5	0.581395	20/3	0.775197	0	0
FG	−0.017308	−0.75	0.012981	−1	0.017308	0	0
FH	−0.116279	−3.75	0.436046	−20/3	0.775197	0	0
GH	0.030769	1	0.030769	4/3	0.041024	0	0
GI	0.087209	3.75	0.327034	5	0.436045	0	0
HI	−	−0.75	0.012981	−1	0.017308	0	0
HJ	−0.087209	−2.5	0.218023	−5	0.436045	0	0
IJ	0.030769	1	0.030769	4/3	0.041024	0	0
IK	0.058140	2.5	0.145350	10/3	0.193798	0	0
JK	−0.017308	−0.75	0.012981	−1	0.017308	0	0
J	−0.058140	−1.25	0.072675	−10/3	0.193798	0	0
KL	0.030769	1	0.030769	4/3	0.041024	0	0
KM	0.029070	1.25	0.036338	5/3	0.048451	0	0
LM	−0.017308	−0.75	0.012981	−1	0.017308	0	0
LN	−0.029070	0	0	−5/3	0.048451	0	0
MN	0.018605	1	0.018605	4/3	0.024806	0	0
PE	0.256000	0	0	0	0	−1	−0.256000
AO	−0.079734	0	0	0	0	0	0

Barra	Δ (cm)	N'₁	Δ N'₁ (cm)	N'₂	Δ N'₂ (cm)	N'₃	Δ N'₃ (cm)
AP	0.050233	0	0	0	0	0	0
OQ	−0.079734	0	0	0	0	0	0
PR	0.059801	0	0	0	0	0	0
QS	−0.079734	0	0	0	0	0	0
RT	0.059801	0	0	0	0	0	0
SU	−0.079734	0	0	0	0	0	0
TU	0.059801	0	0	0	0	0	0
Desplazamientos		$\delta_{hN} =$	4.380752	$\delta_{vN} =$	6.831463	$\delta_{hP} =$	0.044053

Como ya se ha indicado, para el cálculo del desplazamiento vertical del nudo P se considera exclusivamente la variación longitudinal de la barra AP producida por el esfuerzo que esta soporta.

De la primera tabla se extrae que se trata de una barra traccionada y que se alarga 0.05 cm. Al encontrarse su nudo inferior sobre un apoyo fijo, este valor será precisamente el ascenso del nudo P.

Finalmente, la figura siguiente muestra los desplazamientos de todos los nudos del sistema a una determinada escala.

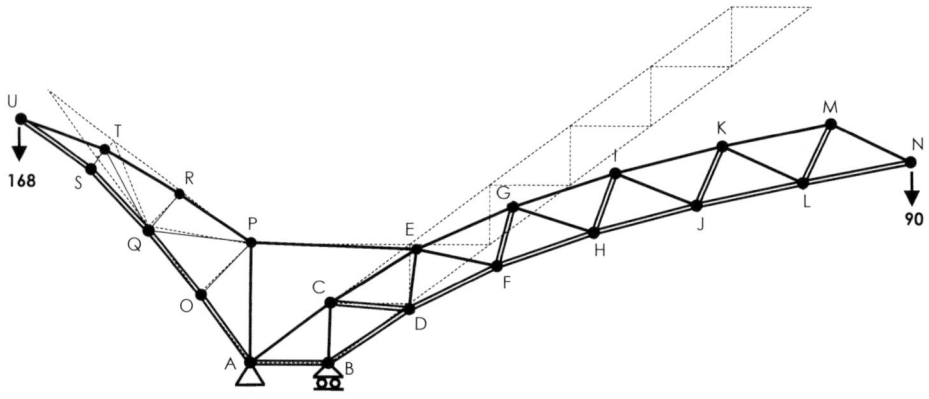

A pesar de ser mayor el contrapeso en U que la carga aplicada en N, se observa mucha más deformación en el subsistema derecho.

Este hecho se debe fundamentalmente a la mayor longitud del tramo EN respecto al tramo PU. La proyección horizontal del primero es de 7 metros frente a los 3.6 metros del segundo.

La disminución de la rigidez a flexión es más sensible a la luz de los voladizos que al valor de las cargas aplicadas en sus extremos. Resulta, por tanto, más deformable el voladizo mayor.

El descenso del extremo N también se ve favorecido por el giro del tramo EN inducido por desplazamiento del nudo E (motivado a su vez por el alargamiento de la barra PE).

Bibliografía

ARGÜELLES ÁLVAREZ, R., ARGÜELLES BUSTILLO, R., Análisis de Estructuras, Madrid, Fundación Conde del Valle de Salazar, 1996.

AROCA HERNÁNDEZ-ROS, R., Vigas trianguladas y cerchas, Cuaderno 53.04 del Instituto Juan de Herrera, Madrid, ETSAM, 2001.

AVENBURG, E., Estática de las Construcciones, Buenos Aires, Editorial Pannedille, 1980.

BEDFORD, A., FOWLER, W., Mecánica para ingeniería: Estática, México, Addison Wesley Iberoamericana, 1996.

BEER, F.P., JOHNSTON, E.R., Mecánica Vectorial para Ingenieros. Estática, México, Mc. Graw Hill, 1983.

CASTILLO BASURTO, J.L., Estática para Ingenieros y Arquitectos, México, Trillas, 1987.

CELIGÜETA, J.T., Curso de Análisis Estructural, Pamplona, EUNSA, 1998.

CERVERA RUIZ, M., BLANCO DÍAZ, E., Fundamentos de resistencia de materiales y cálculo de estructuras, Barcelona, Ediciones UPC, 1999.

CHARLES, E., GREENE, A., Trusses and arches analyzed and aiscussed by graphical methods, New York, John Willey & Sons, 1890.

COWAN, H.J., Architectural Structures: An Introduction to Structural Mechanics, Editorial Elsevier, 1976.

CREMONA, L., Graphical statics. Two treatises on the graphical calculus and reciprocal figures in graphical statics, Oxford, Claredon Press, 1890.

DAS, B.M., KASSIMALI, A., SAMI, S., Mecánica para Ingenieros: Estática, México, Editorial Limusa, 1999.

GONZÁLES CUEVAS, O.M., Análisis estructural, México, Editorial Limusa, 2002.

GONZÁLEZ DE CANGAS, J.R., SANMARTÍN QUIROGA, A., Cálculo de Estructuras, Madrid, Colegio de Ingenieros de Caminos, Canales y Puertos, 2001.

HENNEBERG, L., SMREKER, 0., Lehrbuch der technischen Mechanik, A. Bergstraesser, 1886.

HENNEBERG, L., Die graphische Statik der starren Systeme, B. G. Teubner, 1911.

HERRERO ARNAIZ, F., RODRÍGUEZ CANO, L.R., VEGA GONZÁLEZ, L.A., Estática: Problemas Resueltos, Barcelona, Editorial Reverté, 1996.

HIBBELER, R.C., Análisis Estructural, México, Prentice Hall Hispanoamericana, 1997.

KASSIMALI, A., Structural Analysis, United States, Thomson, 2005.

LAMAS LÓPEZ, V., OTERO CHANS, M.D., Cálculo de pórticos y estructuras articuladas. Sistemas isostáticos, Dto. Tecnología de la Construcción, Universidad de A Coruña, 2002.

LEET, K.M., UANG, C.M., Fundamentos de Análisis Estructural, México, McGraw-Hill, 2006.

MALVERD, A., HOWE, C.E., The design of simple roof-trusses in wood and steel. With an Introduction to the elements of graphic statics, New York, John Wiley & Sons, 1902.

MERIAM, J., KRAIGE, L., Mecánica para Ingenieros: Estática, Barcelona, Editorial Reverté, 1999.

MOTT, R.L., Resistencia de materiales aplicada, México, Prentice Hall Hispanoamericana, 1996.

MOVNIN, M.S., IZRAELIT, A.B., RUBASHKIN, A.G., Fundamentos de mecánica técnica, Moscú, Editorial MIR, 1985.

MUÑOZ VIDAL, M., LÓPEZ HERNÁNDEZ, E., Física aplicada 1: Introducción a las Estructuras de la Edificación, Depto. Tecnología de la Construcción, Universidad de A Coruña, 1994.

NELSON, E.W., BEST, C.L., MCLEAN, W.G., Mecánica vectorial: Estática y Dinámica. México, McGraw-Hill, 2004.

NELSON, J., MCCORMAC, J., Análisis de Estructuras, Bogotá, Alfaomega, 2006.

ORTIZ BERROCAL, L., Resistencia de Materiales, Madrid, McGraw-Hill Interamericana de España, 2007.

PYTEL, A., SINGER, F., Resistencia de Materiales. Bogotá, Alfaomega, 1987.

RILEY, W., STURGES, L., Ingeniería Mecánica: Estática, Barcelona, Editorial Reverté, 1995.

SHAMES, I.H., Mecánica para Ingenieros: Estática, Madrid, Prentice Hall Iberia, 1998.

SHEPPARD, S.D., TONGUE, B.H., Statics: Analysis and Design of Systems in Equilibrium, John Willy & Sons, Incorporated, 2007.

TIMOSHENKO, S.P., YOUNG, D.H., Teoría de las Estructuras. Bilbao, Editorial Urmo, 1981.

VAIDYANATHAN, R., Comprehensive Structural Analysis Vol. I, New Delhi, Laxmi Publications, 2005.

VÁZQUEZ, M., LÓPEZ, E., Mecánica para Ingenieros, Madrid, Editorial Noela, 1995.

VÁZQUEZ, M., Resistencia de Materiales, Madrid, Editorial Noela, 1994.

WITTENBAUER, F., Problemas de mecánica general y aplicada, Barcelona, Editorial Labor, 1970.

YUAN-YU HSIEH, Elementary theory of structures, México, Prentice-Hall, 1970.

ZURITA GABASA, J., Teoría de estructuras. Estructuras de barras y sólidos tridimensionales, Pamplona, Universidad Pública de Navarra, 2003.